The
Python
Workshop

跟著實例有效學習Python

目錄

Chapter 2　Python 結構　　77

Chapter 3　執行 Python - 程式、演算法和函式　115

Chapter 4　進一步探索 Python、檔案、錯誤和圖形　173

Chapter 5　建構 Python – 類別和方法 　　211

Chapter 6　標準函式庫　263

Chapter 7　Python 風格　　　　　　　339

Chapter 8　軟體開發   373

Chapter 9　Python 實務 – 進階主題　　　415

Chapter 11　機器學習　　　　　　　　　　　　　525

前言

關於

本節簡要介紹本書，及完成所有活動和練習的軟體需求。

關於本書

您想學習 Python，一種聰明學習 Python 3 的方法是透過手動實作來學習。《*The Python Workshop*》專注於培養您的實作技能，如同一個資料科學家般建立您的機器學習技能，撰寫腳本來做自動化和節省時間，甚至建立您自己的遊戲和桌面應用程式。您將從真實的例子得到收穫。

閱讀《*The Python Workshop*》，您將使用一種循序漸進的方法來理解 Python，不必忍受任何不必要的理論。如果時間不夠，也可以改為每天只進行一個練習，或者花一整個週末學習如何撰寫 Python 腳本，任君選擇。只要按照自己的方式學習，就能以一種確實感受成長的方式建立並強化您的關鍵技能。

《*The Python Workshop*》節奏明快又直接，是 Python 初學者的理想夥伴。您將能像軟體開發人員般建立開發程式碼，並在此過程中學習。您會發現這個過程讓您以最佳實作鞏固新技能，並且為未來的歲月打下堅實的基礎。

章節說明

第 1 章，Python 重要基礎 - 數學、字串、條件陳述式和迴圈，說明如何撰寫基本的 Python 程式，並概述 Python 語言的基礎。

第 2 章，Python 結構，涵蓋在所有程式設計語言中用於儲存和檢索資料的基本元素。

第 3 章，執行 Python - 程式、演算法和函式，說明如何透過逐步優化演算法，並理解函式的使用方法，撰寫更強大和簡潔的程式碼。

第 4 章，進一步探索 Python、檔案、錯誤和圖形，介紹 Python 的基本 I/O（輸入 - 輸出）操作，會介紹如何使用 matplotlib 和 seaborn 函式庫建立視覺化。

第 5 章，建構 Python - 類別和方法，介紹物件導向程式設計類別中最核心的概念，這個概念將幫助您用類別撰寫程式碼，使您的生活變得更輕鬆。

第 6 章，標準函式庫，將涵蓋 Python 標準函式庫重要說明。本章也說明如何在標準 Python 函式庫中找到所需要的東西，並概述一些最常用的模組。

第 7 章，*Python 風格*，說明如何撰寫 Python 語言，讓您喜歡上撰寫簡潔、有意義的程式碼。本章還會示範一些技術，讓您能使用其他 Python 程式設計師熟悉的方式來表達自己。

第 8 章，軟體開發，說明如何除錯和排除應用程式中的故障，還有如何撰寫測試來驗證我們的程式碼，以及如何撰寫給其他開發人員和使用者看的文件說明。

第 9 章，*Python 實務 - 進階主題*，說明如何利用平行程式設計，如何解析命令列引數，如何編碼和解碼 Unicode，以及如何對 Python 做效能分析，以發現並解決效能問題。

第 10 章，用 *pandas* 和 *NumPy* 做資料分析，將會說明資料科學的部分，這是 Python 的核心應用。我們將在本章中介紹 NumPy 和 pandas。

第 11 章，*機器學習*，說明機器學習的概念和建立機器學習演算法所涉及的步驟。

本書編排慣例

本書使用以下編排慣例：

定寬字：表示程式碼、資料夾名稱、檔案名稱、副檔名、路徑名稱、虛擬 URL、使用者輸入，以及 Twitter handle 名稱。例如「Python 提供了 **collections. defaultdict** 類型。」

程式碼編寫方式如下：

```
cubes = [x**3 for x in range(1,6)]
print(cubes)
```

粗體字：表示新的重要術語，例如「一般情況下，獨立的 **.py** 檔案可以稱為**腳本**（**script**）或**模組**（**module**）」。或者表示您在畫面上看到的文字、選單或對話框中出現的文字。例如「您也可以使用 Jupyter 中的（**New | Text File**）」

程式碼片段的呈現方式如下，在 GitHub 上對應的程式碼範例檔名位於程式碼的上方，網頁連結位址則位於其下方。

Exercise66.ipynb

```
def annotate_heatmap(im, data=None, valfmt="{x:.2f}",
textcolors=["black", "white"],
threshold=None, **textkw):
import matplotlib
if not isinstance(data, (list, np.ndarray)):
```

https://packt.live/2ps1byv

在您開始之前

每一段偉大的旅程都是從一步謙卑的腳步開始，我們即將踏上的 Python 之旅也不例外。在開始之前，您需要準備一個效率最高的環境。在這裡您將了解如何準備這個環境。

在您的系統中安裝 Jupyter

我們將使用 Python 3.7（*https://python.org*）：

在 Windows、macOS 和 Linux 上安裝 Jupyter，請遵循以下步驟：

1. 到 *https://www.anaconda.com/distribution/* 安裝 Anaconda Navigator，它是一個介面，透過這個介面您可以存取您本地的 Jupyter Notebook。

2. 現在，依您的作業系統（Windows、macOS 或 Linux），下載 Anaconda 安裝程式。

   下圖是我們下載 Windows 版本 Anaconda 的畫面：

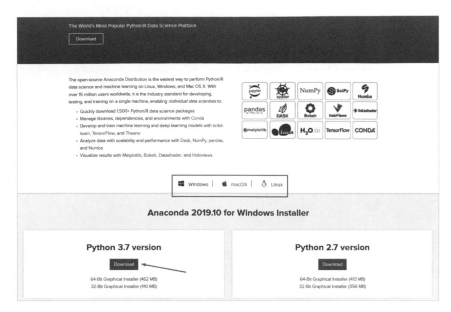

圖 0.1：Anaconda 下載主頁

啟動 Jupyter Notebook

遵循下面步驟，即可從 Anaconda Navigator 中啟動 Jupyter Notebook：

1. 安裝 Anaconda Navigator 後，您將在系統上看到如圖 0.2 所示的畫面。

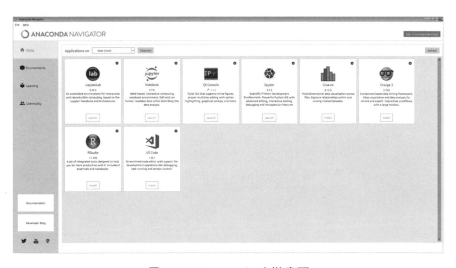

圖 0.2：Anaconda 安裝畫面

2. 點擊 Jupyter Notebook 選項下的 **Launch**，點擊後將會在您的本機系統上啟動 Jupyter Notebook：

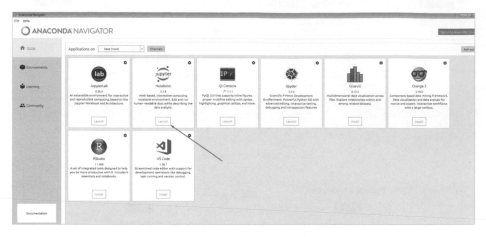

圖 0.3：Jupyter Notebook 啟動選項

恭喜您！已經成功地將 Jupyter Notebook 安裝到您的系統中。

在您的系統上安裝 Python 終端機

請遵循以下步驟在您的系統上安裝 Python 終端機：

1. 打開下面的 URL 連結，它會連到 Python 社群網站：*https://www.python.org/downloads/*。

2. 在以下畫面選取您的作業系統（Windows、macOS 或 Linux）：

圖 0.4：Python 主畫面

3. 下載好軟體後，您需要安裝它。

4. 下圖是我們在 Windows 系統上安裝好了的 Python 終端機。透過開始功能表，搜尋 Python 並**點擊**以啟動 Python 終端機。

   Python 終端機看起來會像這樣：

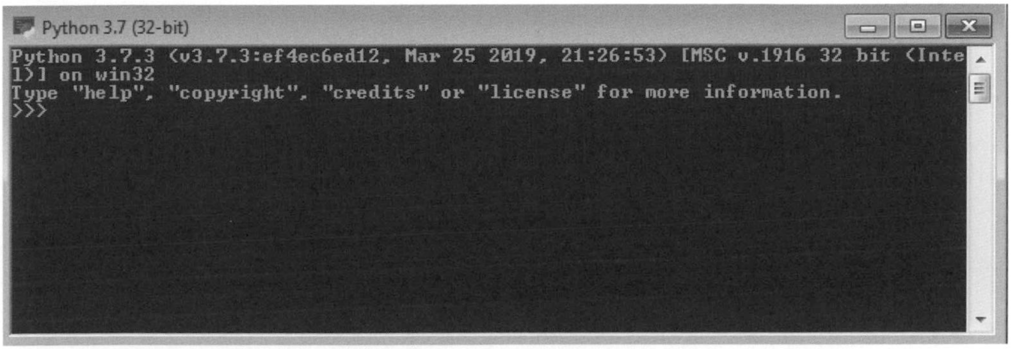

圖 0.5：Python 終端機介面

恭喜您！您已經成功地在系統上安裝了 Python 終端機。

幾個重要的套件

本書的一些練習需要使用到以下套件：

- Matplotlib
- Seaborn
- NumPy

請依照本說明安裝它們。若是在 Windows 上，請打開命令提示字串。若是在 macOS 或 Linux 上，則打開終端機並輸入以下命令：

```
pip install matplotlib seaborn numpy
```

如果您偏好使用 Anaconda 來管理您的套件，請輸入以下命令：

```
conda install matplotlib seaborn numpy
```

安裝 Docker

1. 請到 *https://docs.docker.com/docker-for-windows/install/* 安裝適用於 Windows 的 Docker。

2. 請到 *https://docs.docker.com/docker-for-mac/install/* 安裝適用於 macOS 的 Docker。

3. 請到 *https://docs.docker.com/v17.12/install/linux/docker-ce/ubuntu/* 安裝適用於 Linux 的 Docker。

如果您對安裝有任何問題或疑問,歡迎寄電子郵件到 *workshops@packt.com*。

安裝範例程式碼

請從 GitHub 的 *https://packt.live/2PfducF* 下載範例程式碼,並將它們放在您系統中名為 *C:\Code* 的新資料夾中。請參考這些程式碼檔案以取得完整的範例程式碼。

Python 重要基礎 –
數學、字串、
條件陳述式和迴圈

概述

在本章結束時，您將能夠使用整數和浮點數的運算順序來簡化數學運算式；做變數賦值並改變要顯示的 Python 變數型態以及檢索使用者資訊；應用包括如 len()、print() 和 input() 等全域函數；使用索引、切片、字串連接和字串方法操作字串；應用布林和巢式條件以多重路徑來解決問題；利用「for 迴圈」和「while 迴圈」迭代字串和重複數學運算，並透過組合數學、字串、條件陳述式和迴圈創建新的程式。

本章涵蓋了 Python 語言的基礎知識。

介紹

歡迎閱讀 Python Workshop，這本書是為 Python 程式設計語言的新手所寫的。我們的目標是教會您 Python，讓您能夠成為 Python 開發人員和資料科學家，以解決現實世界中的問題。

這本書將結合理論、範例、練習、問題和活動來說明所有核心概念；這樣您就可以學習使用 Python 最佳實踐來解決實際問題。練習和活動是專門用來幫助您複習概念和擴展您的學習。學習 Python 的最好方法是靠自己解決問題。

本書內容針對的是初學者，但是對於那些雖然有經驗，但還不熟悉 Python 的開發人員也同樣有幫助。我們教的不是電腦科學本身，而是 Python。它是世界上最美麗、最強大的程式語言。如果您從未學習過電腦科學，您將在這裡學習最重要的概念；如果您曾經學習過電腦科學，您將會發現以前從未見過的 Python 工具和技巧。

由於 Python 語法簡單，應用範圍廣泛，在機器學習領域佔據主導地位，已成為全球最流行的程式設計語言。在這本書中，您將會熟悉 Python 語法，朝著產出 Python 程式碼的方向邁出重要的一步。您還將取得 Python 開發、資料科學和機器學習方面的經驗。

許多介紹性的 Python 書籍提供了對電腦科學的全面介紹。使用 Python 學習電腦科學或許是一個很好的開始，但本書並不採用這個方法。這些書很少講到關於軟體發展和資料科學的部分，雖然這些部分可能會被小小提及一下，但在本書中，軟體發展和資料科學占了 40% 的內容。

相較之下，許多關於軟體發展和資料科學的書籍並不是為初學者設計的。就算是，它們教授的 Python 基礎知識通常只會用一個簡短的章節來帶過。這本書在 Python 基礎知識和要點上投入了相當大的篇幅。不僅對初學者來說很友善；而且還引導著初學者走過每一步。

除了特別注重 Python 基礎知識和要點的之外，本書內容還是由經驗豐富的教育者、資料科學家和開發人員所撰寫，使這本書不僅僅只是一本教科書或參考書。

Python 不是未來的語言；Python 是當今正夯的語言。透過學習 Python，您將成為一個有能力的開發人員，並且您將在競爭中取得巨大的優勢。這段學習的旅程將會是有趣、引人入勝、具有挑戰性的，而最終，您也會取得相對的回報。

重要的 Python 概念

在本章中，我們將介紹重要的 Python 概念，即每個人在開始撰寫程式碼之前都需要知道的核心元素。您將會看到涵蓋廣泛的主題，著重於數學、字串、條件陳述式和迴圈。到本章結束的時候，您將得到 Python 的堅實基礎，當繼續閱讀這本書的其餘部分之後，您將能夠寫出有意義的 Python 程式。

本書從一個非常著名的開發範例 *Python* 計算工具開始；除了加、減、乘、除和求冪的標準運算外，您還將學習整數除法和取餘數運算子。就算只使用基本的 Python，也可以做出勝過市場上的大多數計算工具程式。

接下來，您將學習到**變數**的部分。Python 是動態型別的語言，這代表著在程式碼執行之前變數型態是未知的。Python 變數不需要特別做初始化。我們會先用到的變數是**整數（integer）型態、浮點數（float）型態**，和**字串（string）型態**。您將會做型態識別並在型態之間進行轉換。

接下來，是處理字串的部分，除了**索引（indexing）**、**切片（slicing）**，和**字串相接（string concatenation）**之外，您還會使用到一些內建函式，如 **print()** 和 **input()** 來與使用者溝通。

繼續往下，您將學到布林值（Booleans），也就是在 Python 中代表的 **true** 或 **false** 的型態。**if** 子句若放在條件陳述式之前將導致分支。布林值和條件陳述式讓我們能透過更多的可能性來撰寫更複雜的程式。

章節的最後是迴圈，迴圈讓我們能重複運算。具體來說，我們會用到 **while** 和 **for** 迴圈，並在使用時搭配 **break**、**continue**。

對於真正的初學者，這個介紹性的章節會讓您快速瞭解基本的程式設計概念。如果您是 Python 的新手，您就會明白為什麼 Python 語言如此清晰、強大和有價值。在本章結束時，您將熟悉 Python 基礎知識，並準備好學習更多的進階概念。

讓我們開始用 Python 撰寫程式碼。

數字：運算、型態和變數

在前言中，我們安裝了 Anaconda，它附帶了 Python 3.7 和 Jupyter Notebook。現在是打開 Jupyter Notebook、開始我們的 Python 之旅的時候了。

打開 Jupyter Notebook

開始閱讀之前，您需要開啟 Jupyter Notebook，開啟步驟如下。

1. 找到並開啟您的 Anaconda Navigator。

2. 在 Anaconda Navigator 中搜尋 Jupyter Notebook 並點擊它。

3. 您選用的 web 瀏覽器將打開一個新視窗。

圖 1.1：Jupyter Notebook 介面

> 📖✐ **Note**
>
> 如果您無法成功開啟 Jupyter Notebook，這可能代表您的 Jupyter Notebook 沒有被正確設定好。請返回前言或到 *https://jupyter-notebook.readthedocs.io/en/stable/troubleshooting.html* 以查看故障排除指南。

Python 計算工具

現在您的環境已經準備就緒，可以開始第一個有趣的題目了。Python 是一個非常強大的計算工具，藉由利用 **math**、**numpy** 和 **scipy** 函式庫，Python 通常都可以勝過一般計算機（預儲程式計算機）。在後面的章節中，您將學習如何使用 **numpy** 和 **scipy** 函式庫。現在，我們將介紹大多數人日常使用的計算工具。

加法、**減法**、**乘法**、**除法**、**求冪**是核心運算。在電腦科學中，**取餘數**運算子和**整數除法**也有同樣重要的地位，所以我們將在這裡介紹它們。

取餘數運算就是取數學除法中的餘數。**取餘數計算**也被稱為**時鐘計算**。例如，**mod5** 代表要取除 5 的餘數，我們會重複地計算 0、1、2、3、4、0、1、2、3、4、0、1⋯這就像時鐘上的指針一樣，永遠都繞圈轉動。

依語言不同，可能會造成除法和整數除法的區別。例如，當整數 9 除以整數 4 時，某些語言回傳 2；其他語言則可能回傳 2.25。在 Python 中則會回傳 2.25。

使用 Python 來作為您計算工具有許多優點。首先，您不必受限於他人撰寫的程式。例如，您可以寫一個程式來找出最大公約數或者兩點之間的歐幾里得距離（Euclidean distance）。

其他優點包括可靠性、精確度和速度。Python 能輸出的小數通常比大多數計算機更多，而且它總是按照您的命令執行。

我們將用一個小範例介紹 Python 可以計算什麼。複數被視為一種 Python 型態。偉大的**數學**函式庫，如 **Turtle**，它可以不費吹灰之力建立多邊形和圓圈，您可以自行探索，或我們也會在第 6 章標準函式庫中提到它。資料分析和機器學習所需的數學，就是從這裡所奠定的基礎開始。

📖 **Note**

在執行本書程式時，請把 **>>>** 之後的所有東西都複製到您的 Jupyter Notebook 裡；也就是說，複製時請不要包含 **>>>**。若要執行程式碼，請確保選取了正確的儲存格，然後按下 *Shift* + *Enter*。您也可以用滑鼠按下 Notebook 最上方的**執行**按鈕，但這會花費比較多時間。請如同開發人員一樣思考，使用按鍵來代替。

標準數學運算

看看我們將在撰寫程式碼時使用的標準數學運算和它們的符號。下表是這些運算和符號：

運算	符號
加法	+
減法	-
乘法	*
除法	/
整數除法	//
求冪	**
取餘數	%

圖 1.2：標準數學運算

📖 **Note**

** 符號不是在所有情況下都代表求冪，但它應該要代表求冪。因為很顯然地，求冪就是做重複的乘法，兩個 * 符號代表重複的乘法。這麼寫簡潔、快速、有效，但其他程式設計語言得要用函數才能做求冪運算。

Python 的 **math** 函式庫提供了另外一種求冪的方法，即呼叫 **math.pow()**，但是 ****** 更簡潔，也更容易使用。

基本數學運算

我們可以使用 + 運算子把兩個數字加起來。下面的例子是把 5 加上 2：

1. 這裡的程式碼使用了加法運算子 +：

```
5 + 2
```

您應該會得到以下輸出：

```
7
```

我們用 + 運算子完成了兩個數字的加法。下面的例子是從 **5** 減去 **2**：

2. 在程式碼中使用減法運算子，我們可以對兩個數字進行減法：

```
5 - 2
```

您應該會得到以下輸出：

```
3
```

下面的例子示範了 5 乘以 2。

3. 使用 * 乘法運算子可將兩個數相乘如下：

```
5 * 2
```

您應該會得到以下輸出：

```
10
```

4. 現在，使用 **/** 除法運算子，並觀察輸出：

```
5 / 2
```

您應該會得到以下輸出：

```
2.5
```

當在做兩個數字相除時，Python 總是回傳一個小數。

5. 現在改用 **//** 運算子進行同樣的除法，這被稱為整數除法。請觀察輸出的變化：

```
5 // 2
```

您應該會得到以下輸出：

```
2
```

整數除法的結果是得到小數點前的整數。

6. 現在，利用 ****** 指數運算子，我們可以求冪：

```
5 ** 2
```

您應該會得到以下輸出：

```
25
```

下一個範例會示範如何使用取餘數運算子。

7. 最後，在程式碼中使用取餘數運算子，請觀察輸出：

```
5 % 2
```

您應該會得到以下輸出：

```
1
```

取餘數運算使用 % 運算子執行，如步驟 7 所示。它回傳第一個數值除以第二個數值後的餘數。

在上述範例中，您使用了不同的數學運算子並在 Jupyter Notebook 中使用它們。接下來，您將繼續學習 Python 中的運算順序。

運算順序

在 Python 中括號是有意義的。當在計算中用到它們時，Python 必定會先計算小括號中的內容。

Python 語言遵循與數學世界相同的運算順序。您可能還記得 PEMDAS 這個縮寫，代表：括號（parentheses）第一，指數（exponentiation）第二，乘法 / 除法（multiplication/division）第三，加法 / 減法（addition/subtraction）第四。

假設我們有運算式：**5 + 2 * -3**

首先要注意的是，在 Python 中負號和減號是相同的。讓我們來看看下面的例子：

1. Python 首先會將 **2** 乘上 **-3**，然後再加上 **5**：

```
5 + 2 * -3
```

您應該會得到以下輸出：

```
-1
```

2. 如果用小括號將 **5** 和 **2** 括起來，會得到不同的結果：

```
(5 + 2) * -3
```

您應該會得到以下輸出：

```
-21
```

如果不確定運算順序時，就請使用括號。括號對於複雜的運算式非常有用，加入額外的括號不會影響程式碼。

在下面的練習題中，我們將深入研究關於數學運算的 Python 程式碼。

練習 1：瞭解運算順序

這個練習的目標是使用 Python 中的主要數學運算並理解它們的執行順序。這個練習可以用 Python 終端機來執行：

1. **100** 減去 **5** 的三次方，即 5^3，再將結果除以 **5**：

```
(100 - 5 ** 3) / 5
```

您應該會得到以下輸出：

```
-5.0
```

2. 將 **6** 與 **15** 除 **4** 的餘數相加：

```
6 + 15 % 4
```

您應該會得到以下輸出：

```
9
```

3. 將 **2** 的 2 次方（即 2^2）與 **24** 整除 **4** 的結果相加：

```
2 ** 2 + 24 // 4
```

您應該會得到以下輸出：

```
10
```

在這個快速的練習中，您已經使用 Python 依照運算循序執行了基本的數學運算。如您所見，Python 是一個優秀的計算工具。在開發人員的職業生涯中，您將經常使用 Python 作為計算工具。

Python 中的空白

您可能會對數值和符號（symbol）之間的空格感到好奇。在 Python 中，數值或符號後面的空格不具有任何意義。因此，**5**3** 和 **5 ** 3** 的結果都是 **125**。

空格是為了增強可讀性。雖然沒有一種所謂正確的方法來擺放程式碼中的空格，但是通常建議在運算元和運算子之間使用空格。因此，**5 ** 3** 這樣的寫法會比較好。

嘗試遵循某些慣例是件好事，如果在早期養成良好的習慣，日後在閱讀程式碼和除錯會更容易。

數值型態：整數和浮點數

現在您將要看的是整數和浮點數之間差在哪裡。請假想一下 8 和 8.0，您知道 8 和 8.0 在數學上是等價的，它們都代表相同的數值，但它們的型態不同。8 是一個整數，而 8.0 是一個小數。

Python 中的整數被歸在 **int**，**int** 是整數（integer）的縮寫。整數包括所有的正整數和負整數，也包括 0。整數的例子包括 3、-2、47 和 10000。

相較之下，浮點數（float）是 Python 用來表示小數的型態。所有能用分數表示的有理數都可以用浮點數表示。浮點數的例子包括 3.0、-2.0、47.45 和 200.001。

> 📖 **Note**
>
> 在本章中我們只討論文字和數值型態，其他型態將在後面的章節才會討論。

可以使用 **type()** 關鍵字取得 Python 型態，如下面的練習。

練習 2：整數和浮點數型態

這個練習的目標是識別型態，然後在 Python 程式碼中修改這些型態。這個練習可以在 Jupyter Notebook 中進行：

1. 透過以下程式碼識別 **6** 的型態：

```
type(6)
```

您應該會得到以下輸出：

```
int
```

2. 現在，在您的 Notebook 的下一個儲存格輸入 **type(6.0)**：

```
type(6.0)
```

您應該會得到以下輸出：

```
float
```

3. 現在，將 **5** 和 **3.14** 相加，請試著猜看看其和的型態：

```
5 + 3.14
```

您應該會得到以下輸出：

```
8.14
```

很明顯，一個 **int** 和一個 **float** 結合的話，我們將會得到一個 **float**。這還蠻合理的，因為若 Python 回傳 8，代表您遺失了某些資訊。在可能的情況下，Python 會轉換型態以保存資訊。

但是，您可以透過使用**型態**關鍵字來修改型態。

4. 現在，請將 **7.999999999** 轉換為 **int**：

```
int(7.999999999)
```

您應該會得到以下輸出：

```
7
```

5. 請將 **6** 轉換為 **float**：

```
float(6)
```

您應該會得到以下輸出：

```
6.0
```

在這個練習題中，您透過使用 **type()** 關鍵字來判定型態，並且在整數和浮點數之間做了型態轉換。作為一名開發人員，會使用到變數型態的情況將會比預期更多。當同時處理數百個變數或編輯其他人的程式碼時，也常常會碰到不確定型態的情況。

> 📖✍ **Note**
>
> 在本章的後面內容中,我們將再次討論型態的修改,即**強制轉型**
> (**casting**)。

複數型態

Python 的正式型態包括複數。當取負數的平方根時,就會出現複數。沒有一個實數的平方根是 -9,所以我們說它等於 3i。複數的另一個例子是 2i + 3。在 Python 中使用 **j** 代替 **i**。

您可以查看以下程式碼片段,以瞭解如何使用複數型態。

用 **2 + 3j** 除以 **1 - 5j**,將兩個子運算都放在括號內:

```
(2 + 3j) / (1 - 5j)
```

您應該會得到以下輸出:

```
-0.5+0.5j
```

有關複數的更多資訊,請查看 *https://docs.python.org/3.7/library/cmath.html*。

Python 中的錯誤

在程式設計中,錯誤並不可怕;甚至是受歡迎的。不僅是初學者很常犯錯誤,對所有開發人員都是如此。在*第 4 章進一步探索 Python、檔案、錯誤和圖形*中,您將學習處理錯誤的技巧。但現在,如果您得到一個錯誤,只要回去再試一次就好。在 Jupyter Notebook 中的 Python 錯誤,不會讓您的電腦崩潰或造成任何嚴重的問題,它們只會導致 Python 程式碼停止執行而已。

變數

在 Python 中,變數是一種可以儲存任何型態元素的記憶體小區塊。變數這個名稱就帶有一種暗示,因為變數背後的概念是,在程式中它的值可以變化。

變數賦值

在 Python 中,變數的使用方式與數學中一樣是使用等號。然而,在大多數程式設計語言中,順序很重要;也就是說,x = 3.14 代表著將 3.14 的值賦值給了 x,但是,3.14 = x 則會產生錯誤,因為不可能將一個變數賦值給一個數值。在下面的練習題中,我們將在程式碼中實作變數賦值,以便更好地理解它。

練習 3:變數賦值

這個練習的目標是為變數賦值。變數可以被賦任何值,您將在本練習題中看到。這練習題可在 Jupyter Notebook 內進行:

1. 請將 **x** 設為 **2**:

```
x = 2
```

在第一個步驟中,我們將 **2** 的值賦給 **x** 變數。

2. 將變數 **x** 加 **1**:

```
x + 1
```

您應該會得到以下輸出:

```
3
```

一旦我們將變數 **x** 加上 **1**,得到的輸出就等於 **3**,因為變數已經加上了 **1**。

3. 將 **x** 設為 **3.0**，並加上 **1**：

```
x = 3.0
x + 1
```

您應該會得到以下輸出：

```
4.0
```

在這步驟中，我們將 **x** 的值變成了 **4.0**，與前 2 個步驟一樣，我們將 **x** 變數加上了 **1**。

在這個小練習結束時，您可能已經注意到，在程式設計中，您可以根據以前的值來指定變數的新值。這是一個強大的用法，許多開發人員都經常使用它。此外，**x** 的型態也發生了變化。**x** 一開始是一個 **int**，但現在 **x = 3.0**，即一個 **float**。因為 Python 是動態型別，在 Python 中這麼做是不會有問題的。

改變型態

在某些語言中，變數的型態不能改變。這代表著如果 **y** 變數是一個整數，那麼 **y** 必須始終是一個整數。然而，Python 是動態型別的語言，正如我們在練習 3，變數賦值中看到的那樣，或如下面的例子所示：

1. **y** 一開始為 **int**：

```
y = 10
```

2. **y** 變成 float：

```
y = y - 10.0
```

3. 查看 **y** 的型態：

```
type(y)
```

您應該會得到以下輸出：

```
float
```

在下一個主題中，您將看到依據變數本身的值重新賦值的情況。

依據變數本身重新賦值

在程式設計中，把 **1** 加到一個變數中是很常見的；例如，**x = x + 1**。可以縮寫為 **+=**，如下例所示：

```
x += 1
```

所以，如果 **x** 之前是 **6**、**x** 現在就是 **7**。**+=** 運算子將右邊的數值加入到變數，並將變數設定為新數值。

活動 1：為變數賦值

在這個活動中，您將為 **x** 變數賦一個數值，然後請遞增該數值，並執行其他運算。

完成此活動時，您將瞭解如何使用 Python 執行多個數學運算。這項活動可以在 Jupyter Notebook 中進行。

步驟如下：

1. 首先，將 **x** 變數設為 **14**。

2. 現在，將 **1** 加入到 **x** 中。

3. 最後，將 **x** 除以 **5** 並將得到的結果做平方。

   您應該會得到以下輸出：

```
9.0
```

> **Note**
>
> 此活動的解答在第 578 頁。

變數名稱

為了避免混淆，建議使用對閱讀程式的人來說有意義的變數名稱。比起使用 **x**，將變數取名為 **income** 或 **age** 會更好。雖然 **x** 比較短，但是其他人讀程式碼時可能不明白 **x** 到底指的是什麼，所以試著使用能表明意義的變數名稱。

在命名變數時有一些限制。例如，變數名稱不能以數值、大多數特殊字元、關鍵字或內建型態開頭，也不能在字母之間包含空格。

根據 Python 的慣例，最好使用小寫字母並避免使用特殊字元，因為特殊字元經常會導致錯誤。

Python 語言中有一些關鍵字，它們有特殊的含義。稍後我們將討論到大部分的關鍵字。

執行以下兩行程式碼，會顯示當前的 Python 關鍵字 list：

```
import keyword
print(keyword.kwlist)
```

您應該會得到以下輸出：

```
['False', 'None', 'True', 'and', 'as', 'assert', 'async', 'await', 'break', 'class', 'continue', 'def', 'del', 'elif', 'else', 'except', 'finally', 'for', 'from', 'global', 'if', 'import', 'in', 'is', 'lambda', 'nonlocal', 'not', 'or', 'pass', 'raise', 'return', 'try', 'while', 'with', 'yield']
```

圖 1.3：Python 關鍵字

Note

如果試圖用上述任何關鍵字作為變數名稱，Python 將拋出一個錯誤。

練習 4：變數名稱

這個練習的目標是透過思考好的和壞的變數名稱，來學習命名變數的標準方法。這個練習可在 Jupyter Notebook 中進行：

1. 建立一個名為 **1st_number** 的變數，將它賦值為 **1**：

```
1st_number = 1
```

您應該會得到以下輸出：

```
File "<ipython-input-6-05d80cc97354>", line 1
  1st_number = 1
           ^
SyntaxError: invalid syntax
```

圖 1.4：拋出語法錯誤

您將得到前面螢幕截圖中的錯誤，因為您不能以數值作為變數名稱的開頭。

2. 現在，讓我們嘗試用字母作為一個變數名稱的開頭：

```
first_number = 1
```

3. 在變數名稱中使用特殊字元，如下面的程式碼所示：

```
my_$ = 1000.00
```

您應該會得到以下輸出：

```
File "<ipython-input-7-e3c03546ed83>", line 1
    my_$ = 1000.00
        ^
SyntaxError: invalid syntax
```

圖 1.5：拋出語法錯誤

您會得到圖 1.4 中出現的錯誤，因為變數名稱中不能包含特殊字元。

4. 將變數名稱中的特殊字元用字母替換：

```
my_money = 1000.00
```

在這個練習題中，您學到了在命名變數時使用底線來分隔單詞，不要在變數名稱的開頭使用數值或任何符號。您將會很快就習慣這些 Python 慣例。

多個變數

大多數程式中都含有許多變數，使用的規則與處理單個變數時相同。在下面的練習題中，您將練習使用多個變數。

練習 5：Python 中使用多個變數

在這個練習題中，您將使用多個變數執行數學運算。這個練習可在 Jupyter Notebook 中進行：

1. 指定 **x** 的值為 **5**，**y** 的值為 **2**：

```
x = 5
y = 2
```

2. 將 **x** 加上 **x**，然後減去 **y** 的平方：

```
x + x - y ** 2
```

您應該會得到以下輸出：

```
6
```

Python 有很多很酷的便捷寫法，多變數賦值就是其中之一。下面是用 Python 風格去宣告兩個變數的方法。

 Note

> Python 風格（Pythonic）是一個術語，用來描述可讀性最好的程式碼格式。這將在第 7 章 Python 風格中介紹。

3. 在同一行中指定 **x** 的值為 **8**，以及指定 **y** 為 **5**：

```
x, y = 8, 5
```

4. 做 x 與 y 的整數除法：

```
x // y
```

您應該會得到以下輸出：

```
1
```

在這個練習題中，您練習了如何處理多個變數，甚至還學習了在一行中為多個變數賦值的 Python 風格寫法，在實際實作中很少會只處理一個變數。

注釋

注釋是一種不會執行的程式碼區塊，它們存在的目的是為讀者說明程式碼。在 Python 中，一行程式碼中 # 符號之後的任何文字都是注釋。這種寫在 # 符號後的注釋可以內嵌在一行程式碼內或獨立寫成一行。

> 📖 **Note**
>
> 使用一致的注釋方式，將使瀏灠和除錯程式碼更加容易。強烈建議您從現在開始就這樣做。

練習 6：Python 中的注釋

在這個練習題中，您將學習在 Python 中兩種不同顯示注釋的方法。這個練習可在 Jupyter Notebook 中進行：

1. 寫一條注釋，內容寫著**這是注釋**：

```
# 這是注釋
```

當您執行此儲存格時，不會發生任何事情。

2. 將 **pi** 變數設為 **3.14**。在這行上面加上注釋，說明您做了什麼：

```
# 將變數 pi 設為 3.14
pi = 3.14
```

這樣的注釋是為了說明後面的東西。

3. 嘗試將 **pi** 變數再次設定為 **3.14**，但是在同一行加入說明的注釋：

```
pi = 3.14 # 將變數 pi 設為 3.14
```

儘管在同一行程式碼寫注釋的情況不太常見，但這是可以接受的，而且通常也是合宜的做法。

您應該會在 Jupyter Notebook 中得到以下輸出：

```
In [5]:  # 這是注釋
```

```
In [6]:  # 將變數 pi 設為 3.14
         pi = 3.14
```

```
In [7]:  pi = 3.14      # 將變數 pi 設為 3.14
```

圖 1.6：從使用注釋的 Jupyter Notebook 得到的輸出

在這個練習題中，您學到的是如何用 Python 撰寫注釋。作為一名開發人員，撰寫注釋對於其他閱讀您程式碼的人來說是非常重要的。

Docstring

Docstring 是文件字串（document string）的縮寫，用來說明指定的文件（例如程式、函式或類別）實際是用來做什麼的。Docstring 和注釋在語法上的主要差異是，docstring 適用於想要把注釋寫成多行的情況，利用三重引號 """ 來撰寫。由於它們用於介紹指定的文件，因此它們會被放在文件的頂部。

下面是一個 docstring 的例子：

```
"""
這份文件將探討為什麼在撰寫和讀取程式碼時
注釋特別能發揮功用。
"""
```

當您執行這個儲存格時，什麼也不會發生，docstring 和一般的注釋一樣，功能是提供開發人員閱讀和撰寫程式碼的資訊；它們與程式碼的輸出無關。

活動 2：在 Python 中使用畢達哥拉斯定理

在這個活動中，您將算出三個點之間的畢達哥拉斯距離。您將使用一個 docstring 和數個注釋來說明整個流程。

在這個活動中，您需要指定值給 **x**、**y**、**z** 變數，把這些變數做平方，並取平方根來取得距離，同時沿途提供注釋以及使用一個 docstring 來依序介紹步驟。為了完成這個活動，您將使用多個變數、注釋和 docstring 來確定三個點之間的畢達哥拉斯距離。

步驟如下：

1. 寫一個 docstring 來描述將要發生的事情。

2. 設定 **x**、**y**、**z** 分別等於 **2**、**3**、**4**。

3. 找出 **x**、**y**、**z** 的畢達哥拉斯距離。

4. 在每一行程式碼中都加入說明注釋。

   您應該會得到以下輸出：

```
5.385164807134504
```

📖 **Note**

此活動的解答在第 578 頁。

在本章中到目前為止，您已經把 Python 當作一個基本的計算工具使用過，也已經了解運算的順序了。您也看過了 **int** 和 **float** 之間的差異，並學習如何在它們之間互相轉換。您已經能實作變數賦值和重新賦值變數，以使程式的執行更加順暢。您還利用注釋使程式碼更具可讀性，並學習到如何看出是否發生了語法錯誤。此外，您還學習了一些很酷的 Python 快捷寫法，包括在一行中為多個變數賦值。另外，也探索了 Python 的複數型態。

接下來，您將探索 Python 的另一種主要型態，字串。

字串：連接、方法和 input()

您已經學會了如何表達數值、運算和變數。那如果是一個字串要如何表達呢？在 Python 中，任何位於 ' 單 ' 或 " 雙 " 引號之間的文字都會被認為是字串。通常字串用來代表文字，但除此之外字串還有許多其他用途，包括向使用者顯示資訊和從使用者那裡取得資訊。

字串的範例包括 'hello'、"hello"、'HELLoo00'、'12345' 和 'fun_characters':!@#$%^&*('。

在本節中，透過查看多個字串方法、字串連接和實用的內建函式（包括 **print()** 和 **len()**）以及大量的範例，您將獲得使用字串的能力。

字串語法

雖然字串可以使用單引號或雙引號，但必須一致。也就是說，如果一個字串以單引號開始，那麼它必須以單引號結束，雙引號也是如此。

您可以在練習 7，字串錯誤語法中看到有效和無效字串。

練習 7：字串錯誤語法

這個練習的目標是學習正確的字串語法：

1. 打開一個 Jupyter Notebook。
2. 輸入一個有效的字串：

```
bookstore = 'City Lights'
```

3. 現在輸入一個無效字串：

```
bookstore = 'City Lights"
```

您應該會得到以下輸出：

```
File "<ipython-input-2-9c3a3fab8dfa>", line 1
    bookstore = 'City Lights"
                            ^
SyntaxError: EOL while scanning string literal
```

圖 1.7：無效字串格式

如果您在開頭處用了單引號，那麼在結束處也必須是單引號。由於上面的字串被認定為尚未結束，所以您將得到一個語法錯誤。

4. 現在您需要再次輸入一個有效的字串格式，如下面的程式碼片段：

```
bookstore = "Moe's"
```

這樣寫是合法的，字串以雙引號開始和結束，除了相同的引號之外，引號中間可以寫任何東西。

5. 現在再次寫下一個無效字串：

```
bookstore = 'Moe's'
```

您應該會得到以下輸出：

```
File "<ipython-input-4-0ef68cccb92b>", line 1
    bookstore = 'Moe's'
                      ^
SyntaxError: invalid syntax
```

圖 1.8：不合法字串

問題發生了，雖然您以單引號開始和結束，但是您還加入了一個 **s** 和另一個單引號。

這就產生了幾個問題。第一個問題是到底應該使用單引號還是雙引號。答案是，這取決於開發人員的偏好。傳統上通常使用雙引號，可以用來避免可能出現問題的情況，如前面的 **Moe's** 範例。但若使用單引號，就省下了按 **Shift** 鍵的必要。

在這個練習題中，您學到的是將字串正確和不正確賦值給變數的方法，其中包括了使用單引號和雙引號的情況。

Python 在字串中，使用反斜線字元 **** 來**脫逸（escape）**序列，字串中的脫逸序列讓我們可以在字串中插入任何種類的引號。在一個脫逸序列中，跟在反斜線後面的字元會依照下面 Python 的官方文件解讀。請特別注意 **\n**，它的功能是建立一個新行：

脫逸序列	意義
\ 換行	忽略換行
\\	反斜線（\）
\'	單引號（'）
\"	雙引號（"）
\a	ASCII 編碼中的 BELL（BEL）
\b	ASCII 編碼中的空白（BS）
\f	ASCII 編碼中的 Formfeed（FF）
\n	ASCII 編碼中的 Linefeed（LF）
\r	ASCII 編碼中的 Carriage Return（CR）
\t	ASCII 編碼中的 Horizontal Tab（TAB）
\v	ASCII 編碼中的 Vertical Tab（VT）
\ooo	ASCII 編碼中八進位 ooo 代表的字元
\xhh...	ASCII 編碼中十六進位 hh... 代表的字元

圖 1.9：脫逸序列及其意義

> 📖 **Note**
>
> 有關字串的更多資訊，可以參考 *https://docs.python.org/2.0/ref/strings.html*。

引號中的脫逸序列

下面說明在引號中如何使用脫逸序列。反斜線會讓單引號不再是結束引號,並讓它被解釋為字串中的字元:

```
bookstore = 'Moe\'s'
```

多行字串

短字串總是可以好好地顯示,但是多行字串呢?若想定義一個用來代表含有多行文字段落的變數是很麻煩的。在一些 IDE 中,字串可能會超出螢幕,導致難以閱讀。此外,為使用者在指定的位置上設定分行符號可能是比較好的做法。

> 📖 **Note**
>
> 不能在單引號或雙引號中換行。

當字串需要跨多行時,Python 提供了三重引號,使用單引號或雙引號來組成為三重引號是個不錯的選擇。

下面是一個使用三重引號('''')來撰寫多行字串的例子:

```
vacation_note = '''
During our vacation to San Francisco, we waited in a long line by
Powell St. Station to take the cable car. Tap dancers performed on
wooden boards. By the time our cable car arrived, we started looking
online for a good place to eat. We're heading to North Beach.
'''
```

> 📖 **Note**
>
> 多行字串的語法與 docstring 相同,差別只有 docstring 出現在文件的開頭,而一個多行字串則是出現在程式之中。

print() 函式

print() 函式用於向使用者或開發人員顯示資訊，它是 Python 中最常被使用的內建函式之一。

練習 8：顯示字串

在這個練習題中，您將學習不同的方式來顯示字串：

1. 請打開一個新的 Jupyter Notebook。

2. 使用一個值為 'Hello' 的問候用變數，使用 **print()** 函式顯示問候語：

```
greeting = 'Hello'
print(greeting)
```

您應該會得到以下輸出：

```
Hello
```

像上面顯示的 **Hello** 那樣不包括單引號。這是因為 **print()** 函式通常是為了印出輸出給使用者看。

> 📖 **Note**
>
> 引號是給開發人員用的語法，而不是給使用者用的語法。

3. 不使用 **print()** 函式，還是可以顯示 **greeting** 值：

```
greeting
```

您應該會得到以下輸出：

```
'Hello'
```

當我們只輸入 **greeting** 而不使用 **print()** 函式時，我們得到的是撰寫程式碼中的值，因此帶有引號。

4. 假設在一個 Jupyter Notebook 的一個儲存格中有以下程式碼：

```
spanish_greeting = 'Hola.'
spanish_greeting
arabic_greeting = 'Ahlan wa sahlan.'
```

當上面的儲存格執行時，前面的程式碼將不會顯示 **spanish_greeting** 的值。如果程式碼是在終端機上以三行單獨的程式碼執行，那就會顯示 **Hola.**（賦值給 **spanish_greeting** 的字串）。如果前面的三行程式碼是在 Jupyter Notebook 中分別的三個獨立格中執行，情況也會相同。為了保持一致性，請使用 **print()** 顯示資訊。

5. 顯示西班牙（Spanish）問候語：

```
spanish_greeting = 'Hola.'
print(spanish_greeting)
```

您應該會得到以下輸出：

```
Hola.
```

6. 現在，以下面的程式碼片段顯示阿拉伯語（Arabic）問候訊息：

```
arabic_greeting = 'Ahlan wa sahlan.'
print(arabic_greeting)
```

您應該會得到以下輸出：

```
Ahlan wa sahlan.
```

編譯器會依序逐行執行，每當它碰到 **print()** 時，它就顯示資訊。

在這個練習題中，您學到了顯示字串的不同方法，包括使用 **print()** 函式。作為一名開發人員，您將會經常用到 **print()** 函式。

字串運算和連接

乘法和加法運算子也可以用於字串。具體來說，**+** 運算子是將兩個字串組合為一個，稱為**字串連接（string concatenation）**。乘法 ***** 運算子則是會重複一個字串。在下面的練習題中，您將看到範例字串被連接起來。

練習 9：字串連接

在這個練習題中，您將學習如何使用字串連接組合字串：

1. 請打開一個新的 Jupyter Notebook。

2. 將我們在練習 *8*，顯示字串中使用的 **spanish_greeting** 與 'Senor' 連接起來，使用 **+** 運算子，並顯示結果：

```
spanish_greeting = 'Hola'
print(spanish_greeting + 'Senor.')
```

您應該會得到以下輸出：

```
HolaSenor.
```

注意到 **Hola** 和 Senor. 之間沒有空格。如果我們想要字串之間有空格，我們需要手動加入。

3. 現在再次將 **spanish_greeting** 與 'Senor.' 連接起來，一樣使用 **+** 運算子，但這次包含一個**空格**：

```
spanish_greeting = 'Hola '
print(spanish_greeting + 'Senor.')
```

您應該會得到以下輸出：

```
Hola Senor.
```

4. 使用 * 乘法運算子顯示問候語 5 次：

```
greeting = 'Hello'
print(greeting * 5)
```

您應該會得到以下輸出：

```
HelloHelloHelloHelloHello
```

成功地完成這個練習後，您應該已學會使用 + 和 * 運算子做字串連接。

字串插值

在撰寫字串相關程式碼時，可能會希望在輸出中包含變數值。字串插值指的就是將變數名稱做為預留位置寫到字串中。實作字串插值的標準方法有兩種：分別是**逗號分隔符號**和**格式字串**。

逗號分隔符號

變數可以用逗號分隔子句插入到字串中，用起來類似於 + 運算子，只是它會為您加入空格。

這裡有一個例子，我們在 **print** 述句中插入了 **Ciao**：

```
italian_greeting = 'Ciao'
print('Should we greet people with', italian_greeting, 'in North Beach?')
```

您應該會得到以下輸出：

```
Should we greet people with Ciao in North Beach?
```

Format

Format 和逗號分隔符號一樣，執行時會將 Python 的型態如**整數**、**浮點數**等等轉換成字串。請使用括號和點標記法存取 **format**：

```
owner = 'Lawrence Ferlinghetti'
age = 100
print('The founder of City Lights Bookstore, {}, is now {} years old.'
.format(owner, age))
```

您應該會得到以下輸出：

```
The founder of City Lights Bookstore, Lawrence Ferlinghetti, is now 100
years old.
```

format 的工作方式如下：首先，您要先定義變數。接下來，在格式字串中，使用 **{}** 代表每個變數。在格式字串的尾端加入一個點（**.**），後面跟著 **format** 關鍵字。然後，在括號中依希望變數的出現順序列出每個變數。在下一節中，您將看到提供給 Python 開發人員使用的內建字串函式。

len() 函式

在字串中有許多內建函式非常實用，其中一個函式是 **len()**，它是 length 的縮寫。**len()** 函式的功能是取得指定字串中的字元數。

請注意，**len()** 函式會把指定字串中的所有空格也一併計算進去。

在這個範例中，您會用到練習 8，顯示字串中的 **arabic_greeting** 變數：

```
len(arabic_greeting)
```

您應該會得到以下輸出：

```
16
```

> **Note**
>
> 當在 Jupyter Notebook 中輸入變數時，您可以使用 **tab 完成**。輸入一兩個字母後，按下 *Tab* 鍵。然後，Python 會顯示出所有可用的後續輸入，以完成運算式。如果操作正確，您應該會看到您想用的變數，然後您可以選取該變數並按 *Enter*。使用 tab 完成可避免輸入錯誤。

字串方法

所有 Python 型態，包括字串，都擁有屬於自己的方法。這些方法通常提供快速簡便的方法來完成實用的任務。與許多其他語言一樣，Python 中的方法是透過點符號來存取的。

您可以建立一個名為 **name** 的新變數來看看有哪些方法可用。在輸入變數名稱和一個點之後，您可以透過按下 *Tab* 鍵來列出所有可用方法。

練習 10：字串方法

在這個練習題中，您將學習如何實作字串方法。

1. 建立一個名為 **name** 的新變數，並為它指定成某人的名字：

```
name = 'Corey'
```

> **Note**
>
> 在變數名稱和點（ . ）後面按 **Tab** 鍵可取得字串的方法，如下面的畫面截圖所示：

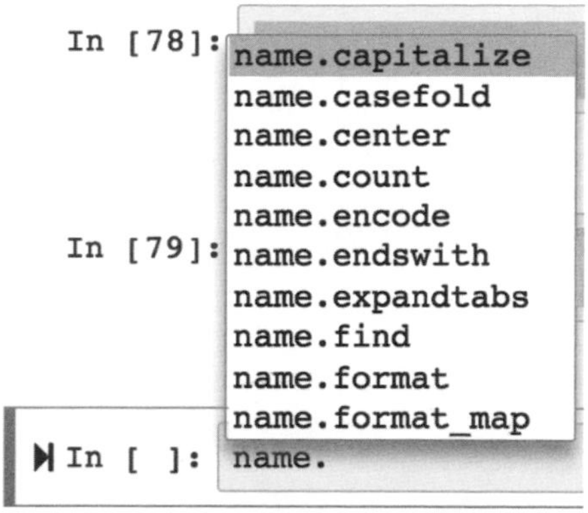

圖 1.10：透過下拉式功能表設定變數 name

您可以向下滾動清單以取得所有可用的字串方法。

2. 使用 **lower()** 函式將名稱轉換為小寫字母：

```
name.lower()
```

您應該會得到以下輸出：

```
'corey'
```

3. 使用 **capitalize()** 函式，將首字母大寫：

```
name.capitalize()
```

您應該會得到以下輸出：

```
'Corey'
```

4. 使用 **upper()** 將名稱轉換為全部大寫字母：

```
name.upper()
```

您應該會得到以下輸出：

```
'COREY'
```

5. 最後，計算單詞 **'Corey'** 中 **o** 出現的次數：

```
name.count('o')
```

您應該會得到以下輸出：

```
1
```

在這個練習題中，您學到的是各種字串方法，包括 **lower()**、**capitalize()**、**upper()** 和 **count()**。

方法只能對它們所屬的型態發揮作用。例如，**lower()** 方法只適用於字串，而不適用於整數或浮點數。相較之下，像 **len()** 和 **print()** 這樣的內建函式可以應用於各種型態。

> 📖 **Note**
>
> 方法不會去更改原始變數的值，除非我們手動重新賦值該變數。所以，儘管我們用了這些方法，原來的名字也不會被修改。

強制轉型（Casting）

在處理輸入和輸出時，通常將數值以字串表示（請注意 **'5'** 和 **5** 是不同的型態）。我們可以使用適當的型態關鍵字輕鬆地在數值和字串之間進行轉換。在下面的練習題中，我們將使用型態和強制轉型來更好地理解這些概念。

練習 11：型態和強制轉型

在這個練習題中，您將學習怎麼把 type() 函式和強制轉型搭配在一起使用：

1. 請打開一個新的 Jupyter Notebook。

2. 取得 '5' 型態：

```
type('5')
```

您應該會得到以下輸出：

```
str
```

3. 現在，將 '5' 和 '7' 相加：

```
'5' + '7'
```

您應該會得到以下輸出：

```
'57'
```

答案不是 12，因為此處的 **5** 和 **7** 是 **string** 型態，而不是 **int** 型態。請回想一下用 **+** 運算子連接字串時，如果把 **5** 和 **7** 相加，我們必須先做轉換。

4. 使用以下程式碼片段將 '5' 字串轉換為 **int**：

```
int('5')
```

您應該會得到以下輸出：

```
5
```

現在的 **5** 是一個數值，因此可以透過標準的數學運算與其他數值相加。

5. 先將 '5' 和 '7' 轉換為 **int**，再相加：

```
int('5') + int('7')
```

您應該會得到以下輸出：

```
In [4]:  int('5') + int('7')

Out[4]:  12
```

圖 1.11：字串轉換為兩個整數後相加的輸出

在這個練習題中，您學到的是幾種強制轉型字串的方法。

input() 函式

input() 函式是讓使用者做輸入的內建函式，這和我們目前看過的函式有點不同。接著就讓我們看看它是如何工作的。

練習 12：input() 函式

在這個練習題中，您將使用 **input()** 函式從使用者處取得資訊：

1. 請打開一個新的 Jupyter Notebook。

2. 詢問使用者的姓名，並用合適的問候語回應：

```
# 問使用者一個問題
print('What is your name?')
```

您應該會得到以下輸出：

```
In [1]:  # 問使用者一個問題
         print('What is your name?')

         What is your name?
```

圖 1.12：提示使用者回答一個問題

3. 現在，請建立一個變數，它將等於 **input()** 函式，如下面的程式碼片段：

```
name = input()
```

您應該會得到以下輸出：

$$In \ [*]: \ \boxed{name = input()}$$

$$\boxed{Corey}$$

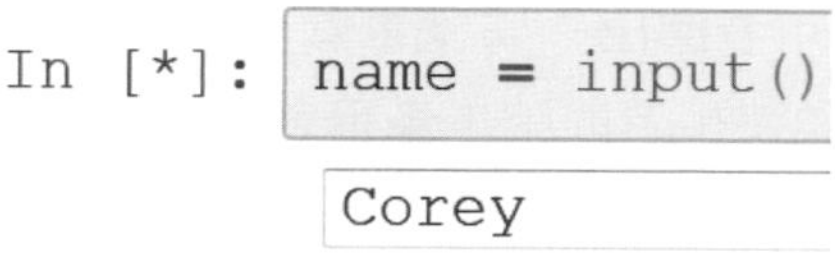

圖 1.13：使用者可以在出現的空格中輸入任何內容

4. 最後，做合適的輸出：

```
print('Hello, ' + name + '.')
```

您應該會得到以下輸出：

$$In \ [3]: \ \boxed{print('Hello, ' + name + '.')}$$

Hello, Corey.

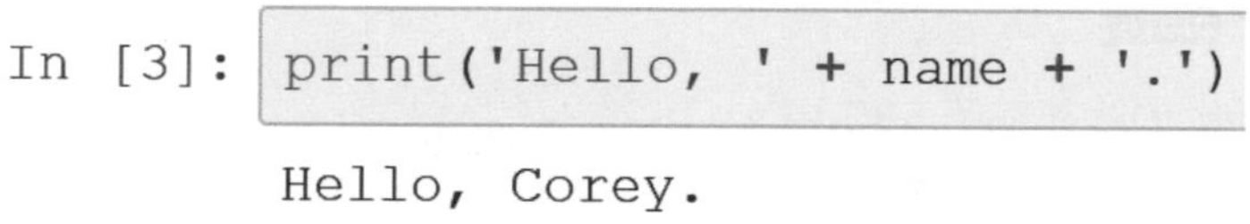

圖 1.14：按下 Enter 後，就會顯示完整的字串

> **Note**
>
> 在 Jupyter Notebook 中使用 **input()** 可能會碰到些障礙，如果在輸入程式碼時出現錯誤，請嘗試**重新啟動**核心。重新啟動核心可清掉當前記憶體並重新啟動每個儲存格，在 Notebook 卡住的時候，就可以這麼做。

在這個練習題中，您學到的是 **input()** 函式是如何工作的。

活動 3：使用 input() 函式來評分一天過得如何

在這個活動中，您需要建立一個輸入型態，在該輸入型態中，您要求使用者評分他們的一天過得如何，以 1 到 10 評分。

請使用 **input()** 函式，提示使用者做輸入，並在回應中使用包含輸入的說明。在此活動中，您將向使用者印出一條請求數值的訊息。然後，您將把數值賦值給一個變數，並在顯示給使用者的第二條訊息中使用該變數。

步驟如下：

1. 請打開一個新的 Jupyter Notebook。

2. 顯示一個問題，提示使用者以 **1** 到 **10** 的數字來評分他們的一天。

3. 將使用者的輸入保存在變數中。

4. 向使用者顯示包含數值的述句。

📖 **Note**

此活動的解答在第 580 頁。

字串索引和切片

索引（indexing） 和 **切片（slicing）** 是程式設計時的重要功能。在資料分析中，一定會碰到對 DataFrames 做索引和切片，以取得列和欄，我們將在 *第 10 章*，用 *pandas* 和 *NumPy* 做資料分析中實作。對 DataFrames 做索引和切片背後的機制與對字串做時是一樣的，我們將在本章中學習字串的索引和切片。

索引

Python 字串中的字元有特定的位置；換句話說，它們的順序很重要。索引是用數值表示每個字元的所在位置。第一個字元的索引為 0，第二個字元的索引為 1；第三個字元的索引為 2，依此類推。

> 📖 **Note**
>
> 講到索引時，總是從 0 開始。

假設有以下字串：

```
destination = 'San Francisco'
```

'S' 在第 0 個索引處，**'a'** 在第 1 個索引處，**'n'** 在第 2 個索引處，以此類推。
使用中括號可以取得每個索引處的字元，如下：

```
destination[0]
```

您應該會得到以下輸出：

```
'S'
```

若要存取第 1 個索引處的資料，請輸入以下內容：

```
destination[1]
```

您應該會得到以下輸出：

```
'a'
```

若要存取第 2 個索引處的資料，請輸入以下內容：

```
destination[2]
```

您應該會得到以下輸出：

```
'n'
```

圖 1.15 中是 **San Francisco** 的字元值及對應的索引計數：

字元值	S	a	n
索引計數	0	1	2

圖 1.15：字元值及其對應的正索引值

現在，請嘗試加入索引值 **-1**，並觀察輸出：

```
destination[-1]
```

您應該會得到以下輸出：

```
'o'
```

> 📖✍ **Note**
>
> 負數代表要從字串的末端開始（從 -1 開始是有意義的，因為 -0 和 0 是一樣的值）。

為了從 **San Francisco** 尾端開始存取資料，我們在本例中使用 **-2**：

```
destination[-2]
```

您應該會得到以下輸出：

```
'c'
```

圖 1.16 說明單詞 **Francisco** 中的 **sco** 字元，以及對應的索引計數：

字元值	s	c	o
索引計數	-3	-2	-1

圖 1.16：Francisco 負索引值

再舉一個例子：

```
bridge = 'Golden Gate'
bridge[6]
```

您應該會得到以下輸出：

```
' '
```

您可能想知道您是否做錯了什麼事，因為沒有顯示任何字母。不不不，它其實是顯示一個空字串。實際上，空字串是程式設計中最常見的字串之一。

切片

切片用來取得字串或其他元素的子集。其中的一片可以是整個元素，也可以是一個字元，但更常見的是一組相鄰字元。

假設您想要存取一個字串的第 5 到第 11 個字母。因此，您應該從索引 4 開始取，直到索引 10 結束，正如前面索引小節中所說明的那樣。當要做切片時，請在索引之間插入冒號（:），像這樣：[4:10]。

這裡有一個警告要說，切片的下界總是包含在內，但上界卻不包含在內。因此，在前面的範例中，如果希望包含第 10 個索引，則必須使用 [4:11]。

現在，您應該看一下下面的切片範例。

假設想從前面範例所用的 **San Francisco** 字串，取得從第 5 個字串開始，一直到第 11 個字母：

```
destination[4:11]
```

您應該會得到以下輸出：

```
'Francis'
```

若是要取得 **destination** 的前三個字母：

```
destination[0:3]
```

您應該會得到以下輸出：

```
'San'
```

有一個簡便寫法可取得一個字串的前 **n** 個字母。就是把第 1 個數值省略不寫，Python 將從第 0 個索引開始。

現在，若要使用簡便寫法檢索出 **destination** 的開頭 8 個字母，可使用以下程式碼：

```
destination[:8]
```

您應該會得到以下輸出：

```
'San Fran'
```

最後，使用以下程式碼取得 **destination** 的最後三個字母：

```
destination[-3:]
```

您應該會得到以下輸出:

```
'sco'
```

負號 – 代表從倒數第三個字母開始,而省略冒號後面的數字代表要一直到尾端。

字串及字串方法

我們前面已介紹過字串語法,還有各種連接字串的方法。您也看到了一些實用的內建函式,包括 **len()** 和一個字串方法範例。然後,是將數值轉換為字串,或從字串轉成數值。

input() 函式用於取得使用者輸入,取得輸入讓您能做的事變多了。回應使用者的輸入是您在程式設計路途上很重要的一件事。最後,您也使用到開發人員經常使用的兩個強大工具:索引和切片。

關於字串還有很多需要學習的地方。在這本書中,您會遇到更多的問題和用到更多字串方法。這一章的目的是讓您掌握處理字串的基本技能。

接下來,您將學習如何使用條件陳述式和布林值對程式進行分支處理。

布林運算和條件陳述式

布林值(Boolean)以 George Boole 命名,其值可能是 **True** 或 **False**。儘管布林值背後的概念相當簡單,但它們能大幅增加程式設計的威力。

例如,在撰寫程式時,考慮多種情況是很有用的。如果您提示使用者輸入資訊,您可能會想要根據使用者的回答做出不同的回應。

例如,如果使用者給出的評分為 0 或 1,那麼您給出的回應可能與得到評分為 9 或 10 的時候不同。我們會在這種情況下用到關鍵字 **if**。

會依多種情況改變的程式設計稱為分支（branching）。每個分支由不同的條件代表。條件句通常以 **'if'** 子句開始，後面接著 **'else'** 子句。要選擇哪個分支由布林值決定，取決於給定條件是否為 **True** 或 **False**。

布林值

在 Python 中，布林類別物件由 **bool** 關鍵字代表，其值為 **True** 或 **False**。

> 📖✍ **Note**
>
> 在 Python 中，布林值的字首必須大寫。

練習 13：布林變數

在這個簡短的練習題中，您將使用賦值和檢查布林變數的型態：

1. 請打開一個新的 Jupyter Notebook。

2. 使用一個布林值來標識某人已滿 **18** 歲，請見下面的程式碼片段：

```
over_18 = True
type(over_18)
```

您應該會得到以下輸出：

```
bool
```

看到我們要求的輸出了，其型態為布林型態，即 **bool**。

3. 使用布林值標識某人不超過 **21** 歲：

```
over_21 = False
type(over_21)
```

您應該會得到以下輸出：

```
bool
```

在這個簡短、快速的練習中，您應該已瞭解如何使用 **bool** 型態，這是 Python 最重要的型態之一。

邏輯運算子

布林值可與 **and**、**or**、**not** 邏輯運算子組合使用。

例如，假設我們有以下前提：

A = True

B = True

Y = False

Z = False

not 可簡單地否定這些值，如下所示：

not A = False

not Z = True

只有當兩個前提都為真時，**and** 的結果才為真。否則為假：

A and B = True

A and Y = False

Y and Z = False

如果其中一個前提為真，那麼 **or** 的結果就會是真。否則為假：

A or B = True

A or Y = True

Y or Z = False

現在讓我們在下面的範例中使用它們。

假設 **over_18 = True**、**over_21 = False**，請判斷下列條件是 **True** 或 **False**：

- **over_18** and **over_21**
- **over_18** or **over_21**
- not **over_18**
- not **over_21** or (**over_21** or **over_18**)

1. 您需要在程式碼中先把 **over_18** 和 **over_21** 賦值為 **True** 和 **False**：

```
over_18, over_21 = True, False
```

2. 接下來如果猜某人既可滿足 **over_18** 也可滿足 **over_21**：

```
over_18 and over_21
```

您應該會得到以下輸出：

```
False
```

3. 若假設某人可滿足 **over_18** 或 **over_21**：

```
over_18 or over_21
```

您應該會得到以下輸出：

```
True
```

4. 若假設某人不滿足 **over_18**：

```
not over_18
```

您應該會得到以下輸出：

```
False
```

5. 若假設某人不滿足 **over_21** 或 **(over_21 or over_18)**：

```
not over_21 or (over_21 or over_18)
```

您應該會得到以下輸出：

```
True
```

在下一節中，我們將學習布林值的比較運算子。

比較運算子

有多種符號可將 Python 物件轉換為布林值後進行比較。

<	小於
<=	小於等於
>	大於
>=	大於等於
==	等於
!=	不等於

圖 1.17：比較運算子和其符號列表

> 📖 **Note**
>
> **=** 和 **==** 符號經常被混淆。符號 **=** 是賦值符號。所以 **x = 3** 的意思是將整數 **3** 賦值給 **x** 變數。符號 **==** 代表要進行比較。因此 **x == 3** 的意思是去檢查 **x** 是否等於 **3**，**x == 3** 所得到的結果將會是 **True** 或 **False**。

練習 14：比較運算子

在這個練習題中，將練習使用比較運算子。我們從一些基本的數學範例開始：

1. 請打開一個新的 Jupyter Notebook。

2. 將 **age** 設為 **20**，並用一個比較運算子來檢查 **age** 是否小於 **13**：

```
age = 20
age < 13
```

您應該會得到以下輸出：

```
False
```

3. 下面的程式碼片段，可以檢查 **age** 是否大於等於 **20** 和小於等於 **21**：

```
age >= 20 and age <= 21
```

您應該會得到以下輸出：

```
True
```

4. 檢查 **age** 是否等於 **21**：

```
age != 21
```

您應該會得到以下輸出：

```
True
```

5. 檢查 **age** 是否等於 **19**：

```
age == 19
```

您應該會得到以下輸出:

```
False
```

相等運算子 **==** 在 Python 中非常重要。它讓我們能確定兩個物件是否相等。現在,您可以解答 **6** 和 **6.0** 在 Python 中是否相同的問題。

6. 在 Python 中 **6** 等於 **6.0** 嗎?讓我們看看:

```
6 == 6.0
```

您應該會得到以下輸出:

```
True
```

這可能有點讓人吃驚。雖然 **6** 和 **6.0** 型態不同,但它們卻是相等的。為什麼會這樣?

因為即使型態不同,**6** 和 **6.0** 在數學上是等價的,所以在 Python 中它們是等價且有意義的。思考一下 6 是否應該等於 42/7 的情況,在數學上的答案是肯定的。Python 通常符合數學真理,即使是做整數除法也一樣。所以,您可以得出這樣的結論:雖然相同的物件,也可能型態不同。

7. 現在看看 **6** 是否等於字串 **'6'**:

```
6 == '6'
```

您應該會得到以下輸出:

```
False
```

在這裡,突顯不同型態的物件通常不會相等。通常,在測試相等之前,最好將物件轉換為相同的型態。

接下來，讓我們看看一個人是 20 多歲或是 30 多歲：

```
(age >= 20 and age < 30) or (age >= 30 and age < 40)
```

您應該會得到以下輸出：

```
True
```

當只有一種可能的解讀方法時，並不一定要使用括號。當使用兩個以上的條件時，加上括號通常是一個好主意。注意，在任何情況下都可以使用括號。以下是另一種寫法：

```
(20 <= age < 30) or (30 <= age < 40)
```

您應該會得到以下輸出：

```
True
```

雖然前面程式碼中的括號並不是必要的，但它們使程式碼可讀性更強。所以，利用括號來保持清晰，是一個好的經驗法則。

透過完成這個練習，您已經練習如何使用不同的比較運算子。

比較字串

比較 **'a' < 'c'** 有意義嗎？那比較 **'New York' > 'San Francisco'** 呢？

Python 的慣例是使用字母順序來解讀這些比較。假設我們有一本字典：當比較兩個單詞時，在字典中較後面出現的單詞被認為比前面出現的單詞更大。

練習 15：比較字串

在這個練習題中，您將使用 Python 做字串比較：

1. 請打開一個新的 Jupyter Notebook。

2. 讓我們比較單個字母：

```
'a' < 'c'
```

您應該會得到以下輸出：

```
True
```

3. 現在，讓我們比較一下 'New York' 和 'San Francisco'：

```
'New York' > 'San Francisco'
```

您應該會得到以下輸出：

```
False
```

會得到 **False** 是因為 **'New York' < 'San Francisco'**。在字典順序裡，'New York' 會比 'San Francisco' 早出現。

在這個練習題中，您學到的是如何使用比較運算子比較字串。

條件

當我們想依一組情況或值來表達程式碼時，就會使用條件陳述式。條件陳述式會求得布林值或布林運算式的值，它們的前面通常有 **'if'**。

假設我們正在撰寫一個投票程式，並且希望只有在使用者未滿 18 歲時，才會印出一些東西。

if 語法

```
if age < 18:
    print('You aren\'t old enough to vote.')
```

一個條件式有幾個關鍵組成部分，讓我們來分別看一下。

第一個是 **'if'** 關鍵字。大多數條件陳述式都以 **if** 子句開始。**'if'** 和冒號之間的所有內容就是要檢查的條件。

下一個重要的部分是冒號：。冒號代表 **'if'** 子句已經完成。此時，編譯器會去判斷冒號前面的條件是 **True** 還是 **False**。

依照語法，冒號之後的所有內容都要縮排。

Python 使用**縮排（indentation）**代替中括號。在處理巢式條件時，縮排可以展現它的好處，因為它可避免繁瑣的標記法。Python 的縮排應該用**四個空白**，通常可以透過按鍵盤上的 **Tab** 來實作。

被縮排的行僅在條件計算結果為 **True** 時執行。如果條件的計算結果為 **False**，則將會完全跳過縮排的行。

縮排

縮排是 Python 的獨特特性之一，在 Python 中隨處可見。縮排讓人感到解放，因為它的一個優點是減少按鍵次數，按 tab 只需要按一次鍵，但插入括號卻需要按兩次鍵。另一個優點是可讀性。當所有的程式碼共用相同的縮排時，這代表著程式碼區塊屬於同一個分支，程式碼會更清晰、更容易閱讀。

但有一個潛在的缺點是，當累積到要按幾十個 tab 時可能會把文字畫到螢幕之外，不過這在實作中很少見，通常把程式碼寫得優雅一點就可以避免這個問題。其他重點還有，當要對多行進行縮排或減少縮排時，有很簡便的處理方法。您可以選擇所有文字並按 **Tab** 來縮排，或選擇所有文字並按 **Shift + Tab** 來取消縮排。

> 📖 **Note**
>
> 縮排是 Python 獨有的特性,支持和反對的雙方都各有堅持。在實務工作中,縮排已經被證明是非常有效的,已習慣了其他語言的開發人員在一段時間後也會發現它的優點。

練習 16:使用 if 語法

在這個練習題中,您將使用 **if** 子句來使用條件陳述式:

1. 請打開一個新的 Jupyter Notebook。

2. 執行多行程式碼,將 **age** 變數設定為 **20**,並加入一個 **if** 子句,如下程式碼片段:

```python
age = 20
if age >= 18 and age < 21:
    print('At least you can vote.')
    print('Poker will have to wait.')
```

您應該會得到以下輸出:

```
At least you can vote.
Poker will have to wait.
```

要縮排多少個述句都可以。如果前面的條件為 **True**,則每個述句將按順序執行。

3. 現在,使用巢式條件陳述式:

```python
if age >= 18:
    print('You can vote.')
    if age >= 21:
        print('You can play poker.')
```

您應該會得到以下輸出：

```
You can vote.
```

在這種情況下，**age >= 18** 為真，所以第一個述句印出 **You can vote.**。
然而，第二個條件，**age >= 21** 為假，所以第二個述句不會被印出來。

在這個練習題中，您學到的是如何使用 **if** 子句與條件陳述式。條件陳述式總是
以 **if** 作為開頭。

if else

if 條件句通常與 **else** 子句連接使用。其概念如下。假設您想向所有使用者印
出一些內容，除非使用者不滿 18 歲才不印。您可以使用 **if-else** 條件來解決這
個問題。如果使用者小於 18，則印出一條述句。否則，印出另一個。否則情況
要寫在 **else** 後面。

練習 17：使用 if-else 語法

在這個練習題中，您將學習如何使用條件陳述式使執行兩種可能的選項，一個
是 **if**，一個是 **else**：

1. 請打開一個新的 Jupyter Notebook。

2. 使用以下程式碼片段向 18 歲以上的使用者介紹投票程式：

```
age = 20
if age < 18:
  print('You aren\'t old enough to vote.')
else:
  print('Welcome to our voting program.')
```

您應該會得到以下輸出：

```
Welcome to our voting program.
```

> 📖 **Note**
>
> **else** 之後的內容都要縮排，就像 **if** 之後的內容一樣。

3. 執行下面的程式碼片段，它是本練習步驟 2 中程式碼的另一種替代方案：

```
if age >= 18:
  print('Welcome to our voting program.')
else:
  print('You aren\'t old enough to vote.')
```

您應該會得到以下輸出：

```
Welcome to our voting program.
```

在這個練習題中，您學到的是如何將 **if-else** 結合使用。

用 Python 撰寫程式有很多種方法，一種方法不一定比另一種好。撰寫速度更快或可讀性更好的程式，也可能是更有好處的。

程式是一組由電腦執行的指令，目的是完成某一特定任務。程式可以是一行程式碼，也可以是數萬行程式碼。透過閱讀本書的各個章節，您將學習到撰寫 Python 程式的重要技能和技術。

elif 述句

elif 是 **else if** 的縮寫。單獨寫 **elif** 是沒有意義的，它必須出現在 **if** 和 **else** 子句之間。舉個例子應該會更清楚，請看看下面的程式碼片段，並將其複製到您的 Jupyter Notebook 中。等看完輸出之後，我們再來解釋這段程式碼：

```
if age <= 10:
  print('Listen, learn, and have fun.')
elif age<= 19:
  print('Go fearlessly forward.')
elif age <= 29:
  print('Seize the day.')
elif age <= 39:
  print('Go for what you want.')
elif age <= 59:
  print('Stay physically fit and healthy.')
else:
  print('Each day is magical.')
```

您應該會得到以下輸出：

```
Seize the day.
```

現在，讓我們逐步分析程式碼，以便好好地解釋它：

1. 第 1 行檢查 **if** 年齡小於等於 **10**。由於該條件值為假，所以將繼續檢查下一個分支。

2. 下一個分支是 **elif age <= 19**。這一行檢查年齡是否小於或等於 19。這行也不會為真，所以我們移到下一個分支。

3. 下一個分支是 **elif age <= 29**，此條件為真，因為 **age = 20**。所以，後面的縮排述句將被印出。

4. 一旦執行了任何分支，整個判斷的行為就會中止，後續的 **elif** 或其他分支也不會被檢查。

5. 如果 **if** 或 **elif** 分支全部均不為真，則自動執行最後的 **else** 分支。

在下一個主題中，您將學習到迴圈。

迴圈

「請寫出開頭的 100 個數字。」

在這個看似簡單的命令中隱含了幾個假設。首先,學生必須知道從哪裡開始,假設從 1 開始。第二個假設是,學生必須知道在何處結束,即第 100 個數字。第三,學生知道他們應該以 1 為單位來計數。

在程式設計中,這一系列動作可以用一個迴圈來執行。

大多數迴圈有三個關鍵元件:

1. 迴圈的開始
2. 迴圈的結束
3. 迴圈中數字之間的增量

Python 有兩種不同的基本型態迴圈:**while** 迴圈和 **for** 迴圈。

while 迴圈

在 **while** 迴圈中,當特定條件為真時,會重複執行指定的程式碼片段。當條件計算為假時,**while** 迴圈停止執行。底下的 **while** 迴圈會印出前 10 個數值。

您可以透過寫 10 次 **print** 函式來印出前 10 個數字,但是使用 **while** 迴圈更有效率,而且易於擴展。一般來說,複製和貼上程式碼不是一個好主意。如果您發現自己正在做複製和貼上,那代表可能存在其他更有效的方法。讓我們看看下面的範例程式碼區塊:

```python
i = 1
while i <= 10:
  print(i)
  i += 1
```

您應該會得到以下輸出：

```
1
2
3
4
5
6
7
8
9
10
```

您可以把前面的程式碼區塊拆開來看，以理解每個步驟發生了什麼事：

- **初始化變數**：迴圈需要用一個變數做初始化。這個變數會在整個迴圈中持續改變。變數的名稱由您決定。通常會選擇使用 `i`，因為它代表增量（incrementor）。例如 `i = 1`。

- **準備好 while 迴圈**：`while` 迴圈從 `while` 關鍵字開始。`while` 後面是您剛才選定的變數，變數之後要寫迴圈執行所必須滿足的條件。一般來說，這個條件會在某種情況下被打破。如果是使用計數來打破時，那麼這種條件通常包含一個上限值，但也可以透過其他方式打破它，如 `i != 10`。這行程式碼是迴圈中最關鍵的部分，它設定了預期執行迴圈的次數。例如 `while i <= 10:`。

- **指令**：指令是冒號後面所有的縮排行。您可以印出任何內容，可以呼叫任何函式，也可以執行任意數量的程式碼，這完全取決於程式怎麼寫。一般來說，只要程式碼語法正確，一切都沒問題。只要前面寫的條件式仍為真，迴圈就會一遍又一遍地執行。例如 `print(i)`。

- **增量**：增量在這個範例中是關鍵。沒有它，前面的程式碼將永遠不會停止執行。它將無休止地印出 1，因為 1 總是小於 10。這裡，您每次會增加 1，但是您也可以增加 2，或者其他任何數。例如 `i += 1`。

現在您已經理解了這些各個不同的部分,您應該看看它們是如何一起工作的:

1. 將變數初始化為 **1**。**while** 迴圈檢查條件,看到 **1** 小於或等於 **10**。所以,印出 **1**。然後把 **1** 加到 **i** 中,所以我們得到 **i = 2**。

2. 在所有冒號之後的縮排程式碼執行完畢之後,回到 **while** 關鍵字再次執行迴圈。

3. **while** 迴圈再次檢查該條件,看到 **2** 仍小於等於 **10**。所以,**2** 被印出。接著把 **1** 加到 **i** 中,現在得到 **i = 3**。

4. **while** 迴圈再次檢查該條件,看到 **3** 小於等於 **10**。所以,**3** 被印出。接著,把 **1** 加到 **i** 中,現在得到 **i = 4**。

5. **while** 迴圈繼續遞增並印出數值,直到達到數值 **10**。

6. **while** 迴圈再次檢查該條件,看到 **10** 小於等於 **10**。所以,**10** 被印出。接著,把 **1** 加到 **i** 中。現在得到 **i = 11**。

7. **while** 迴圈再次檢查該條件,看到 **11** 不小於等於 **10**。所以,我們打破迴圈的執行,跳過所有的縮排行。

> 📖✍️ **Note**
>
> 以後,您將會碰到無窮迴圈的情況,大家都一樣。在某些情況下,是因為您忘記加增量,然後就陷入一個無窮迴圈了。碰到這種情況時,在 Jupyter Notebook 中,只需**重新啟動**核心即可。

無窮迴圈

現在您應該看一下什麼是**無窮**迴圈。下面的程式碼片段可以造出無窮迴圈:

```
x = 5
while x <= 20:
  print(x)
```

一般來說 Python 執行得非常快，如果某些事情花費的時間比預期的要長，那麼可能就是無窮迴圈造成的，就像前面的程式碼片段一樣。開發人員應該要設定所有的變數和條件，以避免發生無窮迴圈的情況。下面是一個撰寫良好的 Python 程式碼範例：

```
x = 5
while x<= 20:
    print(x)
    x += 5
```

break

break 是 Python 中專門為迴圈設計的一個特殊關鍵字。如果放在迴圈內部，那麼通常會放在一個條件句下方。**break** 會立即終止迴圈，在迴圈中 **break** 前面做了什麼，或後面做了什麼並無相關。**break** 會被獨立放在一行，它的功能是跳出迴圈。

作為練習，請您印出第一個大於 **100** 且能被 **17** 整除的數字。

我們寫程式的思路是，從 101 開始一直數，直到找到一個能被 **17** 整除的數。請假設您不知道哪個數字該停下來。此時就要用到 **break** 了，它將終止迴圈。您可以把上限設為某個您知道永遠不會超過它的數字，然後在到達那個數字時跳出這個迴圈：

```
# 找出第一個大於 100 且能被 17 整除的數
x = 100
while x <= 1000:
  x += 1
  if x % 17 == 0:
    print('', x, 'is the first number greater than 100 that is divisible by 17.')
    break
```

x += 1 迭代器被放在迴圈的開始處，這讓我們從 101 開始。迭代器可以放在迴圈中的任何位置。

由於 101 不能被 **17** 整除，所以迴圈重複執行，此時 **x = 102**。由於 **102** 可被 **17** 整除，因此執行 **print** 述句，我們跳出迴圈。

這是我們第一次使用**兩層縮排**，因為 **if** 條件是在 **while** 迴圈內，它也必須縮排。

活動 4：尋找最小公倍數（LCM）

在這個活動中，您將找到兩個因數的最小公倍數。兩個因數的最小公倍數是第一個能整除兩個因數的數字。

例如，4 和 6 的最小公倍數是 12，因為 12 是第一個能整除 4 和 6 的數字。所以，您要做的就是找到兩個數值的最小公倍數，您要設定變數，然後使用一個迭代器和一個預設為 **True** 的布林值初始化 **while** 迴圈。接著設定一個條件，如果迭代器能整除這兩個數，則打破該條件。因此，您將增加迭代器並在迴圈完成後印出結果。

在這個活動中，請使用以下步驟，找到 **24** 和 **36** 的最小公倍數。

步驟如下：

1. 設變數為 **24** 和 **36**。
2. 初始化 **while** 迴圈，使用一個預設為 **True** 的布林值，而且要使用迭代器。
3. 設定一個條件檢查迭代器是否能整除這兩個數。
4. 當找到最小公倍數時中斷 **while** 迴圈。
5. 在迴圈結束時增加迭代器。
6. **印出**結果。

   您應該會得到以下輸出：

```
The Least Common Multiple of 24 and 36 is 72.
```

Note

此活動的解答在第 581 頁。

程式

您在閱讀本書時會一直撰寫程式。所謂的電腦程式，是指一堆可儲存與執行的程式碼。您已經寫過了和使用者打招呼的程式，剛剛在活動 *4*，尋找最小公倍數（*LCM*）中，也寫了一個程式來計算一組給定數值的最小公倍數。

現在您手上已經握有許多工具，您可以將它們組合起來撰寫一些非常有趣的程式。這些工具包括從使用者那裡取得輸入，知道如何將輸入轉換為所需的型態，還知道如何使用條件陳述式和迴圈迭代所有情況，並根據結果印出各種結果。

在本書之後的章節，您將深入瞭解儲存和測試程式的細節。現在，您應該做一些有趣的範例和練習。例如，在下一個練習中，您將逐步建立一個識別完全平方數的程式。

練習 18：計算完全平方

這個練習的目標是請使用者輸入一個數字，並查看它是否是一個完全平方數。

下面的步驟將幫助您完成這個練習：

1. 請打開一個新的 Jupyter Notebook。

2. 提示使用者輸入一個數字，看它是否為完全平方數：

```
print('Enter a number to see if it\'s a perfect square.')
```

3. 設變數等於 **input()**。在這個例子中，讓我們假設輸入了 64：

```
number = input()
```

4. 確保使用者輸入為正整數：

```
number = abs(int(number))
```

5. 選擇一個迭代器變數：

```
i = -1
```

6. 初始化一個用來檢查完全平方數的布林值：

```
square = False
```

7. 初始化 **while** 迴圈，令它從 **-1** 遞增到該數的平方根：

```
while i <= number**(0.5):
```

8. **i** 遞增 **1**：

```
i += 1
```

9. 檢查是否已達 **number** 的平方根：

```
if i*i == number:
```

10. **square** 為真，表示我們檢查的數字是一個完全平方數：

```
square = True
```

11. **break** 退出迴圈：

```
break
```

12. 如果 **square** 為真，則**印出**結果：

```
if square:
  print('The square root of', number, 'is', i, '.')
```

13. 如果數字不是完全平方數，則印出這個結果：

```
else:
  print('', number, 'is not a perfect square.')
```

您應該會得到以下輸出：

```
The square root of 64 is 8.
```

在這個練習題中，您撰寫了一個程式來檢查使用者輸入的數值是否為完全平方數。

在下一個練習中，您將建立一個類似的程式，它會接收使用者的輸入，然後您需要為一個不動產提供最好的出價，並且表明接受或拒絕出價。

練習 19：不動產出價

這個練習的目標是提示使用者對一間房子出價，並在出價被接受時讓他們知道。

下面的步驟將幫助您完成這個練習：

1. 請打開一個新的 Jupyter Notebook。
2. 以聲明市場價格作為開始：

```
print('A one bedroom in the Bay Area is listed at $599,000')
```

3. 提示使用者輸入房子的首次出價：

```
print('Enter your first offer on the house.')
```

4. 將 **offer** 設為等於 **input()**：

```
offer = abs(int(input()))
```

5. 提示使用者輸入他們對房子的出價上限：

```
print('Enter your best offer on the house.')
```

6. 設 **best** 等於 **input()**：

```
best = abs(int(input()))
```

7. 提示使用者設定增量：

```
print('How much more do you want to offer each time?')
```

8. 設定 **increment** 等於 **input()**：

```
increment = abs(int(input()))
```

9. 設定 **offer_accepted** 等於 **False**：

```
offer_accepted = False
```

10. 初始化 **for** 迴圈，從 **offer** 到 **best**：

```
while offer <= best:
```

11. 如果 **offer** 大於等於 **650000**，那麼他們就買得到房子：

```
    if offer >= 650000:
      offer_accepted = True
      print('Your offer of', offer, 'has been accepted!')
      break
```

12. 如果 **offer** 小於 **650000**，代表買不到房子：

```
    print('We\'re sorry, you\'re offer of', offer, 'has not been accepted.' )
```

13. 將 **increment** 加到 **offer**：

```
offer += increment
```

您應該會得到以下輸出：

```
A one bedroom in the Bay Area is listed at $599,000
Enter your first offer on the house.
500000
Enter your best offer on the house.
690000
How much more do you want to offer each time?
50000
We're sorry, you're offer of 500000 has not been accepted.
We're sorry, you're offer of 550000 has not been accepted.
We're sorry, you're offer of 600000 has not been accepted.
Your offer of 650000 has been accepted!
```

圖 1.18：使用迴圈的程式碼中條件的輸出

在這個練習題中，您提示使用者出價購買一間房子，並讓他們知道出價在何時被接受了。

for 迴圈

for 迴圈與 **while** 迴圈類似，但是它有額外的優點，比如能夠迭代字串和其他物件。

練習 20：使用 for 迴圈

在這個練習題中，您將使用 **for** 迴圈來印出字串中的字元，以及一個範圍的數值：

1. 請打開一個新的 Jupyter Notebook。

2. 印出 'Portland' 中的字元：

```
for i in 'Portland':
  print(i)
```

您應該會得到以下輸出：

```
P
o
r
t
l
a
n
d
```

for 關鍵字通常與 **in** 關鍵字一起使用。變數 **i** 是一般性質變數。在短語 **for i in** 中，代表著 Python 將檢查緊跟在後面的東西，並查看它裡面的各個元件。字串是由字元組成的，所以 Python 會對每個單獨的字元進行處理。在這個特定的範例中，Python 將按照 **print(i)** 命令逐一輸出字元。

如果我們想對一範圍的數字做些什麼呢？可以用 **for** 迴圈嗎？絕對可以。Python 提供了另一個關鍵字 **range** 來取得一個數字範圍。**range** 通常由兩個數值來定義，它們分別是第一個數值和最後一個數值，而範圍就包括了這兩個數值之間的所有數值。有趣的是，**range** 的輸出包含第一個數字，但不包含最後一個數字。您馬上就會知道為什麼。

3. 您定義的範圍使用的下界為 **1** 和上界為 **10**，然後利用這個範圍**印出 1-9**：

```
for i in range(1,10):
  print(i)
```

您應該會得到以下輸出：

```
1
2
3
4
5
6
7
8
9
```

該範圍不會印出數值 **10**。

4. 現在使用只有一個邊界的 **range**，該邊界定為數字 **10**，代表要印出前 10 個數字：

```
for i in range(10):
  print(i)
```

您應該會得到以下輸出：

```
0
1
2
3
4
5
6
7
8
9
```

因此，**range(10)** 將印出前 **10** 個數字，從 **0** 開始印，一直到 **9** 結束。

現在假設您想要用 **2** 當成增量計數，您可以加入第三個值，即遞增值，來依指定數字向上或向下計數。

使用遞增值來點名到 10 之前的偶數：

```
for i in range(1, 11, 2):
  print(i)
```

您應該會得到以下輸出：

```
1
3
5
7
9
```

類似地，您可以使用負數進行倒數，像下一步驟中顯示的那樣。

5. 使用遞增值從 **3** 算到 **-1**：

```
for i in range(3, 0, -1):
  print(i)
```

您應該會得到以下輸出：

```
3
2
1
```

當然，您可以使用巢式迴圈，像下一步驟中顯示的那樣。

6. 現在，**印出**您的**名字**中的所有字母三次：

```
name = 'Corey'
for i in range(3):
  for i in name:
    print(i)
```

您應該會得到以下輸出：

```
C
o
r
e
y
C
o
r
e
y
C
o
r
e
y
```

在這個練習題中，您已經學會使用迴圈印出字串中任意指定數量的數字和字元。

continue 關鍵字

continue 是另一個為 Python 迴圈設計的關鍵字。當 Python 到達 **continue** 關鍵字時，它會停止執行程式碼並回到迴圈的開始處。**continue** 類似於 **break**，因為它們都會中斷迴圈的執行，但是 **break** 會終止迴圈，**continue** 則是回到開始處繼續迴圈。

讓我們來看一個 **continue** 的實作例子。下面的程式碼輸出所有的兩位數質數：

```
for num in range(10,100):
  if num % 2 == 0:
    continue
  if num % 3 == 0:
    continue
  if num % 5 == 0:
    continue
  if num % 7 == 0:
    continue
  print(num)
```

您應該會得到以下輸出：

```
11
13
17
19
23
29
31
37
41
43
47
53
```

```
59
61
67
71
73
79
83
89
97
```

讓我們看一下程式碼的開頭。第一個要檢查的數字是 **10**。第一行檢查 **10** 是否可以除以 **2**，由於 **2** 可以整除 **10**，所以我們進入條件陳述式，到達 **continue** 關鍵字，然後執行 **continue** 回到迴圈的開始。

下一個要檢查的數字是 **11**，由於 **2**、**3**、**5**、**7** 不能整除 **11**，所以您會到達最後面，印出數值 **11**。

活動 5：使用 Python 建立對話機器人

您是一名 Python 開發人員，正在為您的客戶建立兩個對話機器人。您預先建立了一個步驟列表來幫助您解決問題，該列表如下所述。這些步驟將幫助您建立兩個機器人，它們從使用者那裡取得輸入並以預先撰寫的程式碼回應。

此活動的目的是使用**巢式（nested）**多個條件來建立兩個對話機器人。在這個活動中，您將建立兩個對話機器人。第一個機器人將向使用者詢問兩個問題，並將使用者的回答加到後續的回答中。第二個機器人會問一個問題，該問題需要用一個數值範圍來回應，使用者會依不同數值範圍給出不同的答案。第二個問題的處理流程將會重複地做。

步驟清單如下：

第一個機器人的步驟如下：

1. 問使用者至少兩個問題。
2. 逐一回答問題，將回答放入回應中。

第二個機器人的步驟如下：

1. 問一個用數字範圍來回答的問題，例如 **"用 1-10 分來評…"**。
2. 根據所給的答案做出不同的反應。
3. 使用者回答後，再問另一個可以用數字範圍來回答的問題。
4. 根據所給的答案做出不同的反應。

> 📖 **Note**
>
> 第二個機器人應該使用巢式條件來寫。

提示 —— 強制轉型可能很重要。

第一個機器人的預期輸出如下：

```
We're kindred spirits, Corey.Talk later.
```

第二個機器人的預期輸出如下：

```
How intelligent are you? 0 is very dumb. And 10 is a genius
8
Are you human by chance? Wait. Don't answer that.
How human are you? 0 is not at all and 10 is human all the way.
8
I think this courtship is over.
```

圖 1.19：使用者輸入一種可能值後的預期要看到的結果

> 📖 **Note**
>
> 此活動的解答在第 582 頁。

總結

在這一章您讀到了很多內容，您已經學習了數學運算、字串連接和方法、一般 Python 型態、變數、條件和迴圈，結合這些元素可以讓我們寫出真正有價值的程式。

此外，我們一直在學習 Python 語法。現在您已經知道一些最常見的錯誤是什麼，並且已經習慣了縮排的重要性。您也學習到如何利用重要的關鍵字，如 **range**、**in**、**if**、**True** 及 **False**。

展望未來，您現在擁有了所有 Python 程式設計師都需要的關鍵基本技能。儘管還有很多東西需要學習，但是您已經擁有了這裡介紹的型態和技術的重要基礎。

接下來，您將瞭解一些最重要的 Python 型態，包括 list（清單）、dictionary（字典）、tuple（元組）和 set（集合）。

Python 結構

概述

在本章結束時，您將能夠分清楚不同類型的 Python 資料結構；也能建立 list、dictionary、set，並描述它們之間的差異；能建立矩陣並且能夠操作整個矩陣或其中的單個單元；呼叫 `zip()` 函數來建立不同的 Python 結構；知道 list、dictionary 和 set 有哪些可用的方法；使用 list、dictionary 和 set 最常用的方法編寫一個程式，並在不同的 Python 結構之間進行轉換。

介紹

在前一章中,您學到的是 Python 程式設計語言的基礎知識和基本元素,如 **string**、**int**,以及 Python 程式中用來控制流程的條件陳述式和迴圈。藉由使用這些,您現在應該已經熟悉如何使用 Python 撰寫程式了。

在本章中,您將看到如何使用資料結構來儲存更複雜的資料,這有助於實際資料的建模並在實務工作中呈現它。

在程式設計語言中,資料結構是指可以將一些資料放在一起的物件,這代表著它們是用來儲存相關資料的一種集合。

例如,您可以使用 list 來儲存當天的待辦事項。下面是一個例子,向您展示在程式碼中要如何使用 list:

```
todo = ["pick up laundry", "buy Groceries", "pay electric bills"]
```

我們還可以使用 dictionary 物件來儲存更複雜的資訊,比如郵件寄送清單中訂閱者的詳細資訊。下面只是一個示範用的程式碼片段,請不用擔心,我們將在本章後面介紹它的用法:

```
User = {
  "first_name": "Jack",
  "last_name":"White",
  "age": 41,
  "email": "jack.white@gmail.com"
}
```

Python 中有四種資料結構,分別是 **list**、**tuple**、**dictionary**、**set**。

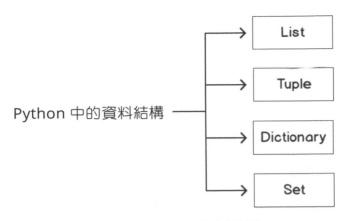

圖 2.1：Python 中不同的資料結構

這些資料結構定義了資料和可以在資料上執行的操作之間的關係。它們是一種組織和儲存資料的方式，可以在不同的環境下有效率地存取資料。

List 的威力

現在您將看到第一個 Python 中的資料結構：list。

list 是 Python 中的一種容器，用於同時儲存多個資料集合。Python 的 list 經常被拿來與其他程式設計語言中的陣列進行比較，但是它們能做到的事情要多得多了。

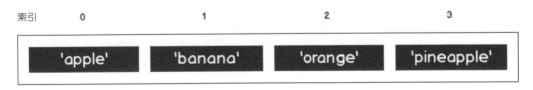

圖 2.2：用正索引標示的 Python list

Python 中的 list 是用中括號 [ ] 撰寫的。list 中的每個元素都有自己獨特的**位置**和**索引**，list 中的元素有一個固定的順序。與其他程式設計語言一樣，list 第一項的索引為 0，第二項的索引為 1，依此類推。這與 list 在底層的程式設計如何實作有關，所以在為 list 和其他可迭代物件撰寫基於索引的操作時，一定要注意這一點。

透過完成練習 *21*，使用 *Python* 中的 *list*，您將了解 list 的不同用途。

練習 21：使用 Python 中的 list

在這個練習題中，您將透過撰寫和建立 list，以及加入項目到 list 中，來學習如何使用 Python 中的 list。例如，如果您必須使用一個 list 來儲存購物車中的商品，這可能會讓你覺得實用：

1. 請打開一個新的 Jupyter Notebook。

2. 現在輸入以下程式碼片段：

```
shopping = ["bread","milk", "eggs"]
print(shopping)
```

您應該會得到以下輸出：

```
['bread', 'milk', 'eggs']
```

您已建立了一個名為 **shopping** 的 list，並將商品加入到您的 list 中（**bread**、**milk** 和 **eggs**）。

由於 Python 中的 list 是一種可迭代類型，所以可以使用 **for** 迴圈來迭代 list 中的所有元素。

3. 現在，加入使用 **for** 迴圈的程式碼，執行它並觀察輸出：

```
for item in shopping:
  print(item)
```

您應該會得到以下輸出：

```
bread
milk
eggs
```

> **Note**
>
> Python 中的 list 和其他語言（比如 Java 和 c#）中使用的陣列不同，Python 實際上允許 list 中存放混合類型，例如 **int** 和 **string**。

4. 現在，我們要在 list 中放入混合類型的資料。請在新儲存格中輸入以下程式碼：

```
mixed = [365, "days", True]
print(mixed)
```

您應該會得到以下輸出：

```
[365, 'days', True]
```

但您可能會想，在這種情況下，我們是不是可以在一個 list 中儲存另一個由 list 所組成的 list 呢？讓我們在下一節中看看這種用法，這也被稱為**巢式 list**，可用來表示複雜的資料結構。

在練習 *21*，使用 *Python* 中的 *list* 中，您已經學會 Python 中 list 的基礎知識。

在本章的後面，我們將深入了解 Python 提供的其他類型的 list。

用巢式 list 做矩陣

我們在現實世界中儲存的大多數資料都是以表格式資料表的形式存在的，即有很多**列**和**欄**，而不是一維的扁平 list。這樣的資料表被稱為**矩陣**或**二維陣列**。Python（和大多數其他程式設計語言）並沒有內建表格結構。程式設計語言不提供表格結構，因為這不是語言該做的事，表格結構只是一種代表資料的方法。

您可以做的是，使用由 list 組成的 list 來呈現圖 2.3 所示的表格結構：例如，如果您想使用 list 儲存以下水果訂單：

蘋果	香蕉	橘子
5	8	9
7	6	2

圖 2.3：用 list 組成的 list 呈現一個矩陣

從數學上來講，您可以使用一個 2×3（2 列 3 欄）的矩陣來代表圖 2.3 中所示的資訊。這個矩陣會長成這樣：

$$\begin{bmatrix} 1 & 2 & 3 \\ 4 & 5 & 6 \end{bmatrix}$$

圖 2.4：用矩陣表示資料

在接下來的練習中，您將看到如何用一個巢式 list 來儲存這個矩陣。

練習 22：使用巢式 list 儲存矩陣資料

在這個練習題中，您將看到如何使用一個巢式 list，在其中儲存值，並使用多種方法存取它：

1. 請打開一個新的 Jupyter Notebook。

2. 在新儲存格中輸入以下程式碼：

```
m = [[1, 2, 3], [4, 5, 6]]
```

我們可以用由多個 list 組成的一個 list 來儲存矩陣，這個 list 稱為巢式 list。

3. 現在 **print** list **m**：

```
print(m[1][1])
```

我們現在可以在變數後面加入 **[row][column]** 符號來存取元素。

您應該會得到以下輸出：

```
5
```

它印出第 2 列第 2 欄的值，即 **5**（請記住，我們使用的索引偏移值是零）。

4. 現在，用兩個變數 **i** 和 **j** 當作參照索引，來存取巢式 list 矩陣中的每個元素：

```
for i in range(len(m)):
  for j in range(len(m[i])):
    print(m[i][j])
```

前面的程式碼使用 **for** 迴圈來進行兩層迭代。在外層迴圈 **(i)** 中，迭代矩陣 **m** 中的每一列：在內層迴圈 **(j)** 中，迭代該列中的每一欄。最後，**print** 在相應位置的元素。

您應該會得到以下輸出：

```
1
2
3
4
5
6
```

5. 改用兩個 **for..in** 迴圈印出矩陣內的所有元素：

```
for row in m:
  for col in row:
    print(col)
```

步驟 5 程式碼中的 **for** 迴圈，會迭代 **row** 和 **col**。使用這種符號表示，我們就不需要預先知道矩陣的維數。

您應該會得到以下輸出：

```
1
2
3
4
5
6
```

做完這個練習後，您知道了如何用巢式 list 儲存一個矩陣，也了解了從巢式 list 中存取值的不同方法。在活動 6，使用巢式 *List* 儲存員工資料中，您將利用學到的 list 知識，以及如何用巢式 list 來儲存員工資料。

活動 6：使用巢式 list 儲存員工資料

您將要使用巢式 list 來儲存表格資料。請想像一下：您目前在一家 IT 公司工作，並得到以下員工列表。經理要求您使用 Python 來儲存這些資料，以供公司日後使用。

此活動的目標是使用巢式 list 儲存資料並在需要時印出它們。

公司提供給您的資料如圖 2.5：

名字	年齡	部門
John Mckee	38	Sales
Lisa Crawford	29	Marketing
Sujan Patel	33	HR

圖 2.5：員工資料表

請按照以下步驟完成此活動：

1. 請打開一個新的 Jupyter Notebook。

2. 建立一個 list，並將其賦值給變數 **employees**。

3. 在 **employees** 中建立三個巢式 list，分別儲存每位員工的資訊。

4. 印出 **employees** 變數。

5. 以可顯示的格式印出所有員工的詳細資訊。

6. 只印出 **Lisa Crawford** 的詳細資訊。

以可顯示的格式印出詳細資料,您會得到下面的輸出:

```
['Lisa Crawford', 29, 'Marketing']
Name: Lisa Crawford
Age: 29
Department: Marketing
--------------------
```

圖 2.6:印出 list 中的員工詳細資訊

📖 **Note**

此活動的解答在第 587 頁。

在下一個主題中,將有更多關於矩陣及其運算的討論。

矩陣操作

您將繼續學習如何使用巢式 list 進行一些基本的矩陣操作。首先,您將了解如何在 Python 中將兩個矩陣相加。矩陣加法要求兩個矩陣必須有相同的維數:得到的結果也將是相同的維數。

在練習 *23*,實作矩陣運算(加減法)中,您將使用圖 2.7 和圖 2.8 中的 **X** 和 **Y** 矩陣資料:

$$X = \begin{bmatrix} 1 & 2 & 3 \\ 4 & 5 & 6 \\ 7 & 8 & 9 \end{bmatrix}$$

圖 2.7:矩陣 X 的資料

$$Y = \begin{bmatrix} 10 & 11 & 12 \\ 13 & 14 & 15 \\ 16 & 17 & 18 \end{bmatrix}$$

圖 2.8：矩陣 Y 的資料

練習 23：實作矩陣運算（加減法）

在這個練習題中，您將使用 Python 做 **X** 和 **Y** 矩陣的加減運算。

以下步驟可以幫助您完成這項練習：

1. 請打開一個新的 Jupyter Notebook。

2. 建立 **X** 和 **Y** 兩個巢式 list，用來儲存值：

```
X = [[1,2,3],[4,5,6],[7,8,9]]
Y = [[10,11,12],[13,14,15],[16,17,18]]
```

3. 初始化一個名為 **result** 的 3×3 零矩陣作為預留位置：

```
# 初始化預留給結果的位置
result = [[0,0,0],
    [0,0,0],
    [0,0,0]]
```

4. 現在，透過迭代矩陣的儲存格的列和欄來實作演算法：

```
# 迭代列
for i in range(len(X)):
# 迭代欄
  for j in range(len(X[0])):
    result[i][j] = X[i][j] + Y[i][j]

print(result)
```

正如在上一節中學到的，您使用了巢式 list，首先迭代矩陣 X 中的列，然後迭代欄。您不必為了矩陣 Y 重複這個工作，因為兩個矩陣的維數相同。在結果矩陣中的某一特定列（以 i 代表）和某一特定欄（以 j 代表），等於在 X 和 Y 矩陣中相對列和欄的和。

您應該會得到以下輸出：

```
[[11, 13, 15], [17, 19, 21], [23, 25, 27]]
```

5. 您還可以使用相同演算法和另一個運算子來執行兩個矩陣的減法。做起來和步驟 3 的概念是一樣的，只是改為減法。您可以實作以下程式碼來試試看矩陣減法：

```python
X = [[10,11,12],[13,14,15],[16,17,18]]
Y = [[1,2,3],[4,5,6],[7,8,9]]

# 初始化預留給結果的位置
result = [[0,0,0],
    [0,0,0],
    [0,0,0]]

# 迭代列
for i in range(len(X)):
# 迭代欄
  for j in range(len(X[0])):
    result[i][j] = X[i][j] - Y[i][j]

print(result)
```

您應該會得到以下輸出：

```
[[9, 9, 9], [9, 9, 9], [9, 9, 9]]
```

在這個練習題中，您使用了兩個矩陣執行基本的加法和減法。在下一個主題中，您將對矩陣使用乘法運算子。

矩陣乘法

在這個小節中，您可以看到如何使用巢式 list 來執行兩個矩陣（如圖 2.9 和圖 2.10）的乘法：

$$X = \begin{bmatrix} 1 & 2 \\ 4 & 5 \\ 7 & 8 \end{bmatrix}$$

圖 2.9：矩陣 X 資料

$$Y = \begin{bmatrix} 11 & 12 & 13 & 14 \\ 15 & 16 & 17 & 18 \end{bmatrix}$$

圖 2.10：矩陣 Y 資料

做矩陣乘法運算時，第一個矩陣（X）欄的數量必須相等於第二個矩陣（Y）的列數。得到的結果矩陣的列數將與第一個矩陣的列數相同，欄數要與第二個矩陣的欄數相同。以我們的範例來說，得到的結果矩陣將是一個 3×4 的矩陣。

練習 24：實作矩陣運算（乘法）

在這個練習題中，您的最終目標是將矩陣 **X** 和 **Y** 相乘，並得到一個輸出值。以下步驟可以幫助您完成這項練習：

1. 請打開一個新的 Jupyter Notebook。

2. 建立 **X** 和 **Y** 兩個巢式 list，用來儲存 **X** 和 **Y** 的矩陣值：

```
X = [[1, 2], [4, 5], [3, 6]]
Y = [[1,2,3,4],[5,6,7,8]]
```

3. 建立一個零矩陣預留位置來儲存結果：

```
result = [[0, 0, 0, 0], [0, 0, 0, 0], [0, 0, 0, 0]]
```

4. 實作矩陣乘法演算法，計算結果：

```
# 依列迭代 X
for i in range(len(X)):

    # 依欄迭代 Y
    for j in range(len(Y[0])):

        # 依列迭代 Y
        for k in range(len(Y)):
            result[i][j] += X[i][k] * Y[k][j]
```

您可能已經注意到，這個演算法與您在練習 *23*，實作矩陣運算（加減法）步驟 3 中使用的演算法略有不同。這是因為矩陣形狀不同，而且您需要依列迭代第二個矩陣 **Y**，在之前講那段程式碼時有提到過。

5. 此時 **print** 最終結果：

```
for r in result:
    print(r)
```

您應該會得到以下輸出：

```
[11, 14, 17, 20]
[29, 38, 47, 56]
[33, 42, 51, 60]
```

圖 2.11：矩陣 X 與矩陣 Y 相乘的輸出

> **📖 Note**
>
> 資料科學家在執行矩陣計算的時候，會使用到一些套件，比如 NumPy。您可以到 *https://docs.scipy.org/doc/numpy/* 了解更多資訊。

List 方法

如前所述，由於 list 是一種 sequence，所以它支援所有 sequence 的操作和方法。

list 是最好用的資料結構之一。Python 提供了一組 list 的方法，使我們可以方便地儲存和檢索值，以便維護、更新和取得資料。Python 程式設計師執行的常見操作，包括**切片（slicing）**、**排序（sorting）**、**附加（appending）**、**搜尋（searching）**、**插入（inserting）**、**刪除（removing）**資料。

要了解怎麼使用 list 操作，最好的方法就是用用看。您將在下面的練習中學習這些好用的 list 方法。

練習 25：基本的 list 操作

在這個練習題中，您將使用 list 的基本函式來檢查 list 的大小，還有組合 list 和複製 list。請遵循以下步驟：

1. 請打開一個新的 Jupyter Notebook。

2. 鍵入以下程式碼：

```
shopping = ["bread","milk", "eggs"]
```

3. 使用 **len** 函式來查出 list 的長度。

```
print(len(shopping))
```

> 📖 **Note**
>
> **len()** 函式的作用是：回傳一個物件中的項目有多少個。當物件是字串時，它返回字串中的字元數。

您應該會得到以下輸出：

```
3
```

4. 現在使用 **+** 運算子連接兩個 list：

```
list1 = [1,2,3]
list2 = [4,5,6]
final_list = list1 + list2
print(final_list)
```

您應該會得到以下輸出：

```
[1, 2, 3, 4, 5, 6]
```

list 也支援許多字串操作，正如您在輸出中看到的，其中之一就是連接，即將兩個或多個 list 連接在一起。

5. 現在請使用 ***** 運算子，這個運算子用來複製 list 中的元素：

```
list3 = ['oi']
print(list3*3)
```

它將重複 **'oi'** 三次，得到如下輸出：

```
['oi', 'oi', 'oi']
```

您現在已經完成了這個練習；這個練習的目的是讓您熟悉 Python 程式設計師常會用到的一些 list 操作。

從 list 中存取一個項目

就像其他程式設計語言一樣，在 Python 中，您可以使用**索引**來存取 list 中的元素。請繼續使用上一個 Notebook 來完成下面的練習。

練習 26：從購物 list 資料中存取一個項目

在這個練習題中，您將使用 list 並學習如何從 list 中存取項目。以下步驟可以幫助您完成這項練習：

1. 請打開一個新的 Jupyter Notebook。

2. 在新儲存格中輸入以下程式碼：

```
shopping = ["bread","milk", "eggs"]
print(shopping[1])
```

您應該會得到以下輸出：

```
milk
```

如您所見，您已經從 **shopping** 這個 list 的索引 **1** 印出了值 **milk**，因為 list 是從索引 **0** 開始的。

3. 現在，將 **milk** 元素替換為 **banana**：

```
shopping[1] = "banana"
print(shopping)
```

您應該會得到以下輸出：

```
['bread', 'banana', 'eggs']
```

4. 在新儲存格中輸入以下程式碼並觀察輸出：

```
print(shopping[-1])
```

您應該會得到以下輸出：

```
eggs
```

輸出將印出 **eggs**，也就是最後一個項目。

> 📖 **Note**
>
> 在 Python 中，正索引是向後算，負索引是向前算。使用負索引從後面開始存取元素。

到目前為止，您學到的大部分是傳統存取元素的方法。Python 中的 list 還支援強大的通用索引方法，稱為**切片**。它在 **list[i:j]** 格式中以 : 符號代表切片，其中 **i** 為起始元素，**j** 為最後元素（不含）。

5. 輸入以下程式碼來嘗試不同的切片：

```
print(shopping[0:2])
```

這將印出第一個和第二個元素，產生如下輸出：

```
['bread', 'banana']
```

現在，從 list 的開頭開始印出到第三個元素：

```
print(shopping[:3])
```

您應該會得到以下輸出：

```
['bread', 'banana', 'eggs']
```

類似地，從 list 的第二個元素開始一直印出到尾端：

```
print(shopping[1:])
```

您應該會得到以下輸出：

```
['banana', 'eggs']
```

完成這個練習後，您現在能夠以不同的方式存取 list 中的項目了。

加入項目到 list 中

在上一節和練習 26，從購物 list 資料中存取一個項目中，您學到如何從 list 中存取項目。list 非常強大，在許多情況下被廣泛使用。但是，您通常不會事先知道使用者想要儲存什麼樣的資料，而是在程式執行之後才知道。所以在這裡，您將看到各種加入項目到 list 中、以及插入項目到 list 中的方法。

練習 27：為購物 list 增加商品

append 方法是加入新元素到 list 尾端最簡單的方法。在這個練習題中，您將使用這個方法加入項目到我們的 **shopping** list 中。以下步驟可以幫助您完成這項練習：

1. 在一個新儲存格中，使用 **append** 方法，輸入以下程式碼以加入一個新元素 **apple** 到 list 的尾端：

```
shopping = ["bread","milk", "eggs"]
shopping.append("apple")
print(shopping)
```

您應該會得到以下輸出：

```
['bread', 'milk', 'eggs', 'apple']
```

通常在不知道元素總數的情況下，會用 **append** 方法來建立 list。您將從一個空 list 開始，並逐漸加入項目以建立該 list。

2. 現在建立一個名為 **shopping** 的空 list，繼續逐一加入商品到這個空 list 中：

```
shopping = []
shopping.append('bread')
shopping.append('milk')
```

```
shopping.append('eggs')
shopping.append('apple')
print(shopping)
```

您應該會得到以下輸出：

```
['bread', 'milk', 'eggs', 'apple']
```

這樣您可以從初始化一個空 list 作為開始，然後動態地擴展該 list。最終結果與之前程式碼所得到的 list 會完全相同。這與某些程式設計語言不同，那些程式語言要求在宣告階段指定陣列大小。

3. 現在請使用 **insert** 方法加入元素到 **shopping** list 中：

```
shopping.insert(2, 'ham')
print(shopping)
```

您應該會得到以下輸出：

```
['bread', 'milk', 'ham', 'eggs', 'apple']
```

在輸入步驟 3 中的程式碼時，您看到的是加入元素到 list 的另一種方法，即使用 **insert** 方法。**insert** 方法需要一個位置索引來指示應該將新元素放在何處。位置索引是一個從零開始的數字，用來指定要插入到 list 中的哪個位置。您可以使用以上程式碼，插入一個項目 **ham** 到第三個位置。

您可以看到，**ham** 被插入到第三個位置，並且本來在後面的所有項目都被往右移動了一個位置。

完成這個練習後，您現在已經學會**加入**元素加入到我們的購物 list 中。當您從消費者或客戶那裡取得資料時，可以將項目加入到 list 中，這將會非常實用。

在下一個主題中，您將使用並學習 dictionary 的鍵和值。

Dictionary 的鍵和值

Python 的 dictionary 是一個無順序的集合物件。dictionary 用大括號撰寫，它的內部有**鍵（key）**和**值（value）**。

例如，請看一下下面的例子，在這個例子中您儲存了一名員工的詳細資訊：

```
employee = {
  'name': "Jack Nelson",
  'age': 32,
  'department': "sales"
}
```

您可能已經注意到 Python 的 dictionary 和 JSON 之間有某種相似之處。儘管您可以直接將 JSON 載入到 Python 中，但 Python 的 dictionary 是一個完整的資料結構，它實作了自己的演算法，而 JSON 只是一個用類似格式撰寫的純字串。

Python 的 dictionary 類似於鍵 - 值對，將鍵映射到關聯的值，如圖 2.12 所示：

鍵	值
name	Jack Nelson
age	32
department	sales

圖 2.12：Python 的 dictionary 中鍵和值的映射

dictionary 類似於 list，它們都具有以下特性：

- 兩者都可以用於儲存值。

- 兩者都可以在適當的時候進行修改，也可以根據需要進行增減。

- 兩者都可以做成巢式：dictionary 可以包含另一個 dictionary，list 可以包含另一個 list，且 list 可以包含一個 dictionary，反之亦然。

list 和 dictionary 的主要區別在於如何存取元素。list 透過位置索引存取元素，即 [0,1,2...]，而 dictionary 透過鍵存取元素。因此，若想用來代表一組東西的話，dictionary 會是更好的選擇，而有助於記憶的鍵更適合用來做成一組東西中各自的標記使用，例如，如圖 2.13 中的那種資料庫紀錄。這裡的資料庫可以看成相當於一個 list，這個資料庫 list 包含可以使用 dictionary 代表的紀錄。在每筆紀錄中，有多個欄位儲存各自的值。dictionary 可以用來儲存一筆紀錄，該紀錄的鍵不會重複，並映射到相對的值：

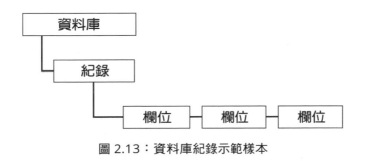

圖 2.13：資料庫紀錄示範樣本

然而，Python 的 dictionary 有一些規則，您需要記住：

- 鍵必須是唯一的─不可以有重複的鍵。

- 鍵不可改變─它們可以是字串、數值或 tuple。

您將會在練習 28，使用 dictionary 儲存一筆電影紀錄中，練習使用 dictionary 儲存紀錄。

練習 28：使用 dictionary 儲存一筆電影紀錄

在這個練習題中，您將使用一個 dictionary 來儲存電影紀錄，並且您還會嘗試使用一個鍵來存取 dictionary 中的資訊。以下步驟可以幫助您完成這項練習：

1. 打開一個 Jupyter Notebook。

2. 在空白儲存格中輸入以下程式碼：

```
movie = {
  "title": "The Godfather",
```

```
    "director": "Francis Ford Coppola",
    "year": 1972,
    "rating": 9.2
}
```

在這裡，您已經建立了一個 dictionary，裝載了一部電影的一些資訊，例如 **title**、**director**、**year** 和 **rating**。

3. 使用鍵從 dictionary 中取得資訊。例如，您可以用 **'year'** 來找出電影首映的時間：

```
print(movie['year'])
```

您應該會得到以下輸出：

```
1972
```

4. 現在我們要更新一個 dictionary 值：

```
movie['rating'] = (movie['rating'] + 9.3)/2
print(movie['rating'])
```

您應該會得到以下輸出：

```
9.25
```

如您所見，dictionary 的值也可以就地更新。

5. 從頭建造一個 **movie** dictionary，並使用鍵 - 值賦值的方式添加它的內容：

```
movie = {}
movie['title'] = "The Godfather"
movie['director'] = "Francis Ford Coppola"
movie['year'] = 1972
movie['rating'] = 9.2
```

正如您可能已經注意到的，dictionary 的大小是可伸縮的，這一點與 list 類似。

6. 您也可以在 dictionary 中儲存一個 list，以及在 dictionary 中儲存一個 dictionary：

```
movie['actors'] = ['Marlon Brando', 'Al Pacino', 'James Caan']
movie['other_details'] = {
  'runtime': 175,
  'language': 'English'
}
print(movie)
```

您應該會得到以下輸出：

```
{'title': 'The Godfather', 'director': 'Francis Ford Coppola', 'year': 1972, 'rating': 9.2, 'actors': ['Marlon Brando
', 'Al Pacino', 'James Caan'], 'other_details': {'runtime': 175, 'language': 'English'}}
```

圖 2.14：在 dictionary 中儲存了另一個 dictionary 時的輸出

到目前為止，您已經看到把 list 和 dictionary 做成巢式是多麼的容易。發揮您的創意將 list 和 dictionary 結合在一起，可以直接方便地儲存現實世界中複雜的資訊和模型結構。這是 Python 這類腳本語言的主要好處之一。

活動 7：使用 list 和 dictionary 儲存公司員工表格資料

還記得之前您使用了巢式 list 儲存的員工資料集合嗎？現在您已經學會了 list 和 dictionary 的使用方式，您將看到如何使用 list 和 dictionary 資料類型更有效地儲存和存取我們的資料：

名字	年齡	部門
John Mckee	38	Sales
Lisa Crawford	29	Marketing
Sujan Patel	33	HR

圖 2.15：以表格呈現的員工資料

按照以下步驟完成此活動：

1. 打開一個 Jupyter Notebook（您可以建立一個新的或者使用現有的）。

2. 建立一個名為 **employees** 的 list。

3. 在 **employees** 內建立三個 dictionary 物件，用於儲存**員工**的資訊。

4. 印出 **employees** 變數。

5. 以可顯示的格式印出所有員工的詳細資訊。

6. 只印出員工 **Sujan Patel** 的資訊。

   您應該會得到以下輸出：

```
Name: Sujan Patel
Age: 33
Department: HR
--------------------
```

圖 2.16：僅印出員工 Sujan Patel 的詳細資訊

 Note

此活動的解答在第 589 頁。

使用 zip() 打包和解開 dictionary

有時，您會從多個 list 中取得資訊。例如，您可能有一個 list 用於儲存產品的名稱，而另一個 list 用於儲存這些產品的數量。您可以使用 **zip()** 方法來聚合這兩個 list 的資料。

zip() 方法會映射多個容器中類似的索引，讓它們可以成為單個物件使用。您將在下面的練習中嘗試做這件事。

練習 29：使用 zip() 方法操作 dictionary

在這個練習題中，您將使用到 dictionary 的概念，但主要重點會放在組合不同類型的資料結構。您將使用 **zip()** 方法，用我們的購物 list 來進行這項 dictionary 的操作。以下步驟將幫助您了解使用 **zip()** 的方法：

1. 請打開一個新的 Jupyter Notebook。

2. 建立一個新的儲存格，並輸入以下程式碼：

```
items = ['apple', 'orange', 'banana']
quantity = [5,3,2]
```

到這裡，您已經建立了一個名為 **items** 的 list，和一個名為 **quantity** 的 list。而且，還為這些 list 完成了賦值動作。

3. 現在，請使用 **zip()** 函式將兩個 list 組合成一個由 tuple 組成的 list：

```
orders = zip(items,quantity)
print(orders)
```

完成後，我們得到一個 **zip()** 物件，如下：

```
<zip object at 0x0000000005BF1088>
```

4. 輸入以下程式碼將該 zip 物件轉換為 **list**：

```
orders = zip(items,quantity)
print(list(orders))
```

您應該會得到以下輸出：

```
[('apple', 5), ('orange', 3), ('banana', 2)]
```

5. 也可以將 **zip** 物件轉換為 **tuple**：

```
orders = zip(items,quantity)
print(tuple(orders))
```

您應該會得到以下輸出：

```
(('apple', 5), ('orange', 3), ('banana', 2))
```

6. 或者可以將一個 **zip()** 物件轉換為一個 dictionary：

```
orders = zip(items,quantity)
print(dict(orders))
```

您應該會得到以下輸出：

```
{'apple': 5, 'orange': 3, 'banana': 2}
```

有沒有發現，您每次都要呼叫 **orders = zip(items, quantity)**？在這個練習題中，您看到 **zip()** 物件是一個迭代器，因此，一旦它被轉換為 list、tuple 或 dictionary 之後，它就被認為迭代已經完全結束，再也不能生成任何值了。

Dictionary 方法

現在您已經學會了使用 dictionary 以及什麼時候應該使用 dictionary。現在，您將要學習一些其他的 dictionary 方法。首先，從這裡開始跟著一起練習，學習如何在 Python 中存取 dictionary 的值和其他相關操作。

練習 30：使用 dictionary 方法存取 dictionary

在這個練習題中，我們將學習如何使用 dictionary 方法來存取 dictionary。這個練習的目標是使用 dictionary 方法存取 dictionary，而且印出項目對應的值：

1. 請打開一個新的 Jupyter Notebook。

2. 在新儲存格中輸入以下程式碼：

```
orders = {'apple':5, 'orange':3, 'banana':2}
print(orders.values())
print(list(orders.values()))
```

您應該會得到以下輸出：

```
dict_values([5, 3, 2])
[5, 3, 2]
```

程式碼中的 **values()** 方法，會回傳一個可迭代的物件。為了直接使用裡面的值，可以直接將它們包裝在 list 中。

3. 現在，請使用 **keys()** 方法取得在一個 dictionary 中，由所有鍵組成的 list：

```
print(list(orders.keys()))
```

您應該會得到以下輸出：

```
['apple', 'orange', 'banana']
```

4. 由於不能直接迭代 dictionary，所以要先使用 **items()** 方法將其轉換為由 tuple 所組成的 list，得到 list 後，迭代它以存取它。如下面的程式碼片段中那樣：

```
for tuple in list(orders.items()):
  print(tuple)
```

您應該會得到以下輸出：

```
('apple', 5)
('orange', 3)
('banana', 2)
```

在這個練習題中，您建立了一個 dictionary。除此之外，您還可以列出 dictionary 中所有的鍵。在步驟 4 中，您把 list 轉換為 tuple 之後，迭代了該 dictionary。

Tuple

tuple 物件類似於 list，但不能修改。tuple 是不可變（immutable）sequence，這代表它們的值在初始化之後就不能再修改了。您可以使用一個 tuple 來代表不會再改動的項目集合：

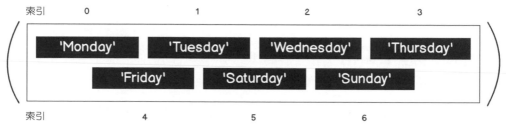

圖 2.17：一個擁有正索引值的 Python tuple 示意圖

例如，您也可以用 list 來定義星期幾，如下所示：

```
weekdays_list = ['Monday', 'Tuesday', 'Wednesday','Thursday','Friday',
'Saturday', 'Sunday']
```

但是，這並不能保證這些值在其生命週期中一直都保持不變，因為 list 是**可變的**（**mutable**）。我們可以改用 tuple 去定義星期幾，如下面的程式碼所示：

```
weekdays_tuple = ('Monday', 'Tuesday', 'Wednesday','Thursday','Friday',
'Saturday', 'Sunday')
```

由於 tuple 是不可變的，您可以確定這些值在整個程式中都會保持一致，並且不會意外或不小心被修改。在*練習 31，用購物 list 探索 tuple 屬性*中，我們將探索 tuple 提供的不同屬性。

練習 31：用購物 list 探索 tuple 屬性

在這個練習題中，您將學習到 tuple 的不同屬性：

1. 打開一個 Jupyter Notebook。
2. 在一個新儲存格中輸入以下程式碼，來初始化一個新 tuple `t`：

```
t = ('bread', 'milk', 'eggs')
print(len(t))
```

您應該會得到以下輸出：

```
3
```

> **Note**
>
> 記住，tuple 是不可變的；因此，我們無法使用 **append** 方法加入新項目到現有 tuple 中。您也不能更改任何現有 tuple 元素的值，以下兩個述句都會引發錯誤。

3. 如 Note 中所描述的，請輸入以下程式碼，並觀察錯誤：

```
t.append('apple')
t[2] = 'apple'
```

您應該會得到以下輸出：

```
---------------------------------------------------------------------------
AttributeError                            Traceback (most recent call last)
<ipython-input-2-30ec3c1f0495> in <module>
----> 1 t.append('apple')
      2 #t[2]='apple'

AttributeError: 'tuple' object has no attribute 'append'
```

圖 2.18：當我們試圖修改 tuple 物件的值時發生的錯誤

解決這個問題的唯一方法是將現有的 tuple 中的項目和新項目接在一起，以建立一個新的 tuple。

4. 現在請使用下面的程式碼將 **apple** 和 **orange** 這兩個項目和 tuple **t** 加在一起，這讓我們得到一個新的 tuple。注意，**t** tuple 保持不變：

```
print(t + ('apple', 'orange'))
print(t)
```

您應該會得到以下輸出：

```
('bread', 'milk', 'eggs', 'apple', 'orange')
('bread', 'milk', 'eggs')
```

圖 2.19：連接了新項目的 tuple

5. 在新儲存格中輸入以下述句並觀察輸出：

```
t_mixed = 'apple', True, 3
print(t_mixed)
t_shopping = ('apple',3), ('orange',2), ('banana',5)
print(t_shopping)
```

tuple 也支援混合型態和巢式，就像 list 和 dictionary 一樣。在宣告 tuple 時，您也可以不使用小括號，就像步驟 5 中的程式碼那樣。

您應該會得到以下輸出：

```
('apple', True, 3)
(('apple', 3), ('orange', 2), ('banana', 5))
```

圖 2.20：tuple 中的巢式和混合型態項目

了解 Set

到目前為止，在本章中，您已經看過了 list、dictionary 和 tuple。現在可以來看 set 了，它是另一種 Python 資料結構。

set 是相對較新的 Python 集合類型。set 物件中的項目無順序、不重複、不可變,支援類似數學集合理論的操作。由於 set 不允許同一元素多次出現,因此可以使用它們有效地防止重複值。

set 是一個由物件(可稱為**成員**或**元素**)組成的集合。例如,您可以將 set A 設定為 1 到 10 之間的偶數,它將包含 {2,4,6,8,10},設定 set B 是 1 到 10 之間的奇數,它將包含 {1,3,5,7,9}。在下面的練習中,您將實際使用 Python 中的 set:

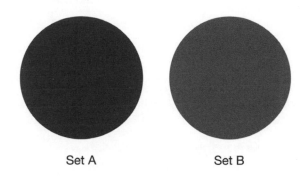

Set A   Set B

圖 2.21:set A 和 set B——每個 set 包含唯一的、不重複的值

練習 32:在 Python 中使用 set

在這個練習題中,您將會增加對 Python 中 set 的了解。set 是一種物件的集合:

1. 打開一個 Jupyter Notebook。

2. 使用以下程式碼初始化一個 set。您可以傳入一個 list 來初始化一個 set:

```
s1 = set([1,2,3,4,5,6])
print(s1)
s2 = set([1,2,2,3,4,4,5,6,6])
print(s2)
s3 = set([3,4,5,6,6,6,1,1,2])
print(s3)
```

您應該會得到以下輸出：

```
{1, 2, 3, 4, 5, 6}
{1, 2, 3, 4, 5, 6}
{1, 2, 3, 4, 5, 6}
```

圖 2.22：使用 list 初始化的 set

可以看到，set 中的值不會重複也沒有順序，因此重複的項目和原始順序都不會被保留。

3. 在新儲存格中輸入以下程式碼：

```
s4 = {"apple", "orange", "banana"}
print(s4)
```

您還可以使用大括號直接初始化一個 set。

您應該會得到以下輸出：

```
{'apple', 'orange', 'banana'}
```

4. set 是可變的。請輸入以下程式碼，查看如何將一個新項目 **pineapple** 加入到一個現有的 set **s4** 中：

```
s4.add('pineapple')
print(s4)
```

您應該會得到以下輸出：

```
{'apple', 'orange', 'pineapple', 'banana'}
```

在這個練習題中，我們為您介紹了 Python 中的 set。在下一個主題，您將更深入地了解多種 Python 提供的 set 操作。

Set 操作

set 支援常見的操作，如聯集和交集。**聯集**操作會回傳一個包含 set A 和 set B 中所有不重複元素的 set；**交集**操作會回傳一個 set，該 set 包含屬於 set A 同時也屬於 set B 的不重複元素：

$$A \cup B$$

圖 2.23：set A 與 set B 聯集

下面的圖表示交集操作：

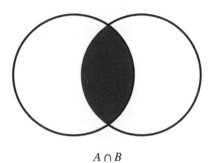

$$A \cap B$$

圖 2.24：set A 與 set B 交集

現在您應該看看，在下面的練習中，如何用 Python 實作這些 set 操作：

練習 33：實作 set 操作

在這個練習題中,我們將實作 set 操作:

1. 請打開一個新的 Jupyter Notebook。

2. 在新儲存格中,鍵入以下程式碼來初始化兩個新 set:

```
s5 = {1,2,3,4}
s6 = {3,4,5,6}
```

3. 使用 | 運算子或 **union** 方法進行**聯集**操作:

```
print(s5 | s6)
print(s5.union(s6))
```

您應該會得到以下輸出:

```
{1, 2, 3, 4, 5, 6}
{1, 2, 3, 4, 5, 6}
```

圖 2.25:聯集運算子的輸出

4. 請使用 **&** 運算子或 **intersection** 方法進行**交集**操作:

```
print(s5 & s6)
print(s5.intersection(s6))
```

您應該會得到以下輸出:

```
{3, 4}
{3, 4}
```

圖 2.26:交集運算子的輸出

5. 使用 – 運算子或 **difference** 方法,找出兩組集合間的**差集**:

```
print(s5 - s6)
print(s5.difference(s6))
```

您應該會得到以下輸出：

```
{1, 2}
{1, 2}
```

圖 2.27：差集運算子的輸出

6. 現在用 **<=** 運算子或 **issubset** 方法來檢查一個 set 是否為另一個 set 的子集：

```
print(s5 <= s6)
print(s5.issubset(s6))
s7 = {1,2,3}
s8 = {1,2,3,4,5}
print(s7 <= s8)
print(s7.issubset(s8))
```

您應該會得到以下輸出：

```
False
False
True
True
```

圖 2.28：issubset 方法的輸出

前面兩個述句回傳 **False**，因為 **s5** 不是 **s6** 的子集。後面兩個述句回傳 **True**，因為 **s5** 是 **s6** 的子集。請注意 **<=** 運算子是用來檢查是否為子集。而所謂的真子集（proper subset）與一般子集相同，只差在兩個 set 不能完全相同。您可以嘗試在新的儲存格中使用以下程式碼檢查是否為真子集。

7. 檢查 **s7** 是否為 **s8** 的真子集，並透過輸入以下程式碼來檢查一個集合是否是自己的真子集：

```
print(s7 < s8)
s9 = {1,2,3}
s10 = {1,2,3}
print(s9 < s10)
print(s9 < s9)
```

您應該會得到以下輸出：

```
True
False
False
```

圖 2.29：檢查 s7 是否為 s8 的真子集

我們可以看出，**s7** 是 **s8** 的真子集，因為 **s8** 中除了所有 **s7** 的元素外，還有其他元素。但是 **s9** 不是 **s10** 的一個子集，因為它們是相同的。因此，一個集合不會是它自己的真子集。

8. 現在使用 **>=** 運算子或 **issuperset** 方法檢查一個 set 是否是另一個 set 的超集合。請在另外一個儲存格嘗試執行以下程式碼：

```
print(s8 >= s7)
print(s8.issuperset(s7))
print(s8 > s7)
print(s8 > s8)
```

您應該會得到以下輸出：

```
True
True
True
False
```

圖 2.30：使用 >= 運算子檢查一個 set 是否為另一個 set 的超集合

前面三行回傳 **True**，因為 **s8** 是 **s7** 的超集合，也是 **s7** 的真超集（proper superset）。最後一條述句回傳 **False**，因為任何 set 都不可能是自身的真超集。

完成這個練習之後，您現在知道 Python 中的 set 為什麼對於有效地防止重複值非常有用，並且適合用於常見的數學運算，比如聯集和交集。

> 📖 **Note**
>
> 在看完目前為止的所有主題之後，您可能會認為 set 類似於 list 或 dictionary。但是，set 是無順序的，並且沒有鍵映射到值的特性，因此它們既不是序列（sequence）也不是映射型態（mapping）：它本身就是一個獨立的型態。

選擇型態

到目前為止，您已經了解了 Python 中大多數常見的資料結構。您可能面臨的挑戰之一是必須知道何時使用哪種資料型態。

在選擇要用某種集合類型時，知道該類型的獨特特性非常有用。例如，list 用於儲存多個物件並保留它們的順序時，dictionary 用於儲存不重複的鍵 - 值對映射，tuple 是不可變的，而 set 只會儲存不重複的元素。為特定資料集合選擇正確的類型，能提升效率或安全性。

為資料選擇了不正確的類型可能導致資料遺失，在大多數情況下，這會導致執行程式碼時效率低下，在最壞的情況下，我們可能還會搞丟資料。

總結

總結來說，您需要記住 Python 資料結構包括 list、tuple、dictionary 和 set。Python 提供這些結構是為了讓開發人員能夠寫出更好的程式碼。在本章中，您已經學習過 list（list 是 Python 中儲存多個物件的重要資料類型之一）和其他資料類型，如 dictionary、tuple 和 set。每一種資料類型都可以幫助我們有效地儲存和檢索資料。

資料結構是所有程式設計語言的重要基礎。正如您在第 1 章，*Python 重要基礎 - 數學、字串、條件陳述式和迴圈*中看到的那樣，它們是任何程式的重要組成部分。大多數程式設計語言只提供基本的資料類型來儲存不同類型的資料，如數值、字串和布林值。在本章中,您學到的是如何利用進階的資料結構,如集式 list 和混合資料類型,以及儲存 dictionary 的 list(可以用來儲存複雜資料的結構)。

接下來,我們將學習如何使用函式來撰寫模組化和易於理解、且遵循著 **DRY**(**Don't Repeat Yourself**)原則的程式碼。

執行 Python - 程式、演算法和函式

概述

在本章結束時,您將能夠在命令列撰寫和執行 Python 腳本;撰寫和導入 Python 模組;用 docstring 說明您的程式碼;用 Python 實作一些基本 演算法,包括氣泡排序法和二分搜尋法;使用迭代、遞迴和動態程式設 計演算法撰寫函式;模組化程式碼,使其有更好的結構與可讀性,並使 用輔助函式和 lambda 函式。

本章會透過欣賞撰寫良好的演算法,和了解如何良好地使用函式,讓您 寫出更強大和簡潔的程式碼。

介紹

對我們來說，電腦是一台把大量邏輯精心組織起來的機器。沒有哪一種邏輯一定是複雜的，也不是只靠一種邏輯就能得到結果。相反地，是整合整個系統才能提供您期望的輸出。

在前幾章中，介紹的重點是基本的 Python 習慣用法和資料類型。在本章中，您將開始探索一些更抽象的概念，這些概念是關於如何在 Python 中透過邏輯將知識形式化。您將會探索一些用於解決電腦科學中典型問題的基本演算法，以及一些簡單的邏輯。

例如，假設我們要排序一個由整數組成的 list，例如超市想了解每位顧客的銷售情況，所以使用排序技術對顧客進行排序。假如想把排序演算法做的很有效率的話，您可能會被其背後的理論複雜度給嚇一跳。

在本章中，您還將看到一些 Python 範例，它們用一種簡潔又可讀的方式來表達程式碼。您也將看到一些屬於優秀程式設計師的習慣，以及如何確保撰寫的程式碼具有可維護性且不會重複。透過這樣做，當需求在資訊技術世界中不斷變化時，可以確保自己不需要做無謂的程式碼重構。

本章從如何在 Python shell 中執行程式碼開始，轉向如何執行 Python 腳本和模組。這將使我們更容易寫出清晰、可重用和強大的程式碼。

Python 腳本和模組

在前幾章中，您已經在互動式 Python 控制台或 Jupyter Notebook 中執行過 Python 了。但是，您可能知道大多數 Python 程式碼其實是存放在副檔名為 **.py** 的文字檔中。這些檔案是簡單的純文字格式，可以用任何文字編輯器編輯。程式設計師通常使用文字編輯器（如 Notepad++）或整合式開發環境（IDE）（如 Jupyter 或 PyCharm）編輯這些檔案。

一般情況下，獨立的 **.py** 檔案可以稱為**腳本（script）**或**模組（module）**。腳本是一種設計用來執行的檔案，通常可從命令列執行。另一方面，模組通常會被匯入程式碼成為程式碼的一部分或在互動式 shell 中執行。請注意，這並不是一個嚴格的定義；模組也可以執行，腳本也可以匯入到其他腳本 / 模組中。

練習 34：撰寫和執行第一個腳本

在這個練習題中，您將建立一個名為 **my_script.py** 的腳本，並在命令列執行它。然後您將得到三個數的階乘加總：

1. 請使用您喜歡的文字編輯器，或使用 Jupyter 中的（**New | Text File**），建立一個名為 **my_script.py** 的新檔案。

2. 匯入 **math** 函式庫：

```
import math
```

3. 假設您有幾個數值，而且想輸出這些數值的階乘加總。請回憶一下，階乘是整數一路向上乘到等於一個指定的數值的乘積。

   例如，**5** 的階乘計算為 5!= 5 * 4 * 3 * 2 * 1 = 120

   在下面的程式碼片段中，想要找出 **5**、**7** 和 **11** 的階乘加總。

```
numbers = [5, 7, 11]
```

4. 使用 **math.factorial** 函式和 list 綜合表達式，計算和印出 **result**：

```
result = sum([math.factorial(n) for n in numbers])
print(result)
```

5. 儲存檔案。

6. 打開終端機或 Jupyter Notebook，然後先確定目前的目錄與 **my_script.py** 的目錄相同。若要檢查目錄是否相同，請在終端機中執行 **dir**，您應該會看到 **my_script.py** 在檔案列表中。如果沒有，使用 **cd** 命令移動到正確的目錄。

7. 請執行 **python my_script.py** 以執行腳本。

您應該會得到以下輸出：

```
39921960
```

在這個練習題中，透過把終端機或 Jupyter Notebook 移動到正確的目錄，您成功
地建立並執行了一個檔案。

練習 35：撰寫並匯入我們的第一個模組

在這個練習題中，就像在練習 *34*，撰寫和執行第一個腳本一樣，您將會得到
三個數字的階乘值。但是，您現在將改為要建立一個名為 **my_module.py** 的模
組，並將該模組匯入到 Python shell 中：

1. 請使用您喜歡的文字編輯器，或使用 Jupyter（**New | Text File**），建立
   一個名為 **my_module.py** 的新檔案。

2. 加入一個函式，這個函式的目的是輸出練習 *34*，撰寫和執行第一個腳
   本中的計算結果。您將會在接下來介紹基本函式的部分，學習如何去定義
   函式：

```
import math
def compute(numbers):
    return([math.factorial(n) for n in numbers])
```

3. 儲存檔案。

4. 打開一個 Python shell 或 Jupyter Notebook，執行以下操作：

```
from my_module import compute
compute([5, 7, 11])
```

您應該會得到以下輸出：

```
[120, 5040, 39916800]
```

> **Note**
>
> 如果您想在另一個腳本或模組中重用我們範例中的函式，那麼將此程式碼撰寫成模組是很有用的。但是，如果您只想執行 **print** 述句一次，而且不希望必須將我們的函式匯入到 shell 中，那麼寫成腳本會更加方便。

在這個練習題中，您建立了一個名為 **my_module.py** 的模組，並匯入該模組到 Jupyter 或 Python shell 中，也取得預期的輸出。

Ubuntu 中的 Shebang

Python 腳本的第一行通常是：

```
#!/usr/bin/env python
```

還有一個資訊是，如果您使用的是 Windows 作業系統，可以忽略這一行。然而，還是值得去了解它的功能是什麼。這條路徑指定電腦應該使用什麼程式來執行這檔案。在前面的範例中，必須告訴命令提示字串使用 Python 去執行 **my_script.py** 腳本。但是，在 UNIX 系統（如 Ubuntu 或 macOS X）上，如果腳本裡寫了一個 shebang，您就可以直接執行它，不需告訴系統要使用 Python。例如，若是使用 Ubuntu，您可以簡單地寫成：

圖 3.1：在 UNIX 系統中使用 shebang 述句執行腳本

docstring

在第 1 章，*Python 重要基礎 - 數學、字串、條件陳述式和迴圈*中提到過 docstring 是一個字串，出現在腳本、函式或類別中的第一個述句。docstring 是物件的一個特殊屬性，可透過 **__doc__** 存取。docstring 用於儲存**描述性資訊**，以向使用者解釋程式碼是做什麼的，以及一些關於應該如何使用的進階資訊。

練習 36：加入 docstring 到 my_module.py

在這個練習題中，您會加入一個 docstring 到練習 35，撰寫並匯入我們的第一個模組中的 **my_module.py** 模組中：

1. 在 Jupyter Notebook 或文字編輯器中打開 **my_module.py**。

2. 在腳本中加入一個 docstring（docstring 長得如下程式碼，放在您的程式碼開頭的第一行）：

```
""" This script computes the sum of the factorial of a list of numbers"""
```

3. 將 Python 控制台打開，並移動到與 **my_module.py** 相同的目錄中。

4. 匯入 **my_module** 模組：

```
import my_module
```

5. 在我們的 **my_module** 腳本中呼叫 **help** 函式來查看前面加入的 docstring。**help** 函式可用於取得 Python 中有關模組、函式或類別的任何可用資訊的摘要。您也可以不帶引數呼叫它，即 **help()**，這樣會開始一系列互動式提示：

```
help(my_module)
```

您應該會得到以下輸出：

```
Help on module my_module:

NAME
    my_module - This script computes the factorial for a list of numbers

FUNCTIONS
    compute(numbers)

FILE
    c:\users\adrianc\desktop\python fundamental - trunk\code files\lesson03\python lesson03\python lesson03\exercise0
3\my_module.py
```

圖 3.2：help 函式的輸出

6. 查看 **my_module** 的 **__doc__** 屬性,這是第二種查看 docstring 的方式:

```
my_module.__doc__
```

您應該會得到以下輸出:

```
'This script computes the factorial for a list of numbers'
```

圖 3.3:查看 docstring

docstring 可以寫成一行(如前面的範例),也可以跨多行。下面是一個多行 docstring 的例子:

```
"""
This script computes the sum of the factorial of a list of numbers.
"""
```

匯入

在可寫可不寫的 shebang 述句和 docstring 之後,一個 Python 檔案通常會從其他函式庫匯入類別、模組和函式。例如,如果您想計算 **exp(2)** 的值,您可以從標準函式庫中匯入 **math** 模組(您將在第 6 章,標準函式庫中,了解更多相關的資訊):

```
import math
math.exp(2)
```

您應該會得到以下輸出:

```
7.38905609893065
```

在前面的範例中,您匯入了 **math** 模組,並呼叫了模組中的 **exp** 函式。或者,您也可以只匯入 **math** 模組中的 **exp** 函式:

```
from math import exp
exp(2)
```

您應該會得到以下輸出：

```
7.38905609893065
```

請注意，有第三種匯入方式，但除非必要，一般應避免這種匯入方式：

```
from math import *
exp(2)
```

您應該會得到以下輸出：

```
7.38905609893065
```

import `*` 語法代表匯入模組中的所有內容，之所以認為要避免這種寫法，主要是因為您最終會引用了太多的物件，並且這些物件名稱會有發生衝突的風險。如果檔案中用了多個 **import** `*` 述句，那麼就很難看出某些物件是從哪裡匯入的。

您還可以在 **import** 述句中重新命名模組或匯入的物件：

```
from math import exp as exponential
exponential(2)
```

您應該會得到以下輸出：

```
7.38905609893065
```

如果您只是覺得物件的名稱不好，使程式碼可讀性下降，那麼這時候重新命名是挺實用的。或者，如果您想使用的兩個模組中剛好有相同名稱的物件，那麼也可能需要使用它。

練習 37：取得系統日期

在這個練習題中，您將撰寫一個腳本，這個腳本會匯入 **datetime** 模組，將當前的系統日期印出到控制台：

1. 現在請在 Python 終端機中建立一個名為 **today.py** 的新腳本。

2. 在腳本中加入一個 docstring：

```
"""
此腳本會印出當前系統日期。
"""
```

3. 匯入 **datetime** 模組：

```
import datetime
```

4. 使用 **datetime.date** 的 **today()** 屬性印出當前日期：

```
print(datetime.date.today())
```

5. 從命令列執行腳本，執行情況如圖 3.4 所示。

圖 3.4：命令列輸出

在這個練習題中，您使用了 **datetime** 模組撰寫一個腳本來印出日期。因此，您可以看到模組為什麼好用。

if __name__ == "__main__" 述句

您經常會在 Python 腳本中看到這個謎樣的述句。雖然我們不會深入介紹它的概念，但它值得理解一下。當您希望能夠單獨執行腳本，但也希望能像一個一般模組一樣匯入到其他腳本中時，就可以使用這個述句。

例如，假設您想要得到 **1** 到 **10** 的數字之和。如果您是從命令列執行該函式，則會希望將結果印出到控制台中。然而，您同時也希望能在其他會用到這個結果值的地方匯入它。

您可能會想這樣寫：

```
result = 0
for n in range(1, 11):  # 請記得這裡會迭代 1 到 10，不包括 11
    result += n
print(result)
```

如果從命令列執行這個程式，它將如預期的那樣印出輸出 **55**。但是，如果您嘗試在 Python 控制台匯入 result 時，它將再次印出結果。可是在這樣匯入 result 時，您只想得到變數；您不期望它印出到控制台：

```
from sum_to_10 import result
```

您應該會得到以下輸出：

```
55
```

為了解決這個問題，您需要在只有 **__name__ == '__main__'** 成立的情況下，才去呼叫 **print** 函式：

```
result = 0
for n in range(1, 11):  # 請記得這裡會迭代 1 到 10，不包括 11
    result += n
if __name__ == '__main__':
    print(result)
```

當從命令列執行時，Python 直譯器會將特殊的 **__name__** 變數的值設定為等於字串 **'__main__'**，這樣當您執行到腳本的尾端時，就會印出 **result**。但是在匯入 **result** 時，就不會執行到 **print** 述句：

```
from sum_to_10 import result
result * 2
110
```

活動 8：幾點了？

請您建立一個 Python 腳本，以告訴您當前時間。

在這個活動中，您將使用 **datetime** 模組來建立 **current_time.py** 腳本，輸出當前系統時間，然後在 Python 控制台匯入 **current_time.py** 腳本。

步驟如下：

1. 請在 Jupyter Notebook 或文字編輯器中，建立一個名為 **current_time.py** 的新腳本。

2. 加入一個 **docstring** 到腳本中，以解釋腳本的功能是什麼。

3. 匯入 **datetime** 模組。

4. 使用 **datetime.now()** 獲取當前時間。

5. 印出結果，但只有在當成腳本執行時才印出。

6. 從命令提示字串執行腳本，查看它印出的時間。

7. 將 **time** 變數匯入到 Python 控制台，並檢查控制台輸出是否沒有印出時間。

8. 命令提示字串的輸出如下：

圖 3.5：在命令列印出時間

Python 控制台的輸出應該是這樣的：

```
from current_time import time
time
```

您應該會得到以下輸出：

```
datetime.time(16, 44, 43, 699915)
```

圖 3.6：datetime 格式的輸出

> **Note**
>
> 此活動的解答在第 592 頁。

Python 演算法

演算法是一系列可執行的指令，以進行某項任務或計算。蛋糕的食譜就是演算法的一個例子，例如，預熱烤箱，將 125 克糖和 100 克奶油攪勻，然後加入雞蛋和其他配料。同樣地，數學中的簡單計算就是演算法。例如，當計算一個圓的周長時，您將半徑乘上 2π。雖然它很短，但它還是一個演算法。

演算法通常一開始是用**虛擬碼**（**pseudocode**）來定義的，這是一種不需要用任何特定語言去撰寫程式碼，就能寫出電腦程式執行步驟的方法。閱讀虛擬碼的人不需要有技術背景就可以閱讀虛擬碼中表達的邏輯。例如，如果您有一個由正整數組成的 list，而且想找出該 list 中的最大正整數，那麼用虛擬碼表示的演算法如下：

1. 將 `maximum` 變數設定為 `0`。

2. 對於 list 中的每個數值，檢查該數值是否大於 `maximum`。如果大於的話，則將 `maximum` 變數設定成等於該數值。

3. `maximum` 現在等於 list 中最大的數字。

虛擬碼很好用，因為它讓我們能用一種更通用的格式來呈現程式碼的邏輯，而不是用一種特定的程式設計語言。程式設計師通常會在撰寫程式碼之前用虛擬碼規劃他們的思維，以探究他們的方法邏輯。

在練習 *38*，最大數字中，您將使用這種虛擬碼來從一個數值 list 中找出最大數值。

練習 38：最大數字

在這個練習題中，您將實作由前面虛擬碼描述的程式，功能是從一個由正整數所組成的 list 中找出最大值：

1. 建立一個由數值組成的 list：

```
l = [4, 2, 7, 3]
```

2. 將 **maximum** 變數設為 **0**：

```
maximum = 0
```

3. 查看每個數字，並且和 **maximum** 做比較：

```
for number in l:
    if number > maximum:
        maximum = number
```

4. 查看結果：

```
print(maximum)
```

您應該會得到以下輸出：

```
7
```

在這個練習題中，您已成功地實作指定的虛擬碼，並找到了 list 中的最大值。

時間複雜度

到目前為止，在這本書中，我們已經習慣了將程式以接近瞬態的速度執行，但電腦是非常快的，我們可能無法感受到在一個迴圈中執行 10 次迭代和 1,000 次迭代之間的時間差別。然而，隨著問題規模的增長，演算法會很快變得沒有效率。在度量複雜度時，您感興趣的是知道執行演算法所花費的時間是否隨著問題大小的變化而變化。如果問題規模變成 10 倍大，那麼演算法執行的時間是 10 倍？100 倍？還是 1000 倍？問題的大小和所花時間的級距之間的關係，稱為演算法的時間複雜度。

當然，您可以簡單地測量不同大小問題規模的執行時間，並在圖表上觀察結果間的關係。當演算法很複雜，並且在理論上無法計算出問題規模大小和時間之間的關係時，這種技術通常很有用。但是，這樣做也不是完全令人滿意，因為實際的花費時間也會受一些其他因素影響，如可用的記憶體、處理器、磁碟速度和其他消耗機器上資源的程序。所以，這麼做只能得到經驗上的近似結果，而這個結果可能會隨著電腦的變化而變化。

相反地，您只需計算執行演算法需要多少次的操作。這種計算的結果用大 O 符號表示法呈現。例如，*O(n)* 代表著對於一個規模大小 *n* 的問題，所採取的步數與 *n* 成正比。這代表所需的實際步數可以寫成 $\alpha * n + \beta$，其中 α 和 β 是常數。另一種看待此結果的方法是，執行演算法所需的步驟隨著問題的大小呈線性增長：

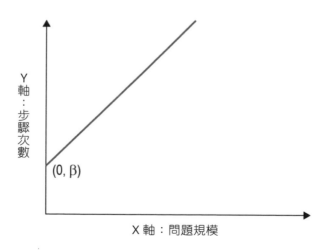

圖 3.7：線性時間複雜度的視覺化示意圖

任何複雜度可以用線性函式 $\alpha * n + \beta$ 表示的問題，其時間複雜度都是 O(n)。

其他常見的時間複雜度包括：

- **O(1)：常數時間**。在這種複雜度下，不管問題的大小，花費的時間總是相同的：例如，在指定索引處存取陣列的元素的時間複雜度。

- **O(n^2)：平方時間**。在這種複雜度下，花費的時間與問題大小規模的平方成正比：例如，氣泡排序演算法（練習 *39*，*在 Python 中使用氣泡排序法*）。

- **O(log n)：對數時間**。在這種複雜度下，花費的時間與問題大小規模的自然對數成正比：例如，二分搜尋演算法（在練習 *41*，*Python 的二分搜尋法*中有介紹）。

找出最大數字演算法的時間複雜度

在上一個練習中，您做的是從一個由正整數所組成的 list 中找出最大值。這裡，您要用大 O 符號表達該演算法的複雜度：

1. 我們的程式首先設定存放最大值的變數 `maximum = 0`。這是第一個步驟：`total_steps = 1`。

2. 對於一個大小為 **n** 的 list，您將迭代每個數字，並執行以下操作：

   （a）檢查它是否大於最大變數。

   （b）如果是，則將最大值指定為該數字。

3. 有時候，會看到對一個數值執行一個步驟，有時候會執行兩個步驟（如果這個數值恰好是新的最大值）。我們不關心這種步驟有多少個，而是直接取平均值。也就是說，對於每個數值，都有一個執行步驟的平均值，這個平均值在 1 到 2 之間。

4. 因此，`total_steps = 1 + \alpha * n`。這是一個線性函式，所以時間複雜度是 O(n)。

排序演算法

在電腦科學課程中最常討論的演算法是排序演算法。排序演算法是您的一種助力,例如,您有一個由數值組成的 list,並且您希望將這些數值排序成為一個有序的 list。在我們這個由資料驅動的世界裡,會一直碰到這類問題;請試想以下場景:

- 您有一個連絡人資料庫,並希望依字母順序列出連絡人。
- 您想從一班學生中取得考得最好的前五名。
- 您有一個保險理賠清單,想看看最近做了哪些理賠。

任何排序演算法的輸出都必須滿足兩個條件:

1. 每個元素必須等於或大於它前面的元素(如果是昇冪演算法)。
2. 它必須是輸入的一個排列。也就是說,輸入元素必須只是被重排,而不是改變。

以下是一個我們想要用排序演算法來完成的簡單例子:

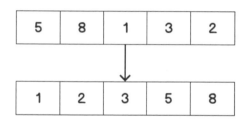

圖 3.8:一個用排序演算法解決的簡單問題

一種可用來解決這種問題的演算法叫做**氣泡排序法**,具體說明如下:

1. 從這個 list 的前兩個元素開始。如果第一個比第二個大,那麼就交換數字的位置。在我們的範例中因為 5 < 8,所以請讓兩元素保持原樣:

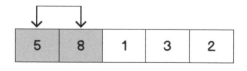

圖 3.9:氣泡排序演算法步驟一

2. 移動到下兩個元素。在範例中，您會把 8 和 1 的位置交換：

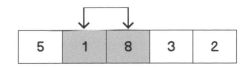

圖 3.10：氣泡排序演算法步驟二

3. 再移動到下一對元素，同樣，因為 8 > 3 所以交換位置：

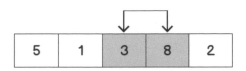

圖 3.11：氣泡排序演算法步驟三

4. 移動到最後一對數字，因為 8 > 2，所以再次交換位置：

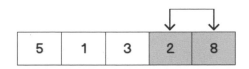

圖 3.12：氣泡排序演算法步驟四

5. 回到 list 的開頭並重複前面的流程。

6. 繼續循迴 list，直到不需要再做任何交換。

練習 39：在 Python 中使用氣泡排序法

在這個練習題中，您將用 Python 實作氣泡排序演算法，排序一個由數值組成的 list：

1. 從建立數值 list 開始：

```
l = [5, 8, 1, 3, 2]
```

2. 建立一個旗標，告訴我們什麼時候可以停止循迴陣列：

```
still_swapping = True
```

3. 查看每個數字，並與 **maximum** 做比較：

```
while still_swapping:
    still_swapping = False
    for i in range(len(l) - 1):
        if l[i] > l[i+1]:
            l[i], l[i+1] = l[i+1], l[i]
            still_swapping = True
```

4. 查看結果：

```
l
```

5. 您應該會得到以下輸出：

```
[1, 2, 3, 5, 8]
```

氣泡排序法是一種非常簡單但效率不高的排序演算法。其時間複雜度為 **O(n^2)**，即所需步數與 list 大小的平方成正比。

搜尋演算法

另一個重要的演算法族群是搜尋演算法。在一個資料呈指數增長的世界裡，這些演算法對我們的日常生活有著巨大的影響。光想到 Google 這間公司有多大，就可以了解這些演算法的重要性（和複雜度）。毫無疑問地，每當您拿起手機或打開筆記型電腦時，都會需要用到這些演算法：

• 搜尋您的連絡人名單以發送訊息

• 在您的電腦中搜尋特定的應用程式

• 搜尋一封包含飛航路線的電子郵件

在這些例子中，您可以套用最簡單的搜尋，即線性搜尋。這種搜尋只會簡單的迭代所有可能的結果，並檢查它們是否匹配搜尋條件。例如，如果您正在搜尋連絡人 list，您將逐一檢查每個連絡人，並檢查該連絡人是否滿足搜尋條件。如果是，就回傳結果的位置。這是一個簡單但低效的演算法，時間複雜度為 **O(n)**。

練習 40：Python 中的線性搜尋

在這個練習題中，您將使用 Python 實作線性搜尋演算法，用來搜尋一個由數值組成的 list：

1. 從建立數值 list 開始：

```
l = [5, 8, 1, 3, 2]
```

2. 為 **search_for** 指定一個值：

```
search_for = 8
```

3. 建立一個 **result** 變數，預設值 **-1**。如果搜尋不成功，該值在執行演算法後將還是 **-1**：

```
result = -1
```

4. 迭代 list，如果數值等於搜尋值，就去設定 **result** 的值，並且退出迴圈：

```
for i in range(len(l)):
if search_for == l[i]:
result = i
break
```

5. 查看 **result**：

```
print(result)
```

您應該會得到以下輸出：

```
1
```

> 📖 **Note**
>
> 這代表搜尋演算法在 list 的第 1 位找到所需的值（1 代表 list 的第二項，因為在 Python 中索引從 0 開始）。

另一種常見的排序演算法叫做二**分搜尋法**。我們提供給二分搜尋演算法的輸入是排序後的陣列，目的是找到目標值的位置。假設您試圖在下面的 list 中找出數值 11 的位置：

2	3	5	8	11	12	18

圖 3.13：一個用搜尋演算法求解的簡單問題

二分搜尋演算法如下說明：

1. 取 list 的中點。如果該值小於目標值，則丟棄 list 的左半邊，反之亦然。在這種情況下，我們的目標值 11 大於 8，所以您知道可以只搜尋 list 的右邊（因為您知道陣列是排序過的）：

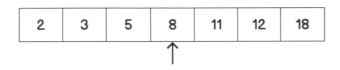

圖 3.14：從中點 8 拆分 list

> 📖 **Note**
>
> 如果 list 中的項目量是偶數，可以任意取中間兩個數的任何一個。

2. 在 list 的右邊重複做這個流程，選擇剩餘值的中點。由於目標值 11 小於中點 12，因此您將放棄這個子 list 的右側部分：

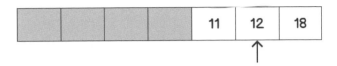

圖 3.15：在剩餘 list 的中點拆分 list

3. 現在只剩下您一直在尋找的值：

圖 3.16：最後結果

練習 41：Python 的二分搜尋法

在這個練習題中，您將在 Python 中實作二分搜尋演算法：

1. 從建立數值 list 開始：

```
l = [2, 3, 5, 8, 11, 12, 18]
```

2. 為 **search_for** 指定值：

```
search_for = 11
```

3. 建立兩個變數，它們分別代表您感興趣的子 list 的開始和結束位置。在一開始，它是整個 list 的開始和結束索引：

```
slice_start = 0
slice_end = len(l) - 1
```

4. 加入一個代表搜尋是否成功的變數：

```
found = False
```

5. 查找 list 的中點,並檢查該值是否大於或小於搜尋目標,相等則完成搜尋,否則就根據比較的結果,更新子 list 的開始 / 結束位置:

```
while slice_start <= slice_end and not found:
    location = (slice_start + slice_end) // 2
    if l[location] == search_for:
        found = True
    else:
        if search_for < l[location]:
            slice_end = location - 1
        else:
            slice_start = location + 1
```

6. 查看結果:

```
print(found)
print(location)
```

您應該會得到以下輸出:

```
True
4
```

在這個練習題中,您成功地實作了二分搜尋演算法來搜尋一個由數值組成的 list。

基本函式

函式是一段可重用程式碼,只在被呼叫時執行。函式可以有輸入,它們通常回傳一個輸出。例如,您可以在 Python shell 中,定義以下函式,它接受兩個輸入並回傳總和:

```
def add_up(x, y):
    return x + y
add_up(1, 3)
```

您應該會得到以下輸出：

```
4
```

練習 42：在 Shell 中呼叫函式

在這個練習題中，您將建立一個函式，它將回傳 list 的第二個元素（如果存在的話）：

1. 在 Python shell 中，輸入函式的定義。注意，tab 字元間距必須符合以下程式碼：

```
def get_second_element(mylist):
    if len(mylist) > 1:
        return mylist[1]
    else:
        return 'List was too small'
```

此處您呼叫了 **print**，將過程中的訊息送到標準輸出中。

2. 試著對一個小的整數 list 執行這個函式：

```
get_second_element([1, 2, 3])
```

您應該會得到以下輸出：

```
2
```

3. 試著對只有一個元素的 list 執行這個函式：

```
get_second_element([1])
```

您應該會得到以下輸出：

'List was too small'

圖 3.17：無法得到長度為 1 的 list 的第 2 項

在 shell 中定義函式可能比較困難，因為 shell 不是專門用來編輯多行程式碼的。所以，我們的函式最好放在 Python 腳本中。

練習 43：在 Python 腳本中定義函式，以及呼叫該函式

在這個練習題中，您將在名為 **multiply.py** 的 Python 腳本中定義一個函式，然後從命令提示字串執行它：

1. 使用文字編輯器建立一個名為 **multiply.py** 的新 Python 腳本。

```python
def list_product(my_list):
    result = 1
    for number in my_list:
        result = result * number
    return result
print(list_product([2, 3]))
print(list_product([2, 10, 15]))
```

2. 使用命令提示字串，執行這個腳本，確保您的命令提示字串與 **multiply.py** 在同一個資料夾中：

圖 3.18：從命令列執行

在這個練習題中，您將函式定義在 Python 腳本中，並呼叫了它。

練習 44：從 Shell 匯入和呼叫函式

在這個練習題中，您將匯入並呼叫您定義在 **multiply.py** 中的 **list_product** 函式。

1. 在 Python shell 中,匯入我們的 **list_product** 函式:

```
from multiply import list_product
```

您應該會得到以下輸出:

```
6
300
```

2. 呼叫函式時,改為代入一個新的數值 list:

```
list_product([-1, 2, 3])
```

您應該會得到以下輸出:

```
-6
```

現在您已經完成了這個練習,也已經了解了如何匯入和呼叫函式。您使用了 *練習 43:在 Python 腳本中定義函式*,以及呼叫該函式中的 **multiply.py** 檔案,在其中建立了一個函式,並匯入和使用該函式。

位置引數

前面的範例都用到了位置引數。在下面的例子中,有兩個位置引數,分別是 **x** 和 **y**。當您呼叫這個函式時,第一個傳入的值將賦值給 **x**,第二個傳入的值將賦值給 **y**:

```
def add_up(x, y):
    return x + y
```

您也可以指定函式沒有任何引數：

```
from datetime import datetime
def get_the_time():
    return datetime.now()
print(get_the_time())
```

您應該會得到以下輸出：

2019-04-23 21:33:02.041909

圖 3.19：當前日期和時間

關鍵字引數

關鍵字引數，也稱為具名引數，是函式的可選輸入。如果在呼叫函式時沒有指定關鍵字引數，這些引數會使用預設值。

練習 45：使用關鍵字引數定義函式

在這個練習題中，您將在 Python shell 中定義一個 **add_suffix** 函式，這個函式有一個可選的關鍵字引數：

1. 在 Python shell 中，定義 **add_suffix** 函式：

```
def add_suffix(suffix='.com'):
    return 'google' + suffix
```

2. 呼叫 **add_suffix** 函式，而不指定 **suffix** 引數：

```
add_suffix()
```

您應該會得到以下輸出：

```
'google.com'
```

3. 呼叫該函式時，指定一個 **suffix** 引數：

```
add_suffix('.co.uk')
```

您應該會得到以下輸出：

```
'google.co.uk'
```

練習 46：函式的位置引數和關鍵字引數

在這個練習題中，您將用 Python shell 定義一個 **convert_usd_to_aud** 函式，它有一個位置引數和一個可選的關鍵字引數：

1. 在 Python shell 中，定義 **convert_usd_to_aud** 函式：

```
def convert_usd_to_aud(amount, rate=0.75):
    return amount / rate
```

2. 呼叫 **convert_usd_to_aud** 函式，不指定 rate 引數：

```
convert_usd_to_aud(100)
```

您應該會得到以下輸出：

```
133.33333333333334
```

3. 呼叫 **convert_usd_to_aud** 函式，這次指定 rate 引數：

```
convert_usd_to_aud(100, rate=0.78)
```

您應該會得到以下輸出：

```
128.2051282051282
```

簡單來說，每次呼叫函式時都必須提供的必需輸入，請使用位置引數，對可選輸入使用關鍵字引數。

您有時會看到函式接受一個看起來神秘的引數：**kwargs。這代表在呼叫函式時，函式可接受任何關鍵字引數，然後函式中可以透過一個名為 "kwargs" 的 dictionary 來存取指定的引數。使用時機通常是當您希望將引數傳遞給另一個函式時。

練習 47：使用 **kwargs

在這個練習題中，您將撰寫一個 Python 腳本，透過 **convert_usd_to_aud** 函式傳遞具名引數：

1. 請使用文字編輯器，建立一個名為 **convert.py** 的檔案。

2. 輸入前面練習中曾呼叫過的 **convert_usd_to_aud** 函式：

```
def convert_usd_to_aud(amount, rate=0.75):
    return amount / rate
```

3. 建立一個新的 **convert_and_sum_list** 函式，輸入一個由美元金額組成的 list，函式將其轉換為澳元，並回傳總和：

```
def convert_and_sum_list(usd_list, rate=0.75):
    total = 0
    for amount in usd_list:
        total += convert_usd_to_aud(amount, rate=rate)
    return total
print(convert_and_sum_list([1, 3]))
```

4. 從命令提示字串執行此腳本：

圖 3.20：將美元金額 list 轉換為澳元

請注意，**convert_and_sum_list** 函式不需要用到 rate 引數，它只需要將 rate 傳遞給 **convert_usd_to_aud** 函式而已。請想像一下，如果要轉傳的引數不是一個，而是 10 個的話，就會產生很多不必要的程式碼。與其像上面這樣寫，不如改用 **kwargs** dictionary。

5. 將以下函式加入到 **conversion.py**：

```
def convert_and_sum_list_kwargs(usd_list, **kwargs):
    total = 0
    for amount in usd_list:
        total += convert_usd_to_aud(amount, **kwargs)
    return total
print(convert_and_sum_list_kwargs([1, 3], rate=0.8))
```

6. 從命令提示字串執行此腳本：

```
Anaconda Prompt                                                    —    □    ×

(base) C:\Users\andrew.bird\Python-In-Demand\Lesson03>python conversion.py
5.0

(base) C:\Users\andrew.bird\Python-In-Demand\Lesson03>
```

圖 3.21：改用 kwarg 傳遞匯率（rate）

活動 9：格式化客戶名稱

假設您正在建立一個**客戶關係管理**（CRM，**Customer Relationship Management**）系統，並且您希望用這樣的格式顯示一個使用者紀錄：**John Smith (California)**。但是，如果使用者位置資訊不存在，那麼您希望只顯示 **"John Smith"**。

請建立一個 **format_customer** 函式，該函式接受兩個必須的位置引數 **first_name** 和 **last_name**，以及一個可選的關鍵字引數 **location**。它應該回傳符合所需格式的字串。

步驟如下：

1. 建立 **customer.py**。

2. 定義 **format_customer** 函式。

3. 打開 Python shell 並匯入 **format_customer** 函式。

4. 嘗試執行一些範例，而且應該看到類似這樣的輸出：

```
from customer import format_customer
format_customer('John', 'Smith', location='California')
```

您應該會得到以下輸出：

'John Smith (California)'

圖 3.22：格式化後的客戶名稱

```
format_customer('Mareike', 'Schmidt')
```

您應該會得到以下輸出：

'Mareike Schmidt'

圖 3.23：無所在地時的輸出

> 📖 **Note**
>
> 此活動的解答在第 593 頁。

迭代函式

在第 1 章，*Python 重要基礎 - 數學、字串、條件陳述式和迴圈*中的 *for* 迴圈小節中，您已經看過在 Python 中迭代物件的語法。作為複習，這裡有一個例子，您將會執行迭代，並在每次迭代中印出變數 **i**：

```
for i in range(5):
    print(i)
```

您應該會得到以下輸出：

```
0
1
2
3
4
```

for 迴圈也可以放在函式中。

練習 48：一個帶有 for 迴圈的簡單函式

在這個練習題中，您將會建立一個 **sum_first_n** 函式，該函式可加總 **n** 個整數。例如，如果您傳遞 **n=3** 到函式中，那麼它應該回傳 $1 + 2 + 3 = 6$：

1. 在 Python shell 中輸入函式定義。注意，tab 縮排需要與以下程式碼一致：

```
def sum_first_n(n):
    result = 0
    for i in range(n):
        result += i + 1
    return result
```

2. 拿個例子測試一下 **sum_first_n** 函式：

```
sum_first_n(100)
```

您應該會得到以下輸出：

```
5050
```

在這個練習題中,您已成功地實作了一個簡單的 **sum_first_n** 函式,此函式中有一個 **for** 迴圈,用於算出 **n** 個數字的總和。

提早退出

您可以在迭代期間的任何時候退出該函式。例如,您可能希望函式在滿足某個條件後馬上回傳一個值。

練習 49:在 for 迴圈執行期間退出函式

在這個練習題中,您將建立一個函式來檢查某個特定數值 **x** 是否為質數。這個函式會迭代所有從 **2** 到 **x** 之間的數字,並檢查 **x** 是否能被它整除。如果其中發現一個數字可被 **x** 整除,迭代將停止並回傳 **False**,因為已能判定 **x** 不是質數:

1. 請在 Python shell 中輸入函式定義。注意,tab 縮排間距需要與以下程式碼相同:

```
def is_prime(x):
    for i in range(2, x):
        if (x % i) == 0:
        return False
    return True
```

2. 用幾個例子來測試這個函式:

```
is_prime(7)
```

您應該會得到以下輸出:

```
True
```

現在,我想知道 1000 是不是質數。

```
is_prime(1000)
```

您應該會得到以下輸出：

```
False
```

在這個練習題中，您已成功地實作了一段程式碼，該程式碼透過迭代數值來檢查變數 **x** 是否為質數。在發現它可被整除時，程式將退出迴圈，並輸出 **False**。

活動 10：迭代式的 Fibonacci 函式

假設您在一個 IT 業界工作，而您的同事已經意識到，若能夠快速計算 Fibonacci 數列中的元素，將能減少一個內部應用程式花費在執行測試套件的時間。而您將建立一個 **fibonacci_iterative** 函式，該函式中使用迭代來回傳 Fibonacci 數列中的第 n 個值。

步驟如下：

1. 建立一個 **fibonacci.py** 檔案。

2. 定義一個函式，它接受一個位置引數，此引數代表要回傳數列中的第幾個數字。

3. 執行下面的程式碼：

```
from fibonacci import fibonacci_iterative
fibonacci_iterative(3)
```

您應該會得到以下輸出：

```
2
```

下面的程式碼是測試您程式碼的另外一個例子：

```
fibonacci_iterative(10)
```

您應該會得到以下輸出：

```
55
```

 Note

此活動的解答在 594 頁。

遞迴函式

若一個函式會呼叫它自己，就被稱為遞迴函式。遞迴就像 **for** 迴圈，但有時它讓您可以撰寫出比迴圈更優雅和簡潔的函式。

您可以想像一個函式呼叫自己可能造成無窮迴圈；您的確能寫出無窮執行下去的遞迴函式：

```
def print_the_next_number(start):
        print(start + 1)
        return print_the_next_number(start + 1)
print_the_next_number(5)
```

您應該會得到以下輸出：

```
6
7
8
9
10
11
```

 Note

上面的輸出已被截斷過了。

如果您在 Python shell 中執行此程式碼，它將持續印出整數，直到您中斷直譯器（**Ctrl + C**）為止。請再跟著我們回顧一下前面的程式碼，確保您理解它為什麼會這樣。該函式執行以下步驟：

- 函式呼叫時 **start = 5**。
- 它印出 **6** 到控制台，即（**5 + 1 = 6**）。
- 然後它呼叫自己，這次傳入引數 **start = 6**。
- 函式再次執行，這次印出 **7**，即（**6 + 1 = 7**）。

終止情況

為了避免陷入無窮迴圈，遞迴函式通常會有一個終止情況，就像打斷遞迴鏈的某個點。在前面的例子中，當 **start** 引數大於或等於 **7** 時，就可以讓遞迴停止：

```
def print_the_next_number(start):
    print(start + 1)
    if start >= 7:
        return "I'm bored"
    return print_the_next_number(start + 1)
print_the_next_number(5)
```

您應該會得到以下輸出：

```
6
7
8

"I'm bored"
```

圖 3.24：終止迴圈

練習 50：遞迴倒數

在這個練習題中，您將建立一個 **countdown** 函式，它從整數 **n** 開始遞迴向下倒數，直到 **0** 為止：

1. 在 Jupyter Notebook 中輸入函式定義。注意，tab 縮排間距需要與以下程式碼相同：

```
def countdown(n):
    if n == 0:
        print('liftoff!')
    else:
        print(n)
        return countdown(n - 1)
```

2. 測試該函式：

```
countdown(3)
```

3. 您應該會得到以下輸出：

3
2
1
liftoff!

圖 3.25：遞迴倒數

在這個練習題中，您已成功地在印出數字 1 之後實作了一個終止述句，看到 **liftoff** 代表遞迴倒數已經結束。

練習 51：帶有迭代和遞迴的階乘

在這個練習題中，您將會建立一個 **factorial_iterative** 函式，該函式接受一個整數並分別使用迭代和遞迴方法回傳階乘。還記得階乘是所有等於小於這個數的整數的乘積吧！

例如，5 的階乘計算為 5!= 5 * 4 * 3 * 2 * 1 = 120。

1. 在 Jupyter Notebook 中，輸入以下函式來使用迭代計算階乘：

```
def factorial_iterative(n):
    result = 1
    for i in range(n):
        result *= i + 1
    return result
```

2. 測試該函式：

```
factorial_iterative(5):
```

您應該會得到以下輸出：

```
120
```

3. 請注意，您可以用 n!= n * (n - 1)! 表達階乘；例如，5 != 5 * 4!。這代表我們可以將遞迴版本的函式寫成如下這樣：

```
def factorial_recursive(n):
    if n == 1:
        return 1
    else:
        return n * factorial_recursive(n - 1)
```

4. 測試該函式：

```
factorial_recursive(5):
```

您應該會得到以下輸出：

```
120
```

在這個練習題中，您已成功地實作迭代和遞迴來找出 **n** 的階乘。

活動 11：遞迴式的 Fibonacci 函式

假設您的同事告訴您，您在 *活動 10，迭代式的 Fibonacci 函式* 中迭代式的 Fibonacci 函式不優雅，撰寫時應該用更少的程式碼。而且，您的同事提到遞迴解決方案可以做到這一點。

在這個活動中，您將使用遞迴撰寫一個簡潔（但沒有效率）的函式，用於計算 Fibonacci 數列的第 n 項。

步驟如下：

1. 請打開 *活動 10，迭代式的 Fibonacci 函式* 中的 **fibonacci.py** 檔案。

2. 定義一個 **fibonacci_recursive** 函式，它接受一個位置引數，代表我們想回傳數列中的第幾個數字。

3. 試著在 Python shell 中執行幾個例子：

```
from fibonacci import fibonacci_recursive
```

對 3 這個數值進行 fibonacci 遞迴。

```
fibonacci_recursive(3)
```

您應該會得到以下輸出：

```
2
```

您可以執行以下程式碼，對 10 這個數值進行 fibonacci 遞迴。

```
fibonacci_recursive(10)
```

您應該會得到以下輸出：

```
55
```

> 📖 **Note**
>
> 可以在 GitHub *https://packt.live/35yKulH* 上找到 **fibonacci.py** 檔案。此活動的解答在第 595 頁。

動態程式設計

我們計算 Fibonacci 數的遞迴演算法可能看起來很優雅,但這並不代表它是有效率的。例如,在計算數列的第 4 項時,它也會計算第 2 項和第 3 項的值。同樣地,在計算數列中第 3 項的值時,它計算第 1 項和第 2 項的值。這不是件好事,因為在計算第 4 項時,數列中的第 2 項已經被計算過了。動態程式設計藉由確保您把問題分解成適當的子問題,來幫助我們解決這個問題,永遠不會計算相同的子問題兩次。

練習 52:整數求和

在這個練習題中,您將撰寫一個 **sum_to_n** 函式來加總小於 **n** 的整數。您會將結果儲存在一個 dictionary 中,函式將利用儲存的結果,使用更少的迭代就回傳答案。例如,如果您已經知道 5 以下的整數和是 15,您應該能夠在計算 6 以下的整數和時使用這個答案:

1. 請建立一個新的 **dynamic.py** Python 檔案。

2. 寫一個 **sum_to_n** 函式,這個函式會初始化 **result = 0**,並清空用來保存結果的 dictionary:

```
stored_results = {}
def sum_to_n(n):
    result = 0
```

3. 加入一個計算加總的迴圈,並回傳結果,然後把結果儲存在我們的 dictionary 中:

```
stored_results = {}
def sum_to_n(n):
    result = 0
    for i in reversed(range(n)):
        result += i + 1
    stored_results[n] = result
    return result
```

4. 最後，要再進一步擴展函式，在每個迴圈中檢查是否已經得到某個數字的結果；如果是，使用已儲存的結果並退出迴圈：

```
stored_results = {}
def sum_to_n(n):
    result = 0
    for i in reversed(range(n)):
        if i + 1 in stored_results:
            print('Stopping sum at %s because we have previously
computed it' % str(i + 1))
            result += stored_results[i + 1]
            break
        else:
            result += i + 1
    stored_results[n] = result
    return result
```

5. 請在 Python shell 中測試該函式，找出 5 以下的整數和：

```
sum_to_n(5)
```

您應該會得到以下輸出：

```
15
```

現在，請再次測試這個函式，找出 6 以下的整數和。

```
sum_to_n(6)
```

您應該會得到以下輸出：

```
Stopping sum at 5 because we have previously compu
ted it

21
```

圖 3.26：有預存結果時會提前停止

在這個練習題中，您使用了動態程式設計來減少程式碼中的步驟數，找到 **n** 以下的整數和。結果會儲存在一個 dictionary 中，函式會利用儲存的結果，用更少的迭代次數就輸出答案。

程式碼執行時間

程式碼效率的一個衡量標準是電腦執行程式碼所花費的實際時間。在本章前面的範例程式碼都執行得太快，無法衡量不同演算法之間的差異。不過，我們有一些方法可以用來計時 Python 程式；您主要將會使用到標準函式庫中的 **time** 模組。

練習 53：計時程式碼

在這個練習題中，您將計算執行前一個練習中的函式所花費的時間：

1. 請打開在上一個練習中建立的 **dynamic.py** 檔案。

    在該檔案最上方做匯入：

    ```
    import time
    ```

2. 修改函式，計算開始時的時間，且在結束時印出花了多少時間：

    ```
    stored_results = {}
    def sum_to_n(n):
        start_time = time.perf_counter()
        result = 0
    ```

```
    for i in reversed(range(n)):
        if i + 1 in stored_results:
            print('Stopping sum at %s because we have previously
computed it' % str(i + 1))
            result += stored_results[i + 1]
            break
        else:
            result += i + 1
    stored_results[n] = result
    print(time.perf_counter() - start_time, "seconds")
```

3. 打開一個 Python shell，匯入您的新函式，並嘗試執行數值比較大的情況：

```
sum_to_n(1000000)
```

您應該會得到以下輸出：

0.17615495599999775 seconds

500000500000

圖 3.27：計時我們的程式碼

4. 在 shell 中重新執行相同的程式碼：

```
sum_to_n(1000000)
```

您應該會得到以下輸出：

```
Stopping sum at 1000000 because we have previously
computed it
3.6922999981925386e-05 seconds
```

500000500000

圖 3.28：動態程式設計加快了執行速度

> 📖 **Note**
>
> 在前面的範例中，利用 dictionary 中儲存的值，讓函式更快地回傳值。

活動 12：動態程式設計版本的 Fibonacci 函式

您的同事嘗試使用在活動 *11*，遞迴式的 *Fibonacci* 函式中撰寫的程式碼，他們注意到在計算大的 Fibonacci 數時太慢了，因此要求您寫一個可以快速計算大的 Fibonacci 數的新函式。

在這個活動中，您將使用動態程式設計來避免活動 *11*，遞迴式的 *Fibonacci* 函式中的低效率遞迴。

其步驟如下：

1. 請打開活動 *10*，迭代式的 *Fibonacci* 函式中的 **fibonacci.py** 檔案。

2. 定義一個 **fibonacci_dynamic** 函式，該函式接受一個位置引數，代表要回傳的數列中的第幾個數字。請嘗試用前一個活動中的 **fibonacci_recursive** 函式作為藍本，並在執行遞迴時將結果儲存在一個 dictionary 中。

3. 請試著在 Python shell 中執行幾個例子：

```
from fibonacci import fibonacci_recursive
fibonacci_dynamic(3)
```

您應該會得到以下輸出：

```
2
```

4. 請注意，如果您嘗試使用我們的遞迴或迭代函式來計算第 100 個 Fibonacci 數，將會慢到不行，並且永遠不會結束執行（除非您願意等上幾年）。

Note

此活動的解答在第 596 頁。

輔助函式

輔助函式負責執行另一個函式一部分的計算。它讓您可以重用共用程式碼而不重複程式碼。例如,假設您有幾行程式碼可以印出函式中不同時間點的執行時間:

```
import time
def do_things():
    start_time = time.perf_counter()
    for i in range(10):
        y = i ** 100
        print(time.perf_counter() - start_time, "seconds elapsed")
    x = 10**2
    print(time.perf_counter() - start_time, "seconds elapsed")
    return x

do_things()
```

您應該會得到以下輸出:

```
2.4620000012021137e-06 seconds elapsed
6.030800000189629e-05 seconds elapsed
8.65640000000667e-05 seconds elapsed
0.00010789800000310379 seconds elapsed
0.00012594900000095777 seconds elapsed
0.0002756930000025193 seconds elapsed
0.00030112900000034415 seconds elapsed
0.00032656500000172173 seconds elapsed
0.0003499490000002936 seconds elapsed
0.00037087300000138157 seconds elapsed
0.0003934370000031606 seconds elapsed

100
```

圖 3.29:計算我們的輔助函式執行時間

print 述句在前面的程式碼中重複了兩次，所以最好做成一個輔助函式，如下：

```
import time
def print_time_elapsed(start_time):
    print(time.perf_counter() - start_time, "seconds elapsed")
def do_things():
    start_time = time.perf_counter()
    for i in range(10):
        y = i ** 100
        print_time_elapsed(start_time)
    x = 10**2
    print_time_elapsed(start_time)
    return x
```

不要重複程式碼

前面的範例隱含了 Don't Repeat Yourself（DRY）程式設計原則。這個原則換句話說，就是 "在一個系統中，每一塊知識或邏輯必須只有一個單一、明確的代表"。如果您想在程式碼中多次做同樣的事情，它就應該被寫成一個函式，並在任何需要它的地方呼叫該函式。

練習 54：貨幣轉換輔助函式

在這個練習題中，您將使用一個可計算一筆交易總共多少美元的函式，並使用輔助函式來應用 DRY 原則。您還需要在貨幣轉換中加入一個可選的利潤參數（**margin**），其預設值應該為 **0**：

```
def compute_usd_total(amount_in_aud=0, amount_in_gbp=0):
    total = 0
    total += amount_in_aud * 0.78
    total += amount_in_gbp * 1.29
    return total
compute_usd_total(amount_in_gbp=10)
```

您應該會得到以下輸出：

```
12.9
```

1. 請建立一個貨幣轉換函式，並帶有可選的 **margin** 參數：

```python
def convert_currency(amount, rate, margin=0):
    return amount * rate * (1 + margin)
```

2. 修改原函式，以改為使用輔助函式：

```python
def compute_usd_total(amount_in_aud=0, amount_in_gbp=0):
    total = 0
    total += convert_currency(amount_in_aud, 0.78)
    total += convert_currency(amount_in_gbp, 1.29)
    return total
```

3. 查看結果：

```python
compute_usd_total(amount_in_gbp=10)
```

您應該會得到以下輸出：

```
12.9
```

4. 假設該企業決定為英鎊的轉換增加 1% 的利潤率，請修改相應功能：

```python
def compute_usd_total(amount_in_aud=0, amount_in_gbp=0):
    total = 0
    total += convert_currency(amount_in_aud, 0.78)
    total += convert_currency(amount_in_gbp, 1.29, 0.01)
    return total
```

5. 查看結果：

```python
compute_usd_total(amount_in_gbp=10)
```

您應該會得到以下輸出：

```
13.029
```

請注意，在使用 DRY 原則撰寫可重用程式碼時，可能會做過頭。在貨幣轉換的範例中，如果我們的應用程式確實只需要轉換一次貨幣，那麼就不應該轉換寫成獨立的函式。我們可能很容易認為盡量地泛型化程式碼都是好的，因為它能確保我們以後不會重複相同的程式碼：然而，這種態度並不一定總是最好的選擇。您可能會花費大量的時間撰寫不必要的抽象程式碼，而且這些程式碼通常可讀性較差，可能會給程式碼函式庫帶來不必要的複雜度。所以，通常當您第二次寫到相同的程式碼時，就適合套用 DRY 原則了。

變數範圍

變數只能在被限制的區域使用。這個區域稱為變數的作用域。依據變數被限制的方式和位置不同，它可能只能在程式碼的某些部分被存取，也可能無法存取。在這裡，您將會看到在 Python 中變數代表什麼，在函式內部或外部使用它們的差異在哪裡，以及如何使用 **global** 和 **nonlocal** 關鍵字來覆蓋這些預設行為。

變數

變數是電腦記憶體中某個位置的名稱和物件之間的映射。例如，如果您設定 **x = 5**，則 **x** 是變數的名稱，**5** 的值儲存在記憶體中。Python 使用名稱空間（namespace）追蹤名稱 **x** 與值位置之間的映射。名稱空間可以看作是一種 dictionary，名稱是 dictionary 的鍵，值是記憶體中的位置。

請注意，當一個變數被賦值給另一個變數時，這僅僅代表著它們指向的值相同，而不代表其中一個變數被修改時，它們仍然會相等：

```
x = 2
y = x
x = 4
print("x = " + str(x))
```

您應該會得到以下輸出：

```
x = 4
print("y = " + str(y))
```

您應該會得到以下輸出：

```
y = 2
```

在本例中，**x** 和 **y** 最初都被設定為指向整數 **2**。注意，這裡 **y = x** 這一行等價 **y = 2**。當 **x** 被更新時，它會被更新，指向記憶體中的一個不同的位置，**y** 仍然被綁定到整數 **2**。

定義函式的內部和外部

當您在腳本開始處定義一個變數時，它會是一個全域變數，可以從腳本中的任何地方存取。包括在函式內也一樣：

```
x = 5
def do_things():
    print(x)
do_things()
```

使用這段程式碼，您應該會得到以下輸出：

```
5
```

但是，如果您在一個函式中定義一個變數，它只能在這個函式中存取：

```
def my_func():
    y = 5
    return 2
my_func()
```

您應該會得到以下輸出：

```
2
```

現在，輸入 y 值並觀察輸出：

```
y
```

您應該會得到以下輸出：

```
---------------------------------------------------------------------
NameError                                Traceback (most recent call last)
<ipython-input-2-80d732a03aaf> in <module>
      4
      5 my_func()
----> 6 y

NameError: name 'y' is not defined
```

圖 3.30：無法存取區域變數 y

請注意，如果您在一個函式中把一個變數定義成全域（global），那麼這個值會根據變數被存取的位置而有所差異。在下面的例子中，**x** 被定義為全域，值為 **3**。但是，它在函式內被定義為 **5**，當在函式內被存取時，可以看到它的值為 **5**。

```
x = 3
def my_func():
    x = 5
    print(x)

my_func()
```

您應該會得到以下輸出：

```
5
```

但是，當它在函式外部被存取時，它就變成全域值 **3** 了。

這代表著您在更新全域變數時需要小心。例如，您能明白為什麼下面的程式碼不能奏效嗎？請看看：

```
score = 0
def update_score(new_score):
    score = new_score
update_score(100)
print(score)
```

您應該會得到以下輸出：

```
0
```

在函式內，**score** 變數確實被更新為 **100**。但是，這個變數只是函式的區域變數，在函式外部，全域的 **score** 變數仍然等於 **0**。還好，可以使用 **global** 關鍵字來解決這個問題。

Global 關鍵字

global 關鍵字只是告訴 Python 去使用現有被定義為全域的變數，原本預設的行為是使用本地變數。您可以在同一個例子中使用這個關鍵字：

```
score = 0
def update_score(new_score):
    global score
score = new_score
print(score)
```

您應該會得到以下輸出：

```
0
```

現在，您可用下面的程式碼片段，將 **score** 更新為 100：

```
update score(100)
```

現在，印出 **score**：

```
print(score)
```

您應該會得到以下輸出：

```
100
```

Nonlocal 關鍵字

nonlocal 關鍵字的行為與 **global** 關鍵字的行為類似，因為它能讓變數不被定義成本地變數，而是改為選用現有的變數定義。然而，這並不代表就一定是全域範圍變數。它會先查看最近的封閉範圍；也就是說，它將往程式碼的 "上一級" 去查變數。

例如，假設我們的程式碼如下：

```
x = 4
def myfunc():
    x = 3
    def inner():
        nonlocal x
        print(x)
    inner()
myfunc()
```

您應該會得到以下輸出：

```
3
```

在這個例子中，**inner** 函式從 **myfunc** 取用變數定義 **x**，而不是全域的 **x**。如果您改為 **global x**，那麼將印出整數 **4**。

Lambda 函式

Lambda 函式是一個小的匿名函式，它可以只有簡單的一行：

```
lambda arguments : expression
```

例如，以下函式會回傳兩個值的和：

```
def add_up(x, y):
    return x + y
print(add_up(2, 5))
7
```

該函式可以等效地改用 lambda 函式語法撰寫，如下：

```
add_up = lambda x, y: x + y
print(add_up(2, 5))
```

您應該會得到以下輸出：

```
7
```

請注意，lambda 函式的主要限制是它只能包含一個運算式。也就是說，您只能用一行程式碼，就回傳運算式的值。只有在用一條述句可以完成工作的情況下，使用 lambda 函式才會變得方便。

練習 55：list 中的第 1 個項目

在這個練習題中，您將撰寫一個 lambda 函式，這個函式以識別字 **first_item** 代表，功能是在一個包含 **cat**、**dog** 和 **mouse** 的 list 中，選出第 1 個項目：

1. 請建立 **lambda** 函式：

```
first_item = lambda my_list: my_list[0]
```

2. 測試該函式：

```
first_item(['cat', 'dog', 'mouse'])
```

您應該會得到以下輸出：

```
'cat'
```

lambda 函式在做自訂函式映射（map）時特別好用，因為您可以快速即時定義一個函式，而不用將它賦值給一個變數名稱。接下來的兩個部分將討論在哪些情境中特別實用。

用 Lambda 函式做映射

map 是 Python 中的一個特殊函式，它的功能是將一個指定的函式套用到 list 中的所有項目。例如，假設您有一個由名字組成的 list，您想要得到字元的平均數量：

```
names = ['Magda', 'Jose', 'Anne']
```

您希望套用 **len** 函式到 list 中的每個名字，該函式能回傳字串中的字元數。有一個可行方法是手動迭代名字，並將長度加入到 list 中：

```
lengths = []
for name in names:
    lengths.append(len(name))
```

另一種方法就是使用 **map** 函式：

```
lengths = list(map(len, names))
```

第一個引數是要套用的函式，第二個引數是一個可迭代的（在本例中是一個 list）名字物件。注意，**map** 函式會回傳一個生成器物件，而不是一個 list，因此您可以將它轉換回一個 list。

最後取 list 的平均長度：

```
sum(lengths) / len(lengths)
4.33333333333
```

練習 56：Logistic 轉換的映射

在這個練習題中，您將使用 **map** 和一個 lambda 函式來將 logistic 函數套用到一個由數值組成的 list 上。

在需要處理二元回應變數的情況下，logistic 函數經常用於預測建模。該函數宣告如下：

$$f(x) = \frac{1}{1 + e^{-x}}$$

圖 3.31：logistic 函數

1. 匯入指數函式所需的 **math** 模組：

   ```
   import math
   ```

2. 建立一個由數值組成的 list：

   ```
   nums = [-3, -5, 1, 4]
   ```

3. 使用 lambda 函式將該數值 list 映射到 logistic 轉換：

   ```
   list(map(lambda x: 1 / (1 + math.exp(-x)), nums))
   ```

您應該會得到以下輸出：

```
[0.04742587317756678,
 0.0066928509242848554,
 0.7310585786300049,
 0.9820137900379085]
```

圖 3.32：將 logistic 函式套用於 list

在這個練習題中，您使用了 **lambda** 函式透過 **map** 來找出一個數值所組成的 list（轉換結果）。

用 Lambda 函式過濾

filter 是另一個特殊的函式，與 **map** 一樣，它的輸入是一個函式和一個迭代器（例如，一個 list）。在函式回傳 **True** 時，**filter** 會回傳當下的元素。

例如，假設您有一個由名字組成的 list，您想找到哪些名字的長度是三個字母：

```
names = ['Karen', 'Jim', 'Kim']
list(filter(lambda name: len(name) == 3, names))
```

您應該會得到以下輸出：

```
['Jim', 'Kim']
```

圖 3.33：過濾後的 list

練習 57：使用過濾 Lambda 函式

假設我們有一組由 10 以下的自然數組成的 list，元素必須是 3 或 7 的倍數，所以這些倍數有 3、6、7 和 9，它們的和是 25。

在這個練習題中，您將計算 1,000 以下 3 或 7 所有倍數的和：

1. 請建立一個從 0 到 999 的數值組成的 list：

```
nums = list(range(1000))
```

2. 使用 **lambda** 函式來確定哪些數值可被 3 或 7 整除：

```
filtered = filter(lambda x: x % 3 == 0 or x % 7 == 0, nums)
```

請回想一下，**%**（**取餘數**）運算子的功能是回傳第一個引數除以第二個引數後得到的餘數。因此，**x % 3 == 0** 能用來檢查 **x** 除以 **3** 的餘數是否為 **0**。

3. **sum** list 得到加總結果：

```
sum(filtered)
```

您應該會得到以下輸出：

```
214216
```

在這個練習題中，您成功地使用了 lambda 來做過濾的工作，**filter** 將一個 lambda 函式當作輸入，在本例中得到過濾的結果是 **filtered**，最後回傳 **filtered** 的加總結果。

用 Lambda 函式排序

經常與 lambda 搭配使用的另一個實用的函式是 **sorted**。這個函式的輸入是一個可迭代物件，比如一個 list，並根據一個函式對它們進行排序。

例如，假設您有一個由名字組成的 list，並希望按長度排序名字：

```
names = ['Ming', 'Jennifer', 'Andrew', 'Boris']
sorted(names, key=lambda x : len(x))
```

您應該會得到以下輸出：

['Ming', 'Boris', 'Andrew', 'Jennifer']

圖 3.34：使用 lambda 函式進行排序

總結

在本章中，我們向您介紹了 Python 中可用來呈現您知識的一些基本工具。您已學到如何撰寫腳本和模組，而不再是只能使用互動式 shell。您已了解了函式和幾種常見的撰寫函式的方法。此外，還介紹了電腦基礎科學中常見的演算法，包括氣泡排序法和二分搜尋法。您還了解了 DRY 原則的重要性。您也了解了函式可幫助我們遵守 DRY 原則，以及輔助函式如何幫助我們簡潔地表達程式碼的邏輯。

在下一章中，您將看到 Python 工具集中一些實用工具，例如，如何讀取和寫入檔案，以及如何繪製視覺化的資料圖。

進一步探索 Python、
檔案、錯誤和圖形

概述

在本章結束時，您將能夠使用 Python 讀寫檔案；使用例如斷言這類防禦
性程式設計技術來除錯程式碼；以防禦的心態使用例外、斷言和測試，
並使用 Python 繪製圖形和建立圖形輸出。

我們將介紹 Python 的基本輸入 / 輸出（I/O）操作，以及如何使用
matplotlib 和 seaborn 函式庫來建立視覺化圖形。

介紹

在第 3 章，執行 *Python - 程式、演算法和函式*中，您看過了 Python 程式的基礎，並學習了如何撰寫程式、演算法和函式。現在，您將學習如何使您的程式在 IT 世界中更加實際可用。

首先，在這一章中，您將會看到一些檔案操作。對於 Python 開發人員來說，撰寫腳本時必定會碰到檔案操作，特別是需要處理和分析大量資料時，比如在資料科學中。在專門做資料科學的公司裡，通常無法直接存取儲存在本機伺服器或雲端伺服器上的資料庫，而是會收到文字格式的檔案。其中包括含有直欄式資料的 **CSV** 檔案和儲存非結構化資料（如患者病歷、新聞文章、使用者評論等）的 txt 檔案。

在本章中，您將會看到關於怎麼做錯誤處理。錯誤處理可以防止您的程式崩潰，並且在遇到意外情況時也能盡可能地保持優雅的表現。您還會看到如何處理例外，例外是程式設計語言中用於管理執行階段錯誤的特殊物件。例外處理專門用來處理可能導致程式崩潰的情況和問題，這使得程式在遇到錯誤資料或未預期使用者行為時更加健壯。

讀取檔案

雖然 MySQL 和 Postgres 等資料庫在許多 web 應用程式中都很流行並被廣泛使用，但仍然有大量資料是使用文字格式儲存和交換的。常用的格式如**逗號分隔值（CSV）**、**JavaScript 物件符號（JSON）**，和**純文字**，這些格式被用來儲存天氣資料、交通資料和感測器讀數等資訊。建議您閱讀下面的練習，該練習會使用 Python 從檔案中讀取文字。

練習 58：使用 Python 讀取文字檔案

在這個練習題中，您將下載一個樣本資料檔案，讀取資料後輸出：

1. 請打開一個新的 Jupyter Notebook。

2. 複製 URL（*https://packt.live/2MIHzhO*）頁面上的所有文字，將其儲存在本地資料夾檔案 **pg37431.txt** 中，並記住它的位置。

3. 點擊 Jupyter Notebook 右上角的 **Upload** 按鈕，將檔案上傳到您的 Jupyter Notebook 上。從您的本地資料夾選擇 **pg37431.txt** 檔案，然後再點擊 **Upload** 按鈕，將它儲存到您的 Jupyter Notebook 執行資料夾：

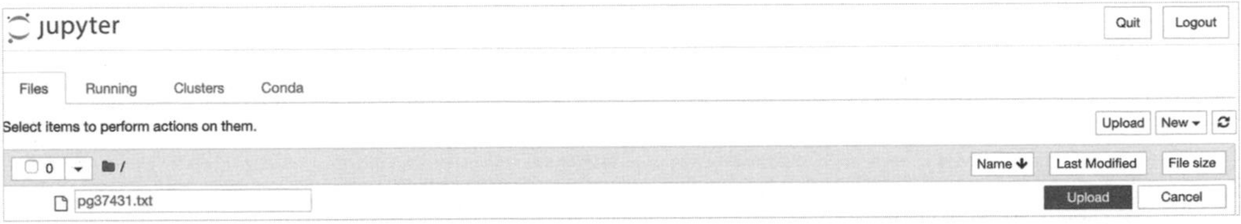

圖 4.1：Jupyter Notebook 裡的上傳按鈕

4. 現在，您應該使用 Python 程式碼取得檔案的內容。請打開一個新的 Jupyter Notebook，並且在一個新的儲存格中輸入以下程式碼。在這一步驟的程式碼中，您將使用到 **open()** 函式：現在請不用太擔心，因為稍後會有更詳細的解釋：

```
f = open('pg37431.txt')
text = f.read()
print(text)
```

您應該會得到以下輸出：

```
_PRIDE AND PREJUDICE_

_A PLAY_

[Illustration: "_Mr. Darcy, I have never desired your good opinion, and
you have certainly bestowed it most unwillingly._"]




_PRIDE AND PREJUDICE_

_A PLAY_

_FOUNDED ON JANE AUSTEN'S
NOVEL_
```

圖 4.2：從檔案中取得內容後輸出

請注意，您可以在儲存格內捲動以查看全部內容。

5. 請在一個新的儲存格中輸入 **text**，不用使用 **print** 命令，您將得到以下輸出：

```
text
```

```
Out[6]:  '\ufeffThe Project Gutenberg EBook of Pride and Prejudice, a play, by \nMary Keith Medbery Mackaye\n\nThis eBook is f
         or the use of anyone anywhere at no cost and with\nalmost no restrictions whatsoever.  You may copy it, give it away
         or\nre-use it under the terms of the Project Gutenberg License included\nwith this eBook or online at www.gutenberg.o
         rg\n\n\nTitle: Pride and Prejudice, a play\n\nAuthor: Mary Keith Medbery Mackaye\n\nRelease Date: September 15, 2011
         [EBook #37431]\n\nLanguage: English\n\n\n*** START OF THIS PROJECT GUTENBERG EBOOK PRIDE AND PREJUDICE, A PLAY ***\n
         \n\n\n\nProduced by Chuck Greif and the Online Distributed\nProofreading Team at http://www.pgdp.net (This book was\n
         produced from scanned images of public domain material\nfrom the Internet Archive.)\n\n\n\n\n\n\n_PRIDE AND PREJU
         DICE_\n\n_A PLAY_\n\n[Illustration: "_Mr. Darcy, I have never desired your good opinion, and\nyou have certainly best
         owed it most unwillingly._"]\n\n\n_PRIDE AND PREJUDICE_\n\n_A PLAY_\n\nFOUNDED ON JANE AUSTEN\'S\nNOVEL_\n\n_BY_
         \n\n_MRS. STEELE MACKAYE_\n\n[Illustration: colophon]\n\n_NEW YORK_\n_DUFFIELD AND COMPANY_\n_1906_\n\n\n
         COPYRIGHT, 1906, BY DUFFIELD & COMPANY.\n\n                            Published September, 1906.\n\n
         ------\n\n            SPECIAL COPYRIGHT NOTICE.\n\n        This play is fully protected by copyright, all r
         equirements of the\n     law having been complied with. Performances may be given only with\n      the written permiss
         ion of Duffield & Company, agents for Mrs.\n     Steele Mackaye, owner of the acting rights.\n\n     Extract from the
         law relating to copyright:\n\n     "SEC. 4996. Any person publicly performing or representing any\n      dramatic or m
         usical composition for which a copyright has been\n     obtained, without the consent of the proprietor of said drama
         tic or\n    musical composition or his heirs or assigns, shall be liable for\n    damages therefor, such damages in
         all cases to be assessed at such\n     sum not less than one hundred dollars for the first and fifty\n     dollars fo
         r every subsequent performance as to the Court shall\n      appear just. If the unlawful performance and representatio
```

圖 4.3：純文字命令的輸出

圖 4.2 和圖 4.3 看起來不太一樣，這是因為控制字元造成此儲存格和前一個儲存格輸出的差異。使用 **print** 命令呈現出控制字元的效果，而呼叫 **text** 則是顯示實際內容，不用呈現控制字元的效果。

在這個練習題中，您學到的是如何讀取整個資料樣本檔案的內容。

讓我們繼續前進，看看在本練習題中使用的 **open()** 函式。它的功能是打開檔案，讓我們可以存取檔案。**open()** 函式的參數是您想要打開的檔案名稱。如果您提供的路徑不是一個完整檔案路徑，Python 將在當前執行目錄中查找該檔案。對您來說，就是在 **ipynb** 檔案所在的資料夾，以及 Jupyter Notebook 的起始位置下尋找**文字**檔案。**open()** 函式回傳一個物件，該物件被儲存到一個名為 **f**（即 "**file（檔案）**"）的變數中，然後再使用 **read()** 函式取得其內容。

您可能還想知道自己是否需要關閉檔案，這個問題的答案是看情況而定。通常，當您呼叫 **read()** 函式時，可以假設 Python 將在垃圾收集期間或程式退出時會自動關閉檔案。然而，您的程式可能會提前中斷，造成檔案永遠不會關閉的情況。未正確關閉的檔案可能導致資料丟失或損壞。但是，在程式中過早地

呼叫 **close()** 也會導致更多的錯誤。確切地知道什麼時候應該關閉檔案並不容易。然而，若是使用下一個練習中使用的結構，Python 將為您判定關閉時機。您所要做的就是打開檔案並依需要使用它，放心地相信 Python 會在適當的時間自動關閉它。

儘管當今現實世界中的大多數資料都存在資料庫中，而且影片、音訊和圖像等內容都使用各自的專用格式儲存，但是文字檔案的使用仍然很重要。不需要任何特殊的解析器，就可以在所有作業系統間流通和使用，拿實際用例來說，您可使用文字檔來記錄當下的資訊，例如 IT 領域中的伺服器日誌。

但是，如果您處理的檔案很大，或者您只需要存取部分內容或逐行讀取檔案，又該怎麼辦呢？您應該到下一個練習中看看如何處理這類問題。

練習 59：從文字檔案中讀取部分內容

在這個練習題中，您將使用與練習 *58：使用 Python 讀取文字檔案*相同的樣本資料檔案。然而，在這裡您將只從該文字檔案中讀取一部分內容：

1. 請打開一個新的 Jupyter Notebook。

2. 複製在練習 *58* 中使用的文字檔案 **pg37431.txt**，並將其儲存到一個單獨的資料夾中，該資料夾將用於執行此練習。

3. 在新儲存格中寫入以下程式碼，讀取前 **5** 個字元：

```
with open("pg37431.txt") as f:
    print(f.read(5))
```

您應該會得到以下輸出：

```
The P
```

像這樣，您使用了一個參數來告訴 Python 每次讀取檔案的前 **5** 字元。

注意，這裡使用了 **with** 述句。**with** 述句是 Python 的一種控制結構。它保證在程式碼區塊退出後，無論巢式的程式碼區塊的執行情況，檔案物件 **f** 都會自動關閉。

如果例外發生在程式碼區塊的尾端，**with** 述句仍然會在例外被捕獲之前關閉檔案。當然，若巢式程式碼區塊成功執行，它也會關閉檔案。

4. 現在，使用 **.readline** 函式讀取**文字**檔案。您需要在 Notebook 上的新儲存格中輸入以下程式碼：

```
with open("pg37431.txt") as f:
    print(f.readline())
```

您應該會得到以下輸出，也就是文字檔案的開頭第一行：

```
The Project Gutenberg EBook of Pride and Prejudice, a play, by
```

圖 4.4：逐行存取文字輸出

透過完成這個練習，您已經學習到在 Python 中自動關閉程式碼區塊的控制結構。這樣，您就能夠存取原始資料文字檔案並一次一行地讀取它。

寫入檔案

現在您已經學會了如何讀取檔案的內容，接下來您將學習如何寫入內容到檔案中。對我們來說，向檔案寫入內容是一種將資料存在資料儲存庫、檔案以及硬碟最簡單的方法。這樣，在您關閉終端機或終止包含程式輸出的 Notebook 後，輸出仍然可供日後使用。我們在後面會使用 **read()** 方法來重用被儲存的內容，該方法在上一節讀取檔案中已經介紹過了。

您在寫入檔案時會再度使用到 **open()** 方法，只差在它需要額外的參數來指示希望如何存取和寫入檔案。

例如，假設我們這樣寫：

```
f = open("log.txt","w+")
```

上面的程式碼片段用 **w+** 打開一個檔案，代表支援**讀**和**寫**的模式，也就是能做檔案更新的動作。Python 中的其他模式包括：

- **R**：預設模式，打開一個檔案供讀取。

- **W**：寫入模式，打開一個檔案供寫入，如果檔案不存在，則建立一個新的檔案，如果檔案已經存在，則覆蓋內容。

- **X**：打開一個新的檔案。如果檔案已存在，則操作失敗。

- **A**：這將以 **append**（附加）模式打開一個檔案，如果檔案不存在，則建立一個新的檔案。

- **B**：這將以 **binary**（二進位）模式打開一個檔案。

現在，看看下面寫入內容到檔案的練習。

練習 60：建立和寫入檔案內容，在文字檔中記錄日期和時間

在這個練習題中，您將會把一些內容寫入檔案。我們將建立一個**日誌**（**log**）檔案，每秒記錄一次計數器值：

1. 請打開一個新的 Jupyter Notebook。

2. 在新儲存格中，鍵入以下程式碼：

```
f = open('log.txt', 'w')
```

在這個步驟的程式碼中，您將 **log.txt** 檔案打開成**寫入**模式，並使用**寫入**模式來寫入值。

3. 現在，在您 Notebook 的下一個儲存格鍵入以下程式碼：

```
from datetime import datetime
import time
for i in range(0,10):
    print(datetime.now().strftime('%Y%m%d_%H:%M:%S - '),i)
    f.write(datetime.now().strftime('%Y%m%d_%H:%M:%S - '))
    time.sleep(1)
```

```
    f.write(str(i))
    f.write("\n")
f.close()
```

在這個程式碼區塊中，匯入了 Python 提供的 **datetime** 和 **time** 模組。您還可以使用 **for** 迴圈來印出年、月、日以及時、分和秒。程式碼中也使用了 **write()** 函式來豐富輸出；也就是在每次迴圈要結束時，**write** 命令印出 **i** 的值。

您應該會得到以下輸出：

```
20190420_23:47:08 -  0
20190420_23:47:09 -  1
20190420_23:47:10 -  2
20190420_23:47:11 -  3
20190420_23:47:12 -  4
20190420_23:47:13 -  5
20190420_23:47:14 -  6
20190420_23:47:15 -  7
20190420_23:47:16 -  8
20190420_23:47:17 -  9
```

圖 4.5：write() 函式輸出

4. 現在，回到您的 Jupyter Notebook 的主頁，或者使用 **Windows 檔案總管**或 **Finder**（如果您使用 Mac）瀏覽您的 Jupyter Notebook 資料夾。您將看到一個名為 **log.txt** 檔案被建立出來了：

.ipynb_checkpoints	7/26/2019 9:00 AM	File folder		
Exercise03.ipynb	7/26/2019 9:01 AM	IPYNB File	1 KB	
log	7/26/2019 9:03 AM	Text Document	1 KB	

圖 4.6：新建的 log 檔案

5. 用 Jupyter Notebook 或您最喜歡的文字編輯器（例如，Visual Studio Code 或 Notepad）打開該檔案，您應該看到類似如下的內容：

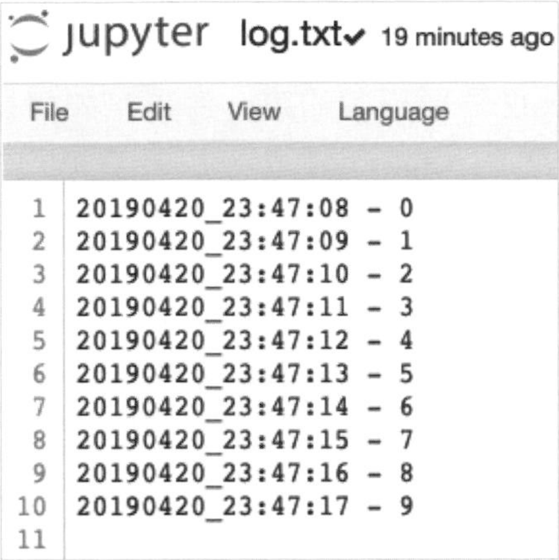

圖 4.7：被加到 log.txt 檔案中的內容

現在您已經建立了您的第一個**文字**檔案。本練習中的示範在大多數資料科學處理任務中都非常常見：例如，記錄感測器的讀數和長時間執行的程序的狀態。

最後的 `close()` 方法用來確保該檔案被正確關閉，並且緩衝區中的所有內容都有被寫入該檔案中。

除錯準備工作（防禦性程式碼）

在程式設計世界中，bug 是指讓程式碼或程式無法正常執行或無法依預期執行的缺陷或問題。除錯就是發現和解決這些缺陷的過程。除錯方法包括互動式除錯、單元測試、整合測試和其他類型的監看和分析實務。

防禦性程式設計是一種除錯方法，確保程式某部分在不可預期的情況下仍能繼續發揮作用。當您要求程式具有高度可靠性時，採用防禦性程式設計特別實用。通常，您需要實作防禦性程式設計，以提高軟體和原始程式碼的品質，並且把程式碼寫得好讀和好理解。

透過使軟體的行為變得可以預測，您可以使用例外來處理非預期的輸入或使用者操作，這可以降低程式崩潰的風險。

寫斷言

關於撰寫防禦程式碼，您需要學習的第一件事是如何撰寫斷言（assertion）。Python 提供了一個內建的 **assert** 述句，用於在程式中描述**斷言**的條件。**assert** 述句會假定條件總是為真，如果條件為假，它會停止程式執行，發出 **AssertionError** 訊息。

下面的程式碼片段是一段最簡單的 **assert** 程式碼：

```
x = 2
assert x < 1, "Invalid value"
```

在這程式碼片段中，由於 **2** 不小於 **1**，所以該述句為假，拋出 **AssertionError** 訊息如下：

```
--------------------------------------------------------------------------
AssertionError                              Traceback (most recent call last)
<ipython-input-14-3a9a99a5e24a> in <module>
      1 x = 2
----> 2 assert x < 1, "Invalid value"

AssertionError: Invalid value
```

圖 4.8：發生 AssertionError

> 📖 **Note**
>
> 您在呼叫 **assert** 函式時，可以省略可選的錯誤訊息。

接下來，您將用一個實際範例了解如何使用 **assert**。

假設您想計算一個學生一學期的平均成績，需要撰寫一個函式來計算平均值，並希望呼叫該函式的使用者真的有傳入所有成績。在下面的練習中，您將探索如何實作這些。

練習 61：在函式中使用斷言，在計算平均值時處理不正確的參數

在這個練習題中，當您在計算學生的平均分數時輸入不正確的參數，函式中的斷言將會檢查錯誤：

1. 繼續使用上一個 Jupyter Notebook。

2. 在新儲存格中鍵入以下程式碼：

```
def avg(marks):
    assert len(marks) != 0
    return round(sum(marks)/len(marks), 2)
```

在這裡，您建立了一個 **avg** 函式，用於計算給定成績的平均值，並且使用了 **assert** 述句來檢查有沒有不正確的資料，若有任何不正確的資料將拋出 assert 錯誤輸出。

3. 在新儲存格中，鍵入以下程式碼：

```
sem1_marks = [62, 65, 75]
print("Average marks for semester 1:",avg(sem1_marks))
```

在這個程式碼片段中，您建立了一個裝載著成績的 list，並使用 **avg** 函式計算平均成績。

您應該會得到以下輸出：

```
Average marks for semester 1: 67.33
```

4. 接下來，透過傳入一個空 list 來測試 **assert** 述句是否能正常工作。請在新儲存格中鍵入以下程式碼：

```
ranks = []
print("Average of marks for semester 1:",avg(ranks))
```

您應該會得到以下輸出：

```
-------------------------------------------------------------------------
AssertionError                                  Traceback (most recent call last)
<ipython-input-21-cec864bd4977> in <module>
      1 ranks = []
----> 2 print("Average of mark1:",avg(ranks))
      3

<ipython-input-18-5b6c83fe5ee4> in avg(marks)
      1 def avg(marks):
----> 2     assert len(marks) != 0
      3     return round(sum(marks)/len(marks), 2)

AssertionError:
```

圖 4.9：當傳入一個空 list 時斷言失敗

在您提供了 3 個成績的程式碼儲存格中，**len(marks) !=0** 述句那一行會回傳 **true**，因此不會出現 **AssertionError**。但是，在下一個儲存格中，您沒有提供任何成績，因此它會引發一個 **AssertionError** 訊息。

在這個練習題中，您使用了 **AssertionError** 訊息來拋出輸出，以防止資料不正確或缺少資料。在現實世界中，當資料的格式可能不正確時，這是很有用的，您可以利用它來抓出不正確的資料。

請注意，雖然 **assert** 的行為類似於檢查或資料驗證工具，但它不是。在 Python 中可以全域禁用 **assert**，從而使所有斷言述句無效。所以請不要使用 **assert** 檢查函式引數是否包含無效或非預期值，這很容易導致錯誤和安全性漏洞。基本上請將 Python 的 **assert** 述句視為除錯工具，而不是拿它來處理執行階段錯誤。使用斷言的目的是讓我們更快地檢測到錯誤。除非程式中有錯誤，否則不應該出現 **AssertionError** 訊息。在下一節中，您將了解如何使用 Python 繪圖函式來做視覺化輸出。

繪圖技術

與機器不同，人類在沒有圖形的情況下很難理解資料。人們發明了各種視覺化技術來讓自己可理解不同的資料集合。您可以繪製各種類型的圖表，每種都有其優點和缺點。

每種類型的圖表只適用於特定的場景，不應該被混淆。例如，在行銷散點圖中顯示未能完成交易的客戶資訊就是一個很好的例子。散點圖適合用來視覺化帶有數值的分類資料集合，您將在下面的練習中進一步探索散點圖。

為了更好地展示資料，應該為資料選擇正確的圖表。在下面的練習中，將為您介紹各種圖形類型及適用場景，並示範如何避免繪製令人誤解的圖表。

您將在下面的練習中繪製多種圖表，並觀察這些圖表的變化。

> 📖✍ **Note**
>
> 這些練習需要外部函式庫，比如 **seaborn** 和 **matplotlib**。請參閱本章的前言來了解如何安裝這些函式庫。
>
> 在一些 Jupyter 版本中，不會自動顯示圖表。此時請在您的 Notebook 的開頭處加入 **%matplotlib inline** 命令以解決這個問題。

練習 62：繪製散點圖來研究霜淇淋銷售額與氣溫的資料

在這個練習題中，您將會使用來自霜淇淋公司的樣本資料，研究在不同氣溫下霜淇淋銷售的增長與變化，以散點圖作為輸出：

1. 請打開一個新的 Jupyter Notebook 檔案。

2. 輸入以下程式碼，匯入 **matplotlib**、**seaborn**、**numpy** 函式庫，並設定別名如下：

```
import matplotlib.pyplot as plt
import seaborn as sns
import numpy as np
```

您應該看一下下面的範例資料，並假設您被交待的任務是去分析某一家霜淇淋店的銷售情況，以研究溫度對霜淇淋銷售的影響。

3. 準備資料集合，如下面的程式碼片段所示：

```
temperature = [14.2, 16.4, 11.9, 12.5, 18.9, 22.1, 19.4, 23.1,
25.4, 18.1, 22.6, 17.2]
sales = [215.20, 325.00, 185.20, 330.20, 418.60, 520.25, 412.20,
614.60, 544.80, 421.40, 445.50, 408.10]
```

4. 使用 **scatter** 繪製 list：

```
plt.scatter(temperature, sales, color='red')
plt.show()
```

您應該會得到以下輸出：

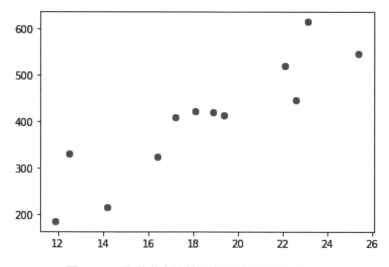

圖 4.10：霜淇淋店的銷量與溫度的散點圖輸出

圖看起來很不錯,但這只是對我們來說而已。如果是不了解背景故事的人看到了這個圖表,將不會知道圖表試圖告訴他們什麼事。在我們繼續介紹其他圖表之前,學習如何編輯圖表並加入有助於讀者理解的附加資訊是很有用的。

5. 在繪圖時加入 **title** 命令,以及 x 軸(水平))和 y 軸(垂直)標籤。然後,在 **plt.show()** 命令之前加入以下程式碼:

```
plt.title('Ice-cream sales versus Temperature')
plt.xlabel('Sales')
plt.ylabel('Temperature')
plt.scatter(temperature, sales, color='red')
plt.show()
```

您應該會得到以下輸出:

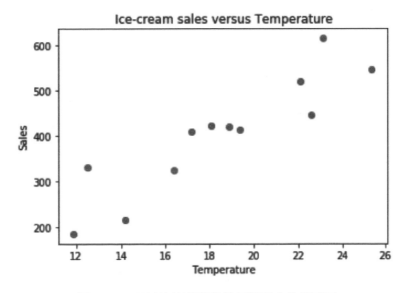

圖 4.11:更新後的霜淇淋銷量與溫度的散點圖

圖表現在變得更容易理解了。在這個練習題中,您使用了示範用的霜淇淋銷售與溫度資料集合,並使用該資料建立了一個散點圖,讓其他使用者更容易理解那些資料。

但是，如果您的資料集合是基於時間的資料集合呢？在這種情況下，您通常會使用折線圖。折線圖的一些例子包括心律圖、人口隨時間增長的視覺化圖，甚至用在股票市場。透過建立折線圖，您可以了解資料的趨勢和季節性。

在下面的練習中，您將輸出股票價格的時間（即天數）和價格的折線圖。

練習 63：畫一個折線圖來看出股票價格的增長

在這個練習題中，您要把一家知名公司的股票價格繪製成一個折線圖，而且是一個天數與價格增長的對比圖。

1. 請打開一個新的 Jupyter Notebook。

2. 在新儲存格中輸入以下程式碼，將資料初始化為 list：

```
stock_price = [190.64, 190.09, 192.25, 191.79, 194.45, 196.45,
196.45, 196.42, 200.32, 200.32, 200.85, 199.2, 199.2, 199.2,
199.46, 201.46, 197.54, 201.12, 203.12, 203.12, 203.12, 202.83,
202.83, 203.36, 206.83, 204.9, 204.9, 204.9, 204.4, 204.06]
```

3. 現在，使用以下程式碼繪製圖表，設定圖表標題以及座標軸的標題：

```
import matplotlib.pyplot as plt
plt.plot(stock_price)
plt.title('Opening Stock Prices')
plt.xlabel('Days')
plt.ylabel('$ USD')
plt.show()
```

在前面的程式碼片段中，您加入了標題到圖表中，並在 x 軸加入了標題天數，在 y 軸加入了標題價格。

請執行儲存格**兩次**，會看到輸出如下圖：

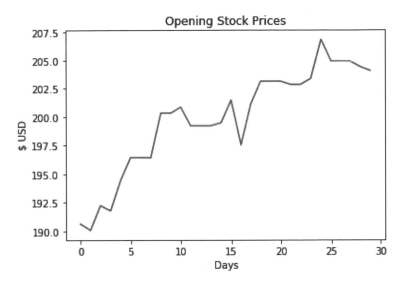

圖 4.12：股票開盤價折線圖

如果您有注意到折線圖中的天數是從 **0** 開始，代表您目光敏銳。一般來說，座標軸會從 **0** 開始，但在這裡，它代表第一天，所以您必須從 **1** 開始，您可以利用接下來的步驟解決這個問題。

4. 您可以建立一個從 **1** 開始到 **31** 的 list，用來代表 3 月份的日期：

```
t = list(range(1, 31))
```

5. 將該 list 與資料一起繪製。或是您也可以使用 **xticks** 來標識 x 軸上的數值：

```
plt.plot(t, stock_price, marker='.', color='red')
plt.xticks([1, 8, 15, 22, 28])
```

一併修改線條顏色後的完整程式碼如下所示：

```
stock_price = [190.64, 190.09, 192.25, 191.79, 194.45, 196.45,
196.45, 196.42, 200.32, 200.32, 200.85, 199.2, 199.2, 199.2,
199.46, 201.46, 197.54, 201.12, 203.12, 203.12, 203.12, 202.83,
202.83, 203.36, 206.83, 204.9, 204.9, 204.9, 204.4, 204.06]
```

```
t = list(range(1, 31))

import matplotlib.pyplot as plt
plt.title('Opening Stock Prices')
plt.xlabel('Days')
plt.ylabel('$ USD')

plt.plot(t, stock_price, marker='.', color='red')
plt.xticks([1, 8, 15, 22, 28])
plt.show()
```

您應該會得到以下輸出：

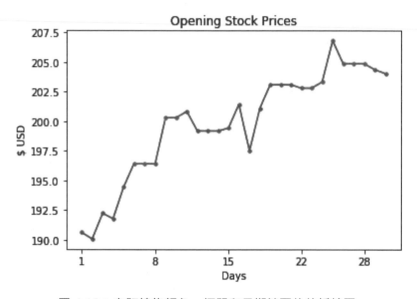

圖 4.13：自訂線條顏色、標記和日期範圍後的折線圖

在這個練習題中，您學到了如何生成一個折線圖來顯示時序資料的輸出。在下一個練習中，您將學習如何繪製長條圖，這是一種用來顯示分類資料的另一種實用的視覺化方法。

練習 64：用長條圖來分級學生成績

長條圖是一種簡單的圖表類型，它可以很好地視覺化呈現不同類別的項目數量。當您看到這個練習的最終輸出時，您可能認為直方圖（histogram）和長條圖（bar plot）看起來是一樣的。但事實並非如此。直方圖和長條圖的主要區別在於直方圖中相鄰的欄之間沒有空間。現在您將學習的是如何繪製長條圖。

在這個練習題中，您將繪製長條圖來視覺化輸出學生的資料。

1. 請打開一個新的 Jupyter Notebook。

2. 在新儲存格中鍵入以下程式碼，以初始化資料集合：

```
grades = ['A', 'B', 'C', 'D', 'E', 'F']
students_count = [20, 30, 10, 5, 8, 2]
```

3. 用資料集合繪製長條圖，並自訂 **color** 命令：

```
import matplotlib.pyplot as plt
plt.bar(grades, students_count, color=['green', 'gray', 'gray',
'gray', 'gray', 'red'])
```

請執行儲存格**兩次**，會看到輸出如下圖：

```
Out[5]:  <BarContainer object of 6 artists>
```

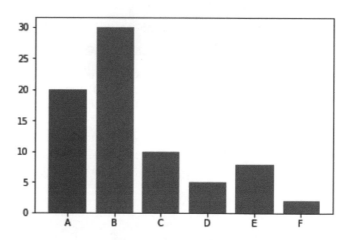

圖 4.14：輸出圖中顯示學生人數，但不帶任何標籤

在這裡，您建立了兩個 list：儲存成績分級的 **grade** list，用於 x 軸；**students_count** list 用來儲存在相應分級中的學生人數。然後，使用 **plt** 繪圖引擎和 **bar** 命令來繪製長條圖。

4. 輸入以下程式碼，將主標題和軸標題加入到圖表中，讓人更容易理解圖表。同樣地，使用 **show()** 命令來顯示圖表：

```
plt.title('Grades Bar Plot for Biology Class')
plt.xlabel('Grade')
plt.ylabel('Num Students')
plt.bar(grades, students_count, color=['green', 'gray', 'gray',
'gray', 'gray', 'red'])
plt.show()
```

執行儲存格，您將得到的輸出如下：

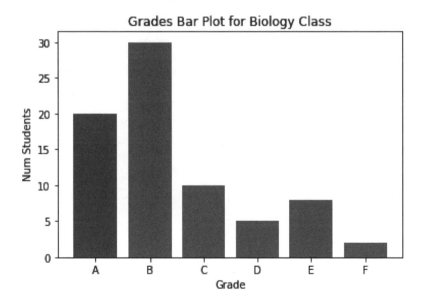

圖 4.15：輸出分級和學生人數的長條圖，帶有標籤

有時使用水平長條更能顯示出關係，要改成水平顯示，您只需要將 bar 函式改為 **.barh**。

5. 在新儲存格中輸入以下程式碼並觀察輸出：

```
plt.barh(grades, students_count, color=['green', 'qray', 'gray',
'gray', 'gray', 'red'])
```

您應該會得到以下輸出：

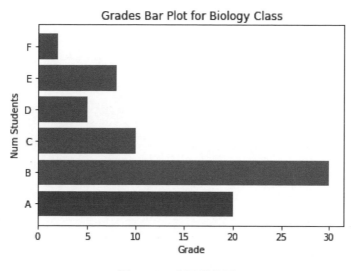

圖 4.16：水平長條圖

在這個練習題中，您實作了一個示範資料 list，並將資料以長條圖輸出；分別用了垂直柱狀和水平柱狀長條圖，實際要用哪一種可根據您的使用情況選用。

在下一個練習中，您將實作許多組織偏好用來做圖形化分類的圓餅圖。圓餅圖很適合視覺化百分比和帶小數資料：例如，同意或不同意某些觀點的人的百分比，某個專案的部分預算比例，或選舉的結果。

然而，圓餅圖經常被許多分析師和資料科學家認為不是一個很好的呈現方式，原因如下：

- 圓餅圖經常被過度使用。許多人使用圓餅圖，卻不知道為什麼要使用它們。
- 當有許多分類時，圓餅圖比較難呈現比較關係。
- 當資料可以簡單地用表格甚至是文字來說明時，會比使用圓餅圖更容易讓人理解。

練習 65：建立一個圓餅圖，視覺化一間學校的投票數

在這個練習題中，您將繪製一個圓餅圖，說明在學生會長選舉中三名候選人的得票數：

1. 請打開一個新的 Jupyter Notebook。

2. 在新儲存格中鍵入以下程式碼來設定我們要用的資料：

```
# 繪圖
labels = ['Monica', 'Adrian', 'Jared']
num = [230, 100, 98] # 請注意這裡放的不必是百分比
```

3. 用 **pie()** 方法繪製圓餅圖，並設定好 **colors**：

```
import matplotlib.pyplot as plt
plt.pie(num, labels=labels, autopct='%1.1f%%', colors=['lightblue',
'lightgreen', 'yellow'])
```

4. 加入 **title**，並顯示圖表：

```
plt.title('Voting Results: Club President', fontdict={'fontsize': 20})
plt.pie(num, labels=labels, autopct='%1.1f%%', colors=['lightblue',
'lightgreen', 'yellow'])
plt.show()
```

您應該會得到以下輸出：

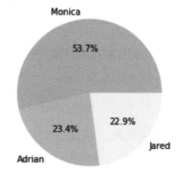

圖 4.17：含有三個分類的圓餅圖

完成這個練習後,您現在已能為資料生成圓餅圖。這種類型呈現是許多組織在整理資料時最好的視覺輔助。

在下一個練習中,您將實作**熱點圖**(**heatmap**)。熱點圖對於顯示兩種分類屬性之間的關係是很實用的:例如,顯示三個不同班級中通過考試的學生人數。現在您將做一個練習,學習如何繪製一張**熱點圖**。

練習 66:生成學生成績分級熱點圖

在這個練習題中,您將生成一張熱點圖:

1. 請打開一個新的 Jupyter Notebook。

2. 輸入下面的程式碼片段來定義一個 **heatmap** 函式。首先,準備好畫圖的部分:

```
def heatmap(data, row_labels, col_labels, ax=None, cbar_kw={},
cbarlabel="", **kwargs):
    if not ax:
        ax = plt.gca()
    im = ax.imshow(data, **kwargs)
```

3. 以 **colorbar** 定義顏色條,如下程式碼片段那樣:

```
    cbar = ax.figure.colorbar(im, ax=ax, **cbar_kw)
    cbar.ax.set_ylabel(cbarlabel, rotation=-90, va="bottom")
```

4. 顯示所有 **ticks**,以 list 項目分別標示它們:

```
    ax.set_xticks(np.arange(data.shape[1]))
    ax.set_yticks(np.arange(data.shape[0]))
    ax.set_xticklabels(col_labels)
    ax.set_yticklabels(row_labels)
```

5. 設定水平軸的標籤要出現在圖的頂部：

```
ax.tick_params(top=True, bottom=False,
                 labeltop=True, labelbottom=False)
```

6. 旋轉刻度標籤並設定它們的對齊方式：

```
plt.setp(ax.get_xticklabels(), rotation=-30, ha="right",
         rotation_mode="anchor")
```

7. 關閉 **spine**，為圖表建立一個白色網格，如下程式碼片段所述：

```
for edge, spine in ax.spines.items():
    spine.set_visible(False)

ax.set_xticks(np.arange(data.shape[1]+1)-.5, minor=True)
ax.set_yticks(np.arange(data.shape[0]+1)-.5, minor=True)
ax.grid(which="minor", color="w", linestyle='-', linewidth=3)
ax.tick_params(which="minor", bottom=False, left=False)
```

8. 回傳熱點圖：

```
return im, cbar
```

這是從 **matplotlib** 文件中直接取得的程式碼，**heatmap** 函式可幫助您生成熱點圖。

9. 執行儲存格，並在下一個儲存格中輸入並執行以下程式碼。您需要定義一個 **numpy** 陣列來儲存資料，並使用前面定義好的函式來繪製熱點圖：

```
import numpy as np
import matplotlib.pyplot as plt
data = np.array([
    [30, 20, 10,],
    [10, 40, 15],
    [12, 10, 20]
```

```
])
im, cbar = heatmap(data, ['Class-1', 'Class-2', 'Class-3'], ['A',
'B', 'C'], cmap='YlGn', cbarlabel='Number of Students')
```

您可以看到，若沒有任何幫助觀看者理解圖表的文字，一張熱點圖看起來
便會過於簡陋。現在，請繼續這個練習並加入另一個函式，它能幫助我們
在**熱點圖**上加入說明。

10. 在新儲存格中鍵入並執行以下程式碼：

Exercise66.ipynb

```
def annotate_heatmap(im, data=None, valfmt="{x:.2f}",
                     textcolors=["black", "white"],
                     threshold=None, **textkw):
    import matplotlib
    if not isinstance(data, (list, np.ndarray)):
        data = im.get_array()
    if threshold is not None:
        threshold = im.norm(threshold)
    else:
        threshold = im.norm(data.max())/2.
    kw = dict(horizontalalignment="center",
              verticalalignment="center")
    kw.update(textkw)
    if isinstance(valfmt, str):
        valfmt = matplotlib.ticker.StrMethodFormatter(valfmt)
```

https://packt.live/2ps1byv

 Note

如果上面連結中的程式無法顯示圖表，請將範例完整連結輸入到
https://nbviewer.jupyter.org/ 網站。

11. 在新儲存格中，鍵入並執行以下程式碼：

```
im, cbar = heatmap(data, ['Class-1', 'Class-2', 'Class-3'], ['A',
'B', 'C'], cmap='YlGn', cbarlabel='Number of Students')
texts = annotate_heatmap(im, valfmt="{x}")
```

這將在熱點圖上加上標示，讓我們得到以下輸出：

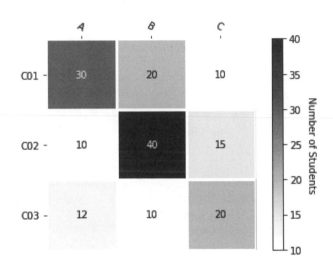

圖 4.18：樣本資料的熱點圖輸出

請注意，您將資料放入了一個 **numpy** 陣列中（**np.array**），是因為您後面要呼叫的方法期望得到一個 **numpy** 陣列。

接下來，您使用了 **heatmap** 方法繪製了熱點圖。您傳入 **data**、**列**標籤 **['Class-1', 'Class-2', 'Class-3']**，然後是**欄**標籤 **['A', 'B', 'C']**。您在 **cmap** 指定傳入 **YlGn**，這代表您希望使用黃色來代表小的值，使用綠色來代表大的值。您在 **cbarlabel** 指定傳入 **Number of Students**，以代表繪製的值是學生人數的意思。最後，您要用資料在熱點圖加上標註（**30**、**20**、**10**…）。

到目前為止，您已經學習了如何使用熱點圖和長條圖視覺化離散分類變數。但是如果您想要視覺化的是連續變數呢？例如，您不想要把學生的成績分級，而是想看到分數的分佈圖。對於這種類型的資料，您應該使用密度分佈圖，我們將在下一個練習中看到它。

練習 67：生成一個密度圖來視覺化學生的分數

在這個練習題中，您將用樣本資料 list 生成一個密度圖：

1. 用上一個 Jupyter Notebook 檔案作為開始。

2. 在新儲存格中輸入以下程式碼，設定資料，並初始化繪圖：

```
import seaborn as sns
data = [90, 80, 50, 42, 89, 78, 34, 70, 67, 73, 74, 80, 60, 90, 90]
sns.distplot(data)
```

您已經匯入了 **seaborn** 模組（在本練習題中稍後會有說明），然後建立了一個裝載了資料的 list。使用 **sns.displot** 將資料繪製為密度圖。

3. 設定 **title** 和座標軸標籤：

```
import matplotlib.pyplot as plt
plt.title('Density Plot')
plt.xlabel('Score')
plt.ylabel('Density')
sns.distplot(data)
plt.show()
```

您應該會得到以下輸出：

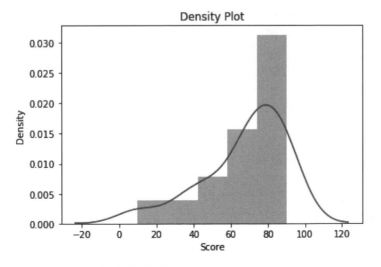

圖 4.19：示範資料的密度圖輸出

到目前為止，在這個練習題中您已經使用了 **seaborn** 函式庫，它是一個基於 **matplotlib** 的資料視覺化函式庫。它提供了一種高階的介面，可繪製吸引人的視覺化圖形，並支援 **matplotlib** 不提供的圖表類型。例如，您可以使用 **seaborn** 函式庫來處理密度圖，因為 **matplotlib** 中不支援密度圖。

在這個練習題中，您用輸入的 list 示範資料實作並輸出了密度圖，如圖 4.19 所示。

如果要使用 **matplotlib** 來完成，則需要撰寫一個單獨的函式來計算密度。為了方便起見，使用 **seaborn** 建立密度圖時，圖中的線是用**核心密度估計（kernel density estimation，KDE）**繪製的。KDE 估計了一個隨機變數的機率密度函式，在這裡指的就是學生的分數。

在下一個練習中，您將實作等高線圖。等高線圖適用於大型連續資料集合的視覺化。等高線圖就像密度圖般有兩個特徵。在下面的練習中，您將看到如何使用樣本體重資料繪製等高線圖。

練習 68：建立等高線圖

在這個練習題中，您將使用人的體重樣本資料集合來輸出等高線圖：

1. 請打開一個新的 Jupyter Notebook。

2. 使用以下程式碼在新儲存格中初始化**體重**資料：

```
weight=[85.08,79.25,85.38,82.64,80.51,77.48,79.25,78.75,77.21,73.11,
82.03,82.54,74.62,79.82,79.78,77.94,83.43,73.71,80.23,78.27,78.25,
80.00,76.21, 86.65,78.22,78.51,79.60,83.88,77.68,78.92,79.06,85.30,
82.41,79.70,80.16,81.11,79.58,77.42,75.82,74.09,78.31,83.17,75.20,
76.14]
```

3. 現在，使用以下程式碼繪製圖。請執行此儲存格兩次：

```
import seaborn as sns
sns.kdeplot(list(range(1,45)),weight, kind='kde', cmap="Reds", )
```

4. 加入**圖例（legend）**、**標題（title）**、**軸標籤**到圖中：

```
import matplotlib.pyplot as plt
plt.legend(labels=['a', 'b'])
plt.title('Weight Dataset - Contour Plot')
plt.ylabel('height (cm)')
plt.xlabel('width (cm)')
sns.kdeplot(list(range(1,45)),weight, kind='kde', cmap="Reds", )
```

5. 執行該程式碼，您將看到以下輸出：

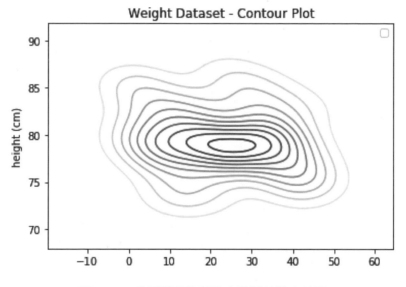

圖 4.20：使用體重資料集合繪製的等高線圖

在本練習結束時，您已學會如何輸出資料集合的等高線圖。

請將這個練習與之前的練習 62，繪製散點圖做比較，您認為哪種圖表類型更能視覺化呈現資料呢？

進一步探索圖表

有時，為了做比較，或者為了增加您想訴說的故事豐富度，您需要在同一張圖中顯示多個圖表。例如，您需要為一場選舉顯示得票率百分比圖表，再用另一張圖表顯示實際投票數。在下面的範例中,您將了解如何使用 **matplotlib** 中的子圖。

請注意,有多張圖的狀況都會使用以下程式碼。

> 📖 **Note**
>
> 現在您將改用 **ax1** 和 **ax2** 來繪製圖表,而不是使用 **plt**。

為了要初始化檔案圖表和兩個軸物件,請執行以下命令:

```
import matplotlib.pyplot as plt
# 將圖表分成 2 個子圖表
fig = plt.figure(figsize=(8,4))
ax1 = fig.add_subplot(121)  # 121 代表分割成 1 列 2 欄,現在要放入的是第 1 部分子圖
ax2 = fig.add_subplot(122)  # 122 代表分割成 1 列 2 欄,現在要放入的是第 2 部分子圖
```

下面的程式碼會繪製第一個子圖,它是一張圓餅圖:

```
labels = ['Adrian', 'Monica', 'Jared']
num = [230, 100, 98]
ax1.pie(num, labels=labels, autopct='%1.1f%%', colors=['lightblue',
'lightgreen', 'yellow'])
ax1.set_title('Pie Chart (Subplot 1)')
```

現在要畫出第二個子圖,它是一張長條圖:

```
# 繪製長條圖(第 2 張子圖)
labels = ['Adrian', 'Monica', 'Jared']
num = [230, 100, 98]
plt.bar(labels, num, color=['lightblue', 'lightgreen', 'yellow'])
ax2.set_title('Bar Chart (Subplot 2)')
ax2.set_xlabel('Candidate')
ax2.set_ylabel('Votes')
fig.suptitle('Voting Results', size=14)
```

這將產生以下輸出：

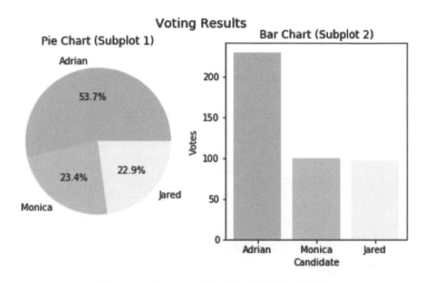

圖 4.21：輸出相同資料的圓餅圖和長條圖

 Note

如果您想嘗試執行前面的程式碼範例，請確保將所有程式碼放在同一個 Jupyter Notebook 儲存格中，才能讓兩個輸出並排顯示。

在下面的練習中，您將使用 **matplotlib** 來輸出 3D 圖形。

練習 69：生成 3D 圖來繪製正弦波

Matplotlib 支援 3D 繪圖。在這個練習題中，您將使用樣本資料繪製一個 3D 正弦波：

1. 請打開一個新的 Jupyter Notebook。

2. 在一個新儲存格中輸入以下程式碼並執行程式碼：

```
from mpl_toolkits.mplot3d import Axes3D
import numpy as np
import matplotlib.pyplot as plt
import seaborn as sns
X = np.linspace(0, 10, 50)
Y = np.linspace(0, 10, 50)
X, Y = np.meshgrid(X, Y)
Z = (np.sin(X))

# 設定軸
fig = plt.figure(figsize=(7,5))
ax = fig.add_subplot(111, projection='3d')
```

程式碼一開始是匯入 **mplot3d** 套件，**mplot3d** 包加入了 3D 繪圖功能，這個功能是在 3D 場景建立的 2D 投影的座標軸物件來達成。接下來，您將初始化資料並設定繪圖軸。

3. 使用 **plot_surface()** 函式繪製 3D 表面，並設定標題和座標軸標籤：

```
ax.plot_surface(X, Y, Z)

# 加入標題和軸標籤
ax.set_title("Demo of 3D Plot", size=13)
ax.set_xlabel('X')
ax.set_ylabel('Y')
ax.set_zlabel('Z')
```

📖 **Note**

請將上述程式碼輸入在您 Jupyter Notebook 的單一個輸入框中，如圖 4.22 所示。

執行儲存格兩次，您應該會得到以下輸出：

```
In [10]:   from mpl_toolkits.mplot3d import Axes3D
           import numpy as np
           import matplotlib.pyplot as plt
           import seaborn as sns
           X = np.linspace(0, 10, 50)
           Y = np.linspace(0, 10, 50)
           X, Y = np.meshgrid(X, Y)
           Z = (np.sin(X))

           # Setup axis
           fig = plt.figure(figsize=(7,5))
           ax = fig.add_subplot(111, projection='3d')
           ax.plot_surface(X, Y, Z)

           # Add title and axes labels
           ax.set_title("Demo of 3D Plot", size=13)
           ax.set_xlabel('X')
           ax.set_ylabel('Y')
           ax.set_zlabel('Z')
```

Out[10]:   Text(0.5, 0, 'Z')

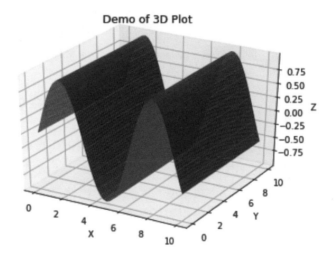

圖 4.22：使用 matplotlib 繪製示範資料的 3D 圖

在這個練習題中，您已成功地實作了 **matplotlib** 提供的一個非常有趣的功能，
也就是 3D 圖形，這是 Python 視覺化中額外增加的一個功能。

繪製的禁忌

在報紙、部落格或社交媒體上,有很多誤導人的圖表,使人們誤解實際資料。您將看到一些例子並學習如何避免它們。

假造軸

假設您有三個學生,他們在一次考試中取得三個不同的分數。現在,您必須把他們的分數畫在長條圖上。有兩種方法都可以做到:誤導人的方法和正確的方法。

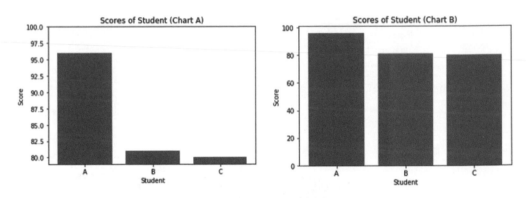

圖 4.23:圖 A(從 80 開始)和圖 B(從 0 開始)

請看**圖 A**,您會發現學生 **A** 的分數比學生 **B** 和學生 **C** 的分數高出約 10 倍。然而,事實並非如此。學生的分數分別為 96 分、81 分和 80 分。**圖 A** 會誤導人,因為 y 軸的範圍是從 80 到 100。正確的 y 軸應該在 0 到 100 之間,如**圖 B** 那樣。這是因為一個學生可以得到的最低分數是 0,而最大的分數是 100。學生 **B** 和 **C** 的分數實際上只是比學生 **A** 稍微低一點而已。

刻意挑選資料

接著,您看到的是股票開盤價圖表:

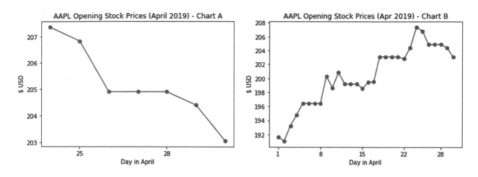

圖 4.24：圖 A（僅顯示 7 天）和圖 B（顯示整個月）

圖 A 的標題為 **AAPL Opening Stock Prices (April 2019)**，顯示了蘋果公司股價呈現下跌趨勢。然而，圖表卻只顯示了 4 月的最後 7 天，圖表的標題與圖表內容不匹配。**圖 B** 則是正確的圖表，因為它顯示了一整個月的股票價格。如您所見，刻意挑選資料可以讓人們對資料有不同的看法。

錯誤的圖形，錯誤的背景資訊

您可以看一下兩張關於拆除舊教學樓的調查圖表：

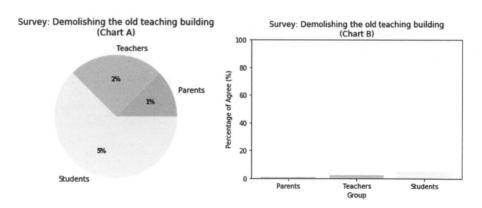

圖 4.25：圓餅圖與長條圖

使用錯誤的圖表會為理解資料的讀者提供錯誤的背景資訊。這裡**圖 A** 用圓餅圖讓讀者認為學生們想要拆除舊教學樓。然而，正如您在**圖 B** 中看到的，大多數（95%）學生投票不拆除舊教學樓。只有當圓餅圖的每一塊加起來等於 100% 時，才能使用圓餅圖。在這種情況下，長條圖更能忠實地視覺化資料。

活動 13：使用圓餅圖和長條圖視覺化鐵達尼號資料集合

圖表不僅是能用在簡報和報告中的視覺化工具：它們在探索性資料分析（Exploratory Data Analysis，EDA）中也發揮至關重要的作用。在此活動中，您將了解如何使用視覺化研究資料集合。

在此活動中，您將使用著名的鐵達尼號資料集合。在這裡，您要重點繪製一些資料，而載入資料集合的步驟將在本書後面的章節中介紹。對於此活動，您需要完成的步驟如下。

> 📖 **Note**
>
> 在這個活動中，將使用鐵達尼號資料集合。這個資料集合 CSV 檔案 **titanic_train.csv** 已被上傳到我們的 GitHub 知識庫中，可以在 *https://packt.live/31egRmb* 找到。

請按照以下步驟完成此活動：

1. 載入 **CSV** 檔案。

   請用以下程式碼片段載入 CSV 檔案：

```
import csv
lines = []
with open('titanic_train.csv') as csv_file:
    csv_reader = csv.reader(csv_file, delimiter=',')
    for line in csv_reader:
        lines.append(line)
```

2. 準備一個資料物件，使用以下變數儲存所有**乘客**（**passenger**）的詳細資訊：

```
data = lines[1:]
passengers = []
headers = lines[0]
```

3. 建立一個簡單的 **for** 迴圈,用來迭代 **data**,取得 **d** 變數。這個 **for** 迴圈將把值儲存在一個 list 中:

```
for d in data:
    p = {}
    for i in range(0,len(headers)):
        key = headers[i]
        value = d[i]
        p[key] = value
    passengers.append(p)
```

4. 對於倖存乘客,請將以下欄位放到各自的 list 中:**survived**、**pclass**、**age**、**gender**:

```
survived = [p['Survived'] for p in passengers]
pclass = [p['Pclass'] for p in passengers]
age = [float(p['Age']) for p in passengers if p['Age'] != '']
gender_survived = [p['Sex'] for p in passengers if int(p['Survived']) == 1]
```

5. 在此基礎上,您的主要目標和輸出將是依據以下的要求生成圖形:

*   用圓餅圖將事故中倖存的乘客比例視覺化。

    您應該會得到以下輸出:

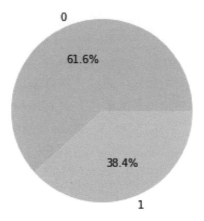

圖 4.26:乘客生存率的圓餅圖

- 比較倖存乘客的性別（用長條圖代表）。

    您應該會得到以下輸出：

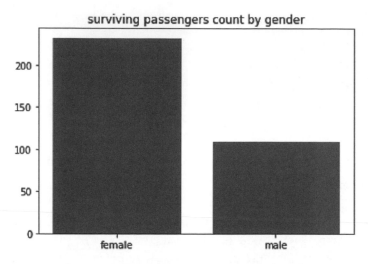

圖 4.27：以長條圖顯示事件倖存者的性別差異

> ⌨ **Note**
>
> 此活動的解答在第 597 頁。

總結

在本章中，您已了解到如何使用 Python 讀取和寫入文字檔，然後在用來除錯程式碼的防禦性程式設計中使用斷言。最後，您探索了如何使用不同類型的圖形和圖表來繪製資料。您也透過適當的範例，看到每種圖表對於不同場景和資料集合的適用性。您還看到了如何避免繪製可能導致誤解的圖表。

在下一章中，您將學習如何使用 Python 撰寫**物件導向程式設計（Object-Oriented Programming，OOP）**程式碼。這包括建立類別、實例和使用 **write** 子類別，這些子類別能繼承父類別的屬性，並使用方法和屬性擴展功能。

5

建構 Python – 類別和方法

概述

在本章結束時,您將能夠使用類別和實例特性(instance attribute);使用實例方法根據物件的實例特性執行計算;使用靜態方法編寫小的實用函數來重構類別中的程式碼,以避免重複;使用屬性的 setter 方法來為計算屬性做值賦與執行驗證,並建立類別,讓類別繼承其他類別的方法和屬性。

介紹

在第 4 章，進一步探索 Python、檔案、錯誤和圖形中，您開始越過基本領域，進入撰寫防禦程式碼和預測潛在問題的部分。在本章中，我們將向您介紹物件導向程式設計（OOP）的基石之一：類別，類別中含有我們要使用的物件定義。在 OOP 中使用的所有物件都是由類別定義出來的，無論是在您的程式碼中，還是在 Python 函式庫中都一樣。到目前為止，雖然我們一直在使用它，但是我們還沒有討論如何擴展和自訂物件的行為。在這一章中，您將從熟悉的物件開始，並以這些物件為基礎開始學習類別的概念。

也許您一直在使用 Python 中的字串物件。字串到底是什麼？您能用字串做什麼呢？您是否想做一些 Python 字串物件不支援的事情？您能以某種方式自訂這個物件的行為嗎？本章將透過探討類別來回答這些問題。撰寫類別將打開一個充滿可能性的世界，在這個世界中，您將能夠優雅地修改和組合來自外部來源的程式碼，以滿足您的需求。

例如，假設您找到了一個第三方管理的日曆函式庫，希望將其合併到組織的內部應用程式中。您將需要繼承該函式庫中的類別並覆寫其方法 / 屬性，以便在您的特定環境使用程式碼。因此，您可以看到方法有多好用。

您的程式碼會變得越來越直觀和可讀，您的程式邏輯也會根據 **Do Not Repeat Yourself（DRY）**原則封裝得更優雅，本章後面會進一步進行解釋。

類別和物件

類別是物件導向程式設計語言（如 Python）的基礎。類別只是一種建立物件的範本，類別定義了一個物件的各種屬性，並指定了您可以用這個物件做的事情。到目前為止，在本書中，您一直依賴使用 Python 標準函式庫中定義的類別，或內建在 Python 程式設計語言本身中的類別。例如，在第 3 章，執行 *Python - 程式、演算法和函式*的練習 37，取得系統日期中，您使用過 `datetime` 類別來取得當前日期。您將從已經使用過的類別開始探索，並且使用 Python shell 或 Jupyter Notebook 來進行學習。

在 Python 控制台中建立一個新的整數物件 **x**：

```
>>> x = 10
>>> x
10
```

透過呼叫 **type** 函式，您可以看出被建立的 **x** 是什麼類別：

```
>>> type(x)
<class 'int'>
```

integer 類別不僅能讓您儲存單個數值，我們的 **x** 物件還有其他功能：

```
>>> x.bit_length()
4
```

這個方法會計算出用二進位數字（1010）呈現 **x** 時，所需的二進位位元數。

正如您在第 3 章，執行 *Python - 程式、演算法和函式*中了解到的，也可以透過查看 docstring 來讀取一些關於這個物件和它的類別的資訊：

```
>>> print(x.__doc__)
int([x]) -> integer
int(x, base=10) -> integer
```

這個類別可將數字或字串轉換為整數，如果沒有引數，則回傳 0。如果 **x** 是一個數字，則回傳 **x.__int__()**。如果是浮點數，則截斷小數到零。

因此，您可以看到，即使是 Python 中最簡單的物件（如字串），也有許多有趣的屬性和方法，可用於取得關於物件的資訊或使用物件執行一些計算。當您在程式設計中想要自訂這些方法的行為，或者建立一個全新類別的物件時，您將需要開始撰寫自己的類別。例如，可能您不想使用 string 物件，而是想用一個叫 **name** 的物件，該物件以字串作為其主要屬性，還包含讓您將名稱翻譯成其他語言的方法。

練習 70：探索字串

到目前為止，我們的很多例子和練習都用到過字串。在這個練習題中，您將用到一些字串物件沒有辦法儲存的文字，並查看這個類別中可用的其他屬性和方法。

對於您已熟悉的字串物件，這個練習的目的是展示它還有許多您可能不知道的其他方法和屬性。這項練習可在一個 Jupyter Notebook 中進行：

1. 定義一個新的字串：

```
my_str = 'hello World!'
```

2. 檢查我們的物件是什麼類別：

```
type(my_str)
```

您應該會得到以下輸出：

```
str
```

3. 查看 **str** 類別的 docstring：

```
print(my_str.__doc__)
```

您應該會得到以下輸出：

```
str(object='') -> str
str(bytes_or_buffer[, encoding[, errors]]) -> str

Create a new string object from the given object. If encoding or
errors is specified, then the object must expose a data buffer
that will be decoded using the given encoding and error handler.
Otherwise, returns the result of object.__str__() (if defined)
or repr(object).
encoding defaults to sys.getdefaultencoding().
errors defaults to 'strict'.
```

圖 5.1：str 類別的 docstring

4. 查看 **my_str** 的完整屬性和方法清單：

```
my_str.__dir__()
```

您應該會得到以下輸出：

```
['__repr__',
 '__hash__',
 '__str__',
 '__getattribute__',
 '__lt__',
 '__le__',
 '__eq__',
 '__ne__',
 '__gt__',
 '__ge__',
 '__iter__',
 '__mod__',
 '__rmod__',
 '__len__',
 '__getitem__',
 '__add__',
 '__mul__',
 '__rmul__',
 '__contains__',
 '__new__',
 'encode',
 'replace',
 'split',
 'rsplit',
 'join',
 'capitalize',
```

圖 5.2：my_str 的屬性和方法的完整清單

> **Note**
>
> 前一個圖中的輸出是被截斷過的。

5. 您將看到前面幾種方法的執行結果：

```
my_str.capitalize()
```

您應該會得到以下輸出：

```
'Hello world!'
```

現在把輸出變成大寫：

```
my_str.upper()
```

您應該會得到以下輸出：

```
'HELLO WORLD!'
```

現在讓輸出變成全部小寫，且不含任何空白：

```
my_str.replace(' ', '')
```

您應該會得到以下輸出：

```
'helloworld!'
```

在這個練習題中，您探索了 Python 中字串物件的各種屬性。目的是展示您已經使用的物件不僅只代表簡單的資料類別，而且是擁有更複雜的定義。現在，您將把重點轉向用類別建立我們的自訂物件。

定義類別

內建的類別和從 Python 套件中匯入的類別有時可以滿足我們的需求。然而，當在標準函式庫中沒有一個物件擁有您需要的屬性 / 方法時，通常您會希望發明一種新類別的物件。請記得，類別就像建立新物件的範本。

例如，下面的程式碼會建立一個名為 **Australian** 的新類別：

```
>>> class Australian():
        is_human = True
        enjoys_sport = True
```

現在您有了一個用於建立 **Australian** 物件（澳洲人物件）的新範本。我們的程式碼假設所有新澳洲人都是人類，而且都喜歡運動。

您將創造一個全新的澳洲人：

```
>>> john = Australian()
```

查看我們的澳洲人類別：

```
>>> type(john)
<class '__main__.Australian'>
```

您還可以看到 John 的一些特性：

```
>>> john.is_human
True
>>> john.enjoys_sport
True
```

is_human 和 **enjoys_sport** 特性稱為類別特性。對同一個類別所建立出來的不同物件實例來說，它們的**類別特性**都會是一樣的。例如，讓我們建立另一個澳洲人：

```
>>> ming = Australian()
```

ming 也是人類，也喜歡運動。我們將很快能看到實例特性，實例特性在同一個類別建出的不同物件之間是不同的。

練習 71：建立一個 Pet 類別

這個練習的目標是建立您的第一個類別。您將建立一個名為 **Pet**（寵物）的新類別，該類別擁有一些類別特性和一個 docstring。您將建立這個類別的實例：

1. 定義 **Pet** 類別，有兩個類別特性和一個 docstring：

```
class Pet():
    """
    A class to capture useful information regarding my pets, just incase
    I lose track of them.
    """
    is_human = False
    owner = 'Michael Smith'
```

2. 建立這個類別的一個實例：

```
chubbles = Pet()
```

3. 檢查我們新寵物 **chubbles** 的 **is_human** 屬性：

```
chubbles.is_human
```

您應該會得到以下輸出：

```
False
```

4. 查看主人是誰：

```
chubbles.owner
print(chubbles.__doc__)
```

您應該會得到以下輸出：

'Michael Smith'

```
A class to capture useful information regarding my pets, just incase
I lose track of them.
```

圖 5.3：顯示 Chubbles 的主人是 Michael Smith，以及類別中存放的有用資訊

在這個練習題中，您建立了第一個類別，並用新類別建立了物件，最後查看了該物件的屬性。

__init__ 方法

在*練習 71：建立一個 Pet 類別*中，您使用以下程式碼，為 **Pet** 類別建立一個名為 **chubbles** 的 **Pet** 物件：

```
chubbles = Pet()
```

在這裡，您將進一步了解以這種方式從類別建立物件時，到底會發生哪些事。

Python 有一個特殊的方法叫做 **__init__**，當您用類別**範本**初始化一個物件時，它會被呼叫。例如，在上一個練習中，假設您希望指定 **Pet** 的高度。我們可加入一個如下的 **__init__** 方法：

```
class Pet():
    """
    A class to capture useful information regarding my pets, just incase
    I lose track of them.
    """
    def __init__(self, height):
        self.height = height

    is_human = False
    owner = 'Michael Smith'
```

init 方法接受傳入高度值並拿來賦值新物件的特性。您可以像這樣驗證這個行為：

```
chubbles = Pet(height=5)
chubbles.height
out: 5
```

練習 72：建立一個 Circle 類別

這個練習的目標是使用 **init** 方法。您將會建立一個名為 **Circle**（圓）的新類別，新類別中有一個 **init** 方法，該方法讓我們能為一個新的 **Circle** 物件指定半徑和顏色。然後使用這個類別建立兩個圓：

1. 建立一個 **Circle** 類別，它有一個叫做 **is_shape** 的類別特性：

```
class Circle():
    is_shape = True
```

2. 加入一個 **init** 方法到我們的類別中，讓我們能指定圓的半徑和顏色：

```
class Circle():
    is_shape = True

    def __init__(self, radius, color):
        self.radius = radius
        self.color = color
```

3. 初始化兩個半徑和顏色不同的新 **Circle** 物件：

```
first_circle = Circle(2, 'blue')
second_circle = Circle(3, 'red')
```

請看一下 **Circle** 物件的一些特性：

first_circle.color

'blue'

second_circle.color

'red'

first_circle.is_shape

True

圖 5.4：查看圓的特性

在這個練習題中，您學到的是如何使用 **init** 方法設定實例特性。

> **Note**
>
> 從 **Circle** 類別建立的任何 **Circle** 物件，都一定有 **is_shape** 特性，值也一定是 **True**，但可能擁有不同的半徑和顏色。這是因為 **is_shape** 是定義在 **init** 方法之外的類別特性，而 **radius** 和 **color** 是在 **init** 方法中設定的實例特性。

關鍵字參數

正如我們在第 3 章，執行 Python - 程式、演算法和函式的基本函式一節中所說的，可以用來傳入函式的引數有兩種：**位置**引數和**關鍵字**引數（kwarg）。請回想一下，位置引數要寫在前面，並且在呼叫函式時必須指定引數值，而關鍵字參數則是可選的：

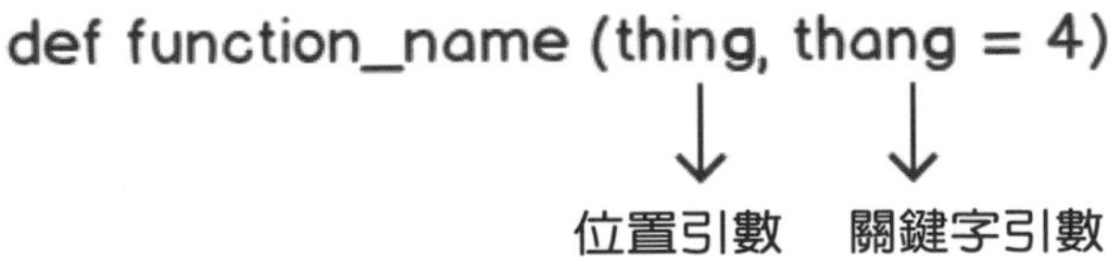

def function_name (thing, thang = 4)

位置引數   關鍵字引數

圖 5.5：位置和關鍵字引數

到目前為止本章的範例只用到位置引數。但是，您可能碰到想為實例特性指定
預設值的時候。例如，您可以在前面的範例中為 **color** 加入一個預設值：

```
class Circle():
    is_shape = True

    def __init__(self, radius, color='red'):
        self.radius = radius
        self.color = color
```

現在，如果您初始化一個圓時沒有指定顏色，它將預設為紅色：

```
my_circle = Circle(23)
my_circle.color
```

您應該會得到以下輸出：

```
'red'
```

練習 73：帶關鍵字參數的 Country 類別

這個練習的目標是使用關鍵字引數來為 **init** 函式指定輸入可選的實例特性。

您將要建立一個名為 **Country** 的類別，其中可傳遞到 **init** 方法的可選特性有
三個：

1. 建立 **Country** 類別，使用三個關鍵字引數，以保存關於 **Country** 物件的詳
    細資訊：

```
class Country():
    def __init__(self, name='Unspecified', population=None, size_kmsq=None):
        self.name = name
        self.population = population
        self.size_kmsq = size_kmsq
```

2. 初始化一個新的 **Country**，注意參數的順序並不重要，因為您使用的是具
   名引數：

```
usa = Country(name='United States of America', size_kmsq=9.8e6)
```

 Note

這裡的 **'e'** 是 10 的次方的簡寫。例如，**2e4==2*10^4==20000**。

3. 使用 **__dict__** 方法來查看 **usa** 物件的特性清單：

```
usa.__dict__
```

您應該會得到以下輸出：

```
{'name': 'United States of America',
 'population': None,
 'size_kmsq': 9800000.0}
```

圖 5.6：我們的 usa 物件中的 dictionary 輸出

在這個練習題中，您學到的是在用類別初始化物件時如何使用關鍵字參數。

方法

您已經用過一個特殊的方法，即 **init** 方法。然而，當您開始撰寫自己的自訂
方法時，類別的威力將變得更加明顯。類別有三種不同的方法，您將探索以下
部分：

- 實例方法（Instance method）
- 靜態方法（Static method）
- 類別方法（Class method）

實例方法

實例方法是您最常需要使用的一種方法,它們的第一個位置引數是 self。上一節中討論的 **__init__** 方法就是實例方法的一個例子。

下面是實例方法的另一個例子,本例以練習 72,建立一個 *Circle* 類別中的 **Circle** 類別作為基礎擴展:

```python
import math
class Circle():
    is_shape = True

    def __init__(self, radius, color='red'):
        self.radius = radius
        self.color = color

    def area(self):
        return math.pi * self.radius ** 2
```

area 方法使用圓的 **radius** 特性來計算圓的面積,您可以回憶一下數學課時的公式:

$$Area = \pi * r^2$$

圖 5.7:圓面積計算公式

現在可以執行 **area** 方法了:

```python
circle = Circle(3)
circle.area()
```

您應該會得到以下輸出:

```
28.274333882308138
```

您現在可能已經意識到,在方法內部的 **self** 就代表實例(即物件)。**self** 必定是實例方法的第一個位置引數,您不需要做任何事情,Python 就會將 **self** 傳遞給函式。因此,在前面的範例中,當您呼叫 **area** 函式時,Python 會默默地將 circle 物件做成第一個引數傳遞。

傳入 **self** 是必要的,因為它讓您在方法內存取 **Circle** 物件的其他特性和方法。

請注意,改變圓的半徑又不需要擔心要更新面積是多麼優雅的一件事。

例如,以我們之前的定義 **circle** 物件為例,若將半徑從 **3** 改為 **2**:

```
circle.radius = 2
circle.area()
```

您應該會得到以下輸出:

```
12.566370614359172
```

如果您之前是將 **area** 設定為 **Circle** 的一個特性,則需要在每次半徑改變時更新 **area**。但是,若將它寫成為一種會依 radius 改變值的方法,這將使您的程式碼更易於維護。

練習 74:加入一個實例方法到 Pet 類別

這個練習的目標是在一個類別中加入一個實例方法,用來判定我們的 Pet 的身高是否為高。

您將繼續加入一個實例方法到練習 *71:建立一個 Pet 類別*的 **Pet** 類別中:

1. 從之前的 **Pet** 宣告開始:

```
class Pet():
    def __init__(self, height):
        self.height = height
```

```
        is_human = False
        owner = 'Michael Smith'
```

2. 加入一個新方法，可以讓您檢查 Pet 的身高是否為高，此處您定義 **Pet** 的高度至少 **50** 就視為高：

```
class Pet():
    def __init__(self, height):
        self.height = height

    is_human = False
    owner = 'Michael Smith'

    def is_tall(self):
        return self.height >= 50
```

3. 現在建立一個 **Pet**，檢查它是否高：

```
bowser = Pet(40)
bowser.is_tall()
```

您應該會得到以下輸出：

```
False
```

4. 假設 Bowser 又長高了，您就需要更新它的身高，然後再度檢查它的身高是否為高：

```
bowser.height = 60
bowser.is_tall()
```

您應該會得到以下輸出：

```
True
```

加入引數到實例方法

前面的範例展示了一個實例方法，該方法的參數只有一個位置參數 **self**。通常，您需要指定其他輸入來參與我們的方法計算。例如，在練習 *74*，加入一個實例方法到 *Pet* 類別中您將 "高" 的定義寫死在程式碼中，只要高度大於或等於 50 的 Pet 都認為是高的。如果不想寫死的話，您可以透過以下方式將該定義傳入方法中：

```
class Pet():
    def __init__(self, height):
        self.height = height

    is_human = False
    owner = 'Michael Smith'

    def is_tall(self, tall_if_at_least):
        return self.height >= tall_if_at_least
```

然後您可以建立一個 Pet 物件，檢查它的高度是否超過了您指定的任意基準：

```
bowser = Pet(40)
bowser.is_tall(30)
```

您應該會得到以下輸出：

```
True
```

現在用下面程式碼將高度基準改為 50：

```
bowser.is_tall(50)
```

您應該會得到以下輸出：

```
False
```

練習 75：計算 Country 面積

這個練習的目標是在實例方法中使用關鍵字參數。

您將會建立一個 **Country** 類別，並加入一個方法來計算國家的面積（平方英里）：

1. 從以下 **Country** 的定義開始，它讓您能指定國名、人口和大小（以平方公里為單位）：

```
class Country():
    def __init__(self, name='Unspecified', population=None, size_kmsq=None):
        self.name = name
        self.population = population
        self.size_kmsq = size_kmsq
```

2. 每公里等於 0.621371 英里。請撰寫一個方法，在該方法中使用這個常數，回傳以平方英里為單位的大小。這個類別現在應該長成這樣：

```
class Country():
    def __init__(self, name='Unspecified', population=None, size_kmsq=None):
        self.name = name
        self.population = population
        self.size_kmsq = size_kmsq

    def size_miles_sq(self, conversion_rate=0.621371):
        return self.size_kmsq * conversion_rate ** 2
```

3. 建立一個新的 **Country** 並執行轉換：

```
algeria = Country(name='Algeria', size_kmsq=2.382e6)
algeria.size_miles_sq()
919694.772584862
```

4. 假設有人告訴您轉換率不正確，每公里應該等於 0.6 英里。請在不改變預設參數的情況下，使用新的比率重新計算 Algeria 的面積：

```
algeria.size_miles_sq(conversion_rate=0.6)
```

您應該會得到以下輸出：

```
857520.0
```

在這個練習題中，您學到的是如何將可選關鍵字參數傳遞到實例方法中，以改變計算。

__str__ 方法

就像 **__init__** 一樣，**__str__** 方法是另一個您需要了解的特殊實例方法。每當物件要以字串呈現時，都會呼叫這個方法。

例如，您在控制台將物件印出時就會顯示字串內容。您可以利用 **Pet** 類別來研究這個問題。假設您有一個 **Pet** 類別，在這個類別中您可以為 **Pet** 實例指定一個高度和名稱：

```
class Pet():
    def __init__(self, height, name):
        self.height = height
        self.name = name

    is_human = False
    owner = 'Michael Smith'
```

現在您已建立了一個 **Pet** 物件，接下來要將它印出到控制台：

```
my_pet = Pet(30, 'Chubster')
print(my_pet)
```

您應該會得到以下輸出：

```
<__main__.Pet object at 0x0000018E1BBA5630>
```

圖 5.8：代表 Pet 物件的無用字串

這字串不是很能呈現我們的 **Pet** 物件。因此，我們需要加入 **__str__** 方法：

```python
class Pet():
    def __init__(self, height, name):
        self.height = height
        self.name = name

    is_human = False
    owner = 'Michael Smith'

    def __str__(self):
        return '%s (height: %s cm)' % (self.name, self.height)
```

與任何實例方法一樣，我們的 **__str__** 方法的第一個參數是 **self**，可被用來存取 **Pet** 物件的特性和其他方法。接下來，請建立另一個 Pet：

```python
my_other_pet = Pet(40, 'Rudolf')
print(my_other_pet)
```

您應該會得到以下輸出：

Rudolf (height: 40 cm)

圖 5.9：一個更能代表物件的字串

這個字串更能好好地呈現 **Pet** 物件，不需深入到單個特性中，就能使查看物件變得更容易。它還讓其他人更容易將您的程式碼匯入到他們的工作中，並能夠理解各種物件代表什麼。

練習 76：加入一個 __str__ 方法到 Country 類別

這個練習的目標是學習如何加入字串方法，在將物件印出到控制台時能提供更好的字串。

您將以練習 75，計算 *Country* 面積的 **Country** 類別作為基礎，加入一個 **__str__** 方法來自訂如何將物件呈現為字串：

1. 從我們之前寫的 **Country** 宣告開始：

```python
class Country():
    def __init__(self, name='Unspecified', population=None, size_kmsq=None):
        self.name = name
        self.population = population
        self.size_kmsq = size_kmsq
```

2. 加入一個方法，這個方法會以簡單字串回傳國家名稱：

```python
    def __str__(self):
        return self.name
```

3. 建立一個新的國家並測試字串方法：

```python
chad = Country(name='Chad')
print(chad)
```

您應該會得到以下輸出：

```
Chad
```

4. 現在請嘗試加入更複雜的字串方法，以顯示關於國家的其他資訊（僅當這些資訊可用時）：

```python
    def __str__(self):
        label = self.name
        if self.population:
            label = '%s, population: %s' % (label, self.population)
        if self.size_kmsq:
            label = '%s, size_kmsq: %s' % (label, self.size_kmsq)
        return label
```

5. 建立一個新的國家並測試字串方法：

```python
chad = Country(name='Chad', population=100)
print(chad)
```

您應該會得到以下輸出：

```
Chad, population: 100
```

在這個練習題中，您學到的是如何加入字串方法來改進物件印出到控制台時所顯示的字串。

靜態方法

靜態方法與實例方法類似，只差在它們不會默默地傳遞位置引數 **self**。靜態方法不像實例方法那樣常被使用，因此在這裡只會簡要介紹一下。定義靜態方法時要使用 **@staticmethod** 修飾器。修飾器是一種讓我們能改變函式和類別的行為的東西。

下面是將一個靜態方法加入到 **Pet** 類別的例子：

```
class Pet():
    def __init__(self, height):
        self.height = height

    is_human = False
    owner = 'Michael Smith'

    @staticmethod
    def owned_by_smith_family():
        return 'Smith' in Pet.owner
nibbles = Pet(100)
nibbles.owned_by_smith_family()
```

您應該會得到以下輸出：

```
True
```

@staticmethod 在 Python 中的意思，是標示如何將修飾器添加給函式中。從技術面來說，這實際上是將 **owned_by_smith_family** 函式傳遞給更高階函式，從而改變其行為。但是，現在可以把它看作是幫助我們避免 **self** 位置引數。該方法不應該寫成實例方法的原因，是因為它不依賴於 **Pet** 物件的任何實例特性。也就是，對用類別建立出的所有 **Pet** 來說，**owned_by_smith_family** 函式的執行結果都會是一樣的。當然，您也可以將這個函式寫成一個類別特性，即類別特性 **owned_by_smith_family = True**。

但是在一般情況下，您該傾向把程式碼寫成當底層資訊發生變化時，無須更新兩個地方的程式碼。如果您將 **Pet** 的主人修改為 **Ming Xu**，您還必須記得要將 **owned_by_smith_family** 特性更新為 **False**。前面的實作避免了這個問題，因為 **owned_by_smith_family** 靜態方法會依當前主人而變化。

練習 77：使用靜態方法重構實例方法

靜態方法用於存放與類別相關的工具程式碼。在這個練習題中，您將會建立一個 **Diary** 類別，並展示如何使用靜態方法來套用 **Do Not Repeat Yourself**（**DRY**）原則，（請參考第 3 章，執行 *Python - 程式、演算法和函式的輔助函式*）以重構我們的程式碼：

1. 請建立一個簡單的 **Diary** 類別，用於儲存兩個日期：

```python
import datetime
class Diary():
    def __init__(self, birthday, christmas):
        self.birthday = birthday
        self.christmas = christmas
```

2. 假設您希望能夠以自訂日期格式來查看日期，那麼就加入兩個實例方法來印出 **dd-mm-yy** 格式的日期：

```python
    def show_birthday(self):
        return self.birthday.strftime('%d-%b-%y')
    def show_christmas(self):
        return self.christmas.strftime('%d-%b-%y')
```

3. 建立一個新的 **Diary** 物件，並測試其中一個方法：

```
my_diary = Diary(datetime.date(2020, 5, 14), datetime.date(2020, 12, 25))
my_diary.show_birthday()
```

您應該會得到以下輸出：

```
'14-May-20'
```

4. 假設您有一個更複雜的 **Diary** 類別，在程式碼中有多處需要用到這種自訂的日期格式，那麼程式碼中就會多次出現 **strftime('%d-%b-%y')**。如果出現了一個人，要求您更新整個程式碼中的顯示格式，那麼您將需要修改許多地方的程式碼。相反地，您可以建立一個 **format_date** 靜態方法把格式邏輯放在同一個地方：

```python
class Diary():
    def __init__(self, birthday, christmas):
        self.birthday = birthday
        self.christmas = christmas

    @staticmethod
    def format_date(date):
        return date.strftime('%d-%b-%y')

    def show_birthday(self):
        return self.format_date(self.birthday)
    def show_christmas(self):
        return self.format_date(self.christmas)
```

現在，即使有人要求您更新日期格式，那麼您也只需要更新程式碼中的一個位置即可。

類別方法

第三種方法是類別方法。類別方法類似於實例方法，不同之處在於，實例方法的第一位置引數 **self** 傳遞的是物件實例，類別方法的第一個引數是類別本身。與靜態方法一樣，您可以使用修飾器宣告類別方法。例如，您可以用我們的 **Australian** 類別當作基礎，加入一個類別方法到該類別中：

```
class Australian():
    is_human = True
    enjoys_sport = True

    @classmethod
    def is_sporty_human(cls):
        return cls.is_human and cls.enjoys_sport
```

注意，這個方法的第一個位置引數是 **cls**，而不是 **self**。您可以用類別本身直接呼叫這個方法：

```
Australian.is_sporty_human()
```

您應該會得到以下輸出：

```
True
```

或者，您也可以用類別的實例呼叫它：

```
aussie = Australian()
aussie.is_sporty_human()
```

您應該會得到以下輸出：

```
True
```

類別方法的另一種用途，是用來在建立新實例時提供一些好用的工具程式碼。

例如，拿我們前面的 **Country** 類別來說：

```
class Country():
    def __init__(self, name='Unspecified', population=None, size_kmsq=None):
        self.name = name
        self.population = population
        self.size_kmsq = size_kmsq
```

假設您想避免在建立 country 物件時，人們用平方英里而不是平方公里來指定大小。那麼在初始化類別的實例之前，您可以使用一個類別方法，從使用者那裡獲取以平方英里為單位的輸入並將其轉換為平方公里：

```
@classmethod
def create_with_msq(cls, name, population, size_msq):
    size_kmsq = size_msq / 0.621371 ** 2
    return cls(name, population, size_kmsq)
```

現在假設您想建立一個 **mexico** 物件，並且您知道它的面積為 760,000 平方英里：

```
mexico = Country.create_with_msq('Mexico', 150e6, 760000)
mexico.size_kmsq
```

您應該會得到以下輸出：

```
1968392.1818017708
```

練習 78：用類別方法擴展 Pet 類別

在這個練習題中，您將在 **Pet** 類別裡看到類別方法的兩種常見用法：

1. 首先從 **Pet** 類別定義開始看：

```
class Pet():
    def __init__(self, height):
```

```
        self.height = height

    is_human = False
    owner = 'Michael Smith'
```

2. 加入一個類別方法，回傳 **Pet** 的主人是否屬於 **Smith** 家族的一員：

```
@classmethod
def owned_by_smith_family(cls):
    return 'Smith' in cls.owner
```

3. 現在假設您想要有一種方法來產生各種隨機高度的寵物，就像您想模擬購買 100 隻寵物的情況，此時您想知道平均身高可能是多少。首先，讓我們匯入 **random** 模組：

```
import random
```

4. 接下來，加入一個類別方法，從 **0** 到 **100** 中挑選一個隨機數，並將該隨機數賦值給一個新 **Pet** 的 **height** 特性：

```
@classmethod
def create_random_height_pet(cls):
    height = random.randrange(0, 100)
    return cls(height)
```

5. 最後，建立 **5** 個新寵物，並查看它們的高度：

```
for i in range(5):
    pet = Pet.create_random_height_pet()
    print(pet.height)
```

您應該會得到以下輸出：

```
99
61
26
```

```
92
53
```

在這個練習題中，您學到如何使用類別方法自訂新物件建立時的行為，以及如何根據類別特性執行基本計算。

> 📖 **Note**
>
> 您的輸出可能看起來不同，因為這些是在 0 到 100 之間取亂數。

屬性

物件屬性（propertie）用於管理物件的一些特性（attribute）。它們是物件導向程式設計的一個重要而強大的部分，但一開始可能很難掌握。例如，假設您有一個物件，它的特性有 **height** 和 **width**；但您可能還希望這樣的物件擁有 **area**（面積）屬性，而 **area** 屬性只是 **height** 和 **width** 這兩個特性的乘積。此時您不會希望將面積設成一個專屬的特性，因為面積應隨著高度或寬度發生修改時同步更新。在這種情況下，您應該把面積做成一個屬性。

您將看到屬性修飾器，然後再看到屬性的 getter/setter 範例。

屬性修飾器

屬性修飾器看起來就像您之前看過的靜態方法和類別方法中的修飾器。它只用來將一個物件的方法定義成特性，存取時不需要像呼叫函式一樣使用 **()**。

為了理解什麼時候需要用到這個修飾器，請使用下面的類別，它的功能是儲存關於溫度的資訊：

```python
class Temperature():
    def __init__(self, celsius, fahrenheit):
        self.celsius = celsius
        self.fahrenheit = fahrenheit
```

讓我們建立一個新的溫度，並查看 **fahrenheit**（華式溫度）特性：

```
freezing = Temperature(0, 32)
freezing.fahrenheit
```

您應該會得到以下輸出：

```
32
```

現在，假設您認為溫度應該要以攝氏溫度儲存，在需要時才轉換為華氏溫度：

```
class Temperature():
    def __init__(self, celsius):
        self.celsius = celsius

    def fahrenheit(self):
        return self.celsius * 9 / 5 + 32
```

這樣寫是比較好的，因為如果攝氏溫度值被更新，您也不需要特別去更新 **fahrenheit**：

```
my_temp = Temperature(0)
print(my_temp.fahrenheit())
my_temp.celsius = -10
print(my_temp.fahrenheit())
```

您應該會得到以下輸出：

```
32.0
14.0
```

在前面的程式碼中，您可以看到呼叫 **fahrenheit** 實例方法時需要使用 **()**，而在之前存取特性時不需要括號。

如果有其他地方或其他人使用此程式碼的前一個版本的話，現在可能就會造成問題。所有用到 **fahrenheit** 的地方都必須加上括號。相反地，您可以將 **fahrenheit** 轉換成一個屬性，這讓我們能像存取特性一樣存取它，儘管它其實是類別的一個方法。要做到這一點，您只需加入屬性修飾器：

```python
class Temperature():
    def __init__(self, celsius):
        self.celsius = celsius

    @property
    def fahrenheit(self):
        return self.celsius * 9 / 5 + 32
```

現在可以透過以下方式存取 **fahrenheit** 屬性：

```python
freezing = Temperature(100)
freezing.fahrenheit
```

您應該會得到以下輸出：

```
212.0
```

練習 79：全名屬性

這個練習的目標是使用屬性修飾器來加入物件屬性。

在這個練習題中，您將建立一個 **Person** 類別，並看到如何使用屬性來顯示其全名：

1. 建立一個 **Person** 類別，包含名字和姓氏兩個實例特性：

```python
class Person():
    def __init__(self, first_name, last_name):
        self.first_name = first_name
        self.last_name = last_name
```

2. 使用 **@property** 修飾器加入 **full_name** 屬性：

```
@property
def full_name(self):
    return '%s %s' % (self.first_name, self.last_name)
```

3. 建立一個 **customer** 物件,並測試它的 **full_name** 屬性：

```
customer = Person('Mary', 'Lou')
customer.full_name
```

您應該會得到以下輸出：

```
'Mary Lou'
```

4. 假設有人正在使用您的程式碼,並決定用以下方式更新該客戶的姓名：

```
customer.full_name = 'Mary Schmidt'
```

他們會看到以下錯誤：

```
---------------------------------------------------------------
AttributeError                         Traceback (most recent call last)
<ipython-input-222-fef40f29f19e> in <module>
----> 1 customer.full_name = 'Mary Schmidt'

AttributeError: can't set attribute
```

圖 5.10：嘗試設定一個屬性的值,該屬性不支援特性設定

下面介紹 setter 的概念,它讓您在嘗試以這種方式賦值特性時,自訂如何處理輸入。

Setter 方法

每當使用者為屬性賦值時,就會呼叫 setter 方法。這將讓我們有機會撰寫程式碼,並且讓使用者不需要考慮物件有哪些特性會被儲存為實例特性,而哪些又

會透過函式計算。下面是練習 *79*，全名屬性中的範例，被我們加入了一個設定全名 setter 方法後的長相：

```python
class Person():
    def __init__(self, first_name, last_name):
        self.first_name = first_name
        self.last_name = last_name

    @property
    def full_name(self):
        return '%s %s' % (self.first_name, self.last_name)

    @full_name.setter
    def full_name(self, name):
        first, last = name.split(' ')
        self.first_name = first
        self.last_name = last
```

請注意以下慣例：

* 修飾器的寫法應該是用方法名稱開頭，後面跟著 **.setter**。
* 應該用一個獨立的引數傳入要用來賦值的值（放在 **self** 之後）。
* setter 方法的名稱應該與屬性的名稱相同。

現在您可以為同一個客戶建立另一個新物件，但是這次您可以透過賦值 **full_name** 屬性，用一個新值同時更新客戶名字和姓氏：

```python
customer = Person('Mary', 'Lou')
customer.full_name = 'Mary Schmidt'
customer.last_name
```

您應該會得到以下輸出：

```python
'Schmidt'
```

練習 80：撰寫 Setter 方法

這個練習的目標是使用 setter 方法來自訂要怎麼樣為屬性賦值。

您可以用 **Temperature** 類別為基礎再擴展，讓使用者能直接為 **fahrenheit** 賦值：

1. 從之前的 **Temperature** 類別定義開始：

```python
class Temperature():
    def __init__(self, celsius):
        self.celsius = celsius

    @property
    def fahrenheit(self):
        return self.celsius * 9 / 5 + 32
```

2. 加入一個 **@fahrenheit.setter** 函式，功能是將 **fahrenheit** 值轉換為攝氏度，並儲存在 **celsius** 實例特性中：

```python
    @fahrenheit.setter
    def fahrenheit(self, value):
        self.celsius = (value - 32) * 5 / 9
```

3. 建立一個新的 **Temperature** 物件，並查看 **fahrenheit** 屬性：

```python
temp = Temperature(5)
temp.fahrenheit
```

您應該會得到以下輸出：

```
41.0
```

4. 更新 **fahrenheit** 屬性，並查看 **celsius** 屬性：

```python
temp.fahrenheit = 32
temp.celsius
```

您應該會得到以下輸出：

```
0.0
```

在這個練習題中，您撰寫了第一個 setter 方法，它讓您自由決定如何將值設定為屬性。

透過 Setter 方法做資料驗證

setter 方法的另一個常見用途是防止使用者設定不合法的值。拿我們前面例子中的 **Temperature** 類別來說，理論上可接受的最低溫度大約是華氏 -460 度。防止人們創造低於這個值的溫度似乎是明智的。所以，您可以將前面練習中的 setter 方法更新成像下面這樣：

```
@fahrenheit.setter
def fahrenheit(self, value):
    if value < -460:
        raise ValueError('Temperatures less than -460F are not possible')
self.celsius = (value - 32) * 5 / 9
```

現在，如果使用者試圖更新溫度為一個不可能的值，程式碼將拋出一個異常：

```
temp = Temperature(5)
temp.fahrenheit = -500
```

您應該會得到以下輸出：

```
-----------------------------------------------------------------
ValueError                              Traceback (most recent call last)
<ipython-input-112-a59047203345> in <module>
      1 temp = Temperature(5)
----> 2 temp.fahrenheit = -500

<ipython-input-108-256b69371a35> in fahrenheit(self, value)
     10     def fahrenheit(self, value):
     11         if value < -460:
---> 12             raise ValueError('Temperatures less than -460F are not poss
ible')
     13         self.celcius = (value - 32) * 5 / 9

ValueError: Temperatures less than -460F are not possible
```

圖 5.11：示範在 setter 屬性中做資料驗證

繼承

類別繼承讓一個類別的特性和方法，傳遞到另一個類別去。例如，假設 Python 套件中已經有一個類別可以完成您想要的幾乎所有工作。但是，您還是希望它有一個額外的方法或屬性，才能讓這個類別滿足您的目的。此時不需要重寫整個類別，您可以繼承類別並加入其他屬性，或者修改現有的屬性。

再探 DRY 原則

回想一下 DRY 原則：“每個知識或邏輯必須在系統中有一個單一的、明確的表示。”到目前為止，在本章中，我們已經看到類別如何讓我們更優雅地封裝關於物件的邏輯。這已經使我們能在撰寫乾淨、模組化程式碼的道路上走得更遠了，然而繼承是這個旅程的下一步。現在請假設我們想建立兩個類別，一個代表貓，另一個代表狗。

我們的 **Cat** 類別看起來是這樣的：

```
class Cat():
    is_feline = True

    def __init__(self, name, weight):
        self.name = name
        self.weight = weight
```

類似地，我們的 **Dog** 類別看起來也一樣，只是 **is_feline** 類別特性的值不同：

```
class Dog():
    is_feline = False

    def __init__(self, name, weight):
        self.name = name
        self.weight = weight
```

您可能已經看出此處違反了 DRY 原則,因為許多程式碼在這兩個類別中重複出現。然而,假設在我們的程式中,貓和狗差異夠大,大到需要單獨的類別定義。此時您會需要一種方法來保留關於貓和狗的共用資訊,同時又不需要在兩個類別定義中重複這些共用資訊,其中一種方法就是繼承。

單一繼承

單一繼承,也稱為子類別化,即建立一個繼承單一父類別屬性和方法的子類別。拿前面的貓和狗的例子為例,我們可以建立一個 **Pet** 類別,它代表了 **Cat** 和 **Dog** 類別的所有共用部分:

```python
class Pet():
    def __init__(self, name, weight):
        self.name = name
        self.weight = weight
```

現在可以透過繼承父類別 **Pet** 來建立 **Cat** 和 **Dog** 類別:

```python
class Cat(Pet):
    is_feline = True

class Dog(Pet):
    is_feline = False
```

您可以查看功能是否符合預期:

```python
my_cat = Cat('Kibbles', 8)
my_cat.name
```

您應該會得到以下輸出:

```python
'Kibbles'
```

我們的 **Cat** 和 **Dog** 類別直接從父類別 **Pet** 繼承，而且 **init** 方法中的邏輯只需定義一次。現在，如果您決定修改 **init** 方法中的邏輯，那麼您不需要修改兩個地方，這樣一來可以讓我們的程式碼更容易維護。同樣地，日後用 **Pet** 類別建立其他不同類別也會更容易。此外，如果您想用 **Dog** 類別再根據品種建立不同的類別，可以進一步建立 **Dog** 類別的子類別。您可以把類別的結構的層次畫出來，就像譜系圖一樣：

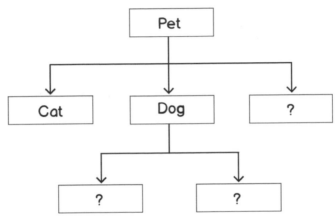

圖 5.12：類別繼承

練習 81：繼承 Person 類別

這個練習的目標是了解子類別如何從父類別繼承方法和屬性。

在這個練習題中，您將建立一個 **Baby** 類別和一個 **Adult** 類別，它們都將繼承一個共同的 **Person** 類別：

1. 從下面的 **Person** 類別定義開始，它的 **init** 函式可輸入名字和姓氏：

```
class Person():
    def __init__(self, first_name, last_name):
        self.first_name = first_name
        self.last_name = last_name
```

2. 建立一個繼承自 **Person** 的 **Baby** 類別，加入一個 **speak** 實例方法：

```
class Baby(Person):
    def speak(self):
        print('Blah blah blah')
```

3. 對 **Adult** 類別做同樣的操作：

```
class Adult(Person):
    def speak(self):
        print('Hello, my name is %s' % self.first_name)
```

4. 建立一個 **Baby** 和一個 **Adult** 物件，並呼叫 **speak** 實例方法：

```
jess = Baby('Jessie', 'Mcdonald')
tom = Adult('Thomas', 'Smith')
jess.speak()
tom.speak()
```

您應該會得到以下輸出：

```
Blah blah blah
Hello, my name is Thomas
```

圖 5.13：Baby 和 Adult 呼叫 speak 實例方法

在這個練習題中，您學到的是如何從類別繼承屬性和方法。

繼承 Python 套件中的類別

在前面的範例中，您撰寫了自己的父類別。然而，會做子類別化的原因通常是一個類別已經存在於第三方套件中，而您只是想擴展這個類別的功能，加入一些自訂方法。

例如，假設您希望有一個整數物件，這個整數物件有能力檢查它是否能被另一個數值整除。此時您可以建立自己的整數類別，並加入一個自訂實例方法，如下所示：

```
class MyInt(int):
    def is_divisible_by(self, x):
        return self % x == 0
```

然後，您可以使用這個類別來建立擁有以下方法的整數物件：

```
a = MyInt(8)
a.is_divisible_by(2)
```

您應該會得到以下輸出：

```
True
```

練習 82：繼承 datetime.date 類別

這個練習的目標是展示如何繼承外部函式庫中的類別。

在這個練習題中，您將透過繼承 **datetime** 模組來建立我們自己的自訂日期類別。您將加入自訂方法，讓我們把日期增加指定的天數：

1. 匯入 **datetime** 模組：

```
import datetime
```

2. 建立一個繼承 **datetime.date** 的 **MyDate** 類別。為新類別建立一個 **add_days** 實例方法，在該方法中使用一個 **timedelta** 物件增加日期：

```
class MyDate(datetime.date):
    def add_days(self, n):
        return self + datetime.timedelta(n)
```

3. 使用 **MyDate** 類別建立一個新物件，並嘗試執行您自訂的 **add_days** 方法：

```
d = MyDate(2019, 12, 1)
print(d.add_days(40))
print(d.add_days(400))
```

您應該會得到以下輸出：

```
2020-01-10
2021-01-04
```

圖 5.14：為日期加上天數

在這個練習題中，您學到的是繼承外部函式庫中的類別。這通常很實用，因為外部函式庫提供的方法可能解決問題的 90%，但它們很少完全符合您的使用需求。

覆寫方法

在繼承類別時，通常會覆寫方法是為了要修改類別的行為，而不僅僅是為了擴展行為。您在子類別上建立的自訂方法或屬性，可用來覆蓋從父類別繼承的方法或屬性。

例如，假設第三方函式庫提供的 **Person** 類別如下：

```
class Person():
    def __init__(self, first_name, last_name):
        self.first_name = first_name
        self.last_name = last_name

    @property
    def full_name(self):
        return '%s %s' % (self.first_name, self.last_name)

    @full_name.setter
    def full_name(self, name):
        first, last = name.split(' ')
        self.first_name = first
        self.last_name = last
```

假設您正在使用這個類別，但是您在指定三個部分組成名字時遇到了問題：

```
my_person = Person('Mary', 'Smith')
my_person.full_name = 'Mary Anne Smith'
```

您應該會得到以下輸出：

```
---------------------------------------------------------------
ValueError                              Traceback (most recent call last)
<ipython-input-146-9604ddbc3006> in <module>
      1 my_person = Person('Mary', 'Smith')
----> 2 my_person.full_name = 'Mary Anne Smith'

<ipython-input-142-a8f3417079a7> in full_name(self, name)
     10       @full_name.setter
     11       def full_name(self, name):
---> 12           first, last = name.split(' ')
     13           self.first_name = first
     14           self.last_name = last

ValueError: too many values to unpack (expected 2)
```

圖 5.15：設定屬性失敗

假設碰到完整名稱是由三個或多個名稱組成的情況，您希望將名稱的第一部分賦值給 **first_name** 屬性，其餘的名稱賦值給 **last_name** 屬性。您可以繼承 **Person** 並覆寫方法如下：

1. 首先建立一個 **BetterPerson** 類別，該類別繼承自 **Person**：

```
class BetterPerson(Person):
```

2. 加入一個完整名稱屬性，它結合了第一部分的名字和姓氏：

```
    @property
    def full_name(self):
        return '%s %s' % (self.first_name, self.last_name)
```

3. 請加入 **full_name.setter** 將完整名稱分割成多個元件，然後設定 **first_name** 屬性等於名稱的第一個元件，並設定 **last_name** 屬性等於名稱的第二個元件。程式碼在碰到名稱中有兩個以上元件的情況，處理方法是把除了第一個名稱以外的所有內容都放到 **last_name** 屬性中：

```python
@full_name.setter
def full_name(self, name):
    names = name.split(' ')
    self.first_name = names[0]
    if len(names) > 2:
      self.last_name = ' '.join(names[1:])
    elif len(names) == 2:
      self.last_name = names[1]
```

4. 現在請建立一個 **BetterPerson** 實例，並執行它看看：

```python
my_person = BetterPerson('Mary', 'Smith')
my_person.full_name = 'Mary Anne Smith'
print(my_person.first_name)
print(my_person.last_name)
```

您應該會得到以下輸出：

```
Mary
Anne Smith
```

使用 super() 呼叫父類別方法

假設父類別中有一個方法，幾乎能達成所有您想做的事，但是您需要對邏輯做一個小修改。如果像前面那樣覆蓋該方法，需要再次撰寫該方法的整個邏輯，而這可能會違反 DRY 原則。在建立應用程式時，您經常需要用到來自第三方函式庫的程式碼，其中一些程式碼可能非常複雜。如果某個方法有 100 行程式碼，那麼您不會希望只為了修改其中一行程式碼，而將所有程式碼都加入到 repository 中。例如，假設您的 **Person** 類別如下：

```
class Person():
    def __init__(self, first_name, last_name):
        self.first_name = first_name
        self.last_name = last_name

    def speak(self):
        print('Hello, my name is %s' % self.first_name)
```

現在，假設您想要建立一個子類別，讓該子類別在 **speak** 方法中說出更多的東西。其中一種作法選擇是像這樣：

```
class TalkativePerson(Person):
    def speak(self):
        print('Hello, my name is %s' % self.first_name)
        print('It is a pleasure to meet you!')
john = TalkativePerson('John', 'Tomic')
john.speak()
```

您應該會得到以下輸出：

```
Hello, my name is John
It is a pleasure to meet you!
```

圖 5.16：更健談的類別說出的話

這樣的實作是可行的，儘管複製了 **Person** 類別中的 **"Hello, my name is John"** 並不是個好做法。但您想做的重點是在 **TalkativePerson** 加入額外的內容；同時不要改變原本顯示名字的方式。因為，在未來或許 **Person** 類別將被更新，改說一些不同的東西，而您希望我們的 **TalkativePerson** 類別也會隨之遵守這些更新，這時就要用上 **super()** 方法了。**super()** 讓您能存取父類別，不需透過父類別名稱就可以引用父類別。在上面的例子中，您可以改用 **super()** 如下：

```
class TalkativePerson(Person):
    def speak(self):
        super().speak()
        print('It is a pleasure to meet you!')
john = TalkativePerson('John', 'Tomic')
john.speak()
```

您應該會得到以下輸出：

```
Hello, my name is John
It is a pleasure to meet you!
```

圖 5.17：使用 super() 方法撰寫更乾淨的程式碼

super() 方法讓您能存取父類別 **Person**，並呼叫 **Person** 的 **speak** 方法。現在，如果 **Person** 類別的 **speak** 方法做任何更新，那些更新就會改變 **TalkativePerson** 所顯示的內容。

練習 83：使用 super() 覆寫方法

這個練習的目標是學習如何使用 **super** 函式覆寫方法。您將繼承我們之前建立的 **Diary** 類別，並使用 **super** 修改類別的行為，同時不會重複不必要的程式碼：

1. 匯入 **datetime** 模組：

```
import datetime
```

2. 從之前定好的 **Diary** 類別定義開始看：

```
class Diary():
    def __init__(self, birthday, christmas):
        self.birthday = birthday
        self.christmas = christmas

    @staticmethod
```

```
        def format_date(date):
        return date.strftime('%d-%b-%y')

        def show_birthday(self):
            return self.format_date(self.birthday)
        def show_christmas(self):
            return self.format_date(self.christmas)
```

3. 假設您不滿意 **format_date** 方法中把日期時間格式寫死在程式碼中，並且希望可以為每個 **diary** 物件各自指定一種自訂格式的話，您會很想直接複製整個類別並開始修改。但是，在處理更複雜的類別時，這幾乎不是一個好的選擇。相反地，讓我們繼承 **Diary**，允許它在初始化時使用一個自訂的 **date_format** 字串：

```
class CustomDiary(Diary):
    def __init__(self, birthday, christmas, date_format):
        self.date_format = date_format
        super().__init__(birthday, christmas)
```

4. 您還需要覆寫 **format_date** 方法來使用您新的 **date_format** 屬性：

```
    def format_date(self, date):
        return date.strftime(self.date_format)
```

5. 現在，當您建立 **diary** 物件時，每個物件都可以用不一樣的日期字串來呈現日期了：

```
first_diary = CustomDiary(datetime.date(2018,1,1), datetime.
date(2018,3,3), '%d-%b-%Y')
second_diary = CustomDiary(datetime.date(2018,1,1), datetime.
date(2018,3,3), '%d/%m/%Y')
print(first_diary.show_birthday())
print(second_diary.show_christmas())
```

您應該會得到以下輸出：

```
01-Jan-2018
03/03/2018
```

圖 5.18：查看我們的 diary 物件日期

在這個練習題中，您學到的是如何使用 **super** 函式來覆寫方法。這讓您能更謹慎地覆寫從父類別繼承的方法。

多重繼承

您通常會把繼承想像成是一種能力，而這種能力可讓我們在相關的子類別之間共用方法和屬性。例如，一個典型的類別結構可能是這樣的：

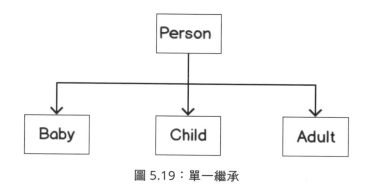

圖 5.19：單一繼承

在圖中所有子類別都繼承了同一個父類別 **Person**。

但是，也可以繼承多個父類別。多重繼承通常發生在您想要建立一個新類別，而這個新類別需要組合多個類別元素的時候。例如，您可以將一個 **Adult** 類別與一個 **Calendar** 類別組合，組成一個 **OrganizedAdult** 類別：

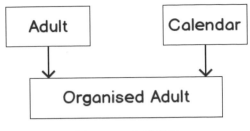

圖 5.20：多重繼承

練習 84：建立一個預約諮詢系統

假設您正在經營一家醫院，並正在建立一個會診預約系統，您希望能夠為各種類別的病人安排預約。

在這個練習題中，您將從之前的 **Adult** 和 **Baby** 類別定義開始，然後繼承第二個父類別 **Calendar**，建立出 **OrganizedAdult** 和 **OrganizedBaby** 類別：

1. 匯入 **datetime** 模組：

```
import datetime
```

2. 如前所述，先看看 **Baby** 和 **Adult** 類別的定義：

```
class Person():
    def __init__(self, first_name, last_name):
        self.first_name = first_name
        self.last_name = last_name
class Baby(Person):
    def speak(self):
        print('Blah blah blah')
class Adult(Person):
    def speak(self):
        print('Hello, my name is %s' % self.first_name)
```

3. 建立一個 **Calendar** 類別，您可以使用它增加一個 **Baby** 和 **Adult** 預約的功能：

```
class Calendar():
    def book_appointment(self, date):
        print('Booking appointment for date %s' % date)
```

4. 建立繼承了多個父類別的 **OrganizedBaby** 和 **OrganizedAdult** 類別：

```
class OrganizedAdult(Adult, Calendar):
    pass
class OrganizedBaby(Baby, Calendar):
    pass
```

> 📖 **Note**
>
> 如果您想定義一個不加入也不修改方法／屬性的類別，只需寫 **pass** 即可。

5. 用您的新類別建立一些物件，並執行看看它們的方法：

```
andres = OrganizedAdult('Andres', 'Gomez')
boris = OrganizedBaby('Boris', 'Bumblebutton')
andres.speak()
boris.speak()
boris.book_appointment(datetime.date(2018,1,1))
```

您應該會得到以下輸出：

```
Hello, my name is Andres
Blah blah blah
Booking appointment for date 2018-01-01
```

圖 5.21：預約

6. 假設您想在使用者為嬰兒做預約時發出一個提醒，您可以覆寫 **book_appointment** 方法，使用 **super()** 方法執行 **Calendar** 類別上的 **book_appointment** 方法：

```
class OrganizedBaby(Baby, Calendar):
    def book_appointment(self, date):
        print('Note that you are booking an appointment with a baby.')
        super().book_appointment(date)
```

現在測試它的功能：

```
boris = OrganizedBaby('Boris', 'Bumblebutton')
boris.book_appointment(datetime.date(2018,1,1))
```

您應該會得到以下輸出：

```
Note that you are booking an appointment with a baby.
Booking appointment for date 2018-01-01
```

圖 5.22：為嬰兒做預約

請注意，在建立類別時並不一定要使用繼承。如果您的子類別只會有一個，那麼就不一定要有父類別。事實上，如果您的程式碼都儲存在同一個類別中，那麼它的可讀性會更好。有時，優秀程式設計師的工作是考慮未來的可能性並回答這樣的問題："在未來會不會用多重繼承類別更好呢？"隨著經驗的積累，這個問題會變得更加容易回答。

方法解析順序

假設您繼承了兩個父類別，這兩個父類別有一個同名的方法。子類別在呼叫該方法時將會使用哪一個呢？當透過 **super()** 呼叫時，又會使用哪個呢？您應該用一個例子來得到答案。假設您有 **Dog** 和 **Cat** 這兩個類別，您把它們組合成一個 **DogCat** 類別：

```
class Dog():
    def make_sound(self):
        print('Woof!')

class Cat():
    def make_sound(self):
        print('Miaw!')
class DogCat(Dog, Cat):
    pass
```

這種生物會發出什麼樣的聲音？

```
my_pet = DogCat()
my_pet.make_sound()
```

您應該會得到以下輸出：

```
Woof!
```

因此，您可以看到 Python 會先去查看使用 **Dog** 類別的 **make_sound** 方法，由於它有被實作，所以您最後不會呼叫 **Cat** 類別的 **make_sound** 方法。簡單來說，Python 會從左到右讀取繼承類別列表。如果您調換 **Dog** 和 **Cat** 的順序，我們的 **DogCat** 類別就會喵喵叫：

```
class DogCat(Cat, Dog):
    pass

my_pet = DogCat()
my_pet.make_sound()
```

您應該會得到以下輸出：

```
Miaw!
```

假設您想要使用 **super()** 方法,並且覆寫 **DogCat** 上的 **make_sound** 方法。將適用同樣的方法解析順序:

```python
class DogCat(Dog, Cat):
    def make_sound(self):
        for i in range(3):
            super().make_sound()

my_pet = DogCat()
my_pet.make_sound()
```

您應該會得到以下輸出:

```
Woof!
Woof!
Woof!
```

活動 14:建立類別並從父類別繼承

假設您正在撰寫一個電腦遊戲,遊戲中的圖形是由各種形狀組成的。每個形狀都有某些屬性,比如邊的數量、面積、顏色等等。這些形狀的行為也不同。您希望能自訂每個形狀的行為,同時每個形狀的定義中不重複任何程式碼。

此活動的目標是建立代表矩形(rectangle)和正方形(square)的類別。這兩個類別將繼承一個名為 **Polygon** 的父類別。**Rectangle** 和 **Square** 類別將擁有一個屬性,用於計算形狀的邊數、周長和面積:

1. 在 **Polygon** 類別中加入一個 **num_sides** 屬性,該屬性回傳邊的數量。

2. 在 **Polygon** 類別中加入 **perimeter**(周長)屬性。

3. 在 **Polygon** 類別中加入一個 **docstring**。

4. 在 **Polygon** 類別中加入一個 **__str__** 方法,用來將多邊形描述為"有 X 邊的多邊形",其中 **X** 是 **Polygon** 實例的實際邊數。

5. 建立一個子類別 **Rectangle**,它的 **init** 方法接受使用者傳入兩個引數:**height** 和 **width**。

6.　在 **Rectangle** 中加入一個 **area**（面積）屬性。

7.　建立一個 **Rectangle** 物件，檢查計算的面積和周長。

　　您應該會得到以下輸出：

```
(5, 12)
```

8.　建立一個子類別 **Square**，它繼承自 **Rectangle**。若是要初始化一個正方形時，應該只從使用者那裡取得一個引數。

9.　建立一個 **Square** 物件，這個物件可以看到計算出來的面積和周長。您應該會得到以下輸出：

```
(25, 20)
```

> 📖 **Note**
>
> 此活動的解答在第 600 頁。

總結

在本章中，您已經開始了您在物件導向程式設計的重要基礎 "類別" 上的旅行了。您也了解了類別如何讓您撰寫更優雅、可重用和簡潔的程式碼，並且了解了類別和實例特性的重要性和區別，以及如何在類別定義中設定它們。您還探索了各種的方法以及何時使用它們。您探索了在 Python 中屬性的概念以及 getter 和 setter 的實作。最後，您學到的是如何透過單一繼承和多重繼承在類別之間共用方法和屬性。

在我們學習第三方模組之前，在下一章中，您將探索 Python 標準函式庫和可用的各種工具。

6

標準函式庫

概述

在本章結束時,您將能夠利用 Python 的標準函式庫來撰寫有效率的程式碼;使用多個標準函式庫來編寫程式碼;透過操作作業系統的檔案系統來建立檔案;有效率地計算日期和時間,而不會陷入最常見的錯誤,並建立會記錄日誌的應用程式以利未來的故障排除。

介紹

在前幾章中，您已了解如何建立內含邏輯和資料的類別。然而，您通常不需要這樣做，您可以靠標準函式庫中的函式和類別來完成大部分工作。

Python 標準函式庫由該語言的所有可用的模組實作組成。Python 的每種安裝都可以存取這些檔，不需要多做什麼，就可使用標準函式庫中所定義的模組。

雖然其他著名的語言沒有標準函式庫（比如 JavaScript 到 2019 年都還在想著要實作一個標準函式庫），但其他一些語言似乎擁有一套強大的工具和功能。Python 就更厲害了，它將大量基本實用工具和協定實作成預設隨直譯器安裝。

標準函式庫非常有用，可以執行很多種任務，例如解壓縮檔案、與電腦上的其他程序或作業系統對話、處理 HTML，甚至在螢幕上印出圖形等任務。只要您從標準函式庫中選對正確模組，然後撰寫幾行程式碼，就可以拿來依音樂家對樂曲清單進行排序。

在本章中，您將會了解標準函式庫的重要性，以及如何在程式碼中使用它，打更少次鍵盤就能撰寫出更快更好的 Python 程式碼，並且會看到一堆模組的使用者層級詳細介紹。

標準函式庫的重要性

Python 通常被描述為 "內建電池"，其實就是代表它的標準函式庫。Python 標準函式庫非常龐大，不像技術世界中的任何其他語言。Python 標準函式庫中的模組是隨插即用的；也就是說，有用於發送電子郵件的模組、用於連接 SQLite 的模組、用於處理地區的模組、用於編碼和解碼 JSON 和 XML 的模組。

它還以包括諸如 **turtle** 和 **tkinter** 這樣的模組而聞名，雖然大多數使用者可能已經不再使用這些圖形介面了，但是在學校教學 Python 時，它們還是很有用的。

它甚至包括一個 Python 整合的開發環境 **IDLE**，但用的人不太多，因為在標準
函式庫中還有其他更熱門的套件或者外部工具可替代 **IDLE**。這些標準函式庫中
的模組又分為高層模組和低層模組：

圖 6.1：標準函式庫種類圖

高層模組

Python 標準函式庫真的很大，內容也是五花八門，它就像為使用者提供了一條
工具腰帶般，可以用來撰寫大多數的程式。您可以在 Python 終端機打開直譯器
並執行以下程式碼片段以在螢幕上印出圖形。這裡的 **>>>** 符號後面接的就是程
式碼：

```
>>> from turtle import Turtle, done
>>> turtle = Turtle()
>>> turtle.right(180)
>>> turtle.forward(100)
>>> turtle.right(90)
>>> turtle.forward(50)
>>> done()
```

這段程式碼使用了 **turtle**（烏龜）模組，可以如圖 6.2 那樣將輸出印到螢幕
上。移動游標時會讓這個輸出看起來就像烏龜留下的足跡。**turtle** 模組允許使
用者用游標進行互動，並在游標移動後留下軌跡。它有在螢幕上移動和印出的
功能。

下面是上述 **turtle** 模組程式碼片段的詳細說明：

1.　它在螢幕中央創造了一隻烏龜。

2.　向右旋轉 180 度。

3.　向前移動 100 像素，邊走邊畫畫。

4.　再次向右旋轉，這次是 90 度。

5.　然後再次向前移動 50 像素。

6.　它使用 **done()** 結束程式。

本節的程式碼將產生以下輸出：

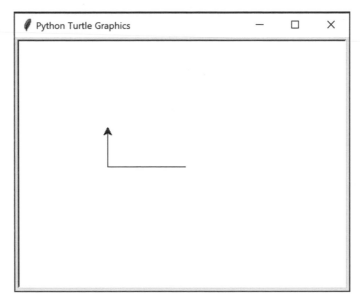

圖 6.2：使用 turtle 時的螢幕輸出範例

在繼續深入閱讀本章之前，您可以任意探索並輸入不同的值，稍微玩弄一下 **turtle** 模組，查看得到的不同輸出。

您正在使用的 **turtle** 模組，在標準函式庫中是屬於進階模組之一。

其他進階模組的例子包括：

- Difflib：逐行檢查兩個文字區塊之間的差異。
- Re：正規表達式，在第 7 章，*Python* 風格中會介紹。
- Sqlite3：用於建立 SQLite 資料庫並與之互動。
- 多種資料壓縮和歸檔模組，如 **gzip**、**zipfile**、**tarfile**。
- XML、JSON、CSV 和 config 解析器：可用於處理多種格式。
- Sched：在標準函式庫中產生事件。
- Argparse：用於直接建立命令列介面。

現在，範例將使用另一個進階模組 **argparse**，看看要如何使用它建立一個傳入單詞後再把單詞輸出的命令列介面，並用幾行程式碼選擇性地將單詞開頭轉成大寫。這個範例可以在 Python 終端機中執行：

```
>>> import argparse
>>> parser = argparse.ArgumentParser()
>>> parser.add_argument("message", help="Message to be echoed")
>>> parser.add_argument("-c", "--capitalize", action="store_true")
>>> args = parser.parse_args()
>>> if args.capitalize:
        print(args.message.capitalize())
    else:
        print(args.message)
```

這個程式碼範例一開始建立了 **ArgumentParser** 類別的一個實例，用來幫助您建立命令列介面應用程式。

然後在第 3 行和第 4 行中定義了兩個參數：**message** 和 **capitalize**。

請注意，**capitalize** 參數也等同於 **-c**，我們將預設動作改為 **store_true**，從而使其成為一個布林旗標設定。現在，您只需呼叫 **parse_args**，它就可以收到命令列傳入的參數，驗證它們，並將它們做成 **args** 的屬性。

程式碼現在可以接受輸入訊息，並根據旗標選擇是否要轉為開頭大寫了。

您現在可以操作這個名為 **echo.py** 的檔案，輸出如圖 6.3：

```
mcorcherojim at PF11AY8S in ~
$ python3.7 echo.py --help
usage: echo.py [-h] [-c] message

positional arguments:
  message              Message to be echoed

optional arguments:
  -h, --help           show this help message and exit
  -c, --capitalize
mcorcherojim at PF11AY8S in ~
$ python3.7 echo.py hello --capitalize
Hello
```

圖 6.3：argparse 腳本的示範訊息

> 📖✏️ **Note**
>
> 我們將會在練習 *86*，擴展 *echo.py* 範例中使用這個開頭大寫工具。

低層模組

標準函式庫還包含多個使用者很少會用到的低層模組。這些低層模組位於標準函式庫的外部，例如多種不同的網路協定模組、文字格式和範本、操作 C 程式碼、測試、HTTP 網站工具等等。標準函式庫提供了低層模組，能滿足在許多情境下的使用者需求，但通常您會看到 Python 開發人員使用的函式庫如 **jinja2**、**requests**、**flask**、**cython** 和 **cffi** 等，都是架構於低層標準函式庫模組之上，以提供一個更好的、更簡單、更強大的介面。這不代表您不能使用 C API 或 ctype 建立擴展，而是 cython 讓您能減少寫樣板程式碼的工作，標準函式庫想要讓您只需要為最常見的場景撰寫和優化程式碼。

最後，還有另一種低層模組，這種模組擴展或簡化了語言。其中值得注意的模組如下：

- Asyncio：撰寫非同步程式碼
- Typing：輸入提示
- Contextvar：根據環境儲存狀態
- Contextlib：幫助建立環境管理器
- Doctest：驗證文件和 docstring 中的程式碼範例
- Pdb 和 bdb：用於存取除錯工具

還有 **dis**、**ast**、**code** 等模組，允許開發人員檢查、互動和操作 Python 直譯器和執行時環境，但這些都不是大多數初學者和中級開發人員需要用到的東西。

如何在標準函式庫中找到方向？

對於任何中級 / 進階開發人員來說，即使您不知道如何使用所有的模組，但去了解標準函式庫也是件很重要的事。了解一個函式庫包含什麼以及什麼時候可以使用哪些模組，可以提高開發 Python 應用程式的速度和品質。

> 📖 **Note**
>
> Python 初學者一旦能掌握語言的基本語法後，通常會鼓勵他們到 Python 文件（連結：*https://docs.python.org/3/tutorial/stdlib.html*）中看看標準函式庫。

有其他語言背景的開發人員在進入 Python 時，可能會想嘗試自己從頭開始實作所有東西，但某些有經驗的 Python 程式設計師也會先問自己 "如何用標準函式庫做到我想做的事？"，因為使用標準函式庫中的程式碼會帶來多種好處，這將在本章後面解釋。

標準函式庫使程式碼更簡單、更容易理解。透過使用諸如 **dataclasses** 這樣的模組,您可以用它取代我們自己的數百行、而且很可能包含 bug 的程式碼。

dataclass 模組讓您能只按幾個鍵,就可透過一個在類別中使用的修飾器來建立值的語義型態,該修飾器將生成所有必需的樣板,讓您擁有一個有最常用方法的類別。

> 📖 **Note**
>
> 值的語義型態是一種類別,這種類別代表它們所持有的資料。物件可以很容易地做特性複製和印出,以及使用這些屬性進行比較。

練習 85:使用 dataclass 模組

在這個練習題中,您將建立一個類別來儲存一個地理位置的資料。這是一個簡單的結構,裡面有座標 **x** 和 **y**。

座標點 **x** 和 **y** 是提供給其他需要儲存地理資訊的開發人員使用的。他們將在每日的工作中使用到這個座標點,所以需要有一個簡單就可以建立它們的建構函式,能夠印出它們並查看它們的值,也就是將它們轉換成 dictionary,儲存到資料庫中,並與其他人共用。

這項工作可在 Jupyter Notebook 內進行:

1. 匯入 **dataclass** 模組:

```
import dataclasses
```

這行程式碼將 **dataclasses** 模組引入到本地名稱空間中,讓我們能使用它。

2. 定義一個 **dataclass**：

```
@dataclasses.dataclass
class Point:
    x: int
    y: int
```

透過這四行程式碼，您已經使用了最常用的方法來定義一個 **dataclass**。
現在讓我們看看它的行為與標準類別有何不同。

3. 建立一個實例，用來代表一個地理位置的資料：

```
p = Point(x=10, y=20)
print(p)
```

輸出結果如下：

```
Point(x=10, y=20)
```

4. 現在，將資料點與另一個 **Point** 物件進行比較：

```
p2 = Point(x=10, y=20)
p == p2
```

輸出結果如下：

```
True
```

5. 序列化資料：

```
dataclasses.asdict(p)
```

輸出結果如下：

```
{'x': 10, 'y': 20}
```

您現在已經學會了如何使用資料類別來建立值的語義型態！

> **Note**
>
> 即使值的語義型態看起來很瑣碎，導致開發人員可能會很想自己去實作方法。但也有很多邊緣情況，像 **dataclass** 這樣的模組都已經把那些邊緣情況考慮到了，比如 **__eq__** 若是接收到一個不同類型的物件或接收到物件的子類別時會發生什麼事。

dataclasses 模組是標準函式庫的一部分，因此大多數有經驗的使用者會知道，用 **dataclass** 修飾器修飾的類別，與自訂實作那些方法相比，會有哪些不同。關於這一點需要撰寫進一步的文件說明，或使用者需要去充份理解所有含有這類方法的類別程式碼。

此外，標準函式庫中提供的程式碼已經做過實戰測試，所以使用這些程式碼也是撰寫有效和健壯應用程式的關鍵。例如在 Python 中的 **sort** 函式，是使用一種稱為 **timsort** 的自訂排序演算法。這種演算法是一種混合 **merge**（合併）排序和 **insertion**（插入）排序的穩定排序演算法，通常不僅可以得到比任何演算法更好的效能結果和更少的問題，而且使用者只要花一點點時間就可以實作完成。

練習 86：擴展 echo.py 範例

> **Note**
>
> 在這個練習題中，您將使用前面的提示訊息字首大寫工具（**capitalize**），以及可變數量的引數。

有了您在本主題前面看到的 **capitalize** 工具之後，您就可以在 Linux 中實作 **echo** 工具的增強版本，**echo** 工具可在一些使用 Python 的嵌入式系統中使用。

您將使用前面 **capitalize** 工具來增強它，使它能顯示更好的說明訊息。讓 echo 能重複傳入的單詞，並接收一個以上的單詞。

當您執行該程式碼時，它必須生成以下 **help** 說明訊息：

```
mariocj89 at DESKTOP-9B6VH3A in ~/workspace
$ python3.7 echo.py -h
usage: echo.py [-h] [-c] [--repeat REPEAT] message [message ...]

Prints out the words passed in, capitalizes them if required and repeat them
in as many lines as requested.

positional arguments:
  message            Messages to be echoed

optional arguments:
  -h, --help         show this help message and exit
  -c, --capitalize
  --repeat REPEAT
```

圖 6.4：練習 86 預期要輸出的說明訊息

當使用以下這些引數執行時，它應該產生以下輸出：

```
mariocj89 at DESKTOP-9B6VH3A in ~/workspace
$ python3.7 echo.py hello packt reader --repeat=3 -c
Hello Packt Reader
Hello Packt Reader
Hello Packt Reader
```

圖 6.5：執行練習 86 腳本後的預期輸出

1. 向 **echo** 命令加入命令描述。

   首先加入一個描述到 **echo.py** 腳本命令中。您可以將它作成一個引數傳入給 **ArgumentParser** 類別：

```
parser = argparse.ArgumentParser(description="""
Prints out the words passed in, capitalizes them if required
and repeats them in as many lines as requested.
""")
```

那一個描述會被當作 **ArgumentParser** 類別的引數傳入，當使用者錯誤地執行工具或詢問如何使用工具的提示時，它將被當成說明訊息顯示。

> 📖 **Note**
>
> 請注意，您可以將描述拆分為多行，以方便排版程式碼，但是在輸出中仍看起來好像所有的行都在一起。

2. 設定一個可取得多個訊息的引數。

下一步是允許接收多個訊息而不是只能接受單一個訊息。您可以使用 **nargs** 關鍵字引數加入位置參數：

```
parser.add_argument("message", help="Messages to be echoed", nargs="+")
```

加入了 **nargs="+"** 之後，代表您告訴 **argparse**，我們需要傳入至少一個 **message**。還有其他可用選項包括 **?** 代表可選，***** 代表 0 或以上。您還可以使用任何自然數來要求特定數量的參數。

3. 為 **repeat** 旗標加入一個 **default** 值。

最後，您需要加入一個帶有預設值的新選項來控制訊息重複的次數：

```
parser.add_argument("--repeat", type=int, default=1)
```

這會加入一個新選項 **repeat**，該選項讓我們能傳入一個預設為 1 的整數，該整數將用來控制單詞重複出現的次數。

> 📖 **Note**
>
> 請注意傳入型態的部分，它只是一個可呼叫類型。這個可呼叫類型將被用於轉換和驗證傳入的參數，如果使用者沒有指定該選項，您可以指定預設值是什麼。或者，您也可以將其標示為 **required=True**，以強制使用者一定要傳入一個值。

總的來說，程式碼實作將如下程式碼片段所示：

```python
import argparse
parser = argparse.ArgumentParser(description="""
Prints out the words passed in, capitalizes them if required
and repeat them in as many lines as requested.
""")
parser.add_argument("message", help="Messages to be echoed", nargs="+")
parser.add_argument("-c", "--capitalize", action="store_true")
parser.add_argument("--repeat", type=int, default=1)
args = parser.parse_args()
if args.capitalize:
    messages = [m.capitalize() for m in args.message]
else:
    messages = args.message
for _ in range(args.repeat):
    print(" ".join(messages))
```

您建立了一個 CLI 應用程式，這個應用程式讓您能以直觀的介面顯示輸入的訊息。您現在已經學會使用 **argparse** 模組，並且能用它來建立任何其他 CLI 應用程式了。

通常，Python 中的標準函式庫能幫開發人員解決最常見的問題。只要能了解 Python 中不同模組的基礎知識，並始終去了解標準函式庫中有哪些東西可用，您將能撰寫出更好的 Python 程式碼，這些程式碼使用了更易於閱讀、經過良好測試和有效率的工具程式碼。

日期和時間

許多程式都需要處理日期和時間，而 Python 提供了多個模組來幫助您有效地處理日期和時間。最常見的模組是 **datetime** 模組，**datetime** 模組提供了三種類型，可以用來代表日期、時間和時間戳記。其他還有像 **time** 模組，或者 **calendar** 模組，這些模組可以用於其他一些情況。

datetime.date 可以用來代表 1 到 9999 年之間的任何日期,對於超出此範圍的任何日期 / 時間,都需要使用更專門的函式庫,例如 **astropy** 函式庫。

您在建立一個 **datetime.date** 時,可以傳入年、月、日,或者透過呼叫 **datetime.date.today()** 取得今天的日期:

```
import datetime
datetime.date.today()
```

輸出結果如下:

datetime.date(2019, 4, 20)

圖 6.6:日期物件的示範用法

時間的輸出格式都差不多:都有時、分、秒、微秒。它們都是可選的,如果沒有指定,則初始化為 0。在建立時間日期物件時,有 **tzinfo** 可用,您將在 **datetime.datetime** 中看到關於該特性的更多資訊。

在 **datetime** 模組中,您有可能最常用 **datetime.datetime** 類別。它可以被用來代表一個日期和一個時間的組合,它實際上是繼承了 **datetime.date** 類別。但是在您開始探索 **datetime** 模組中的 **datetime** 類別之前,您需要更好地學習一下時間的概念以及如何呈現它。

通常您需要呈現的**時間**通常有兩種,它們通常被稱為時間戳記和時鐘時間。

第一種是時間戳記,可以被看作是一種任何人類對它的解讀都一致的唯一時間點。它是時間線上的一個絕對點,與任何地理位置或國家無關。它用於天文事件、日誌記錄和機器同步等。

第二種是時鐘時間,是指某一特定位置的時鐘時間,這是一種人類使用的時間,也就是您日常使用的時間。這個時間是一種 "法定" 時間,因為它是由國家規定的,受時區影響。這是用於會議、航班時間表、工作時間等。由於是人們訂定的時間,所以時間間隔可以任意改變。舉個例子,想想那些遵守日光節約時間(DST)的國家,並依日光節約時間改變他們時鐘的行為。

> **Note**
>
> 如果您的任務在進行時，對時間的要求相當精確，那麼了解 UTC 的概念，以及如何用時間才能避免發生更複雜的問題，就會變得相當重要了。之後您會看到一個良好的實踐，概述怎麼處理時間，以避免最常見的錯誤。

當您需要使用時鐘時間時，只需要把 **datetime.datetime** 物件當作是基於一個位置的日期和時間的組合。您應該為它指定一個時區，以便在做時間比較和基本時間算術時能有更精確恰當的語義。處理時區最常用的兩個函式庫是 **pytz** 和 **dateutil**。

使用時鐘時間時必須使用 **dateutil**；**pytz** 有一個時間模型，缺乏使用經驗的使用者經常會誤用它。要建立一個包含時區的 **datetime**，只需透過 **tzinfo** 參數傳入時區即可：

```
import datetime
from dateutil import tz
datetime.datetime(1989, 4, 24, 10, 11,
                  tzinfo=tz.gettz("Europe/Madrid"))
```

這將建立一個附帶時區資訊的 **datetime** 物件。

練習 87：跨時區的日期時間比較

這個練習的目標是建立兩個不同時區的 **datetime** 物件，並對它們進行比較：

1. 從 **dateutil** 中匯入 **datetime** 和 **tz** 模組：

```
import datetime
from dateutil import tz
```

> **📖 Note**
>
> 雖然 **dateutil** 不是標準函式庫中的模組，但它是標準函式庫推薦
> 使用的模組。

2. 建立第一個 **datetime** 物件，用來代表 **Madrid**（馬德里）時間：

```
d1 = datetime.datetime(1989, 4, 24, hour=11,
                       tzinfo=tz.gettz("Europe/Madrid"))
```

透過這一行程式，您建立了一個 **datetime** 物件，用於代表馬德里 1989 年
4 月 24 日上午 11 點。

3. 建立第二個 **datetime** 物件，用來代表 **Los_Angeles**（洛杉磯）時間：

```
d2 = datetime.datetime(1989, 4, 24, hour=8,
                       tzinfo=tz.gettz("America/Los_Angeles"))
```

這樣就建出了另一個 **datetime** 物件，這個物件與另一個不同時區物件有 3
個小時的時間差，時區也不同。

4. 現在，進行比較：

```
print(d1.hour > d2.hour)
print(d1 > d2)
```

輸出結果如下：

```
True
False
```

圖 6.7：比較時區條件式的輸出

當您在比較兩個 **datetime** 物件時，您可以看到，即使第一個 **datetime** 物
件的小時值比第二個物件大（第一個物件是 11 點，第二個是 8 點），但因

為時區不同,所以大於比較的結果不為真,代表不比第二物件來得晚,即洛杉磯的 8 點比馬德里的 11 點更晚。

5. 現在,請將 **datetime** 物件轉換為不同的時區。

您可以將 **datetime** 從一個時區轉換為另一個時區。您應該看看把第二個 **datetime** 物件轉換到馬德里後會顯示什麼時間:

```
d2_madrid = d2.astimezone(tz.gettz("Europe/Madrid"))
print(d2_madrid.hour)
```

輸出結果如下:

```
17
```

代表是下午 5 點。現在很明顯地,第二個 **datetime** 物件要晚於第一個。

其他情況下,有時候在處理與位置無關的時間時,您只需要使用時間戳記就可以了。最簡單的方法是使用 UTC,指定偏移量為 0。UTC 是世界協調時間系統,它提供了一種跨地點協調時間的通用方法,您很可能以前已經使用過它了。它是時間領域中最常見的標準。您在前面的練習中看到的時區,就是定義了 UTC 的偏移量,讓函式庫能找出從一個位置轉換到另一個位置時的對應時間。

若要建立一個偏移量為 0 的 **datetime** 物件(也稱為 UTC 位置的 **datetime**),可以指定 **tzinfo** 引數為 **datetime.timezone.utc**,這將代表時間線上的一個絕對點。使用 UTC 時,您可以安心地進行加、減和比較 **datetime** 物件,不會有任何問題。另一方面,如果您使用的是特定時區,您應該小心國家可能隨時改變時間,這可能使您的計算失效。

您現在已知道如何建立日期時間、比較日期時間和跨時區轉換日期時間。在開發處理時間的應用程式時,這些都是常見的任務。

在下一個練習中,您將看到如何計算兩個 **datetime** 物件之間的時間差。

練習 88：計算兩個 datetime 物件之間的時間差

在這個練習題中，您將對兩個 **datetime** 物件做減法來計算兩個時間戳記之間的差值。

通常，當您使用 **datetime** 時，重視的是它們之間的差值：也就是兩個特定日期之間的時間差值。在這個練習題中，您將去算出在您的公司發生的兩件大事差了多少秒數，第一件事發生在 2019 年 2 月 25 日 10 點 50 分，另一件事發生在 2 月 26 日 11 點 20 分，這兩個時間都是 UTC 時間。這個練習可在一個 Jupyter Notebook 中進行：

1. 匯入 **datetime** 模組：

```
import datetime as dt
```

   開發人員通常在匯入 **datetime** 模組時，將別名定為 **dt**。在許多程式碼函式庫中都用這個別名來區分 **datetime** 模組和 **datetime** 類別。

2. 請建立兩個 **datetime** 物件。

   現在要建立兩個日期：

```
d1 = dt.datetime(2019, 2, 25, 10, 50,
                 tzinfo=dt.timezone.utc)
d2 = dt.datetime(2019, 2, 26, 11, 20,
                 tzinfo=dt.timezone.utc)
```

   我們用 **dt.datetime** 建立兩個 **datetime** 物件，現在您得到兩個 **datetime** 物件了。

3. 用 **d2** 去減 **d1**。

   您可以將兩個 **datetime** 相減來取得一個時間間隔，也可以把一個時間間隔加到一個 **datetime** 中。

   將兩個 **datetime** 相加沒有意義，因此相加操作將輸出一個例外錯誤。此處，兩個 **datetime** 相減可得到時間差：

```
d2 - d1
```

輸出結果如下：

$$\texttt{datetime.timedelta(days=1, seconds=1800)}$$

圖 6.8：輸出時間值差值

4. 您可以看到這兩個 **datetime** 之間的差值為 1 天和 1800 秒，可以透過呼叫 **total_seconds** 將減法回傳的時間差值物件轉換成以秒數為單位：

```
td = d2 - d1
td.total_seconds()
```

輸出結果如下：

```
88200.0
```

5. 您很常會需要將 **datetime** 物件以 JSON 或其他不支援原生日期時間的格式發送出去。一種常用的解法是將 **datetime** 做序列化，透過將它們編碼成符合 ISO 8601 標準的字串。

這項工作可透過 **isoformat** 達成，**isoformat** 會輸出一個字串，之後可用 **fromisoformat** 方法進行解析。**datetime** 物件序列化後會得到一個 **isoformat** 的字串，將該字串傳入 **fromisoformat** 方法後，可轉換回一個 **datetime** 物件：

```
d1 = dt.datetime.now(dt.timezone.utc)
d1.isoformat()
```

輸出結果如下：

```
'2019-04-21T12:38:49.117769+00:00'
```

圖 6.9：將一個 datetime 序列化後的字串，用 isoformat 轉換回 datetime 物件

在處理時間時會使用到的另一個模組是 **time** 模組。在 **time** 模組中,您可以用 **time.time** 取得 Unix 時間。這將回傳 Unix 紀元至今的秒數,不含閏秒。這就是眾所周知的 **Unix 時間**或 **POXIS 時間**。

如果您需要開發對時間非常敏感的應用程式,建議您先了解一下關於閏秒的相關資訊,但是 Python 中並不支援閏秒。**time** 和 **datetime** 模組只使用了系統時鐘,而系統時鐘是不會去管閏秒的。

但是,閏秒到底會發生什麼事,要取決於作業系統者的管理方案。有些公司會在發生閏秒時放慢前後時間,而有些公司則直接把現實世界中的一秒變成兩秒來跳過閏秒。如果您需要在工作場所解決這個問題,您會需要和您的作業系統管理者確認 NTP 伺服器碰到閏秒時是如何運作的。幸運的是,由於「國際地球自轉(International Earth Rotation)和參考系統服務(Reference Systems Service)」機構(*https://packt.live/2oKYtUR*)會至少提前 8 週公佈閏秒,所以您會提前知道下一次何時會發生閏秒。

現在您已了解時間計算的基礎知識,並知道如何計算兩個時間戳記之間的時間差了。

練習 89:計算 Unix 紀元時間

在這個練習題中,您將使用 **datetime** 和 **time** 模組來計算出 Unix 紀元時間。

如果您稍微做點工也能計算出 Unix 紀元時間。因為 **time.time** 可以提供我們從 Unix 紀元起算的秒數,您可以用這個秒數建立一個時間差物件,再建立一個您自己的 **datetime** 物件減去該時間差物件,就可以計算出 Unix 紀元時間。在這個練習題中您將看到這項任務是怎麼做的。

這項練習可在一個 Jupyter Notebook 中進行:

1. 匯入 **time** 和 **datetime** 模組,並將其匯入到當前命名空間:

```
import datetime as dt
import time
```

2. 取得當前時間，用 **datetime** 和 **time** 來取得兩種當前時間：

```
time_now = time.time()
datetime_now = dt.datetime.now(dt.timezone.utc)
```

> 📖 **Note**
>
> 使用 **datetime** 取得時間時，請使用 UTC 時區。這是必要的，因為 **time.time** 回傳的 Unix 紀元時間是使用 UTC 時區時間。

3. 您現在可以將 **datetime** 減去一個時間差值來計算 Unix 紀元時間，這個時間差值是用當前時間作為基準得到的，因為這些是 **Unix 紀元**起算的秒數：

```
epoch = datetime_now - dt.timedelta(seconds=time_now)
print(epoch)
```

輸出結果如下：

1970-01-01 00:00:00.000052+00:00

圖 6.10：計算 Unix 紀元

得到結果就是 Unix 紀元，即 1970 年 1 月 1 日。

完成這個練習後，您已學到如何使用 **time** 和 **datetime** 模組來取得 Unix **紀元**時間，如圖 6.10 所示，以及如何使用 **timedelta** 來代表時間間隔。

另外還有一個模組，它有時會和 **datetime** 結合使用，即 **calendar** 模組。**calendar** 模組提供日曆的附加資訊；也就是一個月有多少天。這也可以用來輸出日曆，一如 Unix 函式能做的那樣。

現在看一個範例，範例中將建立一個日曆，並且得到一個月中所有的日子：

```
import calendar
c = calendar.Calendar()
list(c.itermonthdates(2019, 2))
```

輸出結果如下：

```
datetime.date(2019, 1, 28),
datetime.date(2019, 1, 29),
datetime.date(2019, 1, 30),
datetime.date(2019, 1, 31),
datetime.date(2019, 2, 1),
datetime.date(2019, 2, 2),
```

圖 6.11：輸出顯示日曆中 1 月和 1 月的日子

> **Note**
>
> 該函數回傳的是所有月份中的日子，但如果您只想取得屬於特定月份中的日子，則需要對結果再進行過濾。

```
list(d for d in c.itermonthdates(2019, 2)
    if d.month == 2)
```

您應該會得到以下輸出：

```
datetime.date(2019, 2, 1),
datetime.date(2019, 2, 2),
datetime.date(2019, 2, 3),
datetime.date(2019, 2, 4),
datetime.date(2019, 2, 5),
```

圖 6.12：輸出顯示日曆中 2 月和 2 月的日子

> **Note**
>
> 請記住，在使用 `datetime` 時，您可能會做出一些會導致程式碼錯誤的基本假設。例如，假設一年有 365 天，那麼在碰到 2 月 29 日時就會出現問題，或者假設一天有 24 小時，任何常在國際間旅行的人都會告訴您也有不是 24 小時的情況。本書第 606 頁附錄中有一個關於錯誤的時間假設及其原因的詳細表格。

如果您需要使用日期和時間，請確保始終使用已經過良好測試的函式庫，如標準函式庫中的 `dateutil`，並考慮使用良好的測試庫，如 `freezegun` 來驗證您的假設。您會驚訝地發現，當遇到不是那麼典型的時間時，電腦系統就會有無數的錯誤。

若要了解更多關於時間的資訊，首先需要了解系統時鐘是如何工作的。例如，您的電腦時鐘不像牆上的時鐘；它使用**網路時間協定（Network Time Protocol，NTP）**與其他連接的電腦進行協調，這個協定也是現存仍在使用的最古老的網際網路協定之一。時間是很難測量的，而最有效的方法就是使用原子鐘。NTP 建立了一個時鐘層次結構，並定期同步它們。一個很好的觀察是禁用您電腦上的 NTP 同步一天，然後透過手動執行 NTP 來檢查您的系統時鐘是如何偏離網際網路時間的。

妥善地處理日期和時間是極其困難的。目前您應該已具備可處理簡單應用程式的基本知識，若是不足就需要進一步閱讀更專業的函式庫。在 Python 中，我們用 `datetime` 模組作為處理日期和時間的主角，它也包含 `timezone.utc` 時區等功能。在我們需要測量 UNIX 時間或取得日曆資訊時，還可以使用 `time` 和 `calendar` 模組。

活動 15：計算執行迴圈所需的時間

假設您是 IT 部門的一員，有人要求您檢查一個會輸出隨機數但卻會延遲的應用程式。為了調查這個延遲，您查看了應用程式原始碼中的更新，這個更新是開發團隊在應用程式中加入的一行新的取得隨機數列表的程式碼。您將被要求使用 **time** 模組，去確認是不是這一行程式碼的執行造成延遲。

 Note

要執行此活動，您可以使用 **time.time** 來計算函數開始、開始和結束後的時間差異。如果您想更精確地使用以奈秒為單位的時間，您可以使用 **time_ns**。

您將在後面一章講述關於分析的主題中，看到如何更精確地度量效能。

以下是開發團隊加入的那一行程式碼：

```
l = [random.randint(1, 999) for _ in range(10 * 3)]
```

雖然我們可以執行程式碼並使用 **time.time** 計算執行時間，但請問 **time** 模組中是否有更好的函式可做這件工作呢？

步驟：

1. 請用 **time.time** 記錄上面那行程式碼執行之前的時間。
2. 請用 **time.time** 記錄上面那行程式碼執行之後的時間。
3. 計算並找出兩者之間的差值。
4. 使用 **time.time_ns** 重複做上述步驟。

   您應該會得到以下輸出：

```
187500
```

 Note

此活動的解答在第 602 頁。

與 OS 互動作用

Python 最常見的用途之一是撰寫與作業系統及檔案系統互動的程式碼。無論您是想要操作檔案或只是需要一些關於 OS 的基本資訊，這個主題將涵蓋如何在多平台上使用標準函式庫中的 **OS**、**sys**、**platform** 和 **pathlib** 模組的基本要領。

作業系統資訊

可用於檢查執行時期環境和作業系統的重要模組有三個，其中 **os** 模組支援 OS 的各種介面。您可以使用它檢查環境變數或取得其他使用者和程序相關的資訊。這個模組與 **platform** 模組（包含直譯器和執行程序的機器的資訊）和 **sys** 模組（為您提供有用的系統相關資訊）結合起來，通常可為您取得所有執行時期環境的資訊。

練習 90：檢查當前程序資訊

這個練習的目標是使用標準函式庫，來回報關於您系統上執行的程序和平台的資訊：

1. 匯入 **os**、**platform**、**sys** 模組：

```
import platform
import os
import sys
```

2. 取得基本程序資訊：

    若要取得 **Process id**（程序 ID）、**Parent id**（父程序 ID）等資訊，可以使用 **os** 模組：

```
print("Process id:", os.getpid())
print("Parent process id:", os.getppid())
```

輸出結果如下：

```
Process id: 13244
Parent process id: 8792
```

圖 6.13：顯示系統程序 ID 和父程序 ID

這讓我們得到程序 ID 和父程序 ID。當您嘗試與執行您的程序的作業系統進行互動時，這是一個基本步驟，也是識別正在執行的程序的最好方法。您可以嘗試重新啟動核心或直譯器，看看 **pid** 有沒有變化，因為系統中新執行的程序總是會得到新的程序 ID。

3. 現在，取得 **platfrom** 和 Python 直譯器資訊：

```
print("Machine network name:", platform.node())
print("Python version:", platform.python_version())
print("System:", platform.system())
```

輸出結果如下：

```
Machine network name: PF11AY8S
Python version: 3.7.0
System: Windows
```

圖 6.14：顯示網路名稱、Python 版本和系統類型

platfrom 模組的這些函式可以用來找出執行 Python 程式碼的電腦資訊，這在為擁有特定資訊的機器或系統撰寫程式碼時非常有用。

4. 取得傳入給直譯器的 Python 路徑和參數：

```
print("Python module lookup path:", sys.path)
print("Command to run Python:", sys.argv)
```

這將為我們提供一個 Python 查找模組的路徑清單，以及用於啟動直譯器的命令列參數清單。

5. 透過環境變數取得使用者名稱。

```
print("USERNAME environment variable:", os.environ["USERNAME"])
```

輸出結果如下：

USERNAME environment variable: CorcheroMario

圖 6.15：顯示使用者名環境變數

os 模組的 **environ** 特性是一個 **dict** 型態物件，它將**環境變數**的變數名稱映射到值。鍵是環境變數的名稱，值是初始設定的值。它可用於讀取和設定環境變數，並且擁有 **dict** 型態的方法。若變數尚未設定時，您可以使用 **os.environ. get(varname,default)** 得到預設值，用 **pop** 刪除項目或賦新值。另外還有兩個方法 **getenv** 和 **putenv**，可以用來取得和設定環境變數，但是，使用 **dict** 型態的 **os.environ** 會更有可讀性。

這只是窺探一下這三個模組以及它們提供的一些特性和函式，模組相關資訊中可以找到進一步和更專門的資訊，當需要任何特定的執行時期資訊時，建議您探索模組相關資訊。

完成這個練習後，您學到的是如何使用例如 **os** 和 **platform** 這類模組，來查詢有關環境的資訊，這些環境可以用來建立能與環境互動的程式。

使用 pathlib

另一個有用的模組是 **pathlib**。儘管 **pathlib** 能做的許多操作都可以用 **os.path** 完成，但 **pathlib** 函式庫更好用，稍後您將會看到更多相關介紹。

pathlib 模組提供了一種代表系統路徑並與之互動的方法。

該模組中有一個 **path** 物件，即該模組的核心**工具**，在建立時只需用預設引數，即可使該物件被初始為當前工作目錄的相對路徑：

```
import pathlib
path = pathlib.Path()
print(repr(path))
```

您應該會得到以下輸出：

```
WindowsPath('.')
```

> 📖 **Note**
>
> 可以分別使用 **os.getcwd()** 和 **os.chdir()** 來取得和更改當前工作目錄。

視目前正在執行的平台是什麼，您可能會取得 **PosixPath** 或 **WindowsPath** 函式的值。

用到需要輸入字串路徑的函式時，您都可以輸入路徑的字串表示形式；可以透過呼叫 **str(path)** 來得到字串表示形式。

您只需用正斜線（**/**）即可對 **path** 物件做連接的動作，感覺很自然，讀起來也很輕鬆，如下程式碼片段所示：

```
import pathlib
path = pathlib.Path(".")
new_path = path / "folder" / "folder" / "example.py"
```

您現在可以對這些路徑物件執行多種操作。最常見的一種方法是呼叫路徑物件的 **resolve**，這將使路徑成為絕對路徑，並轉換其中所有的 **..** 參照。例如，路徑 **./my_path/** 將被轉換為 **/current/workspace/my_path** 這樣的路徑，絕對路徑會從系統根目錄開始。

最常見的一些路徑操作如下：

- **exists**：檢查路徑是否存在於檔案系統中，以及檢查它是一個檔案還是一個目錄。

- **is_dir**：檢查路徑是否為目錄。

- **is_file**：檢查路徑是否為檔案。

- **iterdir**：回傳一個帶有路徑物件的迭代器，該迭代器將回傳包含在 **path** 物件中的所有檔案和目錄。

- **mkdir**：在 **path** 物件指定的路徑中建立一個目錄。

- **open**：在當前路徑中打開一個檔案，類似於執行 **open** 函式並傳入路徑的字串表示。它回傳一個 **file** 物件，該物件可以像其他任何物件一樣操作。

- **read_text**：以 Unicode 字串的形式回傳檔案內容。如果檔案是二進位格式的，則應該使用 **read_bytes** 方法。

最後，Path 物件有一個重要的功能 **glob** 樣式，這功能讓您在指定一個檔名集合時可使用萬用字元。此操作主要會用到的字元是 *****，它代表要匹配路徑層級中的任何字元。****** 代表匹配任何名稱，而且還會跨目錄。這代表著 **"/path/*"** 將匹配 **"path"** 中的任何檔案，而 **"/path/**"** 將匹配該路徑下所有檔案和目錄。

您將在下一個練習中看到使用方法。

練習 91：使用 glob 樣式列出目錄中的檔案

在這個練習題中，您將學習如何列出一個既有目錄中的檔案。只要您開發的應用程式會用到檔案系統，就會需要做這個重要的操作。

在 GitHub 的儲存庫中，有如下的檔案和資料夾結構：

圖 6.16：初始資料夾結構

1. 為當前**路徑**建立一個 path 物件：

```
import pathlib
p = pathlib.Path("")
```

> 📖 **Note**
>
> 您也可以使用 **pathlib.Path.cwd()** 直接取得絕對路徑。

2. 查找目錄中所有副檔名為 **txt** 的檔案。

   您可以透過使用以下 **glob** 函式來列出副檔名為 **txt** 的所有檔案：

```
txt_files = p.glob("*.txt")
print("*.txt:", list(txt_files))
```

輸出結果如下：

*.txt: [WindowsPath('path-exercise/file_a.txt')]

圖 6.17：副檔名為 .txt 的檔案

這將列出當前位置中以副檔名為 **txt** 的所有檔案，在本例中，用了單一 ***** 星號，所以只會列出一個 **file_a.txt** 檔案，其他目錄內的檔案不會列出，不跨目錄，檔案的副檔名不是 **txt**，也不會被包括在內。

請注意，您需要將 **txt_files** 轉換為 list。這是必需的動作，因為 **glob** 回傳的是一個迭代器，而您卻是想印出 list。這個轉換非常有用，因為在列出檔案時，可能會有非常非常多個檔案。

如果您想列出該路徑下任何資料夾中的所有文字檔，不管子目錄的數量有多少，您可以使用雙星語法 ******：

```
print("**/*.txt:", list(p.glob("**/*.txt")))
```

輸出結果如下：

```
**/*.txt: [WindowsPath('path-exercise/file_a.txt'), WindowsP
ath('path-exercise/folder_1/file_b.txt'), WindowsPath('path-
exercise/folder_2/folder_3/file_d.txt')]
```

圖 6.18：輸出所有目錄中符合條件的檔案

這列出了代表著目前路徑的路徑物件 **p** 中，所有目錄中副檔名為 **.txt** 的檔案。

列出了 **folder_1/file_b.txt** 和 **folder_2/folder_3/file_d.txt**，還有不在子資料夾中的 **file_a.txt**，因為 ** 會匹配在任意層數的巢式資料夾，層數包括 **0**。

📖 **Note**

但是，不會列出 **folder_1/file_c.py**，因為它與我們在 **glob** 中指定的副檔名不匹配。

---

3. 列出再下一層子目錄中的所有檔案。

如果您想列出再下一層子目錄中的所有檔案，可以使用下面的 **glob** 樣式：

```
print("*/*:", list(p.glob("*/*")))
```

輸出結果如下：

```
*/*: [WindowsPath('path-exercise/folder_1/file_b.txt'), Wind
owsPath('path-exercise/folder_1/file_c.py'), WindowsPath('pa
th-exercise/folder_2/folder_3')]
```

圖 6.19：顯示子目錄內檔案

這除了列出 **folder_1** 中的檔案之外，還列出了 **folder_2/folder_3** 這個路徑。如果您只想取得檔案，可以透過 **is_file** 方法來過濾掉路徑：

```
print("Files in */*:", [f for f in p.glob("*/*") if f.is_file()])
```

輸出結果如下：

```
Files in */*: [WindowsPath('path-exercise/folder_1/file_b.txt'), WindowsPath('path-exercise/folder_1/file_c.py')]
```

圖 6.20：顯示 folder_1、folder_2 和 folder_3 中的檔案

就不會再包括路徑了。

> **Note**
>
> 還有一個值得一提的模組 **shutil**，**shutil** 包含可用來操作檔案和資料夾的進階函數。用了 **shutil** 後，可以做遞迴地複製、移動或刪除檔案。

現在您已學會了如何根據檔案的特性或副檔名列出目錄樹中的檔案。

列出家目錄中的所有隱藏檔

在 Unix 中，以**點**開頭的檔案是隱藏（*hidden*）檔案。通常，當您使用 **ls** 等工具列出檔案時，這些檔案不會被列出，除非您明確地要求要列出。現在，您將要使用 **pathlib** 模組列出主目錄中所有隱藏的檔案。這裡的程式碼片段將顯示如何列出這些隱藏的檔案：

```
import pathlib
p = pathlib.Path.home()
print(list(p.glob(".*")))
```

翻閱 **pathlib** 文件,您會找到能回傳家目錄的函式,然後我們使用 **glob** 樣式來匹配任何以點開始的檔案。在下一個主題中,我們將使用 **subprocess** 模組。

使用 subprocess 模組

Python 在一種情況下相當好用,就是需要啟動作業系統上的其他程式並與該程式交流的情況。

subprocess 模組讓我們能啟動一個新的程序並與之交流,透過易於使用的 API,讓您能在 Python 裡面使用所有已安裝在您作業系統上的可用工具。只要是想透過 shell 呼叫任何程式,就會用到 **subprocess** 模組。

這個模組的 API 都已陸續被改進和簡化過,所以您可能會看到某些使用 **subprocess** 的程式碼與本書中所展示的不同。

subprocess 模組有兩個主要的 API,它們分別是 **subprocess.run** 呼叫,您只要傳遞了正確引數,**subprocess.run** 就會處理之後的所有事情,另一個是 **subprocess.Popen**,這是一個較低層級的 API,可用於更進階的情況。我們在此只討論比較高層的 API **subprocess.run**,但是如果您需要撰寫一個更複雜的應用程式,就像之前在介紹標準函式庫時所說的那樣,那麼請仔細閱讀文件並探索可用的 API。

> 📖 **Note**
>
> 雖然下面的例子是在 Linux 系統上執行的,但是 **subprocess** 也可以在 Windows 上使用;只需要改為呼叫 Windows 版本程式即可。例如,您可以使用 **dir** 代替 **ls**。

現在,您將看到如何透過使用 **subprocess** 呼叫 Linux 系統 **ls** 並列出所有的檔案:

```
import subprocess
subprocess.run(["ls"])
```

這將建立一個程序並執行 **ls** 命令。如果找不到 **ls** 命令（例如在 Windows 下），執行該命令將失敗並引發例外。

> 📖 **Note**
>
> 回傳值是 **CompletedProcess** 的一個實例，但是命令的輸出會被發送到控制台中標準輸出。

如果您希望能夠取得並查看我們的程序生成的輸出，則需要傳入 **capture_output** 引數。這將取得 **stdout** 和 **stderr** 的輸出，然後可在 **run** 回傳的 **completedProcess** 實例中取得內容：

```
result = subprocess .run(["ls"], capture_output=True)
print("stdout: ", result.stdout)
print("stderr: ", result.stderr)
```

輸出結果如下：

```
stdout:  b'subprocess-examples.ipynb\n'
stderr:  b''
```

圖 6.21：subprocess 模組的輸出

> 📖 **Note**
>
> 從 **stdout** 和 **stderr** 取得的會是一個位元組字串。如果您知道結果是文字的話，您可以傳入 **text** 引數來對其進行解碼。

現在，讓我們從輸出中忽略 **stderr**，因為從圖 6.21 中可以得知它是空的。

```
result = subprocess .run(
        ["ls"],
        capture_output=True, text=True
    )
print("stdout: \n", result.stdout)
```

輸出結果如下：

stdout:
subprocess-examples.ipynb

圖 6.22：使用 stdout 顯示 subprocess 的輸出

您也可以傳入更多的引數，如 **-l**，指定列出檔案的詳細資訊：

```
result = subprocess.run(
        ["ls", "-l"],
        capture_output=True, text=True
    )
print("stdout: \n", result.stdout)
```

輸出結果如下：

stdout:
 total 4
-rwxrwxrwx 1 mcorcherojim mcorcherojim 1957 Apr 19 17:14 subprocess-examples.ipynb

圖 6.23：使用 -l 列出檔案詳細資訊

在使用 **suprocess.run** 時，第一件會讓使用者感到驚訝的事，是傳入的欲執行命令是一個由字串組成的 list，會這樣是為了方便性和安全性考量。許多使用者會想用在 shell 寫引數那樣使用它，但這會導致多個命令引數被當作一個字串傳入，這種做法雖然可行但存在安全問題。因為這樣做時，您基本上是要求 Python 在系統 shell 中執行我們的命令，因此您必須根據需要對字元進行轉義。假設您接收使用者的輸入，直接將該輸入傳給 **echo** 命令的話，使用者就有機會輸入像 **hacked; rm -rf /** 這樣的命令。

> **Note**
>
> 千萬不要執行此命令：**hacked; rm -rf /**。

這樣命令中的分號，讓使用者可以將 shell 命令標記成結束，然後後面接著他們自己的命令，以上面的命令來說，他們自己的命令會刪除您的根目錄。此外，當引數內有空格或任何其他 shell 字元時，必須相應地對它們進行脫逸。使用 **subprocess.run** 最簡單和最安全的方法是將所有命令中的字節，做成一個由字串組成的 list，如這裡的範例所示。

在某些情況下，您可能需要查看程序回傳的代碼。在這種情況下，您可以查看 **subprocess.run** 回傳實例中的 **returncode** 特性：

```
result = subprocess.run(["ls", "non_existing_file"])
print("rc: ", result.returncode)
```

輸出結果如下：

```
rc:
```

如果您想確保我們的命令成功，而又不想每次都必須檢查回傳程式碼是否為 **0**，您可以使用 **check=True** 引數，加了這個引數後，如果程式回報任何錯誤，就會引發錯誤：

```
result = subprocess.run(
    ["ls", "non_existing_file"],
    check=True
)
print("rc: ", result.returncode)
```

輸出結果如下：

```
----------------------------------------------------------------
CalledProcessError                        Traceback (most recent call last)
<ipython-input-31-36d3d0f47957> in <module>()
----> 1 result = subprocess .run(["ls", "non_existing_file"], check=True)
      2 print("rc: ", result.returncode)

/usr/local/lib/python3.7/subprocess.py in run(input, capture_output, timeout, check, *popenargs, **kwargs)
    479         if check and retcode:
    480             raise CalledProcessError(retcode, process.args,
--> 481                             output=stdout, stderr=stderr)
    482     return CompletedProcess(process.args, retcode, stdout, stderr)
    483

CalledProcessError: Command '['ls', 'non_existing_file']' returned non-zero exit status 2.
```

圖 6.24：用 subprocess 執行一個會失敗的命令

如果我們只是想執行其他程式，並且只想知道執行結果是否成功的話，這是一種很好的呼叫方式。例如呼叫批次處理腳本或程式的情況。在失敗情況下引發的例外中，會包含執行的命令、抓取到的輸出以及回傳代碼等資訊。

subprocess.run 函式還有一些其他有趣的引數，這些引數在一些特殊的情況下非常有用。例如，如果您使用的是 **subprocess.call** 來執行一個期望從 **stdin** 取得輸入的程式，可以透過 **stdin** 引數來傳入輸入。您還可以設定一個等待程式完成的超時時間，如果程式在那個時候還沒有回傳，它將被終止執行，一旦結束，將發出一個超時例外來通知執行失敗了。

使用 **subprocess.run** 方法建立的程序將從當前程序繼承環境變數。

sys.executable 是一個字串，這個字串指出系統上 Python 直譯器可執行二進位檔案的絕對路徑。如果 Python 無法取得本身執行檔的真實路徑，那麼 **sys.executable** 將是一個空字串或 **None**。

> 📖 **Note**
>
> Python 直譯器上的 **-c** 選項代表執行後方附帶程式碼，您將在*活動 16：測試 Python 程式碼*中使用此選項。

在下面的練習中，您將看到如何自訂子程序。

練習 92：用 env vars 自訂子程序

在撰寫一個稽核工具時，您被要求使用 **subprocess** 模組印出我們的環境變數，不能依賴於使用 Python 的 **os.environ** 變數。但是，您必須隱藏我們的伺服器名稱，因為我們的經理不希望客戶看到這些資訊。

在這個練習題中，您將呼叫 OS 中的其他應用程式，同時修改父程序的環境變數。您將看到在使用 **subprocess** 時要如何修改環境變數：

1. 匯入 **subprocess**。

    將 **subprocess** 模組帶入當前名稱空間：

    ```
    import subprocess
    ```

    您也可以透過只匯入 **subprocess** 的 **run** 來執行程序，而不是匯入整個模組本身。但若是匯入整個模組，我們可以在呼叫 **run** 時看到模組名稱。否則，您將不知道 **run** 函式是從哪裡來的。另外，**subprocess** 模組還定義了一些常數，在使用 **Popen** 的進階用法時，這些常數可以拿來當作引數。若是匯入 **subprocess** 模組，您就什麼都有了。

2. 執行 **env** 以印出環境變數。

    您可以執行 Unix 命令 **env**，該命令將列出 **stdout** 中的程序環境變數：

    ```
    result = subprocess.run(
        ["env"],
        capture_output=True,
        text=True
    )
    print(result.stdout)
    ```

    您指定了 **capture_output** 和 **text** 引數，代表要用 Unicode 字串格式讀取 **stdout** 結果。您可以看到程序確實得到一組環境變數清單；而這個環境變數清單與父程序相同：

```
SHELL_TITLE=PF11AY8S | Started: 2019-04-19T04:44:27 UTC
TERM=xterm-color
SHELL=/bin/bash
HISTSIZE=100000
SERVER=PF11AY8S
DOCKER_HOST=localhost:2375
```

圖 6.25：使用 env 顯示環境變數

3. 使用一組不同的環境變數。

如果您想自訂我們 **subprocess** 子程序的環境變數，您可以在 **subprocess. run** 方法中使用 **env** 關鍵字：

```
result = subprocess.run(
    ["env"],
    capture_output=True,
    text=True,
    env={"SERVER": "OTHER_SERVER"}
)
print(result.stdout)
```

輸出結果如下：

SERVER=OTHER_SERVER

圖 6.26：顯示另一組環境變數集合

4. 現在，修改預設的變數集合。

大多數時候，您可能只會想修改或加入一個變數，而不是替換所有變數。因此，我們在上一步中所做的太激進了，因為一些工具可能需要 OS 中一直有一些環境變數存在。

為此，您必須取得當前流程環境並將它修改成符合您的需求。我們可以透過 **os.environ** 存取當前程序環境變數，並透過 **copy** 模組進行複製。不過，您也可以使用 **dict** 擴展語法來修改您想要修改的鍵，如下面的範例所示：

```
import os
result = subprocess.run(
    ["env"],
    capture_output=True,
    text=True,
    env={**os.environ, "SERVER": "OTHER_SERVER"}
)
print(result.stdout)
```

輸出結果如下：

```
SHELL_TITLE=PF11AY8S | Started: 2019-04-19T04:44:27 UTC
TERM=xterm-color
SHELL=/bin/bash
HISTSIZE=100000
SERVER=OTHER_SERVER
DOCKER_HOST=localhost:2375
```

圖 6.27：修改預設的環境變數集

您可以看到，除了 **SERVER** 被修改了之外，現在 **subprocess** 建立出的程序環境變數與當前程序中的環境變數相同。

您可以使用 **subprocess** 模組來執行安裝在我們作業系統上的其他程式並與之互動。**subprocess.run** 函式及可以傳入不同引數，讓我們在與不同類型的程式互動、檢查它們的輸出和驗證它們的結果變得很容易。如果有需要，還可以透過 **subprocess.Popen** 使用更進階的 API。

活動 16：測試 Python 程式碼

有一家公司從客戶那裡接收了一小段 Python 程式碼片段，這段程式碼中帶有基本數學和字串操作。這家公司發現其中的一些操作會使他們的平台崩潰。有些客戶程式碼會導致 Python 直譯器因為無法計算而中止。

比如說這樣：

```
compile("1" + "+1" * 10 ** 6, "string", "exec")
```

因此，被要求您要建立一個小程式來執行客戶的程式碼，並在不破壞當前程序的情況下，檢查它是否會造成崩潰。這可以透過和當前執行該程式碼的相同直譯器版本，以及使用 **subprocess** 來執行相同的程式碼來達成。

為了要執行這段程式碼，您需要：

1. 使用 **sys** 模組找出直譯器的可執行檔是哪個。
2. 使用 **subprocess** 與您在上一步中得到的直譯器一起執行程式碼。
3. 使用直譯器的 **-c** 選項執行後方附帶程式碼。
4. 檢查回傳代碼是否等於 **-11**，它代表程式執行中止。

> 📖 **Note**
>
> 此活動的解答在第 603 頁。

在下面的主題中，您將會使用日誌記錄，它在開發人員的生活中扮演著重要的角色。

日誌

設定啟用應用程式或函式庫的日誌不僅僅是一種好做法；而且是一名有負責感的開發人員的重要任務。它與撰寫文件或測試一樣重要。許多人認為日誌是"執行時期的文件"；就像開發人員在撰寫 DevOps^{譯註} 的原始程式碼時會閱讀文件一樣，其他開發人員也會在應用程式執行時使用日誌記錄。

日誌擁護者指出，除錯器已被濫用，人們應該多多地使用日誌記錄，在開發中使用日誌資訊和追蹤日誌來排除程式碼中的問題。

譯註　DevOps 是 Development 和 Operations 的組合字，顧名思義主要是包含了開發者（包含軟體品質、測試人員）與維運人員（包含維護、系統架設人員）之間的一種資訊文化運動。

會這麼說的原因是，如果在開發過程中連使用最詳盡的紀錄都無法排除程式碼錯誤，那麼更不用說在量產環境中必然會出現您無法找出原因的問題。

使用日誌

日誌記錄是讓執行應用程式的使用者知道程序處於何種狀態以及工作狀態的最好方法。它還可用於檢查或診斷使用者端問題。如果您想知道您的應用程式在上週的表現，但發現它在遇到問題時卻沒有任何資訊可以知道發生了什麼事情，沒有什麼比這個更令人沮喪的了。

您還應該謹慎地記錄資訊。許多公司將要求使用者千萬不可記錄信用卡或任何敏感使用者資料等資訊。雖然可以在記錄這些資料之後，再隱藏這些資料，但最好在記錄它時就多加注意。

您可能會覺得，記錄日誌不過就是使用 **print** 述句而已，幹嘛這樣大作文章！但是當您開始撰寫大型應用程式或函式庫時，您會意識到只使用 **print** 的功能不足以用來檢測一個應用程式。而透過使用 **logging** 模組，您還可以得到以下的功能：

- 多執行緒支援：日誌模組設計成可在多執行緒環境中工作。當使用多個執行緒時，這種設計是必需的，否則，您所記錄的資料將會交錯呈現，就像使用 **print** 時會發生的那樣。

- 可透過多層記錄層級進行分類：當使用 **print** 時，沒有辦法把日誌記錄的重要性傳入 **print**。透過使用日誌函式庫，我們可以選擇傳入重要性，以指定要記錄哪些日誌分類。

- 分離檢測和設定：會用日誌函式庫的使用者有兩種，分別是發出日誌的使用者和設定日誌層級的使用者。日誌函式庫將這兩者清楚的分開來，允許日誌函式庫和應用程式的程式碼中可指定不同層級日誌，而使用者可以隨意設定日誌層級。

- 靈活性和可靠性：日誌層級易於擴展而且很可靠。在處理上也可套用許多不同類型的物件類型，想要建立新類型來擴展其功能是很簡單的。在標準函式庫文件中甚至有一份關於如何擴展日誌層級的指南。

在使用日誌函式庫時，會用到的主要類型是 **logger**。可用來送出各層級日誌記錄。您通常會透過 **logging.getLogger(<logger name>)** 工廠方法來建立日誌記錄物件。

一旦您建好 **logger** 物件後，就可以呼叫不同的日誌方法來為您的日誌記錄搭配上不同的預設層級：

- **debug**：有助於應用程式除錯和故障排除的細微訊息，通常在是開發時期啟動。例如，web 伺服器在接收這個層級的請求時會將接收到的負載（payload）記錄下來。

- **info**：用來突顯應用程式進度的較不那麼細微的訊息。例如，web 伺服器發出請求就屬於此層級，不會去記錄接收到負載的詳細資訊。

- **warning**：通知使用者應用程式或函式庫中存在潛在有害情況的訊息。拿 web 伺服器來示範，如果由於輸入 JSON 負載損壞而無法解碼，就會發生這種情況。注意，雖然它可能讓人感覺像一個錯誤，而且可能對整個系統造成影響，但如果 web 的前端也是屬於您的，而且這問題並不在處理請求的應用程式中；而是在發送過程中產生。在這種情況下，這類警告應用來通知客戶端有此類問題發生，但它不是錯誤。真正的錯誤應該做成錯誤回應，且報告給客戶端，而客戶端應該適當地處理它。

- **error**：發生錯誤但應用程式可以繼續正常執行的情況下使用。記錄到一個錯誤通常代表著開發人員需要在發生記錄錯誤的原始程式碼中做些什麼。通常發生在捕獲例外時會記錄錯誤，而且無法有效地處理例外時。通常會在錯誤發生時設定警報，以通知 DevOps 或開發人員發生了錯誤。以我們的 web 伺服器應用程式範例來說，如果您不能編碼一個回應訊息，或者在處理請求時引發未預期的例外，就可能會發生這種情況。

- **fatal**：致命記錄代表存在危害程式當前穩定性的錯誤情況，通常情況下，在記錄到致命訊息後程序會重新啟動。對於前一項錯誤訊息來說，我們會預期開發者應該要進行處理，但致命記錄代表著需要對應用程式採取緊急行動。一種常見的致命情況是對資料庫的連接斷掉，或者無法取得對應用程式來說至關重要的任何其他資源。

日誌記錄物件

日誌記錄物件擁有一個由點分隔的名稱層次結構。例如，如果您想要用一個名為 **my.logger** 的記錄物件，就要把 **logger** 建成是 **my** 的下一層，而 **my** 是 **root** 記錄器的下一層，所有頂級日誌記錄物件都 "繼承" 了 root 日誌記錄物件。

在呼叫 **getLogger** 時，若您不帶入引數，就可取得 root 日誌記錄物件，或者也可以直接使用要記錄日誌的模組做日誌記錄。一種常見的做法是使用 **__name__** 作為記錄模組。這樣一來日誌的層次結構會遵循原始程式碼層次結構。除非您有足夠的理由不這樣做，否則在開發函式庫和應用程式的時候，請使用 **__name__**。

練習 93：使用記錄器物件

這個練習的目標是建立一個 **logger** 物件，並使用四種不同的方法依前面小節提到的層級來做日誌記錄：

1. 匯入 **logging** 模組：

```
import logging
```

2. 建立一個 **logger** 物件。

    我們可以透過工廠方法 **getLogger** 來得到一個 **logger** 物件：

```
logger = logging.getLogger("logger_name")
```

    這個 **logger** 物件在任何地方都是相同的，您可使用相同的名稱呼叫它。

3. 記錄不同類別的日誌：

```
logger.debug("Logging at debug")
logger.info("Logging at info")
logger.warning("Logging at warning")
logger.error("Logging at error")
logger.fatal("Logging at fatal")
```

輸出結果如下：

```
Logging at warning
Logging at error
Logging at fatal
```

圖 6.28：執行日誌

預設情況下，日誌層級將被設定成要記錄警告或以上的日誌記錄，這說明了為什麼您只看到那些層級的訊息被印出到控制台。稍後您將看到如何將日誌層級設定成包含 info 等其他層級。請使用多個檔案，或不同格式來存放進一步的資訊。

4. 在記錄時加入其他資訊：

```
system = "moon"
for number in range(3):
    logger.warning("%d errors reported in %s", number, system)
```

通常，當您做記錄時，不只是傳入一個字串，也會傳入一些變數或資訊，用來幫助我們了解應用程式的當前狀態：

```
0 errors reported in moon
1 errors reported in moon
2 errors reported in moon
```

圖 6.29：警告日誌的輸出

📖 **Note**

在此處您使用的是 Python 標準字串插值，後面的變數會變成一種輸入。`%d` 用於格式化數值，`%s` 用於字串。字串插值格式另外還有適用於自訂數值格式或使用物件 **repr** 的語法。

做完這個練習之後,您現在已學會了如何根據情況,使用不同的 **logger** 方法來記錄不同層級的日誌。這將讓您能正確地分類和處理應用程式訊息。

記錄警告、錯誤和致命分類

當您做日誌記錄時,應該注意在記錄警告、錯誤和致命錯誤時,如果有比發生一個錯誤更糟糕的事情,那就是發生兩個錯誤。記錄錯誤是通知系統有情況需要處理的一種方式,如果您決定記錄錯誤並引發例外,基本上您的行為就是複製資訊。根據經驗,遵循以下兩個建議對於在應用程式或函式庫中有效記錄錯誤非常關鍵:

- 永遠不要忽略低調傳輸錯誤的例外。如果您正在處理的例外其目的是通知您有一個錯誤發生了,就應該要記錄該錯誤。

- 永遠不要引發和記錄錯誤。如果您引發的是一個例外,那麼呼叫者就能夠決定這是否是一個真正的錯誤情況,或者這是否為預期中的問題。然後,他們可以決定是按照之前的規則記錄它、處理它,還是重新引發它。

一個很好的例子是當資料庫的函式庫發生違例時,使用者想記錄的錯誤或警告的狀況,從該函式庫的角度來看,這可能看起來是一個錯誤的情況,但是使用者可能並不想去檢查鍵是否已經在表中,就試圖做插入。因此,使用者想做的是插入資料同時忽略例外,但是如果函式庫程式碼在這種情況發生時記錄警告,警告或錯誤就會在缺乏正當性的情況下被輸出到日誌記錄。通常,函式庫很少會記錄錯誤,除非它沒有辦法透過例外傳輸錯誤。

在處理例外時,將例外及附帶的資訊記錄下來是很常見的。如果您想記錄包含例外和追蹤完整的資訊,您可以在我們之前看到的任何 **logging** 方法中加入 **exc_info** 引數:

```
try:
    int("nope")
except Exception:
    logging.error("Something bad happened", exc_info=True)
```

輸出結果如下：

```
ERROR:root:Something bad happened
Traceback (most recent call last):
  File "<ipython-input-8-adcdec9cc60b>", line 2, in <module>
    int("nope")
ValueError: invalid literal for int() with base 10: 'nope'
```

圖 6.30：使用 exc_info 記錄例外的示範輸出

上面的錯誤資訊現在包括您傳入的訊息，以及目前正在處理中的例外資料，和它的回溯資料。由於這樣的記錄方式是如此的實用和常見，所以甚至為它特別創造了一個簡潔的寫法。您可以呼叫 **exception** 方法來達到與呼叫 **error** 時代入 **exc_info** 引數相同的效果：

```
try:
    int("nope")
except Exception:
    logging.exception("Something bad happened")
```

輸出結果如下：

```
ERROR:root:Something bad happened
Traceback (most recent call last):
  File "<ipython-input-9-39a74a45c693>", line 2, in <module>
    int("nope")
ValueError: invalid literal for int() with base 10: 'nope'
```

圖 6.31：使用 exception 方法記錄例外的示範輸出

現在，您將回顧 **logging** 模組的兩個常見錯誤做法。

第一個錯誤做法是貪婪字串格式。您可能會看到一些 linter 工具抱怨使用者自己做格式化字串，而不是使用 **logging** 模組的字串插值。這代表更建議使用 **logging.info("string template %s"，variable)**，而不是 **logging. info("string template {}".format(variable))**。這是因為，如果您使用後面那種格式，那麼無論我們日誌層級的層級設定為何，您都將執行字串插值。如果使用者在應用程式中設定的資訊層級不需要印出該日誌記錄，您也被迫要執行不必要的插值行為：

```
# 建議使用
logging.info("string template %s", variable)
# 較不建議
logging.info("string template {}".format(variable))
```

> 📖 **Note**
>
> linter 是用於檢測程式碼樣式違規、錯誤和為使用者提供建議的一
> 種程式分類。

另一個更嚴重的錯誤做法是在不需要例外時捕獲和格式化例外。通常，您會看到開發人員盡可能地捕獲例外，並將例外自行格式化為日誌訊息的一部分。這不僅是重複了資訊，而且不夠明確。請比較以下兩種方法：

```
d = dict()

# 建議使用
try:
    d["missing_key"] += 1
except Exception:
    logging.error("Something bad happened", exc_info=True)

# 較不建議
try:
    d["missing_key"] += 1
except Exception as e:
    logging.error("Something bad happened: %s", e)
```

輸出結果如下：

```
ERROR:root:Something bad happened
Traceback (most recent call last):
  File "<ipython-input-18-997c7c2a8b8d>", line 5, in <module>
    d["missing_key"] += 1
KeyError: 'missing_key'
ERROR:root:Something bad happened: 'missing_key'
```

圖 6.32：exc_info 與記錄例外字串的範例差異

第二種方法的輸出只印出例外中的文字，而沒有進一步的資訊。我們不知道這是否是一個關鍵錯誤，也不知道問題出現在哪裡。如果發生的例外不含訊息，這樣做我們將只得到一條空訊息。此外，如果使用 exception 方法記錄錯誤，您就不需要傳入 **exc_info** 引數。

確認日誌層級

logging 函式庫另外有設定用的函式，但是在深入了解如何設定日誌層級之前，您應該了解它的組成部分以及各部分所扮演的角色。

我們前面已經看過了 **logger** 物件，這個物件用於定義生成的日誌訊息。另外還有以下類別，它們負責處理和發送日誌的流程：

- 日誌記錄：這是由 **logger** 物件生成的物件，它包含關於生成日誌記錄的所有資訊，包括日誌發生的行、層級、範本和參數等等。

- 格式化物件：這些物件取得日誌記錄並將其轉換為字串，可使用這些字串輸出到串流。

- 處理函式：這些是實際發出紀錄的處理函式。它們經常使用格式化物件將紀錄轉換為字串。標準函式庫附帶了多個處理函式，可以將日誌記錄發送到 **stdout**、**stderr**、**file**、**socket** 等等。

- 過濾物件：用於優化日誌記錄機制的工具，可以加入到處理函式和日誌記錄物件中使用。

如果標準函式庫現有提供的功能還不夠,您都還是可以建立自己的類別來自訂如何執行日誌記錄流程。

> **📖 Note**
>
> 日誌函式庫非常有彈性。如果您對此感興趣,請通讀 Python 官方文件中的日誌使用說明書,並查看一些範例,該說明書位於 *https://docs.python.org/3/howto/logging-cookbook.html*。

有了這些知識後,就有多種方法來設定日誌層級的所有元素。您可以透過使用程式碼手動定義所有層級,例如傳入一個 **dict** 物件到 **logging.config.dictConfig** 中,或是傳入一個 **ini** 檔案到 **logging.config.iniConfig** 中,手動將所有類別組裝在一起。

練習 94:設定日誌層級

在這個練習題中,您將學習如何透過多種方法來設定日誌層級,將日誌訊息輸出到 **stdout**。

若您想設定輸出到控制台的日誌層級,輸出的日誌應該長得像這樣:

```
INFO: Hello logging world
```

圖 6.33:將日誌輸出到控制台

> **📖 Note**
>
> 背景是白色的,這代表輸出到 **stdout**,而不是像前面的範例一樣輸出到 **stderr**。請確保每次在設定日誌層級之前都有重新啟動 kernel 或直譯器。

您將會看到如何用程式碼、用 dictionary、用 **basicConfig**、用 **config** 檔案來設定日誌層級：

1. 請打開一個新的 Jupyter Notebook。

2. 從設定程式碼開始。

   設定日誌層級的第一種方法是手動建立所有物件並將它們組合起來：

```
import logging
import sys
root_logger = logging.getLogger()
handler = logging.StreamHandler(sys.stdout)
formatter = logging.Formatter("%(levelname)s: %(message)s")
handler.setFormatter(formatter)
root_logger.addHandler(handler)
root_logger.setLevel("INFO")
logging.info("Hello logging world")
```

   輸出結果如下：

```
INFO: Hello logging world
```

   在這段程式碼中，呼叫 **getLogger** 時不帶任何參數，您可以在第三行中取得 root 日誌物件的控制碼。接著建立一個串流處理函式，它將輸出到 **sys.stdout**（控制台），和建立一個格式化物件來設定我們想要的日誌外觀。最後，您只需要透過在處理函式中設定格式化物件、和在日誌物件中設定處理函式來將它們綁定在一起。您可以在日誌記錄物件中設定層級，也可以在處理函式中設定它。

3. 在 Jupyter 中重啟 kernel，現在使用 **dictConfig** 來實作同樣的設定：

Exercise94.ipynb

```
import logging
from logging.config import dictConfig

dictConfig({
```

```
    "version": 1,
    "formatters": {
        "short":{
            "format": "%(levelname)s: %(message)s",
        }
    },
    "handlers": {
        "console": {
            "class": "logging.StreamHandler",
            "formatter": "short",
            "stream": "ext://sys.stdout",
```

https://packt.live/33U0z3D

> 📖 **Note**
>
> 如果上面連結中的程式無法顯示結果，請將範例完整連結輸入到
> *https://nbviewer.jupyter.org/* 網站。

輸出結果如下：

```
INFO: Hello logging world
```

用 dictionary 設定日誌層級時，程式碼與步驟 1 中的程式碼相同。許多傳入的設定字串參數也可以改為傳入 Python 物件。例如，可以使用 **sys.stdout** 取代傳入到 **stream** 選項的字串，或用 **logging.INFO** 取代 **INFO**。

> 📖 **Note**
>
> 步驟 3 的程式碼與步驟 2 的程式碼相同；它只是透過 dictionary
> 宣告的方式來設定日誌層級。

4. 現在，請再次在 Jupyter 中重啟 kernel，並使用 **basicConfig**，如下面的程式碼片段：

```
import sys
import logging
logging.basicConfig(
    level="INFO",
    format="%(levelname)s: %(message)s",
    stream=sys.stdout
)
logging.info("Hello there!")
```

輸出結果如下：

```
INFO: Hello there!
```

日誌記錄層級自己附帶一個實用函式 **basicConfig**，它可以用來執行一些基本的設定，如我們在這裡執行的設定，請見下面的程式碼片段。

5. 使用 **ini** 檔案。

另一種方法是使用 **ini** 檔案設定日誌層級。所以現在我們需要用到一個 **ini** 檔案，如下：

logging-config.ini

```
[loggers]
keys=root

[handlers]
keys=console_handler

[formatters]
keys=short

[logger_root]
level=INFO
handlers=console_handler

[handler_console_handler]
class=StreamHandler
```

https://packt.live/32727X3

> 📖✏️ **Note**
>
> 如果上面連結中的程式無法顯示結果，請將範例完整連結輸入到
> *https://nbviewer.jupyter.org/* 網站。

接著您可以用以下程式碼載入它：

```
import logging
from logging.config import fileConfig
fileConfig("logging-config.ini")
logging.info("Hello there!")
```

輸出結果如下：

```
INFO: Hello there!
```

所有應用程式應該都只設定一次日誌層級，最好的時機是在啟動時。有些函式，例如 **basicConfig**，如果日誌層級已經被設定完成的話，就不會再執行。

現在您已經知道了設定應用程式日誌層級的所有不同方法，這是建立應用程式的關鍵重點之一。

在下一個主題中，您將了解各種集合物件。

集合物件

您在第 2 章，*Python 結構*中讀過關於內建集合的相關內容。您已看到了 **list**、**dict**、**tuple** 和 **set**，但有時這些集合還是不夠用。Python 標準函式庫附帶了模組和集合，這些模組和集合提供了許多進階結構，可以在常見情況下大幅度地簡化程式碼。現在，您將探索如何使用 **counter**、**defauldict**，和 **chainmap**。

Counter

counter 類別是一個能用來計數 **hashable** 物件的類別。它和 dictionary 一樣含有**鍵**和**值**（它實際上繼承了 **dict**），將物件儲存成鍵，並將物件出現次數儲存為值。想建立 **counter** 物件時，可以用您想要計數的物件 list，或者已經包含物件映射到計數的 dictionary 物件來建立。一旦建立了一個 **counter** 實例，就可以取得關於物件計數的資訊，比如取得最常出現的物件或特定物件的計數。

練習 95：計算文字文件中的單詞數

在這個練習題中，您將使用一個計數器來計數特定文字文件 *https://packt.live/2OOaXWs* 中出現的單詞：

1. 從我們的來源資料 *https://packt.live/2OOaXWs* 取得單字：

```
import urllib.request
url = 'https://www.w3.org/TR/PNG/iso_8859-1.txt'
response = urllib.request.urlopen(url)
words = response.read().decode().split()
len(words) # 858
```

在這裡，您使用到標準函式庫中的 **urllib** 模組，來取得 URL *https://packt.live/2OOaXWs* 的內容。然後，您可以讀取內容，並以空格和換行為基礎分隔它。接下來，您將會用 counter 來計數 **words**。

2. 現在，建立一個計數器：

```
import collections
word_counter = collections.Counter(words)
```

這將建立一個計數器，其中內含透過 **words** list 傳入的單字清單。您現在可以對計數器執行您想要的操作。

3. 找出最常出現的單詞:

```
for word, count in word_counter.most_common(5):
    print(word, "-", count)
```

您可以使用計數器的 **most_common** 方法來取得一個 list,這個 list 由所有單詞和出現次數的 tuple 組成。您也可以傳入一個上限值,來限制顯示的結果數量:

```
LETTER - 114
SMALL - 58
CAPITAL - 56
WITH - 55
SIGN - 21
```

圖 6.34:輸出前五個最常見單詞

4. 現在,查看一些單詞的出現次數,如下面的程式碼片段所示:

```
print("QUESTION", "-", word_counter["QUESTION"])
print("CIRCUMFLEX", "-", word_counter["CIRCUMFLEX"])
print("DIGIT", "-", word_counter["DIGIT"])
print("PYTHON", "-", word_counter["PYTHON"])
```

您可以透過使用一個鍵來指定查看計數器中的特定單詞。以下是查看 **QUESTION**、**CIRCUMFLEX**、**DIGIT**、**PYTHON** 的出現次數:

```
QUESTION - 2
CIRCUMFLEX - 11
DIGIT - 10
PYTHON - 0
```

圖 6.35:查看一些單詞的出現次數

請注意，您可以使用鍵查詢計數器以取得特定單詞出現的次數。另外要注意的是，當您查詢不存在的單詞時，您會得到 **0**，但一些使用者可能期待看到出現一個 KeyError 錯誤。

在這個練習題中，您學習到了如何從網路取得文字檔並執行一些基本的處理操作，如計算單詞數量。

defaultdict

defaultdict（預設 dict）類別是另一個被認為可以簡化讀取的程式碼，這個類別的行為類似於 **dict**，但它讓您在遇到缺少鍵的情況時，使用自訂的工廠方法。這在您想改值的場景中非常實用，特別是當您知道如何生成第一個值時，比如在建立快取或計數物件時。

在 Python 中，每當您看到如下程式碼片段，您都可以使用 **defaultdict** 來提高程式碼品質：

```
d = {}
def function(x):
    if x not in d:
        d[x] = 0 # 或任何其他初始化動作
    else:
        d[x] += 1 # 或任何其他操作
```

有些人會嘗試透過使用 **EAFP** 而不是 **LBYL**^{譯註} 來使這樣的程式碼更具 Python 風格，差別在 EAFP 是處理失敗情況，而不是檢查是否成功：

```
d = {}
def function(x):
    try:
        d[x] += 1
    except KeyError:
        d[x] = 1
```

譯註　EAFP（Easier to Ask for Forgiveness than Permission）：出錯了用例外事後補救；LBYL（Look Before You Leap）：事先檢查。

根據 Python 開發人員的說法，這段程式碼這樣處理確實是比較好的方式，因為它更好地表達成功情況是主要的邏輯，而這類程式碼的正確解決方案是使用 **defaultdict**。中級到進階 Python 開發人員會立即想到將程式碼轉換為 **defaultdict**，然後看看會不會比較好：

```python
import collections
d = collections.defaultdict(int)
def function(x):
    d[x] += 1
```

程式碼變得很簡單，功能與前面兩個範例程式碼完全相同。建立 **defaultdict** 時會透過一個工廠方法，該方法會在缺少鍵時呼叫 **int()**，該方法回傳 **0**，然後再被加 1。這是一段非常漂亮的程式碼，但請注意 **defaultdict** 還有其他的使用方式；傳入給其建構函式的函式是一個可呼叫的工廠方法。此處使用的 **int** 不是一種**型態**，而是一個被呼叫的函式。以同樣的方式，您可以傳入 **list**、**set** 或任何您想要建立的可呼叫物件。

練習 96：用 defaultdict 重構程式碼

在這個練習題中，您將學習如何透過使用 **defaultdict** 來重構和簡化程式碼：

```python
_audit = {}

def add_audit(area, action):
    if area in _audit:
        _audit[area].append(action)
    else:
        _audit[area] = [action]

def report_audit():
    for area, actions in _audit.items():
        print(f"{area} audit:")
        for action in actions:
            print(f"- {action}")
        print()
```

本練習中的程式碼範本對所有公司動作進行稽核，稽核行為依部門劃分，並且使用了 dictionary。您可以在 **add_audit** 函式中清楚地看到之前提到過的程式碼模式，也可以透過使用 **defaultdict** 將其轉換為更簡單的程式碼，而且未來可以更簡單的方式擴展它：

1. 如前所述，執行對所有公司動作進行稽核的程式碼。

   首先，執行程式碼以查看其行為。在進行任何重構之前，您必須了解您試圖修改的內容，並且最好對其進行測試：

```
add_audit("HR", "Hired Sam")
add_audit("Finance", "Used 1000 £")
add_audit("HR", "Hired Tom")
report_audit()
```

   您應該會得到以下輸出：

```
HR audit:
- Hired Sam
- Hired Tom

Finance audit:
- Used 1000£
```

圖 6.36：輸出顯示程式碼儲存了稽核修改

   您可以看到，結果是符合預期，您可以加入項目到稽核中並報告結果。

2. 改用 **defaultdict**。

   您可以將 **dict** 改成 **defaultdict**，當您嘗試存取一個不存在的鍵時，就建立一個 **list**。這只需要修改 **add_audit** 函式，由於 **report_audit** 把該物件當作 dictionary 用,而 **defaultdict** 本來就是一個 dictionary,因此您不需要修改任何該函式中的內容。您將在下面的程式碼片段中看到它:

```python
import collections
_audit = collections.defaultdict(list)
def add_audit(area, action):
    _audit[area].append(action)

def report_audit():
    for area, actions in _audit.items():
        print(f"{area} audit:")
        for action in actions:
            print(f"- {action}")
        print()
```

> **📖 Note**
>
> **add_audit** 函數的內容變成只剩一行,功能是為一個部門加入一個動作。

當 **_audit** 物件中找不到鍵時,我們的 **defaultdict** 就會去呼叫 **list** 方法,該方法回傳一個空 list,現在程式碼再也無法更簡化了。

如果稽核要求您在一個部門的建立時做記錄,那該怎麼辦呢?基本上,只要在 **audit** 物件中建立一個新部門時,加入一個元素即可。最初撰寫程式碼的開發人員聲稱,在不使用 **defaultdict** 的情況下,修改舊版的程式碼更容易修改。

3. 使用 **add_audit** 函式建立第一個元素。

舊版不使用 **defaultdict** 的 **add_audit** 程式碼如下:

```python
def add_audit(area, action):
    if area not in _audit:
        _audit[area] = ["Area created"]
    _audit[area].append(action)
```

但其實修改 **add_audit** 中的程式碼，要比修改 **defaultdict** 中的程式碼複雜得多。

使用 **defaultdict** 時，您只需要將工廠方法從呼叫 list 改為一個帶有初始字串的 list 即可：

```
import collections
_audit = collections.defaultdict(lambda: ["Area created"])
def add_audit(area, action):
    _audit[area].append(action)

def report_audit():
    for area, actions in _audit.items():
        print(f"{area} audit:")
        for action in actions:
            print(f"- {action}")
        print()
```

這樣的結果仍然比不使用 **defaultdict** 時更簡單：

```
add_audit("HR", "Hired Sam")
add_audit("Finance", "Used 1000 £")
add_audit("HR", "Hired Tom")
report_audit()
```

您應該會得到以下輸出：

```
HR audit:
- Area created
- Hired Sam
- Hired Tom

Finance audit:
- Area created
- Used 1000£
```

圖 6.37：用一個函式來建立第一個元素

這個練習結束後，您現在已知道如何在使用 **defaultdict** 時，搭配多種不同的工廠方法。這對於撰寫 **Python 風格**程式碼和簡化現有程式碼時非常實用。

ChainMap

集合模組中另一個有趣的類別是 **ChainMap**。**ChainMap** 是一種結構，讓您能在多個映射物件（通常是 dictionary）間進行組合查找。它可以被看作是一個多層次的物件；使用者表面上可以看到所有鍵和映射，但是卻看不到背後的映射。

假設您想建立一個函式來回傳使用者在餐館看到的那種菜單；該函式只會回傳一個 dictionary，其中包含不同類型的午餐餐點和價格。您希望可以讓使用者自由選擇午餐餐點的任何部分，同時還希望提供一些預設選擇。利用 ChainMap 就可以很容易地做到這樣的功能：

```
import collections
_defaults = {
    "apetisers": "Hummus",
    "main": "Pizza",
    "desert": "Chocolate cake",
    "drink": "Water",
}
def prepare_menu(customizations):
    return collections.ChainMap(customizations, _defaults)
def print_menu(menu):
    for key, value in menu.items():
        print(f"As {key}: {value}.")
```

📖 **Note**

您有一個用來提供預設選擇的 dictionary，並且您使用了 **ChainMap** 將它與使用者選擇組合在一起。順序很重要，因為它讓使用者選擇的 dictionary 值出現在預設選擇之前，如果想要的話，還可以用兩個以上的 dictionary，這對其他使用情境可能會很實用。

現在，您將看到在傳入不同值時 **ChainMap** 的行為：

```
menu1 = prepare_menu({})
print_menu(menu1)
```

輸出結果如下：

```
As appetizers: Hummus.
As main: Pizza.
As desert: Chocolate cake.
As drink: Water.
```

圖 6.38：ChainMap 輸出不同值

如果使用者沒有傳入自訂選擇，您就會得到預設選擇。所有的鍵和值都取自於我們提供的 **_default** dictionary：

```
menu3 = prepare_menu({"side": "French fries"})
print_menu(menu3)
```

輸出結果如下：

```
As appetizers: Hummus.
As main: Pizza.
As desert: Chocolate cake.
As drink: Water.
As side: French fries.
```

圖 6.39：無自訂選擇；也就是說，使用預設菜單

當使用者傳入一個 dictionary，而這個 dictionary 中有一個鍵與 **_default** dictionary 不同時，後者 dictionary 的值會被前者 dictionary 覆蓋。您可以看到現在的飲料會是 **Red Wine**，而不是 **Water**：

```
menu2 = prepare_menu({"drink": "Red Wine"})
print_menu(menu2)
```

輸出結果如下：

```
As appetizers: Hummus.
As main: Pizza.
As desert: Chocolate cake.
As drink: Red Wine.
```

圖 6.40：dictionary 值曾改變過，將飲料改為 Red Wine

使用者也可以傳入新鍵，這也會反應在 **ChainMap** 中。

您可能會想這只是過度複雜地使用 dictionary 建構函式而已，同樣的功能可以用以下的方式實作即可：

```
def prepare_menu(customizations):
    return {**customizations, **_defaults}
```

但是這樣寫在語義上是不同的，這種實作將建立一個新的 dictionary，而且不允許修改使用者的自訂選擇或預設選擇。假設您想在建立了一些菜單後改變預設選擇，透過 **ChainMap** 實作就可以做到，因為回傳的物件只是在檢視多個 dictionary 而已：

```
_defaults["main"] = "Pasta"
print_menu(menu3)
```

輸出結果如下：

```
As appetizers: Hummus.
As main: Pasta.
As desert: Chocolate cake.
As drink: Water.
As side: French fries.
```

圖 6.41：改變預設選擇後的輸出

> **Note**
>
> 您也能換掉主菜，**ChainMap** 中的任何 **dict** 物件的改變，在互動時都可以看見。

集合模組中的不同類別，讓開發人員可透過使用更合適的結構撰寫更好的程式碼。有了在本主題中取得的知識後，請嘗試探索其他內容，如 deque 或 basic skeleton，以建立您自己的容器。有經驗的 Python 程式設計師和初學者的差異，就在於是否能有效地使用這些類別。

Functools

您將要看到的是最後一個標準函式庫，讓您能用最少的程式碼進行建構程式碼。在本主題中，您將看到如何使用 **lru_cache** 和 **partial**。

用 functools.lru_cache 做快取

通常，您會有一個需要做大量計算的函式，而您會想快取它的計算結果。許多開發人員使用 dictionary 實作他們自己的快取，但這很容易寫錯，並加入不必要的程式碼到我們的專案中。**functools** 模組附帶一個 **decorator**（修飾器），即 **functools.lru_cache**，它正可以用來處理這種情況，它是一種快取，把最近使用過的東西快取起來。在寫程式碼時可以指定 **max_size**，這個值代表您可以指定快取最多可以存放多少輸入值，以限制該函式可以耗費多少的記憶體，或者放任它不斷增長。一旦達到快取的不同輸入的最大數量，最近最少使用的輸入就會被丟棄，以便滿足新的需求。

此外，該修飾器在可用來存取快取的功能中提供了一些新方法。例如，我們可以使用 **cache_clear** 刪除之前儲存在 **cache** 或 **cache_info** 中的**命中**（**hit**）和**未命中**（**miss**）的資訊，以便在需要時對其進行優化。原始的函式資訊也可以透過為函式加上 **__wrapped__** 修飾器來查看。

重要的是,要記住 LRU 快取只能在函式中使用。如果我們只是想重用現有的值就很實用,否則就不會有任何效果。我們不應該使用快取功能的例子,像是寫東西到檔案中,或是傳送一個封包到一個網路端點去,因為通常這些函式再度被呼叫時,不會傳入一樣的輸入,但儲存重複的內容才是快取的主要目的。

最後,為了使快取在函式中可用,傳入的所有物件都需要是 hashable 的。這代表可傳入 **integer**、**frozenset**、**tuple** 等,但不能傳入可修改物件,例如 **dict**、**set** 或 **list**。

練習 97:使用 lru_cache 來加速我們的程式碼

在這個練習題中,您將看到在一個函式中如何利用 functools 使用快取,以及如何重用以前呼叫的結果來加速整個執行流程。

您會使用到 **functools** 模組的 **lru** 快取函式來重用函式已經回傳的值,而不必再次執行函式。

我們將從下面程式碼片段中的函式開始,它模擬了一個要花費很長時間的計算,下面會看到我們如何改進它:

```
import time
def func(x):
    time.sleep(1)
    print(f"Heavy operation for {x}")
    return x * 10
```

如果我們用相同的引數呼叫這個函式兩次,我們將會執行程式碼兩次,然後得到相同的結果:

```
print("Func returned:", func(1))
print("Func returned:", func(1))
```

輸出結果如下：

```
Heavy operation for 1
Func returned: 10
Heavy operation for 1
Func returned: 10
```

圖 6.42：用相同引數呼叫函式兩次的輸出

我們可以在對照函式的輸出和函式中的 print 動作中看到，這函式做了兩次重複的工作。這在效能上很明顯可以改進，因為執行了該函式一次之後，之後的執行應該不花任何成本。現在，我們將透過以下幾個步驟提高效能：

1. 為 **func** 函式加上 **lru** 快取修飾器：

   第一個步驟是在我們的函式使用修飾器：

```
import functools
import time
@functools.lru_cache()
def func(x):
    time.sleep(1)
    print(f"Heavy operation for {x}")
    return x * 10
```

當我們用相同的輸入再度執行函式時，現在看到雖然程式碼只執行了一次，但我們仍然可以從函式得到相同的輸出：

```
print("Func returned:", func(1))
print("Func returned:", func(1))
print("Func returned:", func(2))
```

輸出結果如下：

```
Heavy operation for 1
Func returned: 10
Func returned: 10
Heavy operation for 2
Func returned: 20
```

圖 6.43：輸出顯示程式碼執行一次，但輸出相同

> 📖✎ **Note**
>
> 只有在輸入 **1** 時做了一次**繁重的動作**。我們在這裡還加上一次傳入
> **2** 的呼叫，以突顯這個結果值會根據輸入而有所不同，而且，由於
> 之前沒有快取 **2** 的結果，所以必須為 **2** 的情況執行程式碼。

這是非常實用的技巧；只需加入一行程式碼，我們就得到了一個功能完整
的 LRU 快取實作。

2. 使用 **maxsize** 引數修改快取大小。

快取的預設大小是 128 個元素，但是如果需要，可以透過 **maxsize** 引數來
改變：

```python
import functools
import time
@functools.lru_cache(maxsize=2)
def func(x):
    time.sleep(1)
    print(f"Heavy operation for {x}")
    return x * 10
```

透過將 **maxsize** 設定為 **2**，我們可以確定只會儲存兩個不同的輸入。我們
可以用三個不同的輸入，並在後面以相反的順序呼叫它們來看到快取的
行為：

```
print("Func returned:", func(1))
print("Func returned:", func(2))
print("Func returned:", func(3))
print("Func returned:", func(3))
print("Func returned:", func(2))
print("Func returned:", func(1))
```

輸出結果如下：

```
Heavy operation for 1
Func returned: 10
Heavy operation for 2
Func returned: 20
Heavy operation for 3
Func returned: 30
Func returned: 30
Func returned: 20
Heavy operation for 1
Func returned: 10
```

圖 6.44：快取大小改變後的輸出

第二次傳入 **2** 和 **3** 呼叫時，快取成功地回傳了之前的值，但是當傳入變成 **3** 時，**1** 的結果就已被銷毀了，因為我們將其大小限制為兩個元素。

3. 現在，在其他函式中使用快取，比如 **lru_cache**。

有時，您想要快取的函式我們無法修改。如果您想擁有兩個函式版本，即一個快取的和一個不快取的版本，我們可以改用 **lru_cache** 的函式版本，而不是使用**修飾器**版本，因為修飾器只是一種把另一個函式當成引數的函式：

```
import functools
import time
def func(x):
    time.sleep(1)
    print(f"Heavy operation for {x}")
    return x * 10
cached_func = functools.lru_cache()(func)
```

現在，我們可以使用原版的 **func** 或它的快取版本 **cached_func**：

```
print("Cached func returned:", cached_func(1))
print("Cached func returned:", cached_func(1))
print("Func returned:", func(1))
print("Func returned:", func(1))
```

輸出結果如下：

```
Heavy operation for 1
Cached func returned: 10
Cached func returned: 10
Heavy operation for 1
Func returned: 10
Heavy operation for 1
Func returned: 10
```

圖 6.45：使用 lru_cache 函式的輸出

我們可以看到快取版本的函式在第二次呼叫時沒有執行程式碼，但不快取的版本卻執行了程式碼。

您剛剛已學習到如何使用 **functools** 來快取函式的值。只要情況適用，這是提高應用程式效能的一種非常快速的方法。

Partial

functools 中另一個常用的函式是 **partial**。**partial** 讓我們能提供一些引數值給現有函式。它類似於其他語言（如 C++ 或 JavaScript）中的綁定引數，只是 **partial** 適用於 Python 函式。**partial** 可讓您不再需要指定位置引數或關鍵字引數，當我們將需要接受引數的函式做成不需要接受引數的函式時非常實用。讓我們來看一些例子：

您將使用一個函式，它簡單地接受三個引數並印出它們：

```
def func(x, y, z):
    print("x:", x)
    print("y:", y)
    print("z:", z)
func(1, 2, 3)
```

輸出結果如下：

```
x: 1
y: 2
z: 3
```

圖 6.46：簡單地印出參數

您可以使用 **partial** 來轉換這個函式，讓它接受更少的傳入引數。這可以有兩種實作方式，常用的那種是跳過關鍵字的參數，這更能表現它的功能；或者也可以跳過位置參數：

```
import functools
new_func = functools.partial(func, z='Wops')
new_func(1, 2)
```

輸出結果如下：

```
x: 1
y: 2
z: Wops
```

圖 6.47：使用 partial 轉換輸出

您現在不需傳入 **z** 引數即可呼叫 **new_func**，因為您已經透過 **partial** 函式提供了一個值。**z** 引數的值，就一直都會是 **partial** 呼叫時提供的那個值。

如果您想用**位置引數**的話，那麼將從左到右依序綁定您傳入的引數，這代表如果您只傳入一個引數，之後就不用再提供 **x** 引數了：

```
import functools
new_func = functools.partial(func, 'Wops')
new_func(1, 2)
```

輸出結果如下：

```
x: Wops
y: 1
z: 2
```

圖 6.48：位置引數的輸出

練習 98：建立一個寫入 stderr 的 print 函式

透過使用 **partial**，還可以將可選引數重新綁定到不同的預設值，讓我們可改變函式的預設值。您將看到如何用 **print** 函式來建立一個 **print_stderr** 函式，**print_stderr** 函式的寫入目標為 **stderr**。

在這個練習題中，您將建立一個類似於 **print** 的函式，但改為輸出到 **stderr**，而不是 **stdout**：

1. 研究 **print** 的引數。

   首先，您需要研究 **print** 接受的引數是什麼。您可以呼叫 **help** 來查看 **print** 文件提供的資訊：

```
help(print)
```

輸出結果如下：

```
Help on built-in function print in module builtins:

print(...)
    print(value, ..., sep=' ', end='\n', file=sys.stdout, flush=False)

    Prints the values to a stream, or to sys.stdout by default.
    Optional keyword arguments:
    file:  a file-like object (stream); defaults to the current sys.stdout.
    sep:   string inserted between values, default a space.
    end:   string appended after the last value, default a newline.
    flush: whether to forcibly flush the stream.
```

圖 6.49：print 引數

您想動手腳的引數是 **file**，它能指定想要寫入的串流。

2. 輸出到 **stderr**。

現在，若是印出可選引數 file 的預設值，會是 **sys.stdout**，但是您可以藉由傳入 **sys.stderr** 改變輸出的目標：

```
import sys
print("Hello stderr", file=sys.stderr)
```

輸出結果如下：

```
Hello stderr
```

圖 6.50：印出到 stderr

當您印出到 **stderr** 時，會看到輸出一如預期般變成紅色。

3. 使用 partial 修改預設值。

您可以使用 **partial** 來指定要傳入的引數並建立一個新函式。將 **file** 綁定到 **stderr**，輸出如下：

```
import functools
print_stderr = functools.partial(print, file=sys.stderr)
print_stderr("Hello stderr")
```

輸出結果如下：

$$\text{Hello stderr}$$

圖 6.51：利用 partial 將輸出改到 stderr

很好，動作結果符合預期；我們現在得到了一個函式，它修改了可選引數 **file** 的預設值。

活動 17：對類別方法使用 partial

雖然 **partial** 是 **functools** 模組中一個非常實用和通用的功能，但當我們試圖將它套用到**類別**方法上時，似乎是不可行的。

故事的一開始，您在一家為超級英雄建模的公司工作。由於前面的開發人員試圖使用 **functools.partial** 建立一個叫 **reset_name** 函式，但以下程式碼片段似乎無法正常動作，所以您被要求要修好它。請探索 **functools**，透過對**類別**方法使用 **partial**，使下面的程式碼片段可正常地工作。

在這個活動中，您將探索 **partial** 模組，以了解如何在更進階的使用情境中使用 **partial**。此活動可在 Jupyter Notebook 上進行：

```python
import functools
if __name__ == "__main__":
    class Hero:
        DEFAULT_NAME = "Superman"
        def __init__(self):
            self.name = Hero.DEFAULT_NAME

        def rename(self, new_name):
            self.name = new_name

        reset_name = functools.partial(rename, DEFAULT_NAME)

        def __repr__(self):
            return f"Hero({self.name!r})"
```

當我們嘗試對這個類別使用 **partial** 來建立 **reset_name** 方法時，有些東西似乎無法正常運作。請透過之前使用 **partial** 的方式，使下面的程式碼可以執行：

```
if __name__ == "__main__":
    hero = Hero()
    assert hero.name == "Superman"
    hero.rename("Batman")
    assert hero.name == "Batman"
    hero.reset_name()
    assert hero.name == "Superman"
```

> 📖✏️ **Note**
>
> 上述程式碼可以在 GitHub 上找到：*https://packt.live/33AxfPs*。

步驟：

1. 執行程式碼並查看它的錯誤。

2. 藉由執行檢查 **help（functools）**，找到 **functools.partial** 的替代方案。

3. 請使用 **functools.partialmethod** 實作新類別。

> 📖✏️ **Note**
>
> 此活動的解答在第 604 頁。

總結

您已經看過了標準函式庫中的許多模組，以及它們如何幫助您撰寫已良好測試且更容易閱讀的程式碼。但是，還有很多模組需要探索和理解，才能有效地使用它們。我們了解到，Python 擁有龐大的標準函式庫，而且在許多情況下，它提供的工具程式集合是透過進階 API 擴展的。請把心態建立成在嘗試撰寫自己的程式碼之前,先查看如何使用標準函式庫解決問題,這樣您就可以成為更好的 Python 程式設計師。

現在您已經對標準函式庫有了一些了解,將開始更深入地研究如何讓 Python 程式設計師覺得我們的程式碼更容易閱讀,也就是通稱的 Python 風格程式碼。雖然盡可能地使用標準函式庫是一個好的開始,但是我們將在第七章,*Python 風格*中看到更多的提示與技巧。

Python 風格

概述

在本章結束時，您將能夠把建立 list 的運算式寫的簡潔又好讀；對 list、dictionary 和 set 使用 Python 綜合表達式；使用 `collections.defaultdict` 避免在使用 dictionary 時出現例外；撰寫迭代器，使 Python 能夠存取您自己的資料類型；解釋生成器函數和迭代器之間的關係，並將它們的複雜計算寫成可延遲；使用 `itertools` 模組簡潔地表達複雜的資料序列，並使用 `re` 模組處理 Python 中的正規表達式。

介紹

Python 不僅僅是一種程式設計語言,它也是由程式設計師社群合作的成果,這群人使用、維護和喜歡 Python 程式設計語言。與任何社群一樣,它的成員有共同的文化和價值觀。Python 社群的價值觀在 Tim Peter 的文件 *The Zen of Python*(*PEP 20*)中有個很好的總結,其中包括以下這一句:

"會有一個明顯的解決方案,而且最好只有一個。"

Python 社群與另一個以 Perl 語言為中心的程式設計師社群有著長期的良性競爭歷史。Perl 的設計理念是解決方案不會只有一種方法(*There Is More Than One Way To Do It* TIMTOWTDI,發音為 "Tim Toady")。雖然 Tim Peter 在 *PEP 20* 中講的那一句話是在挖苦 Perl,但它也代表了 Python 的概念。

如果程式碼清晰而明顯地按照 Python 程式設計師所期望的方式運作,那麼它就是符合 Python 風格的程式碼。有時候,撰寫 Python 風格程式碼是最容易,並且也是最簡單的解決方案。但是,如果您正在撰寫類別、資料結構或模組給其他程式設計師使用的話,那麼有時您就必須多做一些工作,以便他們以簡單方法,達成想做的事情。讓使用您模組的人比修改您模組的人來得多,就是個正確的方向。

在前一章中,我們介紹了不同的標準函式庫,了解在處理資料時,日誌記錄有多好用。本章將介紹一些符合 Python 風格的語言用法和函式庫功能。在前一章中,您已經探索了集合物件是如何工作的。現在,您將透過探索對 list、set 和 dictionary 使用集合綜合表達式,來進一步增加這方面的知識。迭代器和生成器讓您能在自己的程式碼中加入類似 list 的行為,以便在使用您的程式碼時,可以更符合 Python 風格。您還將研究 Python 標準庫中的一些型態和函式,它們使您可以更容易撰寫和理解集合的進階應用。

使用這些工具可以使您更容易地閱讀、撰寫和理解 Python 程式碼。在當前的開源軟體世界中,資料科學家正透過 Jupyter Notebook 分享他們的程式碼,而符合 Python 風格的程式碼就是您通往全球 Python 社群的道路。

使用 list 綜合表達式

list 綜合表達式是用一種靈活、富有表現力的方式，以撰寫用來建立值序列的 Python 運算式。它們會迭代輸入並隱式地建立結果 list，以便讓寫和讀程式碼的人都能夠把注意力放在 list 呈現的意義上。它的精煉使 list 綜合表達式成為一種符合 Python 風格的處理 list 或 sequence 方式。

list 綜合表達式是用我們已經看過的 Python 語法寫成的，用代表一個 list 的中括號包圍前後（ **[]** ）。若在 list 綜合表達式中包含 **for**，代表要 Python 迭代集合成員。另外，使用熟悉的 **if** 運算式，還可以從 list 中刪除元素。

練習 99：list 綜合表達式

在這個練習題中，您將撰寫一個程式來建立一個 1 到 5 整數的立方所組成的 list。這個範例很簡單，因為我們要把重點放在如何建立 list，而不是對 list 的每個成員執行特定的操作。

儘管如此，在現實世界中您可能還是需要做這類事情。例如，如果您要寫一個程式，透過圖形來教學生函數。該應用程式可能需要一個由 **x** 座標組成的 list，並生成一個由 **y** 座標組成的 list，以便它可以繪製函數的圖。一開始，您可能會用已經學過的 Python 功能來撰寫這個程式：

1. 打開一個 Jupyter Notebook，輸入下列程式碼：

```
cubes = []
for x in [1,2,3,4,5]:
        cubes.append(x**3)
print(cubes)
```

您應該會得到以下輸出：

```
cubes = []
for x in [1,2,3,4,5]:
    cubes.append(x**3)
print(cubes)

[1, 8, 27, 64, 125]
```

圖 7.1：1 到 5 整數的立方

要理解這段程式碼，需要一直記著 cubes 變數（以空 list 開始）和 **x** 變數的狀態，**x** 變數被當作一種指示，以跟蹤程式正在處理 list 中的哪個位置。但這些都與當前的任務無關，當前的任務是要列出每個數字的立方。所以，去掉所有不相關的細節會更好，甚至更符合 Python 風格。幸運的是，list 綜合表達式讓我們能做到這一點。

2. 現在撰寫下面的程式碼，用一個 list 綜合表達式換掉前面的迴圈：

```python
cubes = [x**3 for x in [1,2,3,4,5]]
print(cubes)
```

您應該會得到以下輸出：

```python
cubes = [x**3 for x in [1,2,3,4,5]]
print(cubes)

[1, 8, 27, 64, 125]
```

圖 7.2：替換掉迴圈後顯示 1 到 5 的整數立方

這樣寫的意思是，"對於 **[1,2,3,4,5]** list 中的每個成員，把它稱做 **x**，計算 **x**3 運算式，並將其放入由立方值組成的 list 中"。這裡使用的 **[1,2,3, 4,5]** list 可以是任何類似 list 的物件：例如，一個 range。

3. 現在您甚至可以把程式碼改寫成這樣，使這個範例更簡單：

```python
cubes = [x**3 for x in range(1,6)]
print(cubes)
```

您應該會得到以下輸出：

```python
In [4]:   cubes = [x**3 for x in range(1,6)]
          print(cubes)

          [1, 8, 27, 64, 125]
```

圖 7.3：優化後程式碼的輸出

現在程式碼已盡可能的簡潔，它沒有告訴您電腦是依照什麼流程建立數值 1、2、3、4 和 5 的立方值組成的 list，而是告訴您，**x** 從 1 開始直到小於 6，它會計算每個 **x** 的立方值。這就是 Python 風格程式碼的本質：當您告訴電腦它應該做什麼的時候，減少您所說的和您想要表達的之間的差距。

在建立一個 list 時，list 的綜合表達式也可以用來過濾它的輸入資訊。要做到這一點，您可以在綜合表達式的最後加入一個 **if** 運算式，這個運算式是查驗過輸入值後，回傳 **True** 或 **False** 的一個運算式。當您希望讓 list 中的某些值通過而忽略其他值時，這是非常有用的。舉個例子，您可以用社群網站每篇貼文中找到的照片建立一個縮圖 list，用這個 list 建立一個圖片庫，但只有當貼文是圖片而不是文字時才這麼做。

4. 您希望讓 Python 輸出蒙提・派森（Monty Python）劇團演員的名字，但只輸出以 **"T"** 開頭的名字。請在 Notebook 中輸入以下 Python 程式碼：

```
names = ["Graham Chapman", "John Cleese", "Terry Gilliam", "Eric
Idle", "Terry Jones"]
```

5. 這些就是您要用的名字。請輸入以下綜合表達式 list，只留下 **"T"** 開頭的名字，並對這些名字進行操作：

```
print([name.upper() for name in names if name.startswith("T")])
```

您應該會得到以下輸出：

```
In [7]: names = ["Graham Chapman", "John Cleese", "Terry Gilliam", "Eric Idle", "Terry Jones"]
        print([name.upper() for name in names if name.startswith("T")])

        ['TERRY GILLIAM', 'TERRY JONES']
```

圖 7.4：優化後程式碼的輸出

透過完成這個練習，我們使用 list 綜合表達式建立了一個篩選資料組成的 list。

練習 100：使用多個輸入 list

到目前為止，您看到的所有範例都是透過對一個 list 的每個成員執行運算式來建立另一個 list。您也可以寫出適用於多個 list 的綜合表達式，只要元素名字標明屬於哪個 list 即可。

> **Note**
>
> 蒙提・派森劇團（Monty Python）是英美資源集團股份有限公司（Anglo-American）的一個喜劇團體的名字，知名作品有英國廣播公司（BBC）1969 年的電視節目《蒙提・派森劇團的飛行馬戲團》（Monty Python's Flying Circus），以及 1975 年的《蒙提・派森劇團與聖杯》（Monty Python and the Holy Grail）、舞臺劇和唱片。這個劇團在國際上，特別是在電腦科學界，已經受到廣泛的歡迎。Python 語言就是以這個組織命名的。垃圾郵件（spam）這個詞現在被用來代表未經請求的電子郵件和其他不受歡迎的數值通信，它也源自於蒙提・派森劇團的一幅素描，在這幅素描中，一家咖啡館幽默地堅持把罐頭肉（或 spam）和其他所有餐點一起供應。其他笑話、場景和劇組中的名字也經常可以在範例甚至是官方 Python 文件中看到。因此，如果您在瀏覽教學文件時遇到過莫名奇妙的名字或奇怪的情況，現在您就知道為什麼了。

為了示範怎麼使用多個輸入 list，在這個練習題中，您將把兩個 list 的元素相乘。在《蒙提・派森劇團的飛行馬戲團》中，Spam 咖啡館以僅供應少數幾種加工肉製品而聞名。您將使用 Spam 咖啡館菜單中標示的餐點組成來探索多重 list 綜合表達式：

1. 將此程式碼輸入 Jupyter Notebook：

```
print([x*y for x in ['spam', 'eggs', 'chips'] for y in [1,2,3]])
```

您應該會得到以下輸出：

```
In [8]: print([x*y for x in ['spam', 'eggs', 'chips'] for y in [1,2,3]])
         ['spam', 'spamspam', 'spamspamspam', 'eggs', 'eggseggs', 'eggseggseggs', 'chips', 'chipschips', 'chipschipschips']
```

圖 7.5：同步印出兩個 list 的元素

從結果可以看出程式以巢式方式迭代集合，最右邊的集合在巢式的內部，而最左邊的集合在外部。此處，當 **x** 為 **spam** 時，**y** 等於 1、2、3 的順序計算 **x*y**，然後 **x** 才會變成 **eggs**，依此類推。

2. 調換 list 的順序：

```
print([x*y for x in [1,2,3] for y in ['spam', 'eggs', 'chips']])
```

您應該會得到以下輸出：

```
In [9]: print([x*y for x in [1,2,3] for y in ['spam', 'eggs', 'chips']])
         ['spam', 'eggs', 'chips', 'spamspam', 'eggseggs', 'chipschips', 'spamspamspam', 'eggseggseggs', 'chipschipschips']
```

圖 7.6：調換 list 後的輸出

調換 list 的順序會改變綜合表達式的結果順序。現在，**x** 一開始會被設定為 1，然後 **y** 分別被設定為 **spam**、**eggs** 和 **chips**。接著 **x** 被設定為 2，依此類推。雖然任何單一乘法的結果並不會因為順序產生差異（例如，結果 **spam*** 2 和 2***spam** 都等於 **spamspam**），但事實上 list 是以不同的順序迭代，所以是用不同的序列計算得到相同的結果。

例如，同一個 list 可以在 list 綜合表達式中重複迭代多次，**x** 和 **y** 所屬的 list 可以是相同的：

```
numbers = [1,2,3]
print([x**y for x in numbers for y in numbers])
```

您應該會得到以下輸出：

$$[1, 1, 1, 2, 4, 8, 3, 9, 27]$$

圖 7.7：多次迭代 list

在接下來的活動中，我們將為四位參賽者的國際西洋棋錦標賽建立賽程。我們要使用 list 綜合表達式和過濾器來編排出最好的賽程。

活動 18：國際西洋棋錦標賽

在這個活動中，您將使用 list 綜合表達式建立國際西洋棋錦標賽的賽程。賽程是種字串，用來表達 “選手 1 對選手 2”。因為使用白棋者有一點點優勢，所以您還需要產生 “選手 2 對選手 1” 的賽程，這樣比賽才公平。但您不希望人們和自己對弈，所以您也應該排除 “選手 1 對選手 1” 這樣的情況。

您需要透過以下步驟完成此活動：

1. 打開一個 Jupyter Notebook。
2. 定義選手名單：**Magnus Carlsen**、**Fabiano Caruana**、**Yifan Hou**、**Wenjun Ju**。
3. 建立一個 list 綜合表達式，使用選手名單 list 兩次，以便用正確的格式建立錦標賽賽程。
4. 在綜合表達式中加入過濾條件，這樣選手就不會與自己對弈。
5. 印出錦標賽賽程。

您應該會得到以下輸出：

```
In [1]:  names = ["Magnus Carlsen", "Fabiano Caruana", "Yifan Hou", "Wenjun Ju"]
         fixtures = [f"{p1} vs. {p2}" for p1 in names for p2 in names if p1 != p2]
         print(fixtures)

['Magnus Carlsen vs. Fabiano Caruana', 'Magnus Carlsen vs. Yifan Hou', 'Magnus Carlsen vs. Wenjun Ju', 'Fabiano Caruana vs.
Magnus Carlsen', 'Fabiano Caruana vs. Yifan Hou', 'Fabiano Caruana vs. Wenjun Ju', 'Yifan Hou vs. Magnus Carlsen', 'Yifan H
ou vs. Fabiano Caruana', 'Yifan Hou vs. Wenjun Ju', 'Wenjun Ju vs. Magnus Carlsen', 'Wenjun Ju vs. Fabiano Caruana', 'Wenju
n Ju vs. Yifan Hou']
```

圖 7.8：預期要看到的錦標賽賽程

> 📖 **Note**
>
> 此活動的解答在第 607 頁。

Set 和 Dictionary 綜合表達式

在 Python 中 list 綜合表達式是一種簡潔地建立值序列的方法。還有其他形式的綜合表達式，您可以使用它們來建立其他集合型態。set 是一個無序的集合；您可以看到 set 中有哪些元素，但是不能索引 set 中的元素，也不能在 set 中的特定位置插入物件，因為 set 中的元素是無序的。一個元素只能在 set 中出現一次，而在 list 中可以出現多次。

如果希望快速檢查物件是否在一個集合中，但不需要知道集合中物件的順序，那麼此時就很適合使用 set。例如，有一個 web 服務用一個 set 來跟蹤所有使用中的 session token，在該 web 服務收到請求時，就可以檢查收到的 session token 是否與使用中的 session token 匹配。

dictionary 是一種由物件對組成的集合，其中一個物件稱為鍵，另一個稱為值。這樣一來，您可以將一個值與一個特定的鍵設為相關聯，之後您就可以向 dictionary 查詢與該鍵關聯的值。每個鍵只能在 dictionary 中出現一次，但是多個鍵可以關聯到相同的值。雖然 "dictionary（字典）" 這個名稱暗示一種名詞與其定義之間的關係，但 dictionary 通常被當作索引使用（因此，dictionary 綜合表達式通常用於建立索引）。以前面的 web 服務範例來說，使用該服務的不同使用者可能擁有不同的許可權，限制了可執行的動作。web 服務可以建立一個 dictionary，其中的鍵是 session token，值代表使用者許可權。這樣 web 服務就可以快速判斷是否允許讓特定 session 去執行請求。

set 和 dictionary 綜合表達式的語法看起來非常類似於 list 綜合表達式，只要用大括號（`{}`）代替中括號（`[]`）即可。set 和 dictionary 綜合表達式的差別在於如何描述元素，對 set 來說，您只需要指出單個元素，例如，`{x for x in...}`。而對於 dictionary 來說，您需要指出一個包含鍵和值的對，例如 `{key:value for key in...}`。

練習 101：使用 set 綜合表達式

list 和 set 之間的差別在於 list 中的元素有順序性，而 set 中的元素沒有順序性。這代表著 set 不能包含重複項目；在一個 set 中，某個物件最多只會存在一個。

在這個練習題中，您將把 set 綜合表達式轉換成一個 set：

1. 在一個 Notebook 上輸入以下綜合表達式程式碼，建立一個 list：

```
print([a + b for a in [0,1,2,3] for b in [4,3,2,1]])
```

您應該會得到以下輸出：

```
In [1]:  [a + b for a in [0,1,2,3] for b in [4,3,2,1]]
Out[1]:  [4, 3, 2, 1, 5, 4, 3, 2, 6, 5, 4, 3, 7, 6, 5, 4]
```

圖 7.9：得到的 list

2. 現在將結果 list 變成一個 set。

    將綜合表達式的中括號改為大括號：

```
print({a+b for a in [0,1,2,3] for b in [4,3,2,1]})
```

您應該會得到以下輸出：

```
In [2]:  {a+b for a in [0,1,2,3] for b in [4,3,2,1]}
Out[2]:  {1, 2, 3, 4, 5, 6, 7}
```

圖 7.10：沒有重複項目的 set

注意，在步驟 2 中建立的 set 比在步驟 1 中建立的 list 要短得多，會這樣的原因是 set 不包含重複的項目；假設我們試著計算 **4** 在兩種集合中出現了多少次，那麼 list 中是出現四次（因為 0 + 4 = 4，1 + 3 = 4，2 + 2 = 4 以及 3 + 1 = 4），但 set 不保留重複項目，所以 **4** 只出現一次。如果您刪除步驟 1 list 中重複項目，那麼您會得到的 list 是 [4,3,2,1,5,6,7]。由於 set 也不保留其元素的順序,因此在步驟 2 建立的 set 中,數值會以不同的順序出現。但事實上,由於 Python 中 **set** 類型的實作關係,所以 set 中的數值會依大小順序出現。

練習 102:使用 dictionary 綜合表達式

大括號綜合表達式也可用於建立 dictionary。綜合表達式中 **for** 關鍵字左邊的運算式應該放一個綜合表達式。將生成 dictionary 鍵的運算式寫在冒號的左邊,將生成值的運算式寫在右邊。注意,dictionary 中的鍵不能重複。

在這個練習題中,您將建立一個 dictionary,其中含有 list 中所有名字的長度,並印出每個名字的長度:

1. 把蒙提・派森劇團的明星名單寫在 Notebook 中:

```
names = ["Eric", "Graham", "Terry", "John", "Terry"]
```

2. 使用綜合表達式建立可用名字長度來查找的 dictionary:

```
print({k:len(k) for k in ["Eric", "Graham", "Terry", "John", "Terry"]})
```

您應該會得到以下輸出:

```
In [1]: names = ["Eric", "Graham", "Terry", "John", "Terry"]
        print({k:len(k) for k in ["Eric", "Graham", "Terry", "John", "Terry"]})

{'Eric': 4, 'Graham': 6, 'Terry': 5, 'John': 4}
```

圖 7.11:一個可用來做查找的 dictionary,鍵為 list 中名字的長度

請注意,**Terry** 的項目只出現一次,因為 dictionary 不能包含重複的鍵。您已經為所有名字建好一份索引,這份索引的鍵為名字。這樣的索引在遊戲中可能很有用,它可以用來當作選手的分數表的排版依據,而不必一再重複地計算每個選手的名字長度。

活動 19：使用 dictionary 綜合表達式與多個 list 建立成績單

您是一個著名大學的後端開發人員，校務人員要求您根據學生在考試中取得的成績為學生建立一個示範成績單。

在這個活動中，您的目標是使用 Python 中的 dictionary 綜合表達式和多個 list 為學院的 4 名學生建立一個示範成績單。

讓我們按照以下步驟來做：

1. 建立兩個單獨的 list：一個是存放學生的名字，另一個是存放他們的分數。

2. 建立一個 dictionary 綜合表達式，這個表達式會迭代一個 range 中的數字，range 的範圍與名字和分數 list 的長度相同。綜合表達式需要建立一個 dictionary，其中第 i 個成員，其鍵為第 i 個名字，值為第 i 個得分。

3. 印出結果 dictionary 以確保它是正確的。

   您應該會得到以下輸出：

```
In [6]:  print(scores)

         {'Vivian': 70, 'Racheal': 82, 'Tom': 80, 'Adrian': 79}
```

圖 7.12：一個 dictionary，用鍵值對代表名字和分數

> 📖 **Note**
>
> 此活動的解答在第 608 頁。

預設 Dictionary

當您試圖存取不存在的鍵的值時，內建 dictionary 類型會認為發生了一個錯誤。它將引發 **KeyError**，您必須處理這個錯誤，否則您的程式就會崩潰。通常這是件好事。如果程式設計師得到的鍵不正確，這可能代表存在一個錯誤或對使用 dictionary 的方式有所誤解。

雖然這通常是件好事，但也不總是如此。有時候，程式設計師不知道 dictionary 裡有什麼是合理的；例如，dictionary 是根據使用者提供的檔案建立，或是根據網路請求的內容建立的情況。在這種情況下，程式設計師所期望的任何鍵都可能不存在，但是到處都要處理 **KeyError** 的發生實在是非常乏味、重複，並且模糊程式碼真正想做的事。

為了處理這種情況，Python 提供了 **collection.defaultdict** 類型。它用起來像一般的 dictionary，不同之處在於您可以為它提供一個函式，該函式的功能是建立一個預設值，以便在缺少鍵時使用。這樣的情況下就不會引發錯誤，而是呼叫該函式並回傳結果。

練習 103：採用預設 Dict

在這個練習題中，您將使用一個一般的 dictionary，當試圖存取一個丟失的鍵時，會引發一個 **KeyError**：

1. 為 **john** 建立一個 dictionary：

```
john = { 'first_name': 'John', 'surname': 'Cleese' }
```

嘗試使用 **middle_name** 當作鍵，但現在 dictionary 中沒有定義該鍵：

```
john['middle_name']
```

您應該會得到以下輸出：

```
In [1]: john = { 'first_name': 'John', 'surname': 'Cleese' }
        john['middle_name']
        ---------------------------------------------------------------------------
        KeyError                                  Traceback (most recent call last)
        <ipython-input-1-63d140c09c07> in <module>
              1 john = { 'first_name': 'John', 'surname': 'Cleese' }
        ----> 2 john['middle_name']

        KeyError: 'middle_name'
```

圖 7.13：KeyError：'middle_name'

2. 現在，從 **collections** 中匯入 **defaultdict**，並將前面的 dictionary 包裝
   為 **defaultdict**：

```
from collections import defaultdict
safe_john = defaultdict(str, john)
```

第 1 個引數是字串型態建構函式，因此缺少鍵將以空字串作為值。

3. 嘗試對包裝過的 dictionary 使用一個未定義的鍵：

```
print(safe_john['middle_name'])
```

您應該會得到以下輸出：

```
In [2]:  from collections import defaultdict
         safe_john = defaultdict(str, john)
         safe_john['middle_name']

Out[2]:  ''
```

圖 7.14：在包裝過的 dictionary 中查詢未定義鍵時，不會拋出錯誤

在這個階段不會觸發例外；而是會回傳一個空字串。**defaultdict** 的建構
函式的第 1 個引數，稱為 **default_factory**，可以是任何可呼叫（即類似
函式的）物件。您可以把鍵傳遞給它來計算出一個值，或者回傳一個相關
的預設值。

4. 建立一個 **defaultdict**，這個 **defaultdict** 使用 lambda 作為它的 **default_
   factory**：

```
from collections import defaultdict
courses = defaultdict(lambda: 'No!')
courses['Java'] = 'This is Java'
```

對於未定義的鍵，這個 dictionary 將回傳來自 **lambda** 的一個值。

5. 用一個未定義的鍵存取這個新的 dictionary 的值：

```
print(courses['Python'])
'No!'
```

您應該會得到以下輸出：

```
In [4]:   from collections import defaultdict
          courses = defaultdict(lambda: 'No!')
          courses['Java'] = 'This is Java'

In [5]:   print(courses['Python'])
          No!
```

圖 7.15：未定義鍵的值是 lambda 的回傳值

6. 存取這個新的 dictionary 中已定義鍵的值：

```
print(courses['Java'])
```

輸出結果如下：

```
In [6]:   print(courses['Java'])
          This is Java
```

圖 7.16：Java 鍵的值

使用預設 dictionary 的好處是，在您知道 dictionary 中可能缺少您想要的鍵時，您可以使用預設值，而不必在程式碼中寫滿例外處理程式碼。這也是 Python 精神的另一個例子：如果您的意思是 "使用 "foo" 鍵的值，但若 "foo" 不存在，就用 "bar" 這個值"，那您就該抱著這個想法寫程式，而不是 "使用 "foo" 鍵的值，但如果得到的是一個例外，而且該例外是 **KeyError** 的話，就使用 "bar" 這個值"。

預設 dict 非常適合處理不可信任的輸入，比如使用者選擇的檔案或透過網路接收的物件。網路服務不應該期望它從客戶端取得的任何輸入都是有著良好的格式。如果該網路服務要在一個請求中接收一個 JSON 物件，那麼它應該為資料不是 JSON 格式的情況做好準備。如果資料確實是 JSON，那麼程式就不應該期望客戶端會完整提供所有 API 定義的鍵。預設 dict 提供了一種非常簡潔的方法來處理這些未指定的資料。

迭代器

Python 綜合表達式能夠找到 list、range 或其他集合物件中所有項目的秘密是一個迭代器。在您自己的類別中支援迭代器的話，它們將可以在綜合表達式、**for...in** 迴圈，以及任何 Python 需要與集合物件打交道的地方使用。您的集合物件必須實作一個名為 **__iter__()** 的方法，這個方法會回傳迭代器。

迭代器本身也是一個帶有簡單協定的 Python 物件，它必須提供一個 **__next__()** 方法。每次 **__next__()** 被呼叫時，迭代器會回傳集合物件中的下一個值。當迭代器到達集合物件的尾端時，**__next__()** 會發出 **StopIteration** 例外來代表迭代終止。

如果您在其他程式設計語言中使用過例外，那麼您可能會驚訝於，怎麼會用例外來表示這種相當常見的情況。畢竟，多數迴圈都會結束，所以這並不是特殊情況。Python 對於例外的使用並不是那麼的專制，它更傾向於注重簡單性和表達性，而不是建立通用規則。

一旦您學會了建立迭代器的技術，就有了無限的應用。您自己的集合物件或類似集合物件的類別可以提供迭代器，讓使用的程式設計師可以符合 Python 風格，利用諸如綜合表達式之類的集合物件技術來使用它們。例如，將資料模型儲存在資料庫中的應用程式，可以使用迭代器在迴圈或綜合表達式中，檢索出與查詢匹配的所有行，並將每一列做成單獨的物件。當您的資料模型物件在每次呼叫迭代器的 **__next__()** 方法時都秘密地執行一個資料庫查詢時，程式設計師的想法可以是這樣："對資料庫中的每一列都這樣做"，並將其視為一個由列組成的 list。

練習 104：最簡單的迭代器

讓您的類別能提供迭代器的最簡單方法，是使用來自另一個物件的迭代器。如果您正在設計的類別，是一個用來控制內部集合物件的類別，那麼讓程式設計師使用該內部集合物件的迭代器，來迭代您的物件可能會是一個好主意。在這種情況下，只要讓 **__iter__()** 回傳該迭代器即可。

在這個練習題中，您將撰寫一個 **Interrogator** 類別，它會向人們提出一些怪問題。它的建構函式接受輸入一個由問題組成的 list。您將撰寫這個程式，並逐一印出問題：

1. 在 Notebook 中輸入建構函式：

```
class Interrogator:
  def __init__(self, questions):
    self.questions = questions
```

在一個迴圈中使用 **Interrogator** 代表想要依序發問每一個問題，若想實作這一點，最簡單的方法是使用問題集合物件的迭代器。因此，請實作 **__iter__()** 方法來回傳該物件。

2. 加入 **__iter__()** 方法：

```
  def __iter__(self):
    return self.questions.__iter__()
```

現在您可以建立一個由問題組成的 list，利用該 list 將問題交給 **Interrogator**，並在迴圈中使用該物件。

3. 建立一個由問題組成的 list：

```
questions = ["What is your name?", "What is your quest?", "What is
the average airspeed velocity of an unladen swallow?"]
```

4. 建立一個 **Interrogator** 物件：

```
awkward_person = Interrogator(questions)
```

5. 現在於 **for** 迴圈中使用該 **Interrogator** 物件：

```
for question in awkward_person:
  print(question)
```

您應該會得到以下輸出：

```
for question in awkward_person:
  print(question)
```

```
What is your name?
What is your quest?
What is the average airspeed velocity of an unladen swallow?
```

圖 7.17：Interrogator 的問題列表

從表面上看，您所做的只是在問題集合物件與 **Interrogator** 類別中間加了一點動作。從實作的角度來看，這個看法是完全正確的。然而，從設計的角度來看，您所做的更加強大。因為您設計的是一個 **Interrogator** 類別，程式設計師可以要求迭代它內含的問題，而您不必告訴程式設計師在 **Interrogator** 中如何儲存問題的任何資訊。雖然它現在只是將一個方法呼叫轉發給一個 list 物件，但是您未來可以將它修改為使用 SQLite3 資料庫或 web 服務呼叫，而且使用 **Interrogator** 類別的程式設計師不需要修改任何東西。

若要對付更複雜的情況，您就需要撰寫自己的迭代器。迭代器需要實作一個 **__next__()** 方法，該方法回傳集合物件中的下一個元素，或在到達尾端時引發 **StopIteration** 例外。

練習 105：自訂迭代器

在這個練習題中，您將實作一個稱為埃氏質數篩選法（Sieve of Eratosthenes）的經典演算法。若要找到 2 和上界 **n** 之間的所有質數，首先，要列出該範圍內的所有數。然後因為 2 是質數，所以回傳它。接著，從 list 中刪除 2 以及 2 的所有倍數，並回傳新的最小數（即 3）。一直繼續執行，直到集合中再也沒有任何數值。使用此方法回傳的每個數字都是下一個更大的質數，這麼做能找出質數的原因是，您在集合中找到要回傳的任何數字在前面的步驟中都沒有被刪除，所以除了它本身之外沒有更低的質因數。

首先，建立類別的架構。它的建構函式需要取得上界值並生成一個由可能的質數組成的 list。物件可以是它自己的迭代器，所以它的 **__iter__()** 方法將回傳自己：

1. 定義 **PrimesBelow** 類別及其初始化器：

```
class PrimesBelow:
    def __init__(self, bound):
        self.candidate_numbers = list(range(2,bound))
```

2. 執行 **__iter__()** 方法並回傳自己：

```
    def __iter__(self):
        return self
```

演算法的主體會放在 **__next__()** 方法中。在每次迭代中，它都會找到下一個最小質數。如果找不到，就會產生 **StopIteration** 例外。如果找到，它將從集合物件中篩除該質數及其倍數，然後回傳該質數。

3. 定義 **__next__()** 方法和退出條件。如果集合物件中沒有剩餘的數值，則可以停止迭代：

```
    def __next__(self):
        if len(self.candidate_numbers) == 0:
            raise StopIteration
```

4. 在 **__next__()** 的實作中，選擇集合物件中最小的數作為 **next_prime** 的值，並在回傳新的質數之前，移除該數的任何倍數：

```
        next_prime = self.candidate_numbers[0]
        self.candidate_numbers = [x for x in self.candidate_numbers
if x % next_prime != 0]
        return next_prime
```

5. 請使用這個類別的一個實例找出所有小於 100 的質數：

```
primes_to_a_hundred = [prime for prime in PrimesBelow(100)]
print(primes_to_a_hundred)
```

您應該會得到以下輸出：

```
In [2]:  primes_to_a_hundred = [prime for prime in PrimesBelow(100)]
         print(primes_to_a_hundred)

         [2, 3, 5, 7, 11, 13, 17, 19, 23, 29, 31, 37, 41, 43, 47, 53, 59, 61, 67, 71, 73, 79, 83, 89, 97]
```

圖 7.18：100 以下所有質數

這個練習示範了如何用 Python 迭代器實作一個迭代演算法，可以將該物件視為一個集合物件使用。事實上，程式實際上並沒有建立含有所有質數的集合物件；是您自己在步驟 5 透過使用 **PrimesBelow** 類別建立的。**PrimesBelow** 只是在您每次呼叫 **__next()__** 方法時，就生成一個數字。這是一種不讓程式設計師看到演算法實作細節的好方法。無論您提供一個可迭代物件集合，還是一個在請求時計算每個值的迭代器，程式設計師都可以用完全相同的方式得到結果。

練習 106：控制迭代

在迴圈或綜合表達式中，您不是一定要使用迭代器，可以使用 **iter()** 函式來取得其引數的迭代器物件，然後將其傳遞給 **next()** 函式來從迭代器回傳下一個值。這些函式會分別呼叫 **__iter__()** 和 **__next__()** 方法。您可以使用它們在迭代過程中加入自訂行為，或者對迭代做更多的控制。

在這個練習題中，您將印出 5 以下的質數。當物件再也沒有質數可用時，將引發錯誤。在此您將使用在前面的練習中建立的 **PrimesBelow** 類別：

1. 從一個 **PrimesBelow** 實例取得迭代器。**PrimesBelow** 是您在練習 *105*，自訂迭代器中建立的類別，所以如果您留存了為那個練習建立的 Notebook，您可以在 Notebook 尾端的儲存格中輸入下面的程式碼：

```
primes_under_five = iter(PrimesBelow(5))
```

2. 重複呼叫 **next()** 並代入 **PrimesBelow** 物件，以生成下一個質數：

```
next(primes_under_five)
```

您應該會得到以下輸出：

```
2
```

現在，請再次執行這段程式碼。

```
next(primes_under_five)
```

您應該會得到以下輸出：

```
3
```

3. 當物件用完所有質數後，下一次呼叫 **next()** 會產生 **StopIteration** 錯誤：

```
next(primes_under_five)
```

您應該會得到以下輸出：

```
In [1]:  primes_under_five = iter(PrimesBelow(5))
         next(primes_under_five)
         2
         next(primes_under_five)
         3
         next(primes_under_five)

---------------------------------------------------------------------
NameError                                 Traceback (most recent call last)
<ipython-input-1-c81778c59ded> in <module>
----> 1 primes_under_five = iter(PrimesBelow(5))
      2 next(primes_under_five)
      3 2
      4 next(primes_under_five)
      5 3

NameError: name 'PrimesBelow' is not defined
```

圖 7.19：當物件用完質數時拋出 StopIteration 錯誤

對於要處理一系列輸入的程式（包括命令直譯器）來說，能夠手動逐步執行迭代非常實用。您可以將輸入串流視為迭代一個由字串組成的 list，其中每個字串代表一個命令。呼叫 **next()** 取得下一個命令，確定要做什麼，然後執行它。最後印出結果，並回傳到 **next()** 以等待後續命令。當 **StopIteration** 被觸發時，代表使用者不再對您的程式下更多的命令，所以就可以退出了。

Itertools

迭代器對於描述性序列（如 Python list 和 range）和序列（sequence）類的物件集合（如您自己的資料類型）非常有用，它們能提供一種依序存取其內容的方法。迭代器在使用這些類型時變得很容易，也符合 Python 風格。Python 函式庫中有一個 **itertools** 模組，該模組由一些精選的實用函式組成，用於組合、操作和使用迭代器。在本節中，您將用到該模組中的兩個實用工具。但 **itertools** 還有很多其他可用的工具，所以請一定要查看它的官方文件。

迭代工具的一個重要用途是處理無限序列。在有很多情況下序列沒有結束的時候：例如從數學中的無窮序列到圖形應用程式中的事件迴圈。圖形化使用者介面通常是以一個事件迴圈為中心建立的，在這個事件迴圈中，程式會等待一個事件發生（例如按鍵、滑鼠按一下、計時器到期或其他事件），然後對其做出反應。事件串流可以被視為一種由事件物件組成的無窮序列，程式從序列中取得下一個事件物件並執行其相對工作。可使用 Python 的 **for..in** 迴圈或綜合表達式來迭代像這樣無止盡的序列。在 **itertools** 中有一些函式可以為無窮序列提供一個查看範圍，下面的練習將介紹其中一個。

練習 107：使用無窮序列和 takewhile

有一個埃氏質數篩選法的替代演算法是按順序測試每個數，看它是否有自己之外的因數。雖然這個演算法會比埃氏質數篩選法花費更多的時間，但是它使用的空間較少。

在這個練習題中，您將實作一個比用埃氏質數篩選法產生質數，花費更少空間的演算法：

1.　在 Notebook 中輸入這個迭代器演算法：

Exercise107.ipynb

```
class Primes:
    def __init__(self):
        self.current = 2
    def __iter__(self):
        return self
    def __next__(self):
        while True:
            current = self.current
            square_root = int(current ** 0.5)
            is_prime = True
```

https://packt.live/32Ebiiw

> 📖 **Note**
>
> 如果上面連結中的程式無法顯示結果，請將完整連結輸入到 *https://nbviewer.jupyter.org/* 網站。
>
> 例如：本題的完整連結是 *https://github.com/PacktWorkshops/The-Python-Workshop/blob/master/Chapter07/Exercise107/Exercise107.ipynb*。

> 📖 **Note**
>
> 您剛剛輸入程式碼中的類別是一個迭代器，但是它的 **__next__()** 方法不會觸發 **StopIteration** 例外，這代表著 **StopIteration** 永遠不會發生。即使您心裡知道它回傳的每個質數都比前一個大，但綜合表達式並不知道這件事，所以您不能只是單純地刪除大值。

2. 輸入以下程式碼以取得一個由小於 100 的質數組成的 list：

```
[p for p in Primes() if p < 100]
```

因為迭代器不會觸發 **StopIteration** 例外，所以這個程式永遠不會結束，您必須強迫它退出。

3. 點擊 Jupyter Notebook 中的 **Stop** 按鈕。

您應該會得到以下輸出：

```
------------------------------------------------------------------------
KeyboardInterrupt                       Traceback (most recent call last)
<ipython-input-23-afd3c871a33d> in <module>()
----> 1 [p for p in Primes() if p < 100]

<ipython-input-23-afd3c871a33d> in <listcomp>(.0)
----> 1 [p for p in Primes() if p < 100]

<ipython-input-22-c1ad65bf0095> in __next__(self)
     11             if square_root >= 2:
     12                 for i in range(2, square_root + 1):
----> 13                     if current % i == 0:
     14                         is_prime = False
     15                         break

KeyboardInterrupt:
```

圖 7.20：強制退出迭代器

為了使用這個迭代器，**i'tertools** 提供了 **takewhile()** 函式，該函式將迭代器包裝在另一個迭代器中。您還可以為 **takewhile()** 提供一個 Boolean 函式，它將迭代您所提供的迭代器，並取得值，直到函式回傳 **False** 為止，這時它會引發 **StopIteration** 並停止。這樣就可以從先前輸入的序列中找到小於 100 的質數。

4. 使用 **takewhile()** 函式將無窮序列轉化為有限序列：

```
import itertools
print([p for p in itertools.takewhile(lambda x: x<100, Primes())])
```

您應該會得到以下輸出：

```
[2, 3, 5, 7, 11, 13, 17, 19, 23, 29, 31, 37, 41, 43, 47, 53, 59, 61, 67, 71, 73, 79, 83, 89, 97]
```

圖 7.21：使用 takewhile 函式生成一個有限序列

令人驚訝的是，把一個有限序列轉化為無窮序列也是很實用的。

練習 108：將一個有限序列轉換為一個無窮序列，然後再轉換回來

這個練習的背景是一種回合制遊戲，比如西洋棋。玩白棋的玩家會先走，然後，換玩黑棋的玩家開始他們的回合，然後白色，黑色，白色，黑色，白色…以此類推直到遊戲結束。如果您有一個由白、黑、白、黑、白等等組成的無窮 list，那麼您可以看下一個元素是什麼來決定該輪到誰：

1. 將玩家輸入 Notebook：

```
import itertools
players = ['White', 'Black']
```

2. 使用 **itertools** 的 **cycle** 函式生成一個換誰下的無窮序列：

```
turns = itertools.cycle(players)
```

為了示範它的行為符合預期，您需要將它轉換回一個有限序列，您才能查看 **turns** 迭代器開頭的一些成員。您可以使用 **takewhile()**，在這裡，將其與 **itertools** 中的 **count()** 函式結合使用，這會產生一個無窮序列。

3. 列出西洋棋遊戲中前 10 手的玩家順序：

```
countdown = itertools.count(10, -1)
print([turn for turn in itertools.takewhile(lambda x:next(countdown)>0, turns)])
```

您應該會得到以下輸出：

```
['White', 'Black', 'White', 'Black', 'White', 'Black', 'White', 'Black', 'White', 'Black']
```

圖 7.22：使用 takewhile 函式列出西洋棋遊戲中前 10 手的玩家

這是一種 "循環（round-robin）" 演算法，用於將動作（在本例中是西洋棋一手）賦值給資源（在本例中是玩家），這個演算法除了棋盤遊戲之外，還有更多的應用。例如一種在多個伺服器之間的簡單負載平衡的方法實作，可用於在 web 服務或資料庫應用程式，是建立一個可用伺服器的無窮序列，然後為每個傳入請求依次選擇一個伺服器。

生成器

執行其所有計算並回傳值，然後將控制權交給取得該值的呼叫者，並不是函式唯一可能的行為。它還可以生成一個值，該值將控制權（和值）回傳給呼叫者，同時保留函式中的狀態。之後，它可以再產生另一個值，或者最終回傳代表完成工作的回傳值。這樣的函式被稱為生成器（generator）。

生成器非常有用，因為它們讓程式延遲執行或推遲計算結果，直到需要時才進行計算。例如，計算 π 值的小數是一項困難的工作，而且隨著小數位數的增加，這項工作會變得更加困難。如果您撰寫了一個程式來顯示 π 值，那麼您可能計算了前面 1,000 個數字。如果此時使用者只要求看到前 10 位小數，那麼大部分的努力都白費了。使用生成器，您可以推遲高成本的工作，直到您的程式實際需要結果。

在現實世界中，生成器能夠派上用場的一個實際範例是處理 I/O。來自網路服務的資料串流可以用生成器模擬，生成器能夠持續產生可用資料，直到串流關閉時回傳剩餘資料。使用生成器讓程式的控制權在 I/O 串流出現可用資料時，和處理資料的呼叫者之間來回傳遞。

Python 在內部將生成器函式轉換為一種實作迭代器協定（比如實作 **__iter__**、**__next__**，和 **StopIteration** 例外）的物件，所以您花費力氣在上一節去了解迭代，也代表著您已經知道生成器在做什麼。您為生成器撰寫任何東西，都能被等效迭代器物件替換。然而有時候，生成器更容易撰寫也比較好懂。撰寫更容易理解的程式碼就是 Python 精神的定義。

練習 109：埃氏質數篩選法生成器

在這個練習題中，您將把埃氏質數篩選法重寫成一個生成器函式，並將其與迭代器版本的結果進行比較：

1. 將埃氏質數篩選法重寫成能產生值的生成器函式：

```python
def primes_below(bound):
    candidates = list(range(2,bound))
    while(len(candidates) > 0):
        yield candidates[0]
        candidates = [c for c in candidates if c % candidates[0] != 0]
```

2. 確認結果與迭代器版本相同：

```python
[prime for prime in primes_below(100)]
```

您應該會得到以下輸出：

```
In [2]: print([prime for prime in primes_below(100)])
        [2, 3, 5, 7, 11, 13, 17, 19, 23, 29, 31, 37, 41, 43, 47, 53, 59, 61, 67, 71, 73, 79, 83, 89, 97]
```

圖 7.23：100 以下所有質數

這就是一個生成器的全部程式；它們只是以另外一種不同方式呈現迭代器。然而，它們確實傳達了不同的設計意圖；特別是，控制的流程將在生成器和它的呼叫者之間來回切換。

為什麼 Python 同時提供迭代器和生成器呢？這個問題的答案可以在練習 109，埃氏質數篩選法生成器中的最後部分找到。雖然它們做著同樣的事情，但是它們揭露了不同的設計意圖。在介紹生成器的 Python 增強建議書（PEP）

（*https:// www.python.org/dev/peps/pep-0255/*）中的 "motivations" 和 "Q&A"
部分有更多的說明，供希望深入研究的人閱讀。

活動 20：用隨機數求 Pi 的值

蒙地卡羅（Monte Carlo）方法是一種技術，用隨機數取得近似的數值解。名稱
源自於著名的賭場，機率是蒙地卡羅方法的核心。他們使用隨機抽樣來取得難
以進行決定性計算的函數的資訊。蒙地卡羅方法在科學計算中經常用於探索機率
分佈，在量子物理和計算生物學等其他領域也經常使用到。而在經濟學中，它們
也被用來探究金融工具在不同市場條件下的行為，蒙地卡羅方法被應用在許多
領域中。

在這個活動中，您將使用蒙地卡羅方法來找到一個 π 的近似值。它的工作邏輯
是這樣的：兩個隨機數 **(x,y)**，出現範圍在 **(0,0)** 和 **(1,1)** 之間，代表一個位
於 **(0,0)** 邊長為 **1** 的正方形中的隨機點：

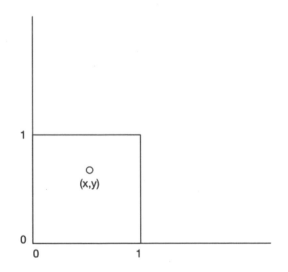

圖 7.24：邊長為 1 的正方形中的隨機點

利用畢達哥拉斯定理（Pythagoras' Theorem），如果 $$\sqrt{x^2 + y^2}$$ 的
值小於 **1**，則該點也位於一個以 **(0,0)** 為圓心、半徑為 **1** 的圓的右上部分：

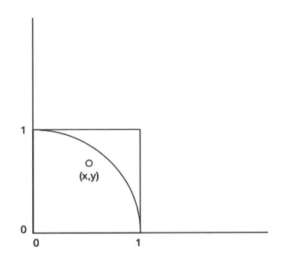

圖 7.25：應用畢達哥拉斯定理認定該點在圓的範圍內

現在請生成大量的點，計算落在圓內點的數量，然後將圓內的點數除以生成的總點數，您就可以得到一個近似的圓面積，也就是 $\pi/4$。將這個值乘以 4，您就得到了一個近似值。資料科學家經常使用這種技術來尋找某種複雜機率分佈曲線下的區域面積。

請寫一個生成器來產生下一個 π 的估計值。步驟如下：

1. 請定義您的生成函式。

2. 將點的總數和圓範圍內的點數設定為 0。

3. 執行以下列子步驟 10,000 次：

   使用 Python 的 **random.random()** 函式生成兩個 0 到 1 之間的數字。

   總點數加 1。

   使用 **math.sqrt()** 找出由前面兩個數字代表的點離 (0,0) 有多遠。

   若距離小於 1；把圓內的點數加 1。

   計算您的 π 估計值：4 *(圓內點數)/(總點數)。

   如果您生成的點數是 1,000 的倍數，那麼就請生成一個 π 近似值。如果您已經生成 10,000 個點，就回傳估計值。

4. 請檢查估算出來的多個 π 近似值，並檢查它們與真實值（**math.pi**）有多接近。

請注意，因為這個活動使用隨機數，所以您得到的結果不會完全和這裡的一致：

```
print(estimates)
print(errors)
```

```
[3.236, 3.232, 3.2106666666666666, 3.206, 3.1824, 3.1633333333333336, 3.1582857142857144, 3.1645, 3.1577777777777776]
[0.0944073464102071, 0.09040734641020709, 0.06907401307687344, 0.06440734641020684, 0.04080734641020678, 0.0217406797435404
36, 0.016693060695921247, 0.022907346410206753, 0.016185124187984457]
```

圖 7.26：產生多個 π 估計值的生成器

> 📖 **Note**
>
> 此活動的解答第 609 頁。

正規表達式

正規表達式（regular expression 或 regex）是一種專門目的的程式設計語言，其語法是為有效率和彈性字串比較所訂定。正規表達式在 1951 年由 Stephen Cole Kleene 發起，目前已經成為搜尋和操作文字的流行工具。舉一個使用情況如下，如果您正在寫一個文字編輯器，而您想強調所有 web 文件的連結，並且讓這些連結可以被點選，可以搜尋以 HTTP 或 HTTPS 開頭，後面接 **://**，然後再接一堆可印出字元，直到可印出字元結束為止（如看到空白、分行符號或文字的結束）。使用標準的 Python 語法，想要做到這件事是可能的，但是您最終會寫出一個非常複雜的迴圈，而且很難完全沒有錯誤。若是使用正規表達式，您可以用 **https?://\S+** 進行匹配即可。

本節不會教您完整的正規表達式語法，因為已經有更好的資源了。例如，請查看 Félix López 和 Victor Romero 的《*Mastering Python Regular Expressions*》（*https://packt.live/2ISz4zs*）。本節將教您如何使用 Python 的 **re** 模組來處理 Python 中的正規表達式。也就是說，只會用到少量的正規表達式語法，所以讓我們來看一下處理前面那種 URL 的正規表達式：

- 大多數字元匹配它們自己，所以在正規表達式中的 "**h**" 代表著 "精確匹配字母 **h**"。

- 用中括號括起來的字元代表可替代的選擇，因此，如果我們認為一個 web 連結可以是大寫開頭的話，我們可以在開頭處寫 "[Hh]"，代表 "匹配 H 或 h"。在 URL 的主體中，我們希望匹配任何非空白字元，而又不想將它們一個個全部都寫出來，此時可以使用 **\S** 字元類別。其他字元類別包括 **\w**（單詞字元），**\w**（非單詞字元）和 **\d**（數值）。

- 使用到兩個量詞：? 代表 "0 或 1 次"，因此 "s?" 代表 "如果此時文字沒有 s 或只有一個 s 就匹配"。量詞 + 代表 "1 次或多次"，因此 "\S+" 代表 "一個或多個非空白字元"。另外還有一個量詞 *，代表 "0 次或更多次"。

  您將在本章使用到的其他 regex 功能如下：

- 括號 () 代表編號子運算式，有時稱為 "抓取分組"。它們按照它們在運算式中出現的順序從 1 開始編號。

- 反斜線後面帶數字，代表前面出現過的編號子運算式。例如，**\1** 代表第 1 個子運算式。這種寫法可以用來取代匹配到的文字，或是將一部分的正規表達式儲存起來以供同一個運算式的後方使用。由於 Python 對字串中的反斜線解讀方法的關係，所以在 Python 正規表達式中要寫成 **\\1**。

因為很多軟體都會處理文字，所以正規表達式在軟體開發過程中有各式各樣的用途。例如用 Python 程式驗證 web 應用程式中的使用者輸入、在文字檔中搜尋和替換項目，以及在應用程式日誌檔中查找事件時，都可以使用正規表達式。

練習 110：用正規表達式匹配文字

在這個練習題中，您將使用 Python 的 **re** 模組查找字串中重複的字母。

您將使用的正規表達式是 **(\w) \\1+"." (\w)**，代表要從一個單詞中搜尋單個字元（即找尋任何字母或底線 **_**），並將其儲存在一個編號的子運算式 **\1** 中。然後，**\\1+** 使用了量詞，用意是查找同一個字元是否出現一次或多次。使用這個正規表達式的步驟如下：

1. 匯入 **re** 模組：

```
import re
```

2. 定義要用來搜尋的字串，以及用來搜尋的樣式：

```
title = "And now for something completely different"
pattern = "(\w)\\1+"
```

3. 搜尋樣式並印出結果：

```
print(re.search(pattern, title))
```

您應該會得到以下輸出：

```
In [1]:  import re
         title = "And now for something completely different"
         pattern = "(\w)\\1+"
         print(re.search(pattern, title))

         <re.Match object; span=(35, 37), match='ff'>
```

圖 7.27：使用 re 模組搜尋字串

re.search() 函式會在目標字串中的所有位置進行搜尋：如果它沒有找到任何匹配，將回傳 **None**。如果您只想在字串的開頭進行樣式匹配，可以使用 **re.match()**。或是，把搜尋樣式修改成以行起始標記（**^**）開始 **re.search("^(\w)\\1+", title)** 也可以達到相同的目的。

練習 111：使用正規表達式替換文字

在這個練習題中，您將使用正規表達式將字串中出現的樣式替換為另一種樣式。步驟如下：

1. 定義要搜尋的的文字：

```
import re
description = "The Norwegian Blue is a wonderful parrot. This
parrot is notable for its exquisite plumage."
```

2. 定義要尋找的樣式，及其替代：

```
pattern = "(parrot)"
replacement = "ex-\\1"
```

3. 使用 **re.sub()** 函式替換搜尋到的樣式：

```
print(re.sub(pattern, replacement, description))
```

您應該會得到以下輸出：

```
In [1]:  import re
         description = "The Norwegian Blue is a wonderful parrot. This parrot is notable for its exquisite plumage."
         pattern = "(parrot)"
         replacement = "ex-\\1"
         print(re.sub(pattern, replacement, description))

         The Norwegian Blue is a wonderful ex-parrot. This ex-parrot is notable for its exquisite plumage.
```

圖 7.28：替換字串中出現的樣式

替換中的抓取組 **"\1"**，代表搜尋樣式中第一個被小括號括起來的運算式。在本例中，抓取組抓到的單詞是 **parrot**。這樣的寫法讓您能在替換字串中使用單詞 **parrot**，而不需自己鍵入。

活動 21：正規表達式

在您的線上零售公司，您的經理提出了一個促銷的點子。倉庫裡有一大堆舊的 "X 檔案" DVD，她決定免費送一張給任何名字裡有字母 x 的顧客。

在這個活動中，您將使用 Python 的 **re** 模組來尋找符合條件的客戶。如果 x 出現在名字的開頭，那麼就可以是大寫，如果 x 位於客戶名字的中間，則必須是小寫，因此使用正規表達式 **[Xx]** 來搜尋這兩種情況：

1. 建立一個由客戶名字組成的 list。客戶名單為：**Xander Harris**、**Jennifer Smith**、**Timothy Jones**、**Amy Alexandrescu**、**Peter Price** 和 **Weifung Xu**。

2. 使用該名字 list 建立一個 list 綜合表達式，再使用這個綜合表達式留下能匹配 **[Xx]** 正規表達式的名字。

3. 印出由匹配的名字組成的 list，結果應該長得像這樣：

```
['Xander Harris', 'Amy Alexandrescu', 'Weifung Xu']
```

您應該會得到以下輸出：

```
print(winners)
```
```
['Xander Harris', 'Amy Alexandrescu', 'Weifung Xu']
```

圖 7.29：中獎者名單，也就是名字中出現 "Xx" 的那些客戶

> 📖 **Note**
>
> 此活動的解答在第 611 頁。

總結

在這一章中，您已經了解在 Python 中，儘管通常不只會有一種方法來做一些事情，但還是會有一種符合 "Python 風格" 的方法。符合 Python 風格的方法是簡潔又容易理解的，它不會去用一些陳腔濫調的程式碼或是無關的資訊，而是將重點集中在當下的任務上。綜合表達式是一種符合 Python 風格的工具，用於操作集合物件，包括 list、set 和 dictionary。綜合表達式使用了迭代器，可以用類別或生成迭代值的生成器函式撰寫出迭代器。Python 函式庫中提供了多種搭配迭代器使用的實用函式，包括將無窮序列以迭代器的形式呈現。

在下一章中，您將離開 Python 語言的細節部分，轉向去了解如何像一名專業的 Python 程式設計師般工作。您也將會看到如何除錯 Python 程式碼、撰寫單元測試、文件、打包，以及與其他撰寫程式碼人員共用 Python 程式碼。

8

軟體開發

概述

在本章結束時，您將能夠排除 Python 應用程式中的問題；解釋為什麼測試在軟體開發中是重要的；用 Python 編寫測試場景來驗證程式碼；創建一個可以發佈到 PyPI 的 Python 套件；在 web 上編寫和發佈文件，建立 Git 儲存庫並做程式碼版本管理。

介紹

軟體開發不僅只是寫寫程式碼而已。在前面第 7 章，*Python* 風格中，我們講述了一些 Python 風格的概念。當您以專業人員的身分撰寫軟體時，我們希望程式碼達到一定的水準，並且管理和發佈程式碼的方式，也能讓其他開發人員輕鬆接受。

在本章中，您將了解各種概念和工具，它們可以幫助提升您的原始碼和應用程式。您將會看到每個 Python 開發人員會用來測試、撰寫文件、打包程式碼和做版本控制的 Python 工具，並學習有助於除錯現有程式碼的技術。此外，您將撰寫測試來驗證我們的假設和程式碼的實作。這些都是任何公司中成功開發人員的關鍵概念和工具，因為它們讓開發人員能有效地進行開發和協作。最後，您將會看到一些關於使用 Git 管理原始碼版本的基礎知識。

除錯

在開發過程中，您遲早會看到程式的行為與您最初預期的不同的情況。碰到這種情況時，您通常會回顧原始碼，並試圖理解您的期望與所使用的程式碼或輸入之間有什麼不同。"除錯" 或 "問題排除" 的方法有很多種，目的都是要使這個流程變得更容易（大部分是一些通用方法，少部分是 Python 專用的方法）。

通常在程式碼中出現意外結果時，有經驗的開發人員的第一個動作是查看應用程式生成的日誌或任何其他輸出。所以，一個好的起點是嘗試讓日誌記錄更詳盡，就像在第 6 章，標準函式庫中所討論的那樣。如果使用日誌無法排除您的問題，這通常代表著您應該再往回一步檢討我們是如何要求應用程式記錄其狀態和活動，以及如何產生所謂的追蹤記錄，因為這可能是改進它的好機會。

在驗證完程式的輸入和輸出之後，下一步是接收和驗證日誌記錄。對 Python 來說，下一步通常是使用 Python 除錯器 **pdb**。

pdb 模組和它的命令列介面，是一種 **cli** 工具，讓您能在正被 **pdb** 模組執行的程式碼中穿梭，並取得有關程式的狀態、變數和執行中的流程等資訊。有一些

類似的工具和 **pdb** 模組類似,例如 **gdb**,但 **pdb** 模組的層級更高,而且是為 Python 設計的。

有兩種主要的方式可以啟動 **pdb**。您可以執行該工具並提供一個檔案給它,或者使用 **breakpoint** 命令。

舉例來說,請看看下面的例子:

```
# 這是註解
this = "is the first line to execute"
def secret_sauce(number):
    if number <= 10:
        return number + 10
    else:
        return number - 10
def magic_operation(x,y):
    res = x + y
    res *= y
    res /= x
    res = secret_sauce(res)
    return res
print(magic_operation(2,10))
```

當您開始用 **pdb** 執行這個腳本時,它的行為如下:

```
python3.7 -m pdb magic_operation.py
> [...]Lesson08/1.debugging/magic_operation.py(3)<module>()
-> this = "is the first line to execute"
(Pdb)
```

它將在 Python 程式碼的第一行暫停執行,並顯示提示字元,讓我們可以與 **pdb** 互動。

第一行顯示您目前處於哪個檔案中,最後一行顯示 **pdb** 提示字串(**pdb**),它告訴您正在執行的除錯器是哪個,而且它正在等待使用者的輸入。

另一種啟動 **pdb** 的方法是修改原始碼。在程式碼的任何地方，我們都可以寫 **"import pdb;pdb.set_trace()"** 以告訴 Python 直譯器您希望在此處啟動除錯 session。如果您使用的是 Python 3.7 或更高版本，您可以使用 **breakpoint()**。

如果您執行本書 GitHub 儲存庫中的 **magic_operation_with_breakpoint.py** 檔案，這個檔案的程式碼中有一行是 **breakpoint()**，您將看到除錯器在您請求 的地方啟動。

> 📖 **Note**
>
> 前面提到的 **magic_operation_with_breakpoint.py** 檔案可以在 GitHub 上找到：*https://packt.live/2VNsSxP*。

當您在 IDE 或大型應用程式的程式碼中執行東西時，您可以透過使用我們稍後 示範的動作，來做到同樣的效果，但檔案中加入一行 **breakpoint()** 是迄今為止 最簡單且最快的方法：

```
$ python3.7 magic_operation_with_breakpoint.py
> [...]/Lesson08/1.debugging/magic_operation_with_breakpoint.py(7)secret_sauce()
-> if number <= 10:
(Pdb)
```

現在，您可以執行 **help** 來取得所有命令的列表，或者您可以透過執行 **help** 命 令來取得關於特定命令的更多資訊。最常用的命令如下：

- **break filename:linenumber**：在指定的行設定中斷點。設了中斷點之 後，會繼續執行其他的命令，並在您設了中斷點處停止執行程式碼。中斷 點可以設定在任何檔案中，包括標準函式庫也可以。如果我們想在某個模 組的其中一個檔案中設定中斷點，您只要指定符合該 Python 路徑的完整路 徑即可。例如，若想要除錯器暫停在標準函式庫的 HTML 套件的解析器模 組中，您可以執行 **b html/parser:50**，就可以在該檔案的第 50 行程式碼 上暫停。

- **break** 函式：可以請求在呼叫特定函式時暫停程式碼。如果函式在當前的檔案中，您可以傳入函式名稱。如果函式是從另一個模組匯入的，則必須傳遞完整的函式的位置，例如 **html.parser.HTMLParser.reset**，代表要暫停在 **html.parser** 的 **HTMLParser** 類別中的 **reset** 函式。

- **break without arguments**：這將列出程式當前狀態下所有已設定的中斷點。

- **continue**：繼續執行，直到遇見中斷點。這個命令在一個情況下特別有用，就是當您啟動一個程式，在您覺得想查看的所有程式碼行或函式中設定中斷點，然後讓它執行，直到遇見其中任何一個中斷點時暫停。

- **where**：這將印出當前執行中的那行程式碼所在的堆疊追蹤，對於知道是什麼呼叫到這個函式，或在堆疊中移動是很有用的。

- **down** 和 **up**：這兩個命令讓我們在堆疊中移動。如果我們在一個函式呼叫中，可以使用 **up** 移動到函式的呼叫者並檢查該堆疊幀中的狀態，或者在我們向上移動後，也可以再使用 **down** 深入堆疊。

- **list**：從執行停止處開始顯示 11 行程式碼。連續呼叫 **list** 將顯示下一批 11 行程式碼。要從執行停止的地方重新開始，使用 **list**。

- **longlist**：這會顯示當前堆疊幀中函式的原始碼。

- **next**：執行這一行並移動到下一行。

- **step**：執行當前行，並暫停在函式中第一個有機會停止的地方。當您不是只想把一個函式直接執行過去，而是想要單步執行它時，這個命令是很實用的。

- **p**：輸出運算式的值，用來檢查變數的內容很方便。

- **pp**：這個命令讓您能用好看的格式印出運算式。當我們試圖印出長長的結構時，它非常實用。

- **run/restart**：這將重新啟動程式執行，保留所有的中斷點。如果您已經超過了想看到的事件，這個命令就會很實用。

許多功能都有快速鍵：例如，您可以用 **b** 取代 **break**、**c** 或 **cont** 取代 **continue**、**l** 取代 **list**、**ll** 取代 **longlist** 等等。

除了這些函式之外，還有一些其他函式沒有介紹，**pdb** 附帶的工具很多，請使用 **help** 了解所有不同的函式和它們的使用方法。

練習 112：除錯薪水計算器

在這個練習題中，您將使用前面學習到的 **pdb** 技巧，來除錯一個動作不符合預期的應用程式。

以下是一個薪水計算器，我們公司用這個計算器來計算員工每年的加薪幅度。但有一位經理回報說，她只得到了 **20%** 的加薪，而公司規則手冊似乎指出她應該得到 30% 的加薪。

他們只告訴您該名經理的名字是 **Rose**，而且您找到加薪計算器的程式碼如下：

Exercise112.py

```
3 def _manager_adjust(salary, rise):
4     if rise < 0.10:
5         # 必須讓經理滿意
6         return 0.10
7
8     if salary >= 1_000_000:
9         # 經理薪資已相當的高
10            return rise - 0.10
11
12
13 def calculate_new_salary(salary, promised_pct, is_manager, is_good_year):
14     rise = promised_pct
15     # 如果當年度業績情況不好，則減去 10%
16     if not is_good_year:
```

https://packt.live/2MIFaoF

> **Note**
>
> 如果您在 GitHub 上閱讀這段程式碼,您會發現它相當複雜且難以閱讀,但它適用於不同的加薪情況,具體取決於員工是否是經理、當年業績是否好以及目前的薪水等因素。這段程式碼的目的是為您提供一個複雜的程式碼結構,以便您可以按照本練習中提到的步驟進行除錯。這對於開發人員的日常工作也是非常有用的,您需要找到一個方法來對它進行除錯。

下面的步驟將幫助您完成這個練習:

1. 透過問出正確的問題來理解問題。

   第一步是完全理解問題,評估原始碼是否有問題,並取得所有可能的資料。您需要向回報錯誤的使用者和我們自己詢問一些問題,一些常見的問題如下列表:

   他們使用的軟體是什麼版本?

   第一次出現錯誤是什麼時候?

   以前能正常使用嗎?

   問題是間歇性的出現,還是使用者可持續地重現問題?

   當問題出現時,程式的輸入是什麼?

   出問題時的輸出是什麼,期望輸出又是什麼?

   是否有任何日誌或其他資訊來幫助我們除錯該問題?

   以這個案例來說,您了解到只有在我們最新版的腳本才會發生問題,並且回報問題的人可以重現問題。問題只發生在 **Rose** 身上,但這可能與她所提供的引數有關。

   例如,她回報說她目前的薪水是 1,000,000 美元。她被告知自己將得到 30% 的加薪,即使她知道,收入如此之高的經理加薪會減少 10%,但因為公司這一年業績不錯,而她本人也是高收入者,所以仍希望取得那 10% 的獎金，因此加薪總數應該相當於 30%。但她發現自己調整後的薪水是 1,200,000 美元，而不是 1,300,000 美元。

您可以將這些條件轉換為一些**引數**：

salary：1,000,000

promised_pct：0.30

is_manager：True

is_good_year：True

使用者期待的輸出為 1,300,000，而她回報的輸出為 1,200,000。

我們沒有任何執行時期的日誌，因為程式碼沒有使用這個工具。

2. 透過執行 **calculate_new_salary** 函式和已知參數可重現問題。

我們的除錯調查的下一步是確認您可以重現問題。如果您不能重現它，那就代表著我們或使用者所做的一些輸入或假設是不正確的，您應該回到第一步進行澄清。

在這種情況下，嘗試重現問題很容易，您只要代入已知引數執行函式即可：

```
rose_salary = calculate_new_salary(1_000_000, 0.30, True, True)
print("Rose's salary will be:", rose_salary)
```

輸出結果如下：

```
1200000
```

程式的確回傳 **1200000** 而不是 1,300,000，並且您從 HR 規則中知道她應該得到的是 1,300,000。的確，有些東西開始顯得可疑了。

3. 使用其他輸入資料（如 1,000,000 和 2,000,000）再度執行程式碼，以查看差異。

在某些情況下，在執行除錯器之前嘗試使用其他輸入來查看程式的行為是很有幫助的。這可以給您一些額外的資訊。您知道那些薪水超過 100 萬美元的人有一些特殊的規則，所以如果您把這個數字提高到，比如說，提高到 $2,000,000 美元的話，會發生什麼事呢？

假設輸入如下：

```
rose_salary = calculate_new_salary(2_000_000, 0.30, True, True)
print("Rose's salary will be:", rose_salary)
```

現在，輸出變成 240 萬。加薪幅度是 20%，而不是 30%，代表我們的程式碼有問題。

您也可以嘗試改變百分比，讓我們嘗試一下預計加薪幅度 40% 的情況：

```
rose_salary = calculate_new_salary(1_000_000, 0.40, True, True)
print("Rose's salary will be:", rose_salary)
```

輸出結果如下：

```
Rose's salary will be: 1400000
```

有趣的是，她會得到了 **40%** 的加薪，並且沒有任何刪減。

只是透過嘗試不同的輸入，您就能看出 Rose 加薪 30% 的情況真的很特殊。當您開始用下面的步驟除錯時，您應該將注意力放在與加薪幅度相關的程式碼上，因為原本的薪水數字變化不會產生影響。

4. 啟動 **pdb** 除錯器，在您的 **calculate_new_salary** 函式中設定一個中斷點：

```
$ python3.7 -m pdb salary_calculator.py
> /Lesson08/1.debugging/salary_calculator.py(1)<module>()
-> """Adjusts the salary rise of an employ"""
(Pdb) b calculate_new_salary
Breakpoint 1 at /Lesson08/1.debugging/salary_calculator.py:13
(Pdb)
```

5. 現在請執行 **continue** 或 **c** 命令，讓直譯器執行直到函式結束：

```
(Pdb) c
```

輸出結果如下：

```
> /Lesson08/1.debugging/salary_calculator.py(14)calculate_new_salary()
-> rise = promised_pct
(Pdb)
```

6. 執行 **where** 命令，以取得您是如何執行到此處的資訊：

```
(Pdb) where
```

輸出結果如下：

```
  /usr/local/lib/python3.7/bdb.py(585)run()
-> exec(cmd, globals, locals)
  <string>(1)<module>()
  /Lesson08/1.debugging/salary_calculator.py(34)<module>()
-> rose_salary = calculate_new_salary(1_000_000, 0.30, True, True)
> /Lesson08/1.debugging/salary_calculator.py(14)calculate_new_salary()
-> rise = promised_pct
(Pdb)
```

看看 **pdb** 是如何告訴您，您是在 **salary_calculator** 檔案的第 14 行，並且這個函式是由第 34 行呼叫執行的，呼叫時的引數也顯示出來了。

> 📖🖋 **Note**
>
> 如果您想進入呼叫執行該函數的堆疊幀，可以使用 **up**，到達的那一行程式碼會顯示呼叫函數時程式所處的狀態。

當您可以將問題鎖定到程式的某個部分時,您可以一步步地執行程式碼,並檢查執行的行所得到的結果,是否符合您的期望。

這裡的一個重要步驟是,在執行某行程式碼之前,先想一下您期待的執行結果是什麼。這看起來像是會花更多時間,但它是值得的,因為如果其中有一個結果看起來似乎正確,但它其實是不正確的,那麼比起事後確認結果是否正確,判斷它是否符合您的預期會來得更容易。讓我們用您的程式試試看。

7. 執行 **l** 命令來確認我們在程式中的位置,並用 **args** 來印出函式的引數:

> **Note**
>
> 下面會看到除錯器的輸出和我們提供的輸入。

```
(Pdb) l
```

您應該會得到以下輸出:

```
(Pdb) l
  9                 # They are making enough already.
 10                 return rise - 0.10
 11
 12
 13 B   def calculate_new_salary(salary, promised_pct, is_manager, is_good_year):
 14 ->      rise = promised_pct
 15
 16         # remove 10% if it was a bad year
 17         if not is_good_year:
 18             rise -= 0.01
 19         else:
```

圖 8.1:pdb 的輸出

使用 **args** 印出函式的引數:

```
(Pdb) args
```

您應該會得到以下輸出：

```
(Pdb) args
salary = 1000000
promised_pct = 0.3
is_manager = True
is_good_year = True
```

圖 8.2：args 輸出（續）

實際上您暫停在程式碼的第一行上，引數符合您的期待。我們也可以執行 **ll** 來印出整個函式。

8. 使用 **n** 一次執行一行程式碼：

```
(Pdb) n
```

您應該會得到以下輸出：

```
> /Lesson08/1.debugging/salary_calculator.py(17)calculate_new_salary()
-> if not is_good_year:
(Pdb) n
> /Lesson08/1.debugging/salary_calculator.py(23)calculate_new_salary()
-> if is_manager:
(Pdb) n
> /Lesson08/1.debugging/salary_calculator.py(24)calculate_new_salary()
-> rise = _manager_adjust(salary, rise)
```

您接下來要檢查的是今年的業績如何。由於變數值為 **True**，因此它沒有進入分支並跳轉到第 23 行。由於 Rose 是一個經理，所以它會進入該分支，該分支處會執行經理加薪調整。

9. 藉由執行 **p rise** 印出呼叫 **_manager_adjust** 函式之前和之後的加薪幅度。

您可以執行 **step** 來進入該函式，但是錯誤不太可能出現在該函式中，所以您可以在執行函式之前和之後印出當前的加薪幅度。您知道，由於她的收入是 100 萬美元，她的薪水應該要被調整，因此，執行完該函式後加薪應該要是 **0.2**：

```
(Pdb) p rise
0.3
(Pdb) n
> /Lesson08/1.debugging/salary_calculator.py(27)calculate_new_salary()
-> if rise >= 0.20:
(Pdb) p rise
0.19999999999999998
```

調整後的加薪幅度是 **0.19999999999999998** 而不是 **0.20**，這是怎麼回事？顯然，**_manager_adjust** 函式中有問題。您必須重新啟動除錯並研究該問題。

10. 然後，您可以繼續進行第二次除錯，藉由像下面那樣執行 "c"、"c"、"ll" 和 "args" 來印出程式碼和引數：

```
(Pdb) b _manager_adjust
Breakpoint 2 at /Lesson08/1.debugging/salary_calculator.py:3
(Pdb) restart
```

輸出結果如下：

```
Restarting salary_calculator.py with arguments:
        salary_calculator.py
> /Lesson08/1.debugging/salary_calculator.py(1)<module>()
-> """Adjusts the salary rise of an employ"""
(Pdb) c
> /Lesson08/1.debugging/salary_calculator.py(14)calculate_new_salary()
-> rise = promised_pct
(Pdb) c
> /Lesson08/1.debugging/salary_calculator.py(4)_manager_adjust()
-> if rise < 0.10:
(Pdb) ll
  3 B def _manager_adjust(salary, rise):
  4 ->     if rise < 0.10:
  5             # 必須讓經理滿意
  6             return 0.10
  7
  8         if salary >= 1_000_000:
  9             # 經理薪資已相當的高
```

```
 10              return rise - 0.10
(Pdb) args
salary = 1000000
rise = 0.3
(Pdb)
```

您看到輸入符合您所期望的（**0.3**），但是您知道輸出被改掉了。您得到的不是 **0.2**，而是 **0.1999999999999998**。讓我們看看這個函式中的程式碼，以理解發生了什麼事。請執行 **"n"** 三次，直到函式結束，然後使用 **"rv"** 看到的回傳值如下：

```
(Pdb) n
> /Lesson08/1.debugging/salary_calculator.py(8)_manager_adjust()
-> if salary >= 1_000_000:
(Pdb) n
> /Lesson08/1.debugging/salary_calculator.py(10)_manager_adjust()
-> return rise - 0.10
(Pdb) n
--Return--
> /Lesson08/1.debugging/salary_calculator.py(10)_manager_adjust()-
>0.1999999999999998
-> return rise - 0.10
(Pdb) rv
0.1999999999999998
```

您找到錯在哪了：當我們從 **0.30** 中減去 **0.10** 時，得到的結果不像您預期的那樣是 **0.20**。由於浮點數的精確度不高，所以得到了一個奇怪的數字 **0.1999999999999998**。這是電腦科學中一個眾所周知的問題。我們不應該拿浮點數做相等比較，如果您需要使用小數，我們應該改用 decimal 模組，正如前面的章節看過的那樣。

在這個練習題中，您學到的是在執行除錯時如何找出錯誤。找出錯誤後您可以開始思考如何修復這些錯誤，並向同事提出解決方案。

現在，讓我們用一個活動來看一下如何除錯一個用 Python 程式碼撰寫的應用程式。

活動 22：除錯 Python 程式碼

假設場景如下：您有一個程式，功能是為您建立野餐籃的內容。籃中的內容取決於使用者是想吃的比較健康，以及他們是否很餓。您可以為野餐籃提供一組初始內容物，但是使用者也可以透過參數自訂內容物。

一個使用者回報說，當建立多個野餐籃時，他們得到了比預期更多的草莓。當被問及更多資訊時，他們說他們首先嘗試為不餓的人建立一個健康野餐籃，然後為很餓的人建立一個不健康野餐籃，這個籃子裡一開始有一份 "tea（茶）"。這兩個野餐籃都成功的被建立完成，但是當第三個野餐籃是為一個又很餓又想健康飲食的人準備的時候，野餐籃裡的草莓比預期的多了一個。

在此活動中，您需要執行 GitHub 上錯誤重現程式，並查看第三個野餐籃中的錯誤。一旦發現野餐籃有錯誤的情況，就需要除錯程式碼並找出錯誤。

> 📖 **Note**
> 這個活動的程式碼和錯誤重現程式可在 GitHub 上取得：
> *https://packt.live/2MhvHnU*。

下表是對上述場景的整理：

健康飲食？	很餓？	初始內容	輸出
True	False	-	['orange', 'apple', 'strawberry']
False	True	["tea"]	['tea', 'jam', 'sandwich']
True	True	-	['orange', 'apple', 'strawberry', 'strawberry', 'sandwich']

圖 8.3：活動問題的整理表

程式碼範例中有一個錯誤重現程式，因此請用它來繼續除錯，找出程式碼中的問題所在。

請依下面的步驟進行：

1. 首先，用上表中提供的輸入撰寫測試用例。

2. 其次，確認錯誤回報是否真實。

3. 然後，執行程式碼檔案中的錯誤重現程式並確認程式碼中的錯誤。

4. 最後，用 **if** 和 **else** 的簡單邏輯撰寫程式碼。

   您應該會得到以下輸出：

```
In [6]:  print("First basket:", create_picnic_basket(True, False))

         First basket: ['orange', 'apple', 'strawberry']

In [7]:  print("Second basket:", create_picnic_basket(False, True, ["tea"]))

         Second basket: ['tea', 'jam', 'sandwich']

In [8]:  print("Third basket:", create_picnic_basket(True, True))

         Third basket: ['orange', 'apple', 'strawberry', 'sandwich']
```

圖 8.4：野餐籃的預期輸出

📖 **Note**

此活動的解答在第 612 頁。

在下一個主題中，您將學習自動化測試。

自動化測試

即使您已探索並學習了在出現錯誤時如何除錯應用程式，您也寧願應用程式中不要有錯誤。為了增加擁有無 bug 程式碼的機會，大多數開發人員會希望使用自動化測試。

在開發人員職業生涯的初期，大多數人只會在開發程式碼時手動測試程式碼。雖然透過提供一組輸入並驗證程式的輸出，您可以得到程式碼 "可正常工作" 的基本可信度。但是這很快就會變得單調乏味，並且也無法隨著程式碼函式庫的增長和發展而隨之擴展。自動化測試讓您能記錄在程式碼中執行的一系列步驟和刺激，並記下一系列預期輸出。

這對於減少程式碼中的 bug 數量非常有效，因為我們不僅要驗證程式碼，而且還要實作它，此外您還保存所有這些驗證的紀錄，以備將來修改程式碼時使用。

您要為一行程式碼撰寫多少行的測試程式碼，實際上得取決於每個應用程式。拿惡名昭彰的 SQLite 來說，測試程式碼的數量比要進行測試的程式碼還多了一個級數，這些測試程式碼大大地提高了軟體的可信度，在加入功能的新版本發行時，不像其他的系統需要做大量的品質保證（QA）動作，就可以快速發佈。

自動化測試類似於我們在其他工程領域中看到的 QA 流程。它是所有軟體開發的關鍵步驟，在開發系統時應該慎重的規劃。

此外，擁有自動化測試還可以幫助您排除問題，因為我們有一組測試場景，您可以調整這些場景來模擬使用者的輸入和環境，並保留所謂的回歸測試。回歸測試是一種在檢測到問題時加入的測試，以確保問題不會再次發生。

測試分類

在撰寫自動化測試時，首先要考慮的事情之一是 "我們要驗證的東西是什麼？"。這取決於您想做的測試 "層級"，有很多相關文獻討論如何分類不同的測試場景，以及相應依賴項目。撰寫一個測試來驗證我們原始碼中一個簡單的 Python 函式，和撰寫一個測試來驗證一個會連接到網路並發送電子郵件的會計系統是不一樣的。要驗證大型系統，通常需要建立不同類型的測試，一般會有以下幾種類型：

- **單元測試（Unit test）**：這類測試只驗證程式碼的一小部分。通常它們只是在您的某個測試中使用指定的輸入來驗證函式，並且只依賴於已經被其他單元測試驗證過的程式碼。

- **整合測試（Integration test）**：這些是更高一層的測試，它們將驗證程式碼函式庫中不同元件之間的互動（稱為不受環境影響的整合測試），或者驗證程式碼與其他系統和環境之間的互動（稱為受環境影響的整合測試）。

- **功能或點到點測試（Functional or end-to-end test）**：這些通常是真正的高級測試，和環境高度相關，通常會依賴於外部系統，這些系統會以使用者所提供的輸入來驗證解決方案。

假設您要用前面講到的測試來檢驗 Twitter：

- 單元測試將驗證其中一個函式，例如用一個函式檢查訊息主體是否比限定的長度短。

- 整合測試會做的驗證像是，當丟一條 Twitter 訊息到系統時，檢驗其他使用者的觸發器有沒有被呼叫。

- 點到點測試負責確保當使用者寫一條訊息並點擊**送出**時，他們可以在自己的主頁上看到那條訊息。

軟體開發人員偏好使用單元測試，因為單元測試沒有外部依賴關係，而且執行起來更穩定、更快。隨著我們進入越高層次的測試時，就越容易與使用者的動作相關，但整合和點到點測試通常需要較長的時間來執行，因為必須設定好依賴的東西，而且這些東西更不可靠。因為，例如電子郵件伺服器那一天可能停機，這代表著無法執行我們的測試。

> **Note**
>
> 這種分類法是這個領域許多專家工作的簡化。如果您對不同等級的測試感興趣，想要取得正確的測試平衡，那麼著名的測試金字塔（Testing Pyramid）就是一個很好的起點。

測試覆蓋率

測試覆蓋率在社群中經常引發爭論。當您為程式碼撰寫測試時,您會執行它並開始接觸不同的程式碼路徑。隨著您撰寫越來越多的測試,將覆蓋越來越多的受測程式碼。您測試到的程式碼的百分比被稱為**測試覆蓋率**,開發人員會爭論所謂 "正確的百分比" 應該是多少。雖然看起來不必要達到 100% 的覆蓋率,但對於有著大量功能的受測程式碼來說,100% 的覆蓋率看起來仍十分有用,例如從 Python 2 進版到 Python 3 時。然而,這完全取決於您願意在測試您的應用程式上投資多少,並且每個開發人員可能對他們的每個專案都有不同的目標數字。

此外,需要記住的重點是,100% 的覆蓋率並不代表程式碼沒有 bug。您撰寫的測試可能會扎實地操練您的程式碼,但卻無法正確地驗證它,因此要注意不要落入為了達到覆蓋率而撰寫測試的陷阱。測試應該寫成以使用者提供的輸入來測試程式碼。您在撰寫程式時做的一些假設可能會導致問題產生,因此測試應嘗試找到邊界情況,而不僅僅是為了達到某覆蓋率。

用 Python 撰寫測試單元測試

Python 標準函式庫中內建了一個 **unittest** 模組,用於撰寫測試場景和驗證您的程式碼。通常,當您建立測試時,我們會為一個原始碼檔案建立一個測試檔案。在這個測試檔案中,您可以建立一個繼承自 **unittest.TestCase** 的類別,內含一些名字內包含單詞 **test** 的方法,供執行測試。您可以透過諸如 **assertEquals** 和 **assertTrue** 這樣的函式來記錄期望結果,它們屬於基礎類別的一部分,因此您可以存取它們。

練習 113:用單元測試檢查範例程式碼

在這個練習題中,您將為一個函式撰寫並執行一個單元測試,該函式檢查一個數是否能被另一個數整除。這個單元測試將幫助您驗證實作,並可能找出現有的 bug:

1. 建立一個名為 **is_divisible** 函式,它檢查一個數是否能被另一個數整除。將這個函式儲存在一個名為 **sample_code** 的檔案中。

這個函式也在 **sample_code.py** 檔案中,該檔案中只有一個函式,用來檢查一個數是否能被另一個數整除:

```
def is_divisible(x, y):
    if x % y == 0:
        return True
    else:
        return False
```

2. 建立一個 **test** 檔案,它將包含我們函式的測試用例。然後,為測試用例加入骨架:

```
import unittest
from sample_code import is_divisible
class TestIsDivisible(unittest.TestCase):
    def test_divisible_numbers(self):
        pass
if __name__ == '__main__':
    unittest.main()
```

此程式碼匯入要測試的函式 **is_divisible**,以及 **unittest** 模組。然後在開始撰寫測試前套用公共樣板:一個繼承自 **unittest.TestCase** 的類別,以及兩行讓我們能執行程式碼和執行測試的程式碼。

3. 開始撰寫測試程式碼:

```
    def test_divisible_numbers(self):
        self.assertTrue(is_divisible(10, 2))
        self.assertTrue(is_divisible(10, 10))
        self.assertTrue(is_divisible(1000, 1))

    def test_not_divisible_numbers(self):
        self.assertFalse(is_divisible(5, 3))
        self.assertFalse(is_divisible(5, 6))
        self.assertFalse(is_divisible(10, 3))
```

現在您做的是使用 **self.assertX** 這群方法來撰寫測試程式碼。不同類型的斷言要用不同類型的方法。例如，**self.assertEqual** 將檢查兩個引數是否相等，否則就判定測試失敗。在上面的測試中，您使用的是 **self.assertTrue** 和 **self.assertFalse**。

4. 執行測試：

```
python3.7 test_unittest.py -v
```

透過使用 Python 直譯器來執行上面的測試。透過指定 **-v**，您可以在測試執行時取得該測試名稱的相關額外資訊。

您應該會得到以下輸出：

```
test_divisible_numbers (__main__.TestIsDivisible) ... ok
test_not_divisible_numbers (__main__.TestIsDivisible) ... ok
----------------------------------------------------------------------
Ran 2 tests in 0.016s

OK
```

圖 8.5：單元測試輸出

5. 加入更複雜的測試：

```
    def test_dividing_by_0(self):
        with self.assertRaises(ZeroDivisionError):
            is_divisible(1, 0)
```

藉由加入一個傳入 **0** 的測試，您希望看到它是否會引發例外。

assertRaises 管理器將驗證，函式針對當下傳入值會不會引發例外。

好了，現在您擁有一個使用標準函式庫 **unittest** 模組的測試套件了。

單元測試是撰寫自動化測試的好工具，但是社群中似乎更喜歡使用另一個名為 **pytest** 的第三方工具。pytest 讓使用者在函式中使用簡單的函式和使用 Python **assert** 來撰寫測試。

意思是您不需要用到 **self.assertEquals(a,b)**，可以直接寫 **assert a == b**。此外，pytest 還提供了一些增強功能，比如抓取輸出、模組化設定或使用者自訂外掛程式。如果您計畫開發的測試套件中含有好多個測試，請考慮使用 pytest。

用 pytest 撰寫測試

即使標準函式庫涵蓋了撰寫單元測試的模組，但開發人員更常使用 pytest 來執行和撰寫測試。您可以參考 **pytest** 套件以取得更多關於如何使用 pytest 撰寫和執行測試的更多資訊：*https://docs.pytest.org/en/latest/*。

```
from sample_code import is_divisible
import pytest
def test_divisible_numbers():
    assert is_divisible(10, 2) is True
    assert is_divisible(10, 10) is True
    assert is_divisible(1000, 1) is True

def test_not_divisible_numbers():
    assert is_divisible(5, 3) is False
    assert is_divisible(5, 6) is False
    assert is_divisible(10, 3) is False
def test_dividing_by_0():
    with pytest.raises(ZeroDivisionError):
        is_divisible(1, 0)
```

這段程式碼使用 **pytest** 建立三個測試用例。和前面的範例主要的區別在於，類別中可包含 **assert** 方法，您可以自由地撰寫函式並使用 Python 本身的 **assert** 關鍵字。當它們失敗時，也能為我們提供更明確的錯誤回報。

在下一節中，讓我們看看如何建立 PIP 套件。

建立一個 PIP 套件

當您在撰寫 Python 程式碼時，您需要區分**原始碼樹**（**source code tree**）、**原始碼發行版本**（**source distribution**，**sdist**）和**二進位發行版本**（**binary**

distribution)（例如之前提過的 wheel）。您撰寫程式碼的資料夾稱為原始碼樹，因為在資料夾中以樹狀呈現。原始碼樹還包含 Git 檔案、設定檔案和其他一些檔案。原始碼發行版本是將程式碼打包，這樣就可以在任何機器上執行和安裝程式碼，它只包含所有的原始碼，不包含任何與開發相關的內容。二進位發行版本與原始碼發行版本類似，但是它夾帶了準備安裝在系統上的檔案，客戶端主機上不需執行什麼即可安裝。wheel 是二進位發行版本的一個特殊標準，它取代了舊的 Python eggs 格式。當我們使用 Python wheel 時，只會得到準備要安裝的檔案，而不需要做任何編譯或建立步驟，就可以直接使用。這對於內含 C 擴展的 Python 套件來說特別實用。

當您想把程式碼發佈給使用者時，需要建立原始碼或二進位發行版本，然後將它們上傳到儲存庫中。最常見的 Python 儲存庫是 **PyPI**，它讓使用者透過使用 **pip** 來安裝套件。

Python 套件索引（Python Packaging Index，PyPI），是一個由 Python 軟體基金會維護的套件儲存庫，用來存放 Python 套件。任何人都可以把套件發佈到該儲存庫，許多 Python 工具通常預設使用它提供的套件。想從 **PyPI** 取得套件，最常見的方式是透過 **pip**，它是由 **Python Packaging Authority（PyPA）** 負責維護，也是推薦使用的 Python 套件工具。

最常用來封裝我們原始碼的工具是 **setuptools**。使用 **setuptools**，您可以建立一個 **setup.py** 檔案，這個檔案含有關於如何建立和安裝套件的所有資訊。**Setuptools** 提供了一個名為 **setup** 的方法，呼叫它時，應該代入我們想要建立的套件的所有 **metadata**。

下面是一些在您建立套件時可以複製貼上的樣板程式碼：

```
import setuptools
setuptools.setup(
    name="packt-sample-package",
    version="1.0.0",
    author="Author Name",
    author_email="author@email.com",
```

```
    description="packt example package",
    long_description="This is the longer description and will appear in the
      web.",
    py_modules=["packt"],
    classifiers=[
        "Programming Language :: Python :: 3",
        "Operating System :: OS Independent",
    ],
)
```

請特別注意以下參數：

- **Name**：套件的名稱，最好讓它與您的函式庫或匯入名稱相同。

- **Version**：套件版本字串。

- **Py_modules**：要打包的 Python 檔案列表。您還可以使用 **package** 關鍵字指定整個 Python 套件，您將在接下來的練習中探索如何做到這一點。

您現在可以透過執行以下操作來建立原始碼發行版本：

```
python3.7 setup.py sdist
```

這將在 **dist** 資料夾中生成一個檔案，該檔案就是要發送給 PyPI 的檔案。

如果您要安裝的是 **wheel** 套件，您也可以執行下面的程式來建立一個 **wheel**：

```
python3.7 setup.py bdist_wheel
```

生成了 wheel 檔案後，您就可以開始安裝 Twine，Twine 是 PyPA 推薦用於將套件上載到 PyPI 的工具。安裝好 Twine 後，您只需執行以下操作：

```
twine upload dist/*
```

若想測試我們的套件是否正常，可藉由安裝 **dist** 資料夾中的成品來測試。

通常您不會只發送單一個檔案，而是發送一個資料夾中的一整套檔案，變成一個 Python 套件。在這種情況下，不需要逐一指定資料夾中的所有檔案，您可以使用下面這一行程式碼代替 **py_module** 選項：

```
packages=setuptools.find_packages(),
```

這將尋找並把 **setup.py** 檔案所在目錄中的所有套件納入發行。

練習 114：建立一個包含多個檔案的發行版本

在這個練習題中，您將建立自己的套件，這個套件包含多個檔案，並且會把那些檔案都上傳到測試版本的 PyPI 上面：

1. 建立虛擬環境，以及安裝 **twine** 和 **setuptools**。

   先建立一個虛擬環境，其中包含您需要的所有依賴項目。

   確保您在開始時，是在一個**空的**資料夾中：

```
python3.7 -m venv venv
. venv/bin/activate
python3.7 -m pip install twine setuptools
```

   現在您得到所有我們需要用來建立和發佈套件所需的工具了。

2. 建立實際的套件原始碼。

   您將建立一個名為 **john_doe_package** 的 Python 套件。

   請注意，請把 john_doe 修改為您的名和姓：

```
mkdir john_doe_package
touch john_doe_package/__init__.py
echo "print('Package imported')" > john_doe_package/code.py
```

   第二行將建立一個 Python 檔案，您要把它打包到 Python 套件中。

這是一個基本的 Python 套件，只包含一個 **init** 檔案和另一個命名為 **code** 的檔案，如果想要的話，我們還可以加入任意數量的檔案。看到 '**__init__**' 檔案代表該資料夾為 Python 套件。

3. 加入 **setup.py** 檔案。

您需要在原始碼樹的最上層加入一個 **setup.py** 檔案，用來說明我們的程式碼應該如何打包。加入的 **setup.py** 檔案內容如下：

```python
import setuptools
setuptools.setup(
    name="john_doe_package",
    version="1.0.0",
    author="Author Name",
    author_email="author@email.com",
    description="packt example package",
    long_description="This is the longer description and will
      appear in the web.",
    packages=setuptools.find_packages(),
    classifiers=[
        "Programming Language :: Python :: 3",
        "Operating System :: OS Independent",
    ],
)
```

前面的程式碼是一個函式呼叫，您利用該呼叫來傳遞所有描述資料（metadata）。

一定要將 **john_doe_package** 修改為您自己的套件名稱。

4. 透過呼叫 **setup.py** 檔案來建立發行版本：

```
python3.7 setup.py sdist
```

這將建立一個原始碼發行版本，您可以用本地安裝來測試它：

```
cd dist && python3.7 -m pip install *
```

5. 上傳至測試版本的 **PyPI** 上：

```
twine upload --repository-url=https://test.pypi.org/legacy/ dist/*
```

最後一個步驟是將檔案上傳到測試版本的 **PyPI** 上。

要執行這個步驟，您必須有一個測試版本的 **PyPI** 帳號，請到 *https://test.pypi.org/account/register/* 建立一個帳號。

帳號建立完成後，可以執行以下命令將套件上傳到 web 上：

```
$ twine upload --repository-url=https://test.pypi.org/legacy/ dist/*
Uploading distributions to https://test.pypi.org/legacy/
Enter your username: mariocj89
Enter your password:
Uploading john_doe_package-1.0.0.tar.gz
100%|
```

圖 8.6：上傳時 twine 的輸出

過程中將會提示您輸入帳號和密碼。上傳結束之後，您可以到 *https://packt.live/2qj1o7N*，點擊 **project**，然後應該就可以在 **PyPI** web 上看到以下內容：

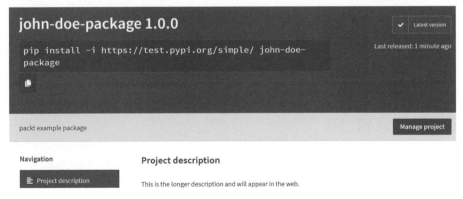

圖 8.7：上傳套件示範網頁

您剛剛發佈了您的第一個套裝軟體。在這個練習題中，您學到了如何建立一個 Python 套件，將其打包並上傳到 **PyPI**。

為您的套件加入更多資訊

現在您已經了解了要如何建立一個非常簡單的套件。當您建立套件時，您還應該加入一個 **README** 檔案，它包含專案的描述，並且是原始碼發行版本的一部分。以預設情況來說，這個檔案會被打包。

假設您想要探索 `setuptools.setup` 可以使用的所有設定，可以透過查看文件，找到許多適合您的套件的描述資料。

此外，為了方便測試，許多人認為將套件的所有原始碼都放在一個 `src` 目錄中是一個很好的做法。這樣做是為了避免讓 Python 直譯器去搜尋您的套件，因為 `src` 目錄屬於當前工作目錄，而 Python 會將當前工作目錄加入到 Python 路徑中。如果您的套件有用到與程式碼打包在一起的資料檔案，那麼您就真的應該使用 `src` 目錄，因為它將迫使您使用已安裝的套件，而不是使用原始碼目錄。

PyPA 最近建立了一份關於如何打包專案的說明，和本書中的討論比起來，該文件包含了更多的細節。

> 📖 **Note**
>
> 如果需要打包多個應用程式，可以考慮查看 *https://packaging.python.org/tutorials/packaging-projects/*。

輕鬆建立文件

全世界的軟體都有文件這個重要的部分，文件讓使用您程式碼的人能夠了解如何呼叫不同的函式，而無須去閱讀程式碼。在本主題中，您將探索多個層級的文件，了解如何撰寫可在控制台和 web 上使用的文件。根據專案的目的和規模，您應該思考文件的廣度，以及它應該包含什麼樣的說明和資訊。

Docstring

在 Python 中，文件屬於語言的一部分。當您宣告一個函式時，可以使用 docstring 來說明它的介面和行為。您可以透過在函式宣告後放一個三引號字串區塊來建立 docstring。docstring 的內容不僅對讀者來說有用，而且對 API 的使用者也有用，因為它是函式、類別或模組的 **__doc__** 特性的一部分。如果我們呼叫 help 函式並代入物件，就會出現 docstring 的內容。舉個例子，請看一下 print 函式的 **__doc__** 特性的內容：

```
print(print.__doc__)
```

```
print(value, ..., sep=' ', end='\n', file=sys.stdout, flush=False)

Prints the values to a stream, or to sys.stdout by default.
Optional keyword arguments:
file:  a file-like object (stream); defaults to the current sys.stdout.
sep:   string inserted between values, default a space.
end:   string appended after the last value, default a newline.
flush: whether to forcibly flush the stream.
```

圖 8.8：印出說明

印出的說明與呼叫 **help(print)** 時的內容相同。您可以建立一個用到 **__doc__** 特性的函式，如下所示：

```
>>>def example():
    """Prints the example text"""
    print("Example")
>>>example.__doc__
'Prints the example text'
```

您現在可以在您的函式中使用 **help**，透過執行 "help(example)" 將會得到以下文字：

```
Help on function example in module __main__:

example()
    Prints the example text
```

圖 8.9：在範例模組的說明內容

docstring 通常會包含一個用來簡短描述函式的標題,以及一個包含詳細說明函式功能的進一步資訊。此外,還可以說明函式接受的所有參數,包括參數的類型、回傳類型以及它是否可能引發任何例外。對於您的使用者,甚至當我們自己以後使用這些程式碼時,這些都是非常有用的資訊。

使用 Sphinx

使用 docstring 來撰寫 API 的說明文件是很實用的,但您需要的通常還會更多。若您希望生成一個帶有函式庫的使用說明和其他資訊的網頁。在 Python 中,最常見的方法是透過 **Sphinx** 來實作。Sphinx 讓您能輕鬆用 **RST** 與一些標記,生成多種格式的文件,如 **PDF**、**epub** 或 **html**。Sphinx 還附帶了多個外掛程式,其中一些外掛程式對 Python 非常實用,比如從 docstring 生成 API 文件,或者讓您能查看 API 的實作程式碼。

透過 **pip** 安裝好 Sphinx 後,會有兩個主要的 CLI 腳本,使用者可以使用這兩個腳本:**Sphinx-build** 和 **Sphinx-quickstart**。第一個腳本的功能是使用 Sphinx 設定建立現有專案文件,而第二個用於快速建立一個專案。

在您建立一個專案時,Sphinx 將為您生成多個檔案,其中最重要的檔案如下:

- **Conf.py**:它包含生成文件時會用到的所有使用者設定。當您想要自訂 Sphinx 的輸出時,這是最常用來放置設定參數的位置。

- **Makefile**:一個易於用來生成文件的 **makefile**,只要用一個簡單的 "make html" 就可以生成文件。內含其他實用的輸出目標,例如執行 **doctests**。

- **Index.rst**:我們文件的主要入口點。

通常大多數專案會在它們的原始碼樹根部建立一個名為 **docs** 的資料夾,以用來放置文件和 Sphinx 相關的所有內容,然後透過安裝或將路徑加入到設定檔中,原始碼就可以參照到該資料夾。

如果您不熟悉 **RST**,最好瀏覽一下 *https://www.sphinx-doc.org/en/master/usage/restructuredtext/basics.html*。它對 **RST** 的特殊語法有一個簡短的解釋,您可以

看到 **RST** 被翻譯成其他特定的 HTML 標籤，例如 **links**、**anchors**、**tables**、**images** 及其他。

除此之外，Sphinx 很容易利用外掛程式擴展，外掛程式中有一些內含在 Sphinx 預設發行版本中。外掛程式讓您能擴展功能來做到一些事情，比如只撰寫一個指令就可以自動為您的模組、類別和函式建立文件。

最後，在使用 Sphinx 生成文件時，可以指定使用多種主題，這些主題都可以在 **conf.py** 中進行設定。通常，您可以在 **PyPI** 上找到更多的 Sphinx 主題，並透過 **pip** 輕鬆安裝。

練習 115：為除法程式碼檔案製作文件

在測試主題中的*練習 113*，用單元測試檢查範例程式碼，曾經用過一個 **divisible.py** 模組，在這個練習題中，您將使用 **sphinx** 撰寫該模組的文件：

1. 建立一個資料夾結構。

   首先，建立一個只內含 **divisible.py** 模組的資料夾，以及另一個名為 **docs** 的空資料夾。**divisible.py** 模組中只有以下程式碼：

```
def is_divisible(x, y):
    if x % y == 0:
        return True
    else:
        return False
```

2. 執行 **sphinx** 快速啟動工具：

   請確定您已安裝了 Sphinx（否則，請執行 **python3.7 -m pip install sphinx -user**）並在 **docs** 資料夾中執行 **sphinx-quickstart**。您可以在出現提示時按下 return 鍵，以保留所有功能的預設值，但請修改以下選項：

   Project name（專案名稱）：**divisible**

   Author name（作者姓名）：在這裡寫下您的名字

   Project Release（專案版本）：1.0.0

Autodoc：y

Intersphinx：y

設定好這些選項後，您就可以開始一個專案了，這個專案可以很容易地用 Sphinx 產生文件並生成 HTML 輸出。另外，您已經啟用了兩個最常見的外掛程式：**autodoc**，我們將使用它來從程式碼生成文件；和 **intersphinx**，它讓您能引用其他 Sphinx 專案，比如 Python 標準函式庫。

3. 首次建立文件。

建立文件很容易，只要在 docs 目錄中執行 make html 就可以將文件以 html 輸出。執行成功後，您就可以用您的瀏覽器打開 **docs/build/html** 資料夾內的 **index.html** 檔案。

您應該會得到以下輸出：

divisible

Navigation

Quick search

[ ] Go

Welcome to divisible's documentation!

Indices and tables

- Index
- Module Index
- Search Page

©2019, Mario Corchero. | Powered by Sphinx 1.8.3 & Alabaster 0.7.12 | Page source

圖 8.10：使用 Sphinx 生成的第一個輸出文件

它雖然內容並不多，但相對於您為它撰寫寥寥無幾的程式碼來說，卻令人印象深刻。

4. 設定 Sphinx 找到我們的程式碼。

下一步是從您的 Python 原始碼生成並納入文件。要做到這一點，您必須做的第一件事就是編輯 docs 資料夾中的 **conf.py** 檔案，取消這三行註解：

```
# import os
# import sys
# sys.path.insert(0, os.path.abspath('.'))
```

取消這三行註解後，最後一行應該修改成像以下這樣，因為您有 divisible 的原始碼，而且放置在我們程式碼的上一層：

```
sys.path.insert(0, os.path.abspath('..'))
```

更好的替代方法是在 Sphinx 執行時去安裝套件，這種方法雖然較不常見，但卻是個更簡單的解決方案。

最後，您將使用另一個稱為 **Napoleon** 的外掛程式，它讓您能使用 **Napoleon** 語法來格式化您的函式。為了要用這個功能，請在 **conf.py** 的擴展列表中，在 'sphinx.ext.autodoc' 後面的擴展變數中加入以下行：

```
'sphinx.ext.napoleon',
```

您可以閱讀 *https://www.sphinx-doc.org/en/master/usage/extensions/napoleon.html* 以取得關於 Sphinx 的 **Napoleon** 語法的更多資訊。

5. 從原始碼生成文件。

    從模組中的文件加入到 Sphinx 非常簡單，您只需將以下兩行加入到 **index.rst** 中即可：

```
automodule:: divisible
:members:
```

    加入這兩行程式碼後，請再次執行 **make html** 並檢查是否出現錯誤。如果沒有出現錯誤，那麼就代表設定好了。您已經將 Sphinx 設定好可將 docstring 中寫的文件內容帶入到您的 **rst** 檔案中了。

6. 加入 docstring。

    為了要讓 Sphinx 有一些可以使用示範的文件內容，我們要在模組層級加入一個 docstring，以及在一個您定義的函式加入另一個 docstring。

    我們的 **divisible.py** 檔案現在看起來應該如下所示：

```
"""Functions to work with divisibles"""
def is_divisible(x, y):
```

```
"""Checks if a number is divisible by another
Arguments:
    x (int): Divisor of the operation.
    y (int): Dividend of the operation.
Returns:
    True if x can be divided by y without reminder,
    False otherwise.
Raises:
    :obj:'ZeroDivisionError' if y is 0.
"""
if x % y == 0:
    return True
else:
    return False
```

您正在使用 **napoleon** 風格語法來定義函式的不同引數,它的回傳值,以及引發的例外。

請注意,此處我們使用了特殊的語法來參照函式引發的例外。這將生成一個連結,指到該例外物件的定義。

再次執行 **make html**,您應該會得到以下輸出:

divisible

Navigation

Quick search

[　　　　　　] Go

Welcome to divisible's documentation!

Functions to work with divisibles

divisible.**is_divisible**(x, y)

　　Checks if a number is divisible by another

Parameters:	• **x** (*int*) – Divisor of the operation.
	• **y** (*int*) – Dividend of the operation.
Returns:	True if x can be divided by y without reminder, False otherwise.
Raises:	`ZeroDivisionError` if y is 0.

Indices and tables

- Index
- Module Index
- Search Page

©2019, Mario Corchero. | Powered by Sphinx 1.8.3 & Alabaster 0.7.12 | Page source

圖 8.11:docstring 的 HTML 文件輸出

您現在可以將文件發佈給使用者了。注意，若您的文件是從原始碼生成的話，它就是能保持最新的狀態。

更複雜的文件

在前面的練習中，您看到了如何從一個非常小的模組產生一份簡單文件。但大多數函式庫還包括介紹和指南以及它們的 API 文件。請把 **Django**、**flask**，或 **CPython** 的文件當作例子，因為它們都是用 Sphinx 生成的。

請注意，如果您想要自己的函式庫被大量且成功地使用，那麼文件就很重要。如果您想要的是 API 的文件，應該只需要使用前面生成的 API 文件即可。不過，有時候也會需要為特定功能建立簡單的指南，或引導使用者完成啟動專案的最常見步驟的教學。

另外，還有一些諸如 Read the Docs 等其他工具，它們能極大地簡化文件的生成和託管。您可以把我們剛剛生成的專案，使用 **readthedocs** 的 UI，就可以將我們的文件託管在 web 上，並在每次您更新我們專案的主分支時就會自動重新生成文件。

> 📖 **Note**
>
> 您可以到 *https://readthedocs.org/* 創建一個帳號，並在 GitHub 中設定您的儲存庫來自動生成文件。

程式碼管理

當您在撰寫程式碼的時期，需要一種方法來追蹤您的程式碼是如何發展的，以不同檔案做過哪些修改。例如，假設您改錯了程式碼，而破壞了該程式碼，或者您已開始修改，但又想回傳到以前的版本。許多人一開始會單純地將原始碼複製到不同的資料夾中，然後根據專案當下在哪個階段的時間戳記來命名這些資料夾，這其實就是在做一種最基本的版本控制。

版本控制是一種系統，透過它您可以持續控制隨著時間的推移而發展的程式碼。某些開發人員已經花費了相當長的時間來建立一個能夠有效地完成這項工作的軟體，而其中最流行的工具之一就是 Git。**Git** 是一個**分散式版本控制系統**（**Distributed Version Control System**），它讓開發人員能在本地管理他們的程式碼、查看歷史，並輕鬆地與其他開發人員協作。一些世界上最大的專案都使用 Git 來管理，比如 Windows 核心、CPython、Linux 或者 Git 本身；然而，Git 一樣適用於小型專案。

儲存庫

儲存庫是一個獨立的工作空間，您可以在其中做修改，並讓 git 記錄修改及追蹤修改的歷史。一個儲存庫包含任意數量的檔案和資料夾，git 可以追蹤所有這些檔案和資料夾。

有兩種方法可以建立一個儲存庫：您可以透過使用 `git clone <url of the repository>` 複製（clone）現有儲存庫，這會將儲存庫複製到您本機當前路徑中，或者您可以用 `git init` 在現有的資料夾建立一個儲存庫，`git init` 會藉由建立必要的檔案，使該資料夾被標記為一個儲存庫。

在本地建好儲存庫之後，您就可以開始使用我們的版本控制系統，透過不同的命令來指示是否要加入修改、檢查以前的版本或做更多操作。

提交

提交（**commit**）是儲存庫的歷史紀錄，每個儲存庫都有許多次提交：每次使用 `git commit` 時，就代表提交一次。每一次提交都將包含提交標題、向儲存庫加入提交的人、修改的作者、提交和修改的日期、一個雜湊 ID 以及父提交的雜湊值。有了這些資訊，您就可以建立儲存庫中所有提交的樹狀結構，這讓我們能查看原始碼的歷史紀錄。您還可以透過執行 `git show <commit sha>` 來查看任何提交的內容。

當您執行 `git commit` 時，將會提交暫存區中的所有修改。這時會有一個編輯器被打開，其中包含一些描述資訊，比如提交標題和主體。

圖 8.12：從 Git 命令看出命令與儲存庫和暫存區之間的互動

> **Note**
>
> 在 *https://packt.live/33zARRV* 中有一份關於如何寫好提交資訊的說明，建議您看完這本書後去看一看。

暫存區

當您在本地工作，對檔案和原始碼進行修改時，git 會回報這些修改已經發生，並且不會保存這些修改。透過執行 **git status**，您可以看到修改了哪些檔案，如果決定要將這些修改儲存在暫存區以準備提交，您可以使用 **git add <path>** 命令加入它們。它可以對檔案或資料夾使用，如果是對資料夾使用，則代表要加入該資料夾中的所有檔案。將修改加入到暫存區後，可使用 **git commit** 命令將提交修改到儲存庫中。

有時候您可能不希望將一個檔案的所有內容都加入到暫存區，只希望加入其中一部分。在這種情況下，**git commit** 和 **git add** 都有選項讓您瀏覽所有檔案被修改的地方，並能選取想要加入的修改。這個選項就是 **-p**，使用這個選項時，會逐一詢問您每個程式碼中的修改是否要加入。

還原本地修改

當您編寫一個檔案時,您可以執行 **git diff** 來查看所有已經在本地完成但還不屬於暫存區或未提交的修改。有時,您會想要撤銷修改,回到暫存區中或上次提交的版本,這時可以透過執行 **git checkout <path>** 來檢查檔案。這對檔案和資料夾都適用。

如果您希望將我們的儲存庫恢復到提交歷史中的某一版,您可以執行 **git reset <commit sha>**。

歷史

正如前面提到的,儲存庫有一個提交歷史。歷史包括了之前執行的所有提交。您可以透過執行 **git log** 來查看它們,並且在歷史紀錄中看到標題、主體和一些其他資訊。每個條目中最重要的部分是提交的 **sha**,它是每個提交的唯一代表值。

忽略文件

當您使用本書的原始碼時可能會發現,透過執行一些程式或任何其他操作,您會看到儲存庫中有一些您不想 git 追蹤的程式碼。在這種情況下,您可以利用一個位於目錄的最上層,名為 **.gitignore** 的特殊檔案,它可以用 glob 樣式去排除您不希望 git 追蹤的所有檔案。這對於加入 IDE 生成的檔案、編譯後的Python 檔案等特別方便。

練習 116:使用 git 在 CPython 中做一個修改

在這個練習題中,您將複製 **CPython** 儲存庫並在本機複本上修改該儲存庫中的一個檔案。由於是要做練習,所以請您只將您的名字加入到專案的作者列表中就好。

> 📖✏️ **Note**
>
> 這裡用到的儲存庫只會存在您本地的電腦上，沒有人會看到這些變化，所以不用擔心。

首先，請您安裝 **git**。第一個步驟就是安裝 **git** 工具本身，在 Windows 上，您可以依照 *https://git-scm.com/download/win* 上的說明安裝它，在 Unix 上請按照以下說明安裝：*https://git-scm.com/book/en/v2/Getting-Started-Installing-Git*。

如果您在 Windows 上執行，可以使用 **git-shell** 執行此操作。在 Unix 上，選用任何您喜歡的終端機皆可：

1. 現在，從複製 **cpython** 儲存庫開始。

   如前所述，您可以透過簡單地複製儲存庫來建立它。請執行以下程式碼來複製 **cpython** 原始碼：

   ```
   git clone https://github.com/python/cpython.git
   ```

   這將在當前工作空間中建立一個名為 **cpython** 的資料夾。別擔心；這裡會花上個幾分鐘是正常的，因為 CPython 有很多程式碼和漫長的發展歷史：

   ```
   $ git clone https://github.com/python/cpython.git
   Cloning into 'cpython'...
   remote: Enumerating objects: 1, done.
   remote: Counting objects: 100% (1/1), done.
   remote: Total 745673 (delta 0), reused 0 (delta 0), pack-reused 745672
   Receiving objects: 100% (745673/745673), 277.17 MiB | 2.38 MiB/s, done.
   Resolving deltas: 100% (599013/599013), done.
   Checking connectivity... done.
   Checking out files: 100% (4134/4134), done.
   ```

   圖 8.13：git clone CPython

2. 編輯 **Misc/ACKS** 檔案並確認修改。

   您現在可以將您的名字加入到 **Misc/ACKS** 檔案中。要做到這一點，只需打開路徑中的檔案，並將您的名字和您的姓氏依字母順序加入即可。

執行 **git status** 查看修改情況，此命令將顯示是否有任何檔案被修改：

```
$ git status
On branch master
Your branch is up-to-date with 'origin/master'.
Changes not staged for commit:
  (use "git add <file>..." to update what will be committed)
  (use "git checkout -- <file>..." to discard changes in working directory)

        modified:   Misc/ACKS

no changes added to commit (use "git add" and/or "git commit -a")
```

圖 8.14：git status 輸出

請注意該命令提示您如何向暫存區加入修改，以準備提交或重新設定修改。
現在讓我們執行 **git diff** 來檢查已修改的內容：

```
$ git diff
diff --git a/Misc/ACKS b/Misc/ACKS
index ec5b017..f38f40b 100644
--- a/Misc/ACKS
+++ b/Misc/ACKS
@@ -326,6 +326,7 @@ David M. Cooke
 Jason R. Coombs
 Garrett Cooper
 Greg Copeland
+Mario Corchero
 Ian Cordasco
 Aldo Cortesi
 Mircea Cosbuc
```

圖 8.15：git diff 輸出

這樣的輸出讓您很容易看出修改的地方，綠色加號代表新增了一行程式碼，
紅色減號則代表少了一行程式碼。

3. 現在**提交**修改。

您已經對自己的修改感到滿意了，請執行 **git** 和 **Misc/ACKS** 來將這些修改
加入到暫存區，這將把檔案移動到暫存區，在之後任何我們想要提交的時
候，就可透過執行 **git commit** 來提交它們。當您執行 **git commit** 時，將
會有一個編輯器被打開以建立提交，請輸入標題和本文（用空行分隔）：

```
Add Mario Corchero to Misc/ACKS file

Adds my name as I am experimenting how to user git.
# Please enter the commit message for your changes. Lines starting
# with '#' will be ignored, and an empty message aborts the commit.
# On branch master
# Your branch is up-to-date with 'origin/master'.
#
# Changes to be committed:
#       modified:   Misc/ACKS
#
```

圖 8.16：提交訊息輸出範例

當您關閉編輯器並儲存時，應該就會看到一個提交成立：

```
$ git commit
[master 6bdb37c] Add Mario Corchero to Misc/ACKS file
 1 file changed, 1 insertion(+)
```

圖 8.17：git commit 輸出

您已經建立您的第一個提交，現在可以透過執行 **git show** 查看其內容了：

```
$ git show
commit 6bdb37c2ec16bc7a8a3fd518754518e76b8b12d1
Author: Mario Corchero <mariocj89@gmail.com>
Date:   Tue May 14 22:11:40 2019 +0100

    Add Mario Corchero to Misc/ACKS file

    Adds my name as I am experimenting how to user git.

diff --git a/Misc/ACKS b/Misc/ACKS
index ec5b017..f38f40b 100644
--- a/Misc/ACKS
+++ b/Misc/ACKS
@@ -326,6 +326,7 @@ David M. Cooke
 Jason R. Coombs
 Garrett Cooper
 Greg Copeland
+Mario Corchero
 Ian Cordasco
 Aldo Cortesi
 Mircea Cosbuc
```

圖 8.18：Git show 顯示

> ◻✎ **Note**
>
> 這只是對 Git 的簡介，如果您打算每天使用 Git，請查看專業的 Git 圖書。此處有一本免費的書，教您如何使用 git：*https://packt. live/35EoBS5*。

總結

在本章中，您已經了解到軟體開發不僅僅是用 Python 撰寫程式碼。當您想從寫電腦上的簡單腳本進一步提升您的程式碼時，需要知道如何對其進行問題排除、發佈、寫文件和測試。Python 的生態系統提供了所有的工具，讓我們能完成這些工作。在本章中，您已經學習了如何使用 **pdb** 排除程式碼中的問題，以及如何透過檢查日誌和輸入以縮小問題範圍的步驟。您還學習了如何撰寫自動化測試以及它們的重要性。

您也看到了如何將程式碼打包以便發佈到網路上，還了解了如何撰寫這些套件的文件，使最終使用者能更容易使用它們，最後還了解到如何在程式碼演進過程中使用 git 來管理修改。

在下一章，您將看到一些更進階的主題；其中有些是建立在您剛剛學到的知識之上的。您將探索如何把我們寫出的程式碼套件變成量產用，如何使用 git 來透過 GitHub 與團隊的其他成員協作，以及當您懷疑程式碼沒有跑到應有速度時，如何對它進行效能分析。

Python 實務 –
進階主題

概述

在本章結束時，身為團隊一員的您將能夠以協作的方式撰寫 Python；使用 conda 寫文件和設定 Python 程式的依賴項；使用 Docker 建立可複製的 Python 環境來執行您的程式碼；撰寫可利用現代電腦多核心優勢的程式；撰寫可以從命令列進行設定的腳本，解釋 Python 程式的性能特性，並使用工具使程式執行得更快。

介紹

在本章中,您將繼續第 8 章,軟體開發旅程,從專注於學習 Python 語言語法的個人轉向成為 Python 開發團隊的一名有貢獻的成員。解決複雜問題的大型專案需要來自許多貢獻者的專業知識,因此與一個或多個同事組成一個開發人員社群,一起撰寫程式碼是非常常見的。您已經在第 8 章,軟體開發中了解了如何使用 **git** 版本控制,在本章中將把這些知識應用到團隊工作中。您將使用 GitHub、分支(branch)和 **pull** 請求,以保持專案在同步的狀態。

在 IT 世界中當您交付某個專案時,代表您希望將程式碼交付給您的客戶或重要關係人。部署流程中的一個重要部分是確保客戶的系統擁有您的軟體需要的函式庫和模組,以及與您相同的版本。為此,您將學習如何使用 **conda** 建立擁有特定函式庫 Python 環境,以及如何在另一個系統上複製這些環境。

接下來,您將會看到如何使用 Docker,Docker 是一種將軟體部署到網路伺服器和雲端設備的熱門方式。您將學習如何建立一個包含 **conda** 環境和 Python 軟體的容器,以及如何在 Docker 中執行已被容器化的軟體。

最後,您將學習一些真實世界中用於開發 Python 軟體的實用技術。這些內容包括學習如何利用平行程式設計的威力,如何解析命令列引數,以及如何對 Python 進行分析以找出和解決效能問題。

開發協作

在第 8 章,軟體開發中,您使用了 **git** 來追蹤對 Python 專案所做的修改。從本質上說,身處在一個程式設計團隊中,您會面臨的包括多個人員透過 **git** 共用他們的修改,而且需要確保您在執行自己的工作時合併了其他人的修改。

使用 **git**,可以有很多方式讓人們一起工作。Linux 核心的開發人員各自維護自己的儲存庫,並透過電子郵件共用可能的修改,他們各自會選擇是否合併這些修改。Facebook 和 Google 這類的大公司使用 *trunk-based development*(分支開發),在這種開發中,所有的修改都必須在主分支上進行,通常稱為 *"master*(主分支)"。

GitHub 使用者介面支援的一種常見工作流程是 **pull** 請求。

在 **pull** 工作流程中,您會把自己的儲存庫當作一個在 GitHub 中的標準版本的 **fork**,該標準版本通常被稱為**上游(upstream)**或**起源(origin)**。然後您會在自己的儲存庫中的一個具命分支中進行一些相關修改,每一個修改都是為了修正單個 bug 或加入新功能,之後再透過 **git push** 將您的儲存庫推送到託管的儲存庫去。當您都弄好了之後,會向上游儲存庫提交一個 **pull** 請求。團隊會一起審查 **pull** 請求中的這些修改,以及審查您對分支做的任何動作。當團隊對該 **pull** 請求感到滿意時,一個管理人員或另一個開發人員會將其上游合併,並將那些修改 "pull(拉)" 到軟體的標準版本中。

pull 請求工作流程的優點是,利用 Bitbucket、GitHub 和 GitLab 等應用程式的使用者介面,使整個工作流程變得很容易。缺點是當 **pull** 請求正在建立和審查時,會扣住這些分支,當其他變化進入上游儲存庫時,很容易造成分支內容落後,使您的分支過時,有可能造成您的修改與其他修改衝突(**conflict**)的可能性,而這些衝突需要被解決。

與其在 pull 請求時才去傷腦筋新修改造成的衝突,還不如使用 **git** 去從上游儲存庫取得修改,並將那些修改合併到您的分支,或將您的分支改為使用上游的最新版本。前者的合併動作包括要合併兩個分支上的提交歷史,而後者使用上游的最新版本,則是代表要從上游分支的頂端開始進行修改,您的團隊應自行決定他們喜歡哪種方法。

練習 117:以團隊的身分在 GitHub 上撰寫 Python

在這個練習題中,將學習如何把程式碼託管在 GitHub 上,執行 **pull** 請求,然後批准對程式碼的修改。為了使這個練習更有效,您可以和朋友合作一起練習。

1. 如果您還沒有帳號,可以在 *github.com* 上建立一個。

2. 登錄 *https://github.com/*,點擊 **New** 建立一個新的儲存庫:

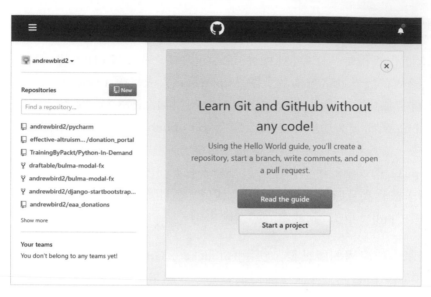

圖 9.1：GitHub 主頁

3. 幫儲存庫取一個合適的名字，比如 **python-demo**，然後點擊 **Create**。

4. 點擊 **Clone or download**，就可以看到 HTTPS URL；但是請注意，我們要用的是 SSH URL。所以，請您在同一個小分頁上找到 **Use SSH**，並點擊它：

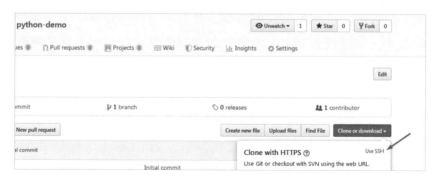

圖 9.2：在 GitHub 上使用 SSH URL

5. 現在請複製 GitHub 上的 **SSH URL**。然後，使用您本機的命令提示（可以執行命令的地方），如 Windows 中的 **CMD**，來複製儲存庫：

```
git clone git@github.com:andrewbird2/python-demo.git
```

> **Note**
>
> 由於使用者名稱不同,因此您的命令看起來與前面的命令略有不同。您需要在 **git clone** 之後填寫您的 SSH URL。請注意,您可能還需要將 SSH 金鑰加入到 GitHub 帳戶中以進行身分驗證。如果需要做這個動作,請按照這裡的說明加入 SSH 金鑰:*https://packt.live/2qjhtKH*。

6. 在您新的 **python-demo** 目錄中,建立一個 Python 檔案,內容是什麼並不重要;例如,建立一個只含一行程式碼的 **test.py** 檔案,如下:

```
echo "x = 5" >> test.py
```

7. **commit** 我們的修改:

```
git add .
git commit -m "Initial"
git push origin master
```

您應該會得到以下輸出:

```
Enumerating objects: 3, done.
Counting objects: 100% (3/3), done.
Writing objects: 100% (3/3), 223 bytes | 111.00 KiB/s, done.
Total 3 (delta 0), reused 0 (delta 0)
To github.com:andrewbird2/python-demo.git
 * [new branch]      master -> master
```

圖 9.3:推送我們的初始版本

此時,如果您正在與其他人一起工作,請複製他們的儲存庫,並以他們的程式碼為基礎執行以下步驟,以體驗協作的感覺。如果您是單獨工作,就使用您自己的儲存庫。

8. 建立一個名為 **dev** 的新分支：

```
git checkout -b dev
```

您應該會得到以下輸出：

```
(base) C:\Users\andrew.bird\python-demo>git checkout -b dev
Switched to a new branch 'dev'
```

圖 9.4：建立一個 dev 分支

9. 建立一個名為 **hello_world.py** 的新檔案。可以用文字編輯器或以下簡單的命令建立：

```
echo "print("Hello World!")" >> hello_world.py
```

10. **commit** 新檔案到 **dev** 分支，並 **push** 到剛才建立的 **python-demo** 儲存庫：

```
git add .
git commit -m "Adding hello_world"
git push --set-upstream origin dev
```

11. 到您的 web 瀏覽器中的專案儲存庫頁面，點擊 **Compare & pull request**：

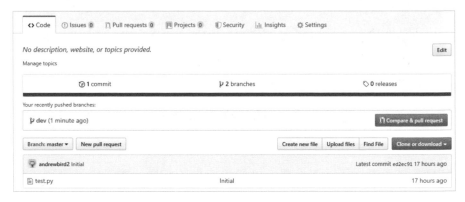

圖 9.5：GitHub 上的儲存庫頁面

12. 在這裡，您可以看到您建立的 **dev** 分支上所做的所有修改列表。您也可以提供一個說明給其他會閱讀或審查您的程式碼的人看，讓他們先閱讀以後再決定是否應該要提交給主分支：

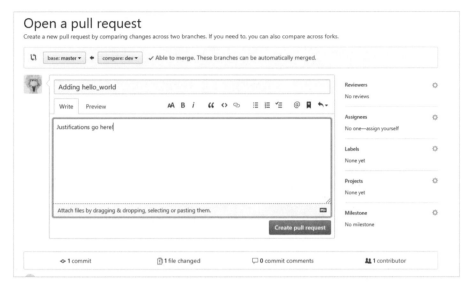

圖 9.6：為 GitHub 上的程式碼加入修改的理由

13. 點擊 **Create pull request** 在 GitHub 上加入程式碼修改的理由。

14. 現在，如果有合作夥伴的話，您應該要切換回您的起源儲存庫，並查看合作夥伴的 **pull** 請求。如果您對該 **commit** 請求有任何顧慮，可以提出意見；如果沒有意見，只需點擊 **Merge pull request** 即可：

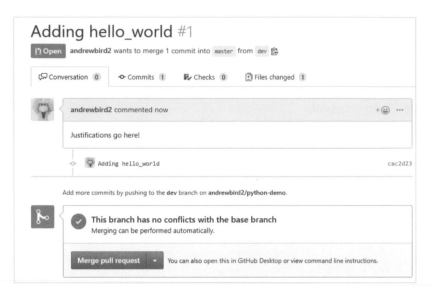

圖 9.7：合併一個 pull request

現在您了解了人們是如何靠 GitHub 儲存庫協同工作了，在合併到主分支之前要
檢查和討論彼此的程式碼。當開發人員需要一個儲存庫來儲存程式碼，或幫助
世界上某位開發人員時，這非常方便。在下一節中，您將看到要如何做依賴項
目管理。

依賴項目管理

在 IT 世界中，大多數複雜的程式都會用到 Python 標準函式庫以外的函式庫。您
可以使用 **numpy** 或 **pandas** 處理多維資料，或 **matplotlib** 將資料視覺化為圖形
（這些內容將出現在第 *10* 章，用 *Pandas* 和 *Numpy* 做資料分析），或使用任
何其他 Python 開發人員可用的函式庫。

就像您自己的軟體一樣，其他團隊開發的函式庫經常會因為修正錯誤、加入新
功能、刪除或重構（重新架構現有程式碼的流程）舊程式碼時發生變化。您的
團隊必須使用相同版本的函式庫，才能用相同的方式動作。

此外，您還希望您的客戶或部署軟體的伺服器使用相同的函式庫的相同版本，
這樣在他們的電腦上就能夠以相同的方式工作。

有多種工具可以解決這個問題。這些工具包括 **pip**、**easy_install**、**brew**，和 **conda** 等等。您已經和 **pip** 很熟了，在某些環境中，可以使用 **pip** 套件管理器來追蹤管理依賴關係。

例如，請嘗試在命令提示中執行 **pip freeze**。您應該會得到以下輸出：

```
(base) C:\Users\andrew.bird\Python-In-Demand>pip freeze
alabaster==0.7.12
anaconda-client==1.7.2
anaconda-navigator==1.9.6
anaconda-project==0.8.2
asn1crypto==0.24.0
astroid==2.1.0
astropy==3.1
atomicwrites==1.2.1
attrs==18.2.0
Babel==2.6.0
backcall==0.1.0
backports.os==0.1.1
```

圖 9.8：pip freeze 的輸出（截斷）

您可以透過以下命令將該套件清單儲存為一個**文字檔案**：**pip freeze > requirements.txt**。這將建立一個名為 **requirements.txt** 的檔案，內容類似於圖 9.9：

```
requirements.txt - Notepad
File  Edit  Format  View  Help
alabaster==0.7.12
anaconda-client==1.7.2
anaconda-navigator==1.9.6
anaconda-project==0.8.2
asn1crypto==0.24.0
astroid==2.1.0
astropy==3.1
atomicwrites==1.2.1
attrs==18.2.0
Babel==2.6.0
backcall==0.1.0
backports.os==0.1.1
```

圖 9.9：在記事本中查看 requirements.txt（截斷）

現在您已經得到了套件的資訊，在另一台機器或環境中，可以選擇使用以下命令安裝那些套件：**pip install -r requirements.txt**。

在本章中，您主要會用到的是 **conda**，它為依賴管理提供了一個完整的解決方案。資料科學家和機器學習程式設計師特別喜歡使用 **conda**，因為機器學習環境中的一些依賴關係不能用 **pip** 管理，它們可能不是一個簡單的 Python 套件，而 **conda** 能處理好這些情況。

虛擬環境

在本章中，您將使用 **conda** 來建立 "虛擬環境"。當您在 Python 中撰寫程式碼時，您會安裝特定版本的某些套件，也會使用一個特定版本的 Python，例如 3.7。但是，如果您手頭上的專案有兩個，而這兩個專案都需要不同版本的套件呢？當在這些專案之間切換時，您必須重新安裝所有的套件，這將是一個麻煩。虛擬環境能解決這個問題。虛擬環境包含一組特定版本的軟體，透過在虛擬環境之間切換，您可以立即在不同的套件和版本之間切換。通常，您的重要專案都會使用不同的虛擬環境。

練習 118：建立和準備 conda 虛擬環境來安裝 numpy 和 pandas

在這個練習題中，您將使用 **conda** 建立一個虛擬環境，並用一些簡單的程式碼匯入基本的函式庫。這個練習將在 **conda** 環境中執行。

> 📖✒️ **Note**
>
> 如果您還沒有安裝 Anaconda，請參閱前言中的安裝說明。

現在，在您的系統上已安裝好了 **conda**，您可以建立一個新的 **conda** 環境，並在其中安裝套件：例如，**numpy**。

1. 您應該使用 **Anaconda Prompt** 程式執行下面的命令，這個程式現在已經安裝在您的電腦上了：

```
conda create -n example_env numpy
```

您應該會得到以下輸出：

```
(base) C:\Users\andrew.bird>conda create -n example_env numpy
Solving environment: done

==> WARNING: A newer version of conda exists. <==
  current version: 4.5.12
  latest version: 4.7.10

Please update conda by running

    $ conda update -n base -c defaults conda


## Package Plan ##

  environment location: C:\Users\andrew.bird\AppData\Local\conda\conda\envs\example_env

  added / updated specs:
    - numpy


The following packages will be downloaded:
```

圖 9.10：建立一個新的 conda 環境（截斷）

Note

如果提示符號要求您輸入 **y/n** 的話，您需要輸入 **y** 才能繼續進行。

2. 啟動 **conda** 環境：

```
conda activate example_env
```

您可以使用 **conda install** 加入其他套件到環境中了。

3. 現在，將 **pandas** 套件加入到 **example_env** 環境中：

```
conda install pandas
```

您應該會得到以下輸出：

```
(example_env) C:\Users\andrew.bird>conda install pandas
Solving environment: done

==> WARNING: A newer version of conda exists. <==
  current version: 4.5.12
  latest version: 4.7.10

Please update conda by running

    $ conda update -n base -c defaults conda



## Package Plan ##

  environment location: C:\Users\andrew.bird\AppData\Local\conda\conda\envs\example_env

  added / updated specs:
    - pandas


The following packages will be downloaded:
```

圖 9.11：安裝 pandas

> 📖 **Note**
>
> 前面的輸出是被截斷過的唷！

4. 接下來，在虛擬環境中打開一個 Python 終端機，輸入 **python**，接著驗證您可以如預期般匯入 **pandas** 和 **numpy**：

```
python
import pandas as pd
import numpy as np
```

5. 在虛擬環境中使用 **exit()** 方法以退出 Python 終端機：

```
exit()
```

6. 最後，關閉虛擬環境：

```
conda deactivate
```

> 📖 **Note**
>
> 您可能已經注意到提示符號中出現了 **$** 符號。使用提示符號時，
> 您需要忽略 **$** 符號。**$** 符號只是代表命令將在終端機上執行。

在這個練習題中，您使用 **conda** 建立了第一個虛擬環境，安裝了諸如 **numpy** 和 **pandas** 這樣的套件，並執行簡單的 Python 程式碼來匯入函式庫。

儲存和共用虛擬環境

假設您已經建立了一個依賴很多不同 Python 套件的應用程式。現在，您決定要在伺服器上執行該應用程式，因此需要在伺服器上準備一個與在本地機器相同的虛擬環境。正如您之前在使用 **pip freeze** 時一樣，將 **conda** 環境的描述資料匯出到一個檔案是容易的事，在另一台電腦上重新建立相同的環境時會使用到那個檔案。

練習 119：在 conda 伺服器和本機共用環境

在這個練習題中，您將匯出 **example_env** conda 環境（您在練習 *118*，建立和準備 *conda* 虛擬環境來安裝 *numpy* 和 *pandas* 中建立的環境）的描述資料到一個**文字**檔案，並學習如何使用這個檔案重建相同的環境。

這個練習將在 **conda** 環境命令列中執行：

1. 啟動您的範例環境 **example_env**：

```
conda activate example_env
```

2. 將環境 **export** 到一個文字檔案：

```
conda env export > example_env.yml
```

env export 命令會生成文字描述資料（主要是 Python 套件版本的列表），
命令中的 **> example_env.yml** 的部分代表要將文字描述資料儲存到一個檔
案中。請注意副檔名 **.yml** 是一種特殊的易讀格式，通常用於儲存設定資訊。

3. 現在要使那個環境失效（**deactivate**），並從 **conda** 移除該環境：

```
conda deactivate
conda env remove --name example_env
```

4. 您已沒有 **example_env** 環境了，但是您仍可以透過匯入之前在練習中建立
example_env.yml 檔案重新建立那個環境：

```
conda env create -f example_env.yml
```

您已經學會如何儲存您的環境，並使用儲存的檔案建立一個環境。在與其他開
發人員的協作流程中，若要在個人電腦之間傳輸環境，甚至要將程式碼部署到
伺服器時，都可以使用這種方法。

將程式碼部署到生產環境

您已經擁有了將程式碼放到另一台電腦上執行的所有必需東西，包括可以使用
PIP（在第 8 章，軟體開發）來建立一個套件，用 **conda** 來建立一個可移植的
環境定義，在這個環境中可以執行您的程式碼。但這些工具仍需要使用者做一

些啟動和執行的步驟,然而每多一個步驟都會增加工作量和複雜性,可能會讓使用者望而卻步。

Docker 是一個只需要一個命令就可以做設定和安裝軟體的常用工具。Docker 的基礎是 Linux 容器技術。然而,由於 Linux 核心是開放原始程式碼,所以開發人員們已經讓 Docker 容器有能力在 Windows 和 macOS 上執行。程式設計師會建立好 Docker 映像,這些映像包含 Linux 檔案系統、執行應用程式所必需的所有程式碼、工具和設定。使用者可以使用 **docker-compose**、**Docker Swarm**、**Kubernetes** 或類似工具下載這些映像,好使用 Docker 執行或者部署到網路中。

若要讓您的程式能被 Docker 使用,必須建立一個 **Dockerfile** 檔案,用於告訴 Docker 有哪些東西要進入您的映像。對於 Python 應用程式來說,要進入映像的就是 Python 和您的 Python 程式碼。

首先,您需要安裝 Docker。

> 📖 **Note**
>
> 前言中有 Docker 的安裝步驟。

請注意,在安裝後,您可能需要重新啟動電腦。

為了要測試 Docker 能否正常使用,需要執行 **hello-world** 應用程式來確認 Docker 有被正確設定好。**hello-world** 是一個簡單的 Docker 應用程式,屬於 Docker 應用程式的標準函式庫:

```
docker run hello-world
```

您應該會得到以下輸出：

```
(base) C:\Users\andrew.bird\Python-In-Demand>
(base) C:\Users\andrew.bird\Python-In-Demand>docker run hello-world

Hello from Docker!
This message shows that your installation appears to be working correctly.

To generate this message, Docker took the following steps:
 1. The Docker client contacted the Docker daemon.
 2. The Docker daemon pulled the "hello-world" image from the Docker Hub.
    (amd64)
 3. The Docker daemon created a new container from that image which runs the
    executable that produces the output you are currently reading.
 4. The Docker daemon streamed that output to the Docker client, which sent it
    to your terminal.

To try something more ambitious, you can run an Ubuntu container with:
 $ docker run -it ubuntu bash

Share images, automate workflows, and more with a free Docker ID:
 https://hub.docker.com/

For more examples and ideas, visit:
 https://docs.docker.com/get-started/
```

圖 9.12：使用 Docker 執行 hello-world

現在，您已經在本機上成功安裝並執行了 Docker。

練習 120：將您的 Fizzbuzz 工具加入 Docker

在這個練習題中，您將使用 Docker 建立一個簡單 Python 腳本的可執行版本，這個腳本會建立一個數字序列。而且，在碰到 **3** 的倍數時印出 **Fizz**，在碰到 **5** 的倍數時印出 **Buzz**。

本練習將在 **docker** 環境中執行：

1. 建立一個名為 **my_docker_app** 的新目錄，並且 **cd** 到該目錄中，如下程式碼片段所示：

```
mkdir my_docker_app
cd my_docker_app
```

2. 在這個目錄中，建立一個名為 **Dockerfile** 的空檔。您可以使用 Jupyter Notebook 或偏好的文字編輯器建立此檔案，務必確保該檔案沒有副檔名，如 **.txt**。

3. 現在，在 **Dockerfile** 中加入一行：

```
FROM python:3
```

這一行告訴 Docker 要使用安裝了 Python 3 的系統。而且，這將使用一個 Python 映像，此映像以名為 Alpine 的 Linux 最小發行版本建立。更多關於此映像的細節可以在 *https://packt.live/32oNn6E* 找到。

4. 接下來，請用以下程式碼，在 **my_docker_app** 目錄下建立一個 **fizzbuzz.py** 檔案：

```
for num in range(1,101):
    string = ""
    if num % 3 == 0:
        string = string + "Fizz"
    if num % 5 == 0:
        string = string + "Buzz"
    if num % 5 != 0 and num % 3 != 0:
        string = string + str(num)
    print(string)
```

5. 現在請在您的 **Dockerfile** 檔案中**加入**第二行，這一行告訴 Docker 要將 **fizzbuzz.py** 檔案加入到應用程式中：

```
ADD fizzbuzz.py /
```

6. 最後，加入 Docker 必須執行的命令：

```
CMD [ "python", "./fizzbuzz.py" ]
```

7. 您的 **Dockerfile** 檔案應該要看起來像這樣：

```
FROM python:3

ADD fizzbuzz.py /

CMD [ "python", "./fizzbuzz.py" ]
```

> 📖 **Note**
>
> 這個 Docker 輸出檔案將被儲存在本機系統上，但您不應該嘗試直接存取這些檔案。

8. 建立 **Docker** 映像，請為它取名為 **fizzbuzz_app**：

```
$ docker build -t fizzbuzz_app
```

這個命令全會在您的系統上建立一個**映像**檔案，包含在一個簡單的 Linux 環境中執行您的程式碼所需的所有資訊。

9. 現在您可以在 Docker 中執行您的程式了：

```
docker run fizzbuzz_app
```

您應該會得到以下輸出：

```
(base) C:\Users\andrew.bird\Python-In-Demand\Lesson09\fizzbuzz_docker>docker run testapp
1
2
Fizz
4
Buzz
Fizz
7
8
Fizz
Buzz
```

圖 9.13：在 Docker 中執行程式（截斷）

若是執行 **docker images**，您可以看到系統上所有可用的 Docker 映像的完整列表。這個清單應該包括您剛新建的 **fizzbuzz_app** 應用程式。

最後，假設您的 **fizzbuzz** 檔案程式碼中匯入了一個第三方函式庫。例如，它可能使用了 **pandas** 函式庫（實際上它並不需要）。在這種情況下，我們的程式碼執行會中斷，因為在 Docker 映像中安裝好的 Python 未包含 panda 套件。

10. 若要修正這個問題，您只需在 **Dockerfile** 檔案中加入一行 **pip install pandas**。更新後的 **Dockerfile** 檔案會長得像這樣：

```
FROM python:3

ADD fizzbuzz.py /

RUN pip install pandas

CMD [ "python", "./fizzbuzz.py" ]
```

在這個練習題中，您使用 Docker 安裝和部署了第一個應用程式。在下一節中，您將看到關於平行處理的部分。

平行處理

在現代軟體系統中，很常會看到需要平行執行多個任務的情況。機器學習程式和科學模擬都借重了現代處理器的多核心能力，將工作切分成在平行硬體上執行的並行執行緒。圖形使用者介面和網路伺服器都在 "背後" 完成它們的工作，只留下一個執行緒來回應使用者事件或新請求。

舉一個簡單的例子，假設您的程式必須執行三個步驟：A、B 和 C。這些步驟相互獨立，這代表它們可以以任何順序完成。通常，您可以簡單地依順序執行：

圖 9.14：用單一執行緒處理

但是，如果您可以同時完成所有這些步驟，而不是等待一個步驟完成後再進行下一個，會怎麼樣呢？我們的工作流程會長得像這樣：

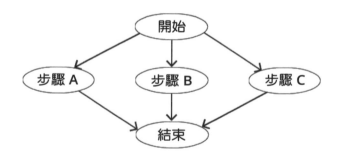

圖 9.15：多執行緒處理

如果您的硬體設備擁有同時執行這些步驟的能力，那麼這種工作流程可能會快上許多。也就是說，每一步驟都需要由不同的執行緒執行。

由於 Python 本身使用多個執行緒執行一些內部工作，造成 Python 程式的平行處理有一些限制。以下是三種最安全的平行處理方式：

- 找到一個可以解決您的問題而且已做好平行處理的函式庫（已精心測試過）。
- 讓 Python 啟動一個新的直譯器，用完全獨立的一個程序執行您的腳本副本。
- 在現有直譯器中建立一個新執行緒，並行地執行一些工作。

第一個是最容易的，也是最有可能成功的。第二種方法相當簡單，它給電腦帶來的負擔最大，因為作業系統現在執行著兩個獨立的 Python 腳本。第三種方法非常複雜，很容易出錯，而且在 Python 維護全域直譯器鎖（Global Interpreter Lock，GIL）時仍然會造成大量負擔，這代表著一次只能有一個執行緒去解讀 Python 指令。若要在這三種方法中做出選擇，一個快速的經驗法則就是：總是選擇第一個。如果沒有能滿足您需求的函式庫，那麼就選擇第二個。如果您確實需要在並行程序之間共用記憶體，或者如果您的並行工作與處理 I/O 有關，那麼您可以謹慎地選擇第三種方法。

利用 execnet 做平行處理

雖然可以使用標準函式庫的 **subprocess** 模組啟動一個新的 Python 直譯器，但是您需要對要執行的程式碼做很多工作，以及解決如何在 "父" 和 "子" Python 腳本之間共用資料。

一個更簡單的解決方案是 **execnet** 函式庫。**execnet** 讓啟動一個新的 Python 直譯器來執行一些給定的程式碼變得非常容易，還可以啟動包括 **Jython** 和 **IronPython** 版本的直譯器，它們分別整合了 Java 虛擬機器和 .NET 語言共用執行時期函式庫。它在父 Python 腳本和子 Python 腳本之間開啟了一個非同步的通訊通道，因此父腳本可以發送子腳本要用的資料給子腳本，並繼續處理自己的事情，直到準備好接收子腳本來的結果。如果父腳本在子腳本未完成之前就已經等著要接受結果，那麼父腳本將進入等待狀態。

練習 121：使用 execnet 執行一個簡單的 Python 平方程式

在這個練習題中，您將建立一個計算平方數的程序，該程序透過一個 **execnet** 通道接收 **x**，並會回應 **x**2** 的結果。雖然這個任務實在太小，小到不足以使用平行處理，但是它確實能示範如何使用這個函式庫。

這項工作將在一個 Jupyter Notebook 上進行：

1. 首先，使用 **pip** 套件管理器安裝 **execnet**：

```
$ pip install execnet
```

2. 撰寫 **square** 函式，它接收通道上的數值並回傳其平方：

```
import execnet
def square(channel):
    while not channel.isclosed():
        number = channel.receive()
        number_squared = number**2
        channel.send(number_squared)
```

> 📖 **Note**
>
> 由於 **execnet** 的工作特性，您必須將以下範例輸入到一個 Jupyter Notebook 中。您不能在互動式 >>> 提示符號中輸入。

while not channel.isclosed() 述句能確保我們只在父 Python 和子 Python 程序之間有一個開放的通道時才進行計算。**number = channel. receive()** 述句會從父程序取得您想要拿來做**平方**計算的輸入，然後在 **number_squared = number**2** 這一行程式碼中進行平方計算。最後，使用 **channel. send(number_squared)** 將平方值發送回父程序。

3. 現在為執行該函式的遠端 Python 直譯器建立一個 **gateway** 通道：

```
gateway = execnet.makegateway()
channel = gateway.remote_exec(square)
```

gateway 通道的功能是用來管理 Python 父程序和子程序之間的通訊，負責在程序之間實際發送和接收資料。

4. 現在從父程序發送一些整數到子程序，如下面的程式碼片段所示：

```
for i in range(10):
    channel.send(i)
    i_squared = channel.receive()
    print(f"{i} squared is {i_squared}")
```

您應該會得到以下輸出：

```
0 squared is 0
1 squared is 1
2 squared is 4
3 squared is 9
4 squared is 16
5 squared is 25
6 squared is 36
7 squared is 49
8 squared is 64
9 squared is 81
```

圖 9.16：子 Python 程序傳回的結果

在這裡，您會迭代 10 個整數，透過 **square** 通道發送它們，然後使用 **channel.receive()** 函式接收結果。

5. 當您不再需要遠端的 Python 直譯器後，請關閉 **gateway** 通道，使其退出：

```
gateway.exit()
```

在這個練習題中，您已學會如何利用 **execnet** 在 Python 程序之間傳遞指令。在下一節中，您將看到如何使用 **multiprocessing** 套件進行平行處理。

用 multiprocessing 套件進行平行處理

multiprocessing 模組內建在 Python 的標準函式庫中。類似於 **execnet**，它讓您能啟動新的 Python 程序。但是，它提供了一組比 **execnet** 更低階的 API。這代表它比 **execnet** 更難使用，但提供了更多的可用性。使用一個 **execnet** 通道，就像使用一對 multiprocessing 佇列。

練習 122：使用 multiprocessing 套件執行一個簡單的 Python 程式

在這個練習題中，您的任務與練習 *121*，使用 *execnet* 執行一個簡單的 *Python* 平方程式相同，只是改用 **multiprocessing** 模組來完成：

1. 建立一個名為 **multi_processing.py** 的新文字檔。

2. 現在，**import multiprocessing** 套件：

```
import multiprocessing
```

3. 建立一個 **square_mp** 函式，它將會持續監控佇列中的數值，當它看到一個數字出現時，它將取得該數字，將其平方，並將平方結果放入輸出佇列：

```
def square_mp(in_queue, out_queue):
    while(True):
        n = in_queue.get()
        n_squared = n**2
        out_queue.put(n_squared)
```

4. 最後，把以下程式碼區塊加入到 **multi_processing.py** 中：

```
if __name__ == '__main__':
    in_queue = multiprocessing.Queue()
    out_queue = multiprocessing.Queue()
```

```
process = multiprocessing.Process(target=square_mp, args=(in_queue, out_queue))
process.start()
for i in range(10):
    in_queue.put(i)
    i_squared = out_queue.get()
    print(f"{i} squared is {i_squared}")
process.terminate()
```

讓我們復習一下 **if name == '__main__'** 這一行的意思，如果模組被匯入
到您專案的其他地方，這一行可以簡單地避免執行它底下的程式碼區塊。
in_queue 和 **out_queue** 都是佇列物件，父程序和子程序之間可以透過它
們發送資料。在下方的迴圈中，可以看到您將整數加入到 **in_queue**，並從
out_queue 取得結果。如果您查看前面的 **square_mp** 函式，可以看到子程
序如何從 **in_queue** 物件中取得值，並將結果傳遞回 **out_queue** 物件。

5. 在命令列執行程式，如下所示：

```
python multi_processing.py
```

您應該會得到以下輸出：

```
(base) C:\Users\andrew.bird\Python-In-Demand\Lesson09>python multi_processing.py
0 squared is 0
1 squared is 1
2 squared is 4
3 squared is 9
4 squared is 16
5 squared is 25
6 squared is 36
7 squared is 49
8 squared is 64
9 squared is 81

(base) C:\Users\andrew.bird\Python-In-Demand\Lesson09>
```

圖 9.17：執行我們的平行處理腳本

在這個練習題中，您已學到如何使用 **multiprocessing** 套件在父 Python 程序
和子 Python 程序之間傳遞任務，最終您得到了一組數值的平方結果。

multiprocessing 與 threading 套件

當 **multiprocessing** 和 **execnet** 在執行非同步程式碼，會建立新的 Python 程序。但還有另一種叫執行緒的東西，只是在當前程序中再建立新的執行緒而已。因此，後者的動作會使用到的資源比前者們來得更少。您的新執行緒與原執行緒（建立新執行緒的那條執行緒）共用所有記憶體，包括全域變數。這兩個執行緒並不是真正並行的，因為使用全域直譯器鎖（GIL）代表著在一個 Python 程序的所有執行緒同時只能執行一條 Python 指令。

最後一個重點是，您無法從外部終止一條執行緒的執行，除非您退出整個 Python 程序，否則您必須在 **thread** 函式中設計一個退出方法。在下面的練習中，您將發送一個特殊信號值到佇列來退出執行緒。

練習 123：使用 threading 套件

在這個練習題中，您將使用 **threading** 模組來完成與練習 *121*，使用 *execnet* 執行一個簡單的 *Python* 平方程式一樣的工作：

1. 在 Jupyter Notebook 中，**import threading** 和 **queue** 模組：

```
import threading
import queue
```

2. 建立兩個新的佇列來處理執行緒之間的通訊，如下面的程式碼片段所示：

```
in_queue = queue.Queue()
out_queue = queue.Queue()
```

3. 建立一個監視佇列的函式，功能是從佇列取得新數值並回傳平方值。**if n == 'STOP'** 那行程式碼讓您將 **STOP** 傳遞到 **in_queue** 物件中，以終止執行緒：

```
def square_threading():
    while True:
        n = in_queue.get()
```

```
        if n == 'STOP':
            return
        n_squared = n**2
        out_queue.put(n_squared)
```

4. 現在，建立並啟動一個新執行緒：

```
thread = threading.Thread(target=square_threading)
thread.start()
```

5. 迭代 **10** 個數字，傳遞到 **in_queue** 物件中，從 **out_queue** 物件中接收預期的輸出：

```
for i in range(10):
    in_queue.put(i)
    i_squared = out_queue.get()
    print(f"{i} squared is {i_squared}")
in_queue.put('STOP')
thread.join()
```

您應該會得到以下輸出：

```
0 squared is 0
1 squared is 1
2 squared is 4
3 squared is 9
4 squared is 16
5 squared is 25
6 squared is 36
7 squared is 49
8 squared is 64
9 squared is 81
```

圖 9.18：執行緒迴圈的輸出

在這個練習題中，您已學到如何使用執行緒套件在父和子 Python 執行緒之間傳遞任務。在下一節中，您將了解如何在腳本中解析命令列引數。

解析腳本中的命令列引數

腳本通常需要來自使用者的輸入，以便對腳本執行什麼或如何執行做出某些選擇。例如，假設有一個用來訓練一個用於映像分類的深度學習網路的腳本。這個腳本的使用者會想要告訴它訓練映像在哪裡、標籤是什麼，並且可能想要選擇使用什麼模型、學習率、在哪裡儲存訓練好的模型設定，以及其他特徵。

使用命令列引數是件很方便的事；命令列引數就是使用者在執行腳本時從 shell 或自己其他腳本提供的值。使用命令列引數可以很容易地以不同的方式自動化腳本，並且對於有使用過 Unix 或 Windows 命令 shell 的使用者來說很熟悉。

Python 標準函式庫中的 **argparse** 模組，可用於解讀命令列引數，這個模組提供了許多功能，很容易可以使用與其他工具一致的方式向腳本加入引數。您可以將參數設定為必需的或可選的，讓使用者為某些引數提供值，或定義預設值。**argparse** 可用來建立使用說明，使用者可以使用 **--help argument** 讀取使用說明，並檢查使用者提供的參數是否有效。

使用 **argparse** 的流程一共有四個步驟。首先，建立一個 **parser** 物件。其次，將您的程式要接受的引數加入到 **parser** 物件中。第三，告訴 **parser** 物件解析您腳本的 **argv**（引數向量（argument vector）的縮寫，引數向量是在腳本啟動時提供給腳本的引數列表）；**parser** 物件會檢查它們的一致性並儲存值。最後，使用腳本中 **parser** 物件回傳的物件來存取引數的值。

若要執行本節之後的練習，您必須將 Python 程式碼輸入 **.py** 檔案中，並從作業系統的命令列執行那些 **.py** 檔案，而不是從 Jupyter Notebook 來執行。

練習 124：加入 argparse 來接受來自使用者的輸入

在這個練習題中，您將建立一個程式，該程式使用 **argparse** 從使用者處取得一個名為 **flag** 的輸入。如果使用者沒有指定 **flag**，其值為 **False**。如果有提供，則其值為 **True**。這個練習將在 Python 終端機中執行：

1. 建立一個新的名為 **argparse_demo.py** 的 Python 檔案。

2. 匯入 **argparse** 函式庫：

```
import argparse
```

3. 建立一個新的 **parser** 物件，如下面的程式碼片段這樣：

```
parser = argparse.ArgumentParser(description="Interpret a Boolean
flag.")
```

4. 加入一個引數，允許使用者在執行程式時傳入 **--flag** 引數：

```
rser.add_argument('--flag', dest='flag', action='store_true',
help='Set the flag value to True.')
```

action='store_true' 代表如果 **flag** 存在，解析器將把引數的值設定為
True。如果 **flag** 輸入不存在，它將設定值為 **False**。使用 **store_false**
操作可以實作完全相反的效果。

5. 呼叫 **parse_args()** 方法，該方法實際負責處理引數：

```
arguments = parser.parse_args()
```

6. 現在，**print** 引數的值，看看是否符合預期：

```
print(f"The flag's value is {arguments.flag}")
```

7. 執行該檔案，這次提供引數；**arguments.flag** 引數的值應該要是 **False**：

```
python argparse_example.py
```

您應該會得到以下輸出：

```
(base) C:\Users\andrew.bird\Python-In-Demand\Lesson09>python argparse_demo.py
The flag's value is False
```

圖 9.19：不帶引數執行 argparse_demo

8. 再次執行腳本，加上 **--flag** 引數，將其設定為 **True**：

```
python argparse_demo.py --flag
```

您應該會得到以下輸出：

```
(base) C:\Users\andrew.bird\Python-In-Demand\Lesson09>python argparse_demo.py --flag
The flag's value is True

(base) C:\Users\andrew.bird\Python-In-Demand\Lesson09>
```

圖 9.20：使用 --flag 引數執行 argparse_demo

9. 現在輸入以下程式碼，可以看到 **argparse** 從描述取得的 **help** 文字，和您提供的 **help** 文字：

```
python argparse_demo.py --help
```

您應該會得到以下輸出：

```
(base) C:\Users\andrew.bird\Python-In-Demand\Lesson09>python argparse_demo.py --help
usage: argparse_demo.py [-h] [--flag]

Interpret a Boolean flag.

optional arguments:
 -h, --help  show this help message and exit
 --flag      Set the flag value to True.
```

圖 9.21：查看 argparse_demo 的說明文字

您已經成功建立了一個腳本，該腳本在執行時可以接收引數。您可能可以想像這通常會多麼有用。

位置引數

有些腳本想接收的引數對它們的執行來說相當重要。例如，一個複製檔案的腳本必須知道**來源**檔案和**目的**檔案是什麼。但每次執行腳本時都要一再地輸入引數的名稱是很沒有效率的事；例如，每次使用腳本時都要輸入 **python copyfile.py --source infile --destination outfile**。

此時您就可以使用位置引數來定義一些使用者雖然沒有命名但總是按特定順序提供的引數。位置引數和具名引數之間的差別在於，具名引數以連字號開始（-），例如練習 *124*，加入 *argparse* 來接受來自使用者的輸入中的 **--flag**。位置引數則**不**用連字號開頭。

練習 125：使用位置引數取得使用者提供的來源和目標輸入

在這個練習題中，您將建立一個程式，這個程式使用 **argparse** 從使用者那裡取得兩個輸入：**source** 和 **destination**。

這個練習將在一個 Python 終端機中執行：

1. 建立一個名為 **positional_args.py** 的新 Python 檔案。

2. 匯入 **argparse** 函式庫：

```
import argparse
```

3. 建立新的 **parser** 物件：

```
parser = argparse.ArgumentParser(description="Interpret positional
arguments.")
```

4. 為 **source** 和 **destination** 值加入兩個引數：

```
parser.add_argument('source', action='store', help='The source of
an operation.')
parser.add_argument('dest', action='store', help='The destination
of the operation.')
```

5. 呼叫 **parse_args()** 方法，實際處理 **arguments**：

```
arguments = parser.parse_args()
```

6. 現在，**print arguments** 的值，這樣您就可以看到它是否正常工作：

```
print(f"Picasso will cycle from {arguments.source} to {arguments.dest}")
```

7. 接著，不帶引數執行腳本檔案，這麼做會導致一個錯誤，因為它期望要有兩個**位置**引數：

```
python positional_args.py
```

您應該會得到以下輸出：

```
(base) C:\Users\andrew.bird\Python-In-Demand\Lesson09>python positional_args.py
usage: positional_args.py [-h] source dest
positional_args.py: error: the following arguments are required: source, dest
```

圖 9.22：不帶引數執行腳本

8. 嘗試執行腳本並指定兩個位置引數作為來源和目標引數。

> 📖 **Note**
>
> 在命令列上指定位置引數時，不需指定名稱或前導連字號。

```
$ python positional_args.py Chichester Battersea
```

您應該會得到以下輸出：

```
(base) C:\Users\andrew.bird\Python-In-Demand\Lesson09>python positional_args.py Chichester Battersea
Picasso will cycle from Chichester to Battersea
```

圖 9.23：成功指定兩個位置引數

在這個練習題中，您學到的是如何使用 Python 的 **argparse** 套件接收位置引數來製作參數化腳本。

效能和效能分析

Python 通常不被認為是一種高效能語言，儘管它確實應該是高效能語言。由於語言的簡單性和其標準函式庫的強大功能，與執行時效能更好的其他語言相比，從產生想法到得到結果的時間可以比其他語言短得多。

但我們必須誠實地說，Python 不是世界上執行速度最快的程式設計語言之一，有時執行速度很重要。例如，您正在撰寫的是一個 web 伺服器應用程式，那麼您需要能夠處理任意數量的網路請求，並且能滿足發出請求的使用者的時間要求。

又例如，您正在撰寫一個科學模擬或深度學習推理引擎，那麼和模擬或訓練時間相比，程式設計師撰寫程式碼所花的時間（也就是您的時間）相對就小得多。在任何情況下，減少應用程式的執行時間都可以降低成本，無論是以雲端託管費用，或是筆記型電腦電池耗電。

修改您的 Python 程式碼

在本節的後面，您將學習如何使用一些 Python 的計時和效能測量工具。在進行計時或效能測量之前，您可以先考慮一下是否需要這樣做。Taligent 是上世紀 90 年代的一家物件導向軟體公司，它曾說過："沒有程式碼比一行都沒有的程式碼更快的了"。您可以把這個想法概括如下：

沒有什麼工作比什麼都不做更快的了。

加速 Python 程式的最快方法通常是簡單地改用不同的 Python 直譯器。在本章的前面，您已經看到多執行緒 Python 程式碼會被 **GIL** 拖慢速度，這代表在一個程序中，在任何時候都只能有一個 Python 執行緒能執行 Python 指令。適用於 Java 虛擬機器和 .NET 語言共用執行時期函式庫的 **Jython** 和 **IronPython** 環境，因為不存在 **GIL**，所以它們能更快地多執行緒程式。但還是有兩種 Python 實作是專門為提升效能而設計的，您將在後面的部分中看到它們能幫上什麼忙。

PyPy

現在您將更詳細地了解另一個 Python 環境，它叫做 **pypy**，Guido van Rossum（Python 的建立者）曾說過：如果您想讓您的程式碼執行得更快，您應該使用 *PyPy*。

PyPy 的秘密武器是即時（JIT）編譯，它將 Python 程式編譯成一種像 **Cython** 的機器語言，但是是在程式執行時才進行編譯，而不是在開發人員的機器上做編譯（稱為提前編譯，或 AOT 編譯）。對於長時間執行的程序，JIT 編譯器會嘗試不同的策略來編譯相同的程式碼，並找出最適合程式執行環境的編譯策略。程式會迅速地變得更快，一直到編譯器找到能執行的最佳版本為止。請在下面的練習中試著使用 PyPy。

練習 126：用 PyPy 來查看找出質數列表的時間

在這個練習題中，您將執行一個 Python 程式，這個程式會取得一個質數列表。但是請記住，把您的重點放在查看使用 **pypy** 執行程式所需的時間。

這個練習將在 Python 終端機中執行。

> 📖✐ **Note**
>
> 您需要在您的作業系統安裝 **pypy**。請到 *https://pypy.org/download.html*，確保取得與 Python 3.7 相容的版本。

1. 首先，執行 **pypy3** 命令，如下面的程式碼片段所示：

```
pypy3
Python 3.6.1 (dab365a465140aa79a5f3ba4db784c4af4d5c195, Feb 18 2019, 10:53:27)
[PyPy 7.0.0-alpha0 with GCC 4.2.1 Compatible Apple LLVM 10.0.0 (clang-1000.11.
45.5)] on darwin
Type "help", "copyright", "credits" or "license" for more information.
And now for something completely different: ''release 1.2 upcoming''
>>>>
```

請注意，您可能會與其按照安裝說明建立 **pypy3.exe** 的符號連結，但這還不如直接切換到 **pypy3.exe** 所在的資料夾執行會更容易些。

2. 按 **Ctrl + D** 退出 `pypy`。

您將會使用第 7 章，*Python* 風格中的埃氏質數篩選法來尋找質數。但我們在這裡要做兩件不同的事：首先，為了給程式更多的工作，將要找的質數訂為 1,000 以下；其次，使用 Python 的 **timeit** 模組對其進行測量，這樣您就可以看到它執行需要多長時間。**timeit** 模組會多次執行 Python 述句並記錄它所花費的時間。請讓 **timeit** 執行您的埃氏質數篩選法 10,000 次（預設是 100,000 次，會花上很長的時間）。

3. 建立一個 **eratosthenes.py** 檔案，輸入以下程式碼：

```python
import timeit
class PrimesBelow:
    def __init__(self, bound):
        self.candidate_numbers = list(range(2,bound))
    def __iter__(self):
        return self
    def __next__(self):
        if len(self.candidate_numbers) == 0:
            raise StopIteration
        next_prime = self.candidate_numbers[0]
        self.candidate_numbers = [x for x in self.candidate_numbers
            if x % next_prime != 0]
        return next_prime
print(timeit.timeit('list(PrimesBelow(1000))', setup='from __main__
    import PrimesBelow', number=10000))
```

4. 用一般的 Python 直譯器執行檔案：

```
python eratosthenes.py
```

您應該會得到以下輸出：

```
(base) C:\Users\andrew.bird\Python-In-Demand\Lesson09>python eratosthenes.py
17.597791835
```

圖 9.24：使用一般 Python 直譯器執行

在您的電腦上看到的數值會有所不同，但執行 **list(PrimesBelow(1000))** 述句 10,000 次會花去大約 **17.6** 秒，或每次迭代花去 1,760 **μs**。現在，請改用 **pypy** 代替 CPython 執行相同的程式：

```
$ pypy3 eratosthenes.py
```

您應該會得到以下輸出：

```
4.81645076300083
```

這裡得到的結果是每次迭代花費 482 **μs**。

在這個練習題中，您會看到在 **pypy** 中執行程式碼只花費了在 Python 中執行的 30% 時間。您只要切換到 **pypy**，就可以取得大幅度的效能提升。

Cython

Python 模組可以經過包裝編譯成 C 語言，使用包裝代表其他 Python 程式碼仍然可以存取它。編譯程式碼僅代表將程式碼從一種語言轉換為另一種語言。在編譯成 C 語言的情況下，編譯器接收 Python 程式碼並用 C 程式設計語言重新表達它。用來做這一件工作的工具叫做 **Cython**，它生成的模組的記憶體使用和執行時間通常比 Python 生成的模組要低。

> 📖 **Note**
>
> 標準的 Python 直譯器，也就是您在本書中用來完成練習和活動的直譯器，有時被稱為 "CPython"。雖然看起來與 "Cython" 極度相似，但實際上這兩個是不同的東西。

練習 127：改用 Cython 後，再度計算得到質數列表所花費的時間

在這個練習題中，您將會安裝 **Cython**，並且，正如*練習 126* 中提到的，您要找出一個質數列表，但是請您將重點放在使用 Cython 執行程式碼所花費的時間。

這個練習將在命令列上執行：

1. 首先要安裝 **cython**，如下程式碼片段所示：

```
$ pip install cython
```

2. 現在，回到您為*練習 8* 撰寫的程式碼，並取得用埃氏質數篩選法取得迭代質數的類別，另存該類別到 **sieve_module.py**：

```
class PrimesBelow:
    def __init__(self, bound):
        self.candidate_numbers = list(range(2,bound))
    def __iter__(self):
        return self
    def __next__(self):
        if len(self.candidate_numbers) == 0:
            raise StopIteration
        next_prime = self.candidate_numbers[0]
        self.candidate_numbers = [x for x in self.candidate_numbers
          if x % next_prime != 0]
        return next_prime
```

3. 使用 **Cython** 將其編譯為 C 模組。請建立一個名為 **setup.py** 的檔案，內容如下：

```
from distutils.core import setup
from Cython.Build import cythonize
setup(
    ext_modules = cythonize("sieve_module.py")
)
```

4. 現在，在命令列上執行 **setup.py** 來建立該模組，如下面的程式碼片段所示：

```
$ python setup.py build_ext --inplace
running build_ext
building 'sieve_module' extension
creating build
creating build/temp.macOSx-10.7-x86_64-3.7
gcc -Wno-unused-result -Wsign-compare -Wunreachable-code -DNDEBUG -g
-fwrapv -O3 -Wall -Wstrict-prototypes -I/Users/leeg/anaconda3/include
-arch x86_64 -I/Users/leeg/anaconda3/include -arch x86_64 -I/Users/
leeg/anaconda3/include/python3.7m -c sieve_module.c -o build/temp.
macOSx-10.7-x86_64-3.7/sieve_module.o
gcc -bundle -undefined dynamic_lookup -L/Users/leeg/anaconda3/lib -arch
x86_64 -L/Users/leeg/anaconda3/lib -arch x86_64 -arch x86_64 build/
temp.macOSx-10.7-x86_64-3.7/sieve_module.o -o /Users/leeg/Nextcloud/
Documents/Python Book/Lesson_9/sieve_module.cpython-37m-darwin.so
```

如果您是在 Linux 或 Windows 上執行，輸出看起來會有所不同，但應該不會看到錯誤。

5. 現在匯入 **timeit** 模組，並在一個名為 **cython_siave.py** 的腳本中使用它：

```
import timeit
print(timeit.timeit('list(PrimesBelow(1000))', setup='from sieve_module
    import PrimesBelow', number=10000))
```

6. 執行此程式查看時間：

```
$ python cython_sieve.py
```

您應該會得到以下輸出：

```
3.830873068
```

在此看到的是 3.83 秒，所以每次迭代花去 383 **µs**。這是 CPython 版本所花費的時間的 40% 再多一點而已，但是 **pypy** Python 執行程式碼的速度仍然比較快。使用 Cython 的好處是，您可以建立一個與 CPython 相容的模組，所以您既可以使模組程式碼執行得更快，其他使用者也不需要切換使用不同的 Python 直譯器。

效能分析

在看過了所有不花太多力氣就能提高程式碼效能的選項之後，如果您還需要提升更多速度，那麼現在就要實際多投入一些力氣了。撰寫快速程式碼沒有可遵循的祕訣：如果有的話，您在第 1 ～ 8 章中就會看到了，也就不會有這一章關於效能的章節了。當然，速度並不是唯一的效能目標：您可能希望減少記憶體的使用，或者增加可以同時執行的操作的數量。但是程式設計師經常使用 "效能" 作為 "減少完成任務的時間" 的同義詞，也就是您即將要研究的內容。

提高效能是一個科學的流程：您要觀察您程式碼的行為，假設有潛在的改進之處，就做出修改，然後再觀察它，檢查您確實改進了一些東西。對於這個流程中的那些觀察步驟，有很好的工具可用，現在您將看到其中一樣工具：cProfile。

cProfile 是一個用來建立程式碼效能分析的模組。每當您的 Python 程式進入或退出一個函式或其他可呼叫函式時，cProfile 會記錄它是什麼以及它花費多長時間。然後就由您自己去弄清楚怎樣才能減少這些時間。請記住要比較修改前和修改後記錄的效能分析，以確保您真的有改進了一些東西！正如您將在下一個練習中看到的，並不是所有的 "優化" 實際上都能使您的程式碼跑得更快，需要仔細的測量和思考來決定這種優化是否值得進行和保留。在實作中，cProfile 通常用於找出程式碼執行時間比預期要長的原因。例如，您撰寫了一個迭代計算，在放大到 1,000 次迭代之後突然需要花費 10 分鐘來做計算。若是使用了 cProfile，您可能會發現這是由於 panda 函式庫中一些沒有效率的函式造成的，而您可以避免這種情況以加快程式碼的速度。

用 cProfile 做效能分析

這個範例的目標是學習如何使用 cProfile 診斷程式碼效能。特別是，了解程式碼的哪些部分執行時間最長。

這是一個相當長的範例，重點不是要您輸入與理解程式碼，而是要了解效能分析的流程，思考怎麼修改，並觀察這些修改對效能分析的影響。這個例子將在命令列上執行：

1. 以您在第 7 章，*Python* 風格中寫的程式碼開始，生成一個質數組成的無限數列：

```python
class Primes:
    def __init__(self):
        self.current = 2
    def __iter__(self):
        return self
    def __next__(self):
        while True:
            current = self.current
            square_root = int(current ** 0.5)
            is_prime = True
            if square_root >= 2:
                for i in range(2, square_root + 1):
                    if current % i == 0:
                        is_prime = False
                        break
            self.current += 1
            if is_prime:
                return current
```

2. 必須使用 **itertools.takewhile()** 將其轉換為一個有限數列。這樣做可以生成一個大的質數列表並使用 **cProfile** 來調查其效能：

```python
import cProfile
import itertools
cProfile.run('[p for p in itertools.takewhile(lambda x: x<10000, Primes())]')
```

您應該會得到以下輸出：

```
        2466 function calls in 0.021 seconds

Ordered by: standard name

ncalls  tottime  percall  cumtime  percall filename:lineno(function)
     1    0.000    0.000    0.000    0.000 <ipython-input-1-5aedc56b5f71>:2(__init__)
     1    0.000    0.000    0.000    0.000 <ipython-input-1-5aedc56b5f71>:4(__iter__)
  1230    0.020    0.000    0.020    0.000 <ipython-input-1-5aedc56b5f71>:6(__next__)
  1230    0.000    0.000    0.000    0.000 <string>:1(<lambda>)
     1    0.001    0.001    0.021    0.021 <string>:1(<listcomp>)
     1    0.000    0.000    0.021    0.021 <string>:1(<module>)
     1    0.000    0.000    0.021    0.021 {built-in method builtins.exec}
     1    0.000    0.000    0.000    0.000 {method 'disable' of '_lsprof.Profiler' objects}
```

圖 9.25：用 cProfile 調查效能

最常被呼叫的函式是 **__next__()**，這並不奇怪，因為它是負責迭代的部分，在效能分析中看到它也佔用了大部分的執行時間。那麼，有沒有辦法能讓它更快呢？

有沒有一種可能是，這種方法做了很多冗餘的除法。假設要測試 101 是不是一個質數。這個實作會去測試它是否能被 2（no）整除，然後是否能被 3（no）整除，然後再檢查能否被 4 整除，但是 4 其實是 2 的倍數，然而您已知 101 不能被 2 整除了。

3. 讓我們做一個假設，修改 **__next__()** 方法，讓它只需要去搜尋一張已知質數的列表就好。您已知，如果被檢驗的數字能被任何更小的數字整除，那麼這些更小的數字中至少有一個本身是質數：

```python
class Primes2:
    def __init__(self):
        self.known_primes=[]
        self.current=2
    def __iter__(self):
        return self
    def __next__(self):
        while True:
            current = self.current
            prime_factors = [p for p in self.known_primes if current % p
                == 0]
```

```
            self.current += 1
            if len(prime_factors) == 0:
                self.known_primes.append(current)
                return current
cProfile.run('[p for p in itertools.takewhile(lambda x: x<10000, Primes2())]')
```

您應該會得到以下輸出：

```
        23708 function calls in 0.468 seconds

   Ordered by: standard name

   ncalls  tottime  percall  cumtime  percall filename:lineno(function)
    10006    0.455    0.000    0.455    0.000 <ipython-input-2-c6ffd796f813>:10(<listcomp>)
        1    0.000    0.000    0.000    0.000 <ipython-input-2-c6ffd796f813>:2(__init__)
        1    0.000    0.000    0.000    0.000 <ipython-input-2-c6ffd796f813>:5(__iter__)
     1230    0.011    0.000    0.466    0.000 <ipython-input-2-c6ffd796f813>:7(__next__)
     1230    0.000    0.000    0.000    0.000 <string>:1(<lambda>)
        1    0.001    0.001    0.468    0.468 <string>:1(<listcomp>)
        1    0.000    0.000    0.468    0.468 <string>:1(<module>)
        1    0.000    0.000    0.468    0.468 {built-in method builtins.exec}
    10006    0.001    0.000    0.001    0.000 {built-in method builtins.len}
     1230    0.000    0.000    0.000    0.000 {method 'append' of 'list' objects}
        1    0.000    0.000    0.000    0.000 {method 'disable' of '_lsprof.Profiler' objects}
```

圖 9.26：這次時間比較長！

現在，在效能分析結果中 __next()__ 已不再是最常被呼叫的函式了，但這不是一件好事。因為，您改用了一個 list 綜合表達式，它被呼叫了更多次，所以整個流程比以前多花了 30 倍的時間。

4. 在從檢查一系列因數轉換成使用已知質數列表的流程中，有一件事發生了變化：受測因數的上界不再是候選質數的平方根。假設讓我們回到測試 101 是否是質數的問題上，第一種實作會測試 2 到 10 之間的所有數值，但新實作則會測試從 2 到 97 的所有質數，因此做了更多的工作。請使用 **takewhile** 來過濾質數列表，以改變平方根上限：

```
class Primes3:
    def __init__(self):
        self.known_primes=[]
        self.current=2
    def __iter__(self):
```

```
            return self
    def __next__(self):
        while True:
            current = self.current
            sqrt_current = int(current**0.5)
            potential_factors = itertools.takewhile(lambda x: x < sqrt_
current, self.known_primes)
            prime_factors = [p for p in potential_factors if current % p
              == 0]
            self.current += 1
            if len(prime_factors) == 0:
                self.known_primes.append(current)
                return current
cProfile.run('[p for p in itertools.takewhile(lambda x: x<10000, Primes3())]')
```

您應該會得到以下輸出：

```
    291158 function calls in 0.102 seconds

Ordered by: standard name

ncalls  tottime  percall  cumtime  percall filename:lineno(function)
267345    0.023    0.000    0.023    0.000 <ipython-input-3-10d4133c7618>:11(<lambda>)
 10006    0.058    0.000    0.081    0.000 <ipython-input-3-10d4133c7618>:12(<listcomp>)
     1    0.000    0.000    0.000    0.000 <ipython-input-3-10d4133c7618>:2(__init__)
     1    0.000    0.000    0.000    0.000 <ipython-input-3-10d4133c7618>:5(__iter__)
  1265    0.018    0.000    0.100    0.000 <ipython-input-3-10d4133c7618>:7(__next__)
  1265    0.000    0.000    0.000    0.000 <string>:1(<lambda>)
     1    0.001    0.001    0.102    0.102 <string>:1(<listcomp>)
     1    0.000    0.000    0.102    0.102 <string>:1(<module>)
     1    0.000    0.000    0.102    0.102 {built-in method builtins.exec}
 10006    0.001    0.000    0.001    0.000 {built-in method builtins.len}
  1265    0.000    0.000    0.000    0.000 {method 'append' of 'list' objects}
     1    0.000    0.000    0.000    0.000 {method 'disable' of '_lsprof.Profiler' objects}
```

圖 9.27：這次速度更快

5. 快多了，執行速度比 **Primes2** 快得多。但這仍然比原來的演算法多花 7 倍的時間。另外還有一個技巧可以嘗試。花費最多執行時間的是第 12 行上的 list 綜合表達式。藉由將該式轉換成 **for** 迴圈，就可以在找到候選質數的質數因數時，提前退出迴圈：

```
class Primes4:
    def __init__(self):
        self.known_primes=[]
        self.current=2
    def __iter__(self):
        return self
    def __next__(self):
        while True:
            current = self.current
            sqrt_current = int(current**0.5)
            potential_factors = itertools.takewhile(lambda x: x < sqrt_
                current, self.known_primes)
            is_prime = True
            for p in potential_factors:
                if current % p == 0:
                    is_prime = False
                    break
            self.current += 1
            if is_prime == True:
                self.known_primes.append(current)
                return current
cProfile.run('[p for p in itertools.takewhile(lambda x: x<10000, Primes4())]')
```

您應該會得到以下輸出：

```
        64802 function calls in 0.033 seconds

   Ordered by: standard name

   ncalls  tottime  percall  cumtime  percall filename:lineno(function)
    61001    0.007    0.000    0.007    0.000 <ipython-input-4-4f9e19e7ebde>:11(<lambda>)
        1    0.000    0.000    0.000    0.000 <ipython-input-4-4f9e19e7ebde>:2(__init__)
        1    0.000    0.000    0.000    0.000 <ipython-input-4-4f9e19e7ebde>:5(__iter__)
     1265    0.024    0.000    0.032    0.000 <ipython-input-4-4f9e19e7ebde>:7(__next__)
     1265    0.000    0.000    0.000    0.000 <string>:1(<lambda>)
        1    0.001    0.001    0.033    0.033 <string>:1(<listcomp>)
        1    0.000    0.000    0.033    0.033 <string>:1(<module>)
        1    0.000    0.000    0.033    0.033 {built-in method builtins.exec}
     1265    0.000    0.000    0.000    0.000 {method 'append' of 'list' objects}
        1    0.000    0.000    0.000    0.000 {method 'disable' of '_lsprof.Profiler' objects}
```

圖 9.28：更快的輸出

速度更快了，結果比之前的嘗試要好，但仍然不如 "原本" 演算法好。這一次，花費最多時間的是第 11 行上的 lambda 運算式。它的功能是測試先前發現的質數中是否有一個小於候選數的平方根，而我們無法從這個版本的演算法中刪除這個測試。換句話說，令人驚訝的是，在這個範例中，以找質數所花的時間來說，做了太多多餘工作的方法，竟然比只做最少工作量的方法要快得多。

6. 事實上，好消息是我們的努力並不會白費。在此不建議您執行這個程式，除非現在真的很閒。但如果您增加要搜尋質數的數量，在一定數量之後就會出現 "優化過" 的演算法速度超過 "原本" 演算法的情況：

```
cProfile.run('[p for p in itertools.takewhile(lambda x: x<10000000,
Primes())]')
```

您應該會得到以下輸出：

```
      1329166 function calls in 147.528 seconds

   Ordered by: standard name

   ncalls  tottime  percall  cumtime  percall filename:lineno(function)
        1    0.000    0.000    0.000    0.000 <ipython-input-1-5aedc56b5f71>:2(__init__)
        1    0.000    0.000    0.000    0.000 <ipython-input-1-5aedc56b5f71>:4(__iter__)
   664580  146.901    0.000  146.901    0.000 <ipython-input-1-5aedc56b5f71>:6(__next__)
   664580    0.101    0.000    0.101    0.000 <string>:1(<lambda>)
        1    0.514    0.514  147.516  147.516 <string>:1(<listcomp>)
        1    0.011    0.011  147.528  147.528 <string>:1(<module>)
        1    0.000    0.000  147.528  147.528 {built-in method builtins.exec}
        1    0.000    0.000    0.000    0.000 {method 'disable' of '_lsprof.Profiler' objects}
```

圖 9.29："原本" 演算法實作的結果

```
cProfile.run('[p for p in itertools.takewhile(lambda x: x<10000000,
Primes4())]')
```

您應該會得到以下輸出：

```
    317503134 function calls in 106.236 seconds

  Ordered by: standard name

  ncalls  tottime  percall  cumtime  percall filename:lineno(function)
315507795   24.815    0.000   24.815    0.000 <ipython-input-4-4f9e19e7ebde>:11(<lambda>)
        1    0.000    0.000    0.000    0.000 <ipython-input-4-4f9e19e7ebde>:2(__init__)
        1    0.000    0.000    0.000    0.000 <ipython-input-4-4f9e19e7ebde>:5(__iter__)
   665111   80.611    0.000  105.523    0.000 <ipython-input-4-4f9e19e7ebde>:7(__next__)
   665111    0.114    0.000    0.114    0.000 <string>:1(<lambda>)
        1    0.583    0.583  106.221  106.221 <string>:1(<listcomp>)
        1    0.015    0.015  106.236  106.236 <string>:1(<module>)
        1    0.000    0.000  106.236  106.236 {built-in method builtins.exec}
   665111    0.097    0.000    0.097    0.000 {method 'append' of 'list' objects}
        1    0.000    0.000    0.000    0.000 {method 'disable' of '_lsprof.Profiler' objects}
```

圖 9.30：優化實作結果

在本範例結束時，您能夠找到最優化的方法來執行程式碼。透過觀察執行程式碼所需的時間，我們可以決定要如何調整程式碼以解決無效率的部分。在下面的活動中，您將會混合使用所有概念。

活動 23：在 Python 虛擬環境中生成一個隨機數列表

您為一個體育博彩網站工作，想要模擬特定博彩市場中的隨機事件。為了做到這一點，您的目標是要建立一個程式，使該程式能夠使用平行處理生成一長串的隨機數列表。

在這個活動中，目標是建立一個新的 Python 環境，安裝相關的套件，並使用 **threading** 函式庫撰寫一個函式來生成一個隨機數列表。

步驟如下：

1. 建立一個新的 **conda** 環境，取名為 **my_env**。

2. 啟動 **conda** 環境。

3. 在新環境中安裝 **numpy**。

4. 接下來，在虛擬環境中安裝並執行 Jupyter Notebook。

5. 接下來，建立一個新的 Jupyter Notebook 和 **import** 數個函式庫，如 **numpy**、**cProfile**、**itertools**，和 **threading**。

6. 建立一個函式，這個函式使用 **numpy** 和 **threading** 函式庫來生成一個隨機數陣列。請回想一下，在使用執行緒時，我們需要能夠發送一個信號到 **while** 述句來停止執行緒。該函式應該監視佇列以取得一個整數，該整數代表函式應該回傳隨機數的數量。例如，如果將數值 **10** 放進佇列中，那麼函式應該回傳一個由 **10** 個隨機數組成的陣列。

7. 接著請加入一個函式，讓這個函式啟動一個執行緒，並將整數放入 **in_queue** 物件中。您可以選擇將 **show_output** 引數設定為 **True** 來印出輸出。請在函式中迭代整數 **0** 到 **n**，**n** 是當該函式被呼叫時指定的。這個函式會傳入 **0** 和 **n** 之間的整數到佇列中，並接收由隨機數組成的陣列。

8. 請測試並查看在少量的迭代情況下的輸出。

   您應該會得到以下輸出：

```
[]
[0.78155881]
[0.61671875 0.96379795]
[0.52748128 0.69182391 0.11764897]
[0.89243527 0.75566451 0.88089298 0.15782374]
[0.1140009  0.25980504 0.88632411 0.08730527 0.17493792]
[0.41370041 0.01167654 0.60758276 0.73804504 0.73648781 0.29094613]
[0.8317736  0.57914287 0.01291246 0.61011878 0.91729392 0.50898183
 0.24640681]
[0.4475645  0.94036652 0.69823962 0.37459892 0.15512432 0.15115215
 0.65882522 0.77908825]
[0.42420881 0.7135031  0.22843178 0.20624473 0.32533328 0.86108686
 0.46407033 0.81794371 0.98958707]
```

圖 9.31：示範輸出

9. 執行大量次數迭代並回傳，且使用 **cProfile** 查看執行時間的組成情況。

> 📖 **Note**
>
> 此活動的解答在第 615 頁。

總結

在本章中，您已經了解了從 Python 程式設計師過渡到 Python 軟體工程師所需的一些工具和技能。您也學習了如何使用 **Git** 和 GitHub 與其他程式設計師協作，如何使用 **conda** 管理依賴關係和虛擬環境，以及如何使用 Docker 部署 Python 應用程式。您已經探索了平行處理，研究了用於改進 Python 程式碼效能的工具和技術。這些新技能使您在面對現實世界時，能更好地處理量產環境中團隊會處理到的那種大型問題。這些技能不僅是理論上的，而是任何有抱負的 Python 開發人員應該都要熟悉的必要工具。

從下一章開始，本書要討論關於在資料科學中使用 Python 的部分。您將了解用於處理數值資料的熱門函式庫，以及匯入、探索、清理和分析真實資料的技術。

10

用 pandas 和 NumPy 做資料分析

概述

在本章結束時，您將能夠使用 pandas 來查看、建立、分析和修改 DataFrame；使用 NumPy 執行統計和加速矩陣計算；使用 read、transpose、loc、iloc 和 concatenate 組織和修改資料；透過刪除或操作 NaN 值和指定欄型態來清理資料；透過建立、修改和解釋長條圖和散點圖視覺化資料；使用 pandas 和 statsmodel 生成和解釋統計模型，並使用資料分析技術解決實際問題。

介紹

在第 9 章，*Python* 實務 - 進階主題中，您看到了如何使用 GitHub 與團隊成員協作。您還使用 **conda** 來記錄和設定 Python 程式的依賴項目，並使用 **docker** 建立可複製的 Python 環境來執行我們的程式碼。

我們現在轉頭看向資料科學的部分，資料科學目前正以前所未有的速度蓬勃發展，資料科學家已經成為當今世界上最受歡迎的實踐者之一。大多數領先的公司都聘請了資料科學家來分析和解釋他們的資料。

資料分析側重於對大數據的分析。隨著時間的流逝，今日的資料比以往任何時候都要多，多到任何人都無法透過視覺就進行分析。這促使 Wes McKinney 和 Travis Oliphant 等主要的 Python 開發人員，去建立專門的 Python 函式庫以處理這方面的不足，特別是建立 pandas 和 NumPy 等函式庫來處理大數據。

總的來說，pandas 和 NumPy 是處理大數據的高手，它們的設計目標是速度、效率、可讀性和易用性。

pandas 提供了查看和修改資料專用的 framework，pandas 能處理所有與資料相關的任務，如建立資料緩衝、匯入資料、從 web 抓取資料、合併資料、旋轉、連接等等。

NumPy 是 Numerical Python 的縮寫，它更偏重於計算。NumPy 將 pandas DataFrame 的列和欄解讀為 NumPy 陣列形式的矩陣。在計算諸如平均值、中位數、眾數和四分位數等描述性統計資料時，NumPy 的速度非常快。

資料分析中的另一個關鍵角色是 Matplotlib，這是一個圖形函式庫，處理散點圖、長條圖、回歸線等。資料圖非常重要，因為大多數非技術專業人員會使用它們來解讀結果。

NumPy 和基本統計量

NumPy 被設計來快速處理大數據。根據 NumPy 文件，它包括以下基本元件：

- 一個強大的 n 維陣列物件
- 複雜的（廣播）函式
- 整合 C/C++ 和 Fortran 程式碼的工具
- 實用的線性代數、傅利葉轉換和隨機數能力

在本書接下來的內容中，您會使用到 NumPy。您將不再使用 list，而是改為使用 NumPy 陣列，NumPy 陣列是 NumPy 套件的基本元素，NumPy 陣列被設計用來處理任何維度的陣列。

Numpy 陣列可以很容易地建立索引，並且存放很多類型的資料，如 **float**、**int**、**string** 和 **object**，但類型必須一致，以提高速度。

練習 128：將 list 轉換為 NumPy 陣列

在這個練習題中，您將把一個 list 轉換為 **numpy** 陣列。以下步驟可以幫助您完成這項練習：

1. 請打開一個新的 Jupyter Notebook。
2. 先匯入 **numpy**：

```
import numpy as np
```

3. 建立一個裝載著考試分數，名為 **test_scores** 的 list，並確認資料型態：

```
test_scores = [70,65,95,88]
type(test_scores)
```

輸出結果如下：

```
list
```

> **Note**
>
> 現在 **numpy** 已經被匯入了,您可以存取所有的 **numpy** 功能,比如 **numpy** 陣列。輸入 **np.** 並按下您鍵盤上的 **Tab**(**np.+ Tab**),就可以看到所有選項,現在您要看的是陣列的部分。

4. 現在,您將把那一個由分數組成的 list 轉換為一個 **numpy** 陣列,並檢查陣列的**類型**。請輸入以下程式碼片段:

```
scores = np.array(test_scores)
type(scores)
```

輸出結果如下:

```
numpy.ndarray
```

在這個練習題中,您能夠將一個考試分數 list 轉換為一個 NumPy 陣列。您將在練習 *129*,計算考試分數的平均值的 NumPy 陣列中使用這些值來找到平均值。

平均值(mean)是最常用的統計指標之一,即傳統所稱的平均數(average), list 的平均值是每個項目的和除以項目的數量。在 NumPy 中,可以使用 **.mean** 方法來計算平均值。

練習 129:計算考試分數的平均值

在這個練習題中,將使用到您在練習 *128*,將 *list* 轉換為 *NumPy* 陣列中剛建立好的 **numpy** 陣列來儲存考試分數,然後計算考試分數的平均值。以下步驟可以幫助您完成這項練習:

1. 繼續使用練習 *128*,將 *list* 轉換為 *NumPy* 陣列相同的 Jupyter Notebook。

2. 要找到考試分數的 "平均數",可以使用 **mean** 方法,如下所示:

```
scores.mean()
```

輸出結果如下：

```
79.5
```

> 📖✏️ **Note**
>
> 我們並不是不小心用引號把"平均數"這個詞括起來的，是
> 因為平均值只是平均數的一種。還有另一種平均數是中位數
> （median）。

假設我們給定的考試分數為 70、65、95 和 88，那麼"平均數"是 79.5，這就是
預期的輸出。在這個練習題中，您使用了 NumPy 的 **mean** 函式，找出了 **test_
scores** 的平均數。在下面的練習中，您將使用 NumPy 找到中位數。

中位數就是中間的數，雖然不一定是最能代表平均數的值，但它是一個很好的
平均收入的衡量標準。

練習 130：從一組收入資料中找出中位數

在這個練習題中，您將從一個鄰近街區的收入資料中找出中間值，以幫助一個
百萬富翁依這份收入資料決定是否應該在這個街區建造他夢想中的房子。這裡
的 **median** 函式是一個 **numpy** 的方法。

以下步驟可以幫助您完成這項練習：

1. 請打開一個新的 Jupyter Notebook。

2. 首先，您需要將 **numpy** 套件匯入為 **np**，然後建立一個 **numpy** 陣列，並為
   income 做賦值動作，如下面程式碼片段所示：

```
import numpy as np
income = np.array([75000, 55000, 88000, 125000, 64000, 97000])
```

3. 接下來，找出收入資料的平均值：

```
income.mean()
```

輸出結果如下：

```
84000
```

到目前為止，一切看起來都很好。**84000** 是您的目標街區的平均**收入**。現在，假設那位百萬富翁決定在一個空地上建造他夢想中的房子。那麼他將加入一筆 1,200 萬美元的收入資料。

4. 以當前陣列為基礎，再加上一筆 1,200 萬美元的收入，然後找到新的平均值：

```
income = np.append(income, 12000000)
income.mean()
```

輸出結果如下：

```
1786285.7142857143
```

新的平均收入是 170 萬美元。好吧！街區沒有其他人能賺到將近 170 萬美元，所以這不是一個有代表性的平均數，此時就是中位數派上用場的時候了。

> 📖 **Note**
>
> 這裡的 median 方法不屬於 **np.array**，但它是一個 **numpy** 的方法（平均值也一樣可以用 numpy 方法計算）。

5. 現在從您的 **income** 值中找出**中位數**：

```
np.median(income)
```

輸出結果如下：

```
88000
```

結果顯示，有一半的街區居民賺的錢超過了 8.8 萬美元，而有一半街區居民賺的錢不到這個數字。這樣的結果將使百萬富翁對周圍的環境有一個大致的了解。在這個特定的例子中，和平均值相比，中位數可以更好的解讀平均收入。

在下一節中，我們將會介紹傾斜資料和離群值的部分。

傾斜資料和離群值

年收入 1,200 萬這筆資料有一點怪怪的，因為和其他人的收入相差甚遠。在統計學中，對這筆資料有專門的專業術語。您說這個資料因為有個 1,200 萬的離群值造成了傾斜。說的精確一點，資料是向右偏的，因為 12,000,000 在其他資料點的右方很遠的地方。

右偏資料使平均值遠離中位數。事實上，如果平均值大大超過中位數，就是右偏資料的明顯證據。同樣地，如果平均值遠小於中位數，就是資料左偏的明顯證據。

不幸的是，沒有一種統一的方法來找出單個離群值。是存在一些通用的方法沒錯，但在這裡也不會做詳細的介紹。只要記住，離群值遠離其他資料點，它們會扭曲資料。

標準差

標準差是對資料點分佈情況的精確統計度量。在下面的練習中，將使用標準差。

練習 131：收入資料的標準差

在這個練習題中，您將使用練習 *130*，從一組收入資料中找出中位數中的收入資料，找出百萬富翁的收入和街區一般居民的收入之間的偏差量。

以下步驟可以幫助您完成這項練習：

1. 繼續使用上一個 Jupyter Notebook。

2. 使用 **std()** 函式查看標準差，如下面的程式碼片段：

```
income.std()
```

輸出結果如下：

```
4169786.007331644
```

可以看到，這裡的標準差 400 萬是個很大的數字，這麼大的數字在繪製資料時幾乎沒有意義。以平均收入差距而言，並不會超過 400 萬美元。

現在，請嘗試找出練習 *128*，將 *list* 轉換為 *NumPy* 陣列中 **test_scores** 資料的標準差。

3. 因為這是一個新的 Jupyter Notebook，所以請再次指定 **test_scores** list 值：

```
test_scores = [70,65,95,88]
```

4. 現在，將這個 list 轉換成一個 **numpy** 陣列：

```
scores = np.array(test_scores)
```

5. 用 **std()** 函式求 **test_scores** 的標準差：

```
scores.std()
```

輸出結果如下：

```
12.379418403139947
```

在這個練習題中，您觀察到收入資料是如此傾斜以致於 400 萬的標準差實際上毫無意義。但考試分數的 12.4 標準差是非常有意義的：平均考試分數是 79.5，標準差是 12.4，這代表您可以期望分數離平均值大約在 12 分的距離內。

如果需要找到 **numpy** 陣列的最大值、最小值或總和，該怎麼辦呢？例如，您想找出 **test_scores** 的最大值、最小值和總和。

使用 **max()** 方法可以找到 **numpy** 陣列的最大值，使用 **min()** 方法可以找到最小值，使用 **sum()** 方法則可以找到總和。

您可以很容易地找到 **numpy** 陣列的 **max**、**min** 和 **sum** 的值。

要找到最大值，請輸入以下程式碼：

```
test_scores = [70,65,95,88]
scores = np.array(test_scores)
scores.max()
```

輸出結果如下：

```
95
```

要找到最小值，請輸入以下程式碼：

```
scores.min()
```

輸出結果如下：

```
65
```

要找到總和，請輸入以下程式碼：

```
scores.sum()
```

輸出結果如下：

```
318
```

矩陣

DataFrame 通常由多個列組成，並且每列具有相同數量的欄。從某個角度看，它是一個包含大量數字的二維網格。它也可以解釋為由多個 list 組成的 list，或由多個陣列組成的陣列。

在數學中，矩陣是由列和欄定義成的數字矩形陣列。標準的做法是首先寫列，其次寫欄。例如，一個 2×3 的矩陣由 2 列 3 欄組成，而一個 3×2 的矩陣由 3 列 2 欄組成。

這是一個 4×4 的矩陣：

$$\begin{bmatrix} 9 & 13 & 5 & 2 \\ 1 & 11 & 7 & 6 \\ 3 & 7 & 4 & 1 \\ 6 & 0 & 7 & 10 \end{bmatrix}$$

圖 10.1：一個 4×4 矩陣的矩陣表示

練習 132：矩陣

NumPy 提供用於建立矩陣或 n 維陣列的方法，其中一種建立方法是項目中放置 0 到 1 之間的隨機數，如後面範例那樣。

在這個練習題中，您將實作各種 **numpy** 矩陣方法，並觀察輸出（請回想一下利用 **random.seed** 能讓我們得到完全相同的數字，不過如果您想生成自己的數值也是可以的）。

以下步驟可以幫助您完成這項練習：

1. 從建立一個新的 Jupyter Notebook 開始。

2. 生成一個隨機的 5×5 矩陣，如下面的程式碼片段：

```
import numpy as np
np.random.seed(seed=60)
random_square = np.random.rand(5,5)
random_square
```

您應該會得到以下輸出：

```
Out[2]:  array([[0.30087333, 0.18694582, 0.32318268, 0.66574957, 0.5669708 ],
               [0.39825396, 0.37941492, 0.01058154, 0.1703656 , 0.12339337],
               [0.69240128, 0.87444156, 0.3373969 , 0.99245923, 0.13154007],
               [0.50032984, 0.28662051, 0.22058485, 0.50208555, 0.63606254],
               [0.63567694, 0.08043309, 0.58143375, 0.83919086, 0.29301825]])
```

圖 10.2：生成一個隨機矩陣

在前面的程式碼中，您使用了 **random.seed**。您只需要呼叫 **random. seed(seed=60)**，之後無論何時執行腳本，都將得到相同的值。

矩陣與您將在本書其餘部分中處理的 DataFrame 非常相似。您可以透過一些程式碼來取得特定的列、欄和項目。

3. 現在，取出剛才生成的矩陣的列和欄。

一般來說，如果您不指定 **[row, column]** 中的 column，**numpy** 將會選取全部的欄。

```
# 第一列
random_square[0]
```

您應該會得到以下輸出，由第一列和所有的欄組成：

```
Out[4]:  array([0.30087333, 0.18694582, 0.32318268, 0.66574957, 0.5669708 ])
```

圖 10.3：矩陣的列

```
# 第一欄
```

取得第一欄和所有列的值。

```
random_square[:,0]
```

您應該會得到以下輸出,是第一欄所有列的值:

```
Out[5]: array([0.30087333, 0.39825396, 0.69240128, 0.50032984, 0.63567694])
```

圖 10.4:矩陣的欄

4. 現在,請用 **[row, column]**,指定在矩陣中找到單個項目,如下程式碼片段所示:

```
# 第一個項目
random_square[0,0]
```

第一列第一欄中的項目輸出如下:

```
0.30087333004661876
```

下面是取得**第一個項目**的另一種方式:

```
random_square[0][0]
```

輸出結果如下:

```
0.30087333004661876
```

取得第 2 列、第 3 欄項目:

```
random_square[2,3]
```

輸出結果如下：

```
0.9924592256795676
```

現在，若要找到矩陣的平均值，您需要使用 **square.mean()** 方法，這個方法可找出整個矩陣，或是某列某欄的平均值，如下面的程式碼片段所示。

以下可找出整個矩陣的 **mean**：

```
random_square.mean()
```

輸出結果如下：

```
0.42917627159618377
```

第一列的 **mean**：

```
random_square[0].mean()
```

輸出結果如下：

```
0.4087444389228477
```

下面是最後一欄 **mean**：

```
random_square[:,-1].mean()
```

輸出結果如下：

```
0.35019700684996913
```

在這個練習題中，您建立了一個隨機的 5×5 矩陣，並對該矩陣實作了一些基本操作。

大型矩陣的計算時間

現在您已經掌握了建立隨機矩陣的竅門，可以看到生成一個大型矩陣和計算其平均值需要多少時間：

```
%%time
np.random.seed(seed=60)
big_matrix = np.random.rand(100000, 100)
```

輸出結果如下：

Wall time: 101 ms

圖 10.5：建立大型矩陣的計算時間

找出矩陣平均值的計算時間。

```
%%time
big_matrix = np.random.rand(100000, 100)
big_matrix.mean()
```

您應該會得到以下輸出：

Wall time: 130 ms

圖 10.6：矩陣平均值的計算時間

您得到的時間會和我們這裡的不同，但應該不會超過一秒。還不錯，生成一個有 1,000 萬個項目的矩陣並計算其平均值，只需要不到一秒的時間。

在下一個練習中，您將使用 NumPy 建立陣列並利用這個陣列計算各種值，其中一種是使用 **ndarray** 來進行計算。**numpy.ndarray** 是一個包含相同類型和大小的項目的多維陣列容器（通常大小固定）。

練習 133：建立一個陣列來實作 NumPy 計算

在這個練習題中,您將生成一個新的矩陣並對其執行數學運算,數學運算將在後面的練習中介紹。此處要建立的矩陣不使用傳統的 list,而是使用 NumPy 陣列,NumPy 陣列讓我們能輕鬆地操作陣列中的每個成員。以下步驟可以幫助您完成這項練習:

1. 請打開一個新的 Jupyter Notebook。

2. 匯入 **numpy**,建立一個內含數值 **1** 到 **100** 的 **ndarray**:

```
import numpy as np
np.arange(1, 101)
```

您應該會得到以下輸出:

```
Out[2]: array([  1,   2,   3,   4,   5,   6,   7,   8,   9,  10,  11,  12,  13,
               14,  15,  16,  17,  18,  19,  20,  21,  22,  23,  24,  25,  26,
               27,  28,  29,  30,  31,  32,  33,  34,  35,  36,  37,  38,  39,
               40,  41,  42,  43,  44,  45,  46,  47,  48,  49,  50,  51,  52,
               53,  54,  55,  56,  57,  58,  59,  60,  61,  62,  63,  64,  65,
               66,  67,  68,  69,  70,  71,  72,  73,  74,  75,  76,  77,  78,
               79,  80,  81,  82,  83,  84,  85,  86,  87,  88,  89,  90,  91,
               92,  93,  94,  95,  96,  97,  98,  99, 100])
```

圖 10.7:內含值為 1 到 100 的一個 ndarray

3. 將陣列重塑為 **20** 列和 **5** 欄:

```
np.arange(1, 101).reshape(20,5)
```

您應該會得到以下輸出：

```
Out[3]: array([[  1,   2,   3,   4,   5],
               [  6,   7,   8,   9,  10],
               [ 11,  12,  13,  14,  15],
               [ 16,  17,  18,  19,  20],
               [ 21,  22,  23,  24,  25],
               [ 26,  27,  28,  29,  30],
               [ 31,  32,  33,  34,  35],
               [ 36,  37,  38,  39,  40],
               [ 41,  42,  43,  44,  45],
               [ 46,  47,  48,  49,  50],
               [ 51,  52,  53,  54,  55],
               [ 56,  57,  58,  59,  60],
               [ 61,  62,  63,  64,  65],
               [ 66,  67,  68,  69,  70],
               [ 71,  72,  73,  74,  75],
               [ 76,  77,  78,  79,  80],
               [ 81,  82,  83,  84,  85],
               [ 86,  87,  88,  89,  90],
               [ 91,  92,  93,  94,  95],
               [ 96,  97,  98,  99, 100]])
```

圖 10.8：重塑為 20 列 5 欄後的陣列

4. 現在，定義 **mat1** 為一個 **20×5** 陣列，內含值 **1** 到 **100**，然後從 **mat1** 中減去 **50**，如下程式碼片段所示：

```
mat1 = np.arange(1, 101).reshape(20,5)
mat1 - 50
```

您應該會得到以下輸出：

```
Out[4]: array([[-49, -48, -47, -46, -45],
               [-44, -43, -42, -41, -40],
               [-39, -38, -37, -36, -35],
               [-34, -33, -32, -31, -30],
               [-29, -28, -27, -26, -25],
               [-24, -23, -22, -21, -20],
               [-19, -18, -17, -16, -15],
               [-14, -13, -12, -11, -10],
               [ -9,  -8,  -7,  -6,  -5],
               [ -4,  -3,  -2,  -1,   0],
               [  1,   2,   3,   4,   5],
               [  6,   7,   8,   9,  10],
               [ 11,  12,  13,  14,  15],
               [ 16,  17,  18,  19,  20],
               [ 21,  22,  23,  24,  25],
               [ 26,  27,  28,  29,  30],
               [ 31,  32,  33,  34,  35],
               [ 36,  37,  38,  39,  40],
               [ 41,  42,  43,  44,  45],
               [ 46,  47,  48,  49,  50]])
```

圖 10.9：從陣列中減去值

5. 將 **mat1** 與 **10** 相乘，觀察輸出的變化：

```
mat1 * 10
```

您應該會得到以下輸出：

```
Out[5]: array([[  10,   20,   30,   40,   50],
               [  60,   70,   80,   90,  100],
               [ 110,  120,  130,  140,  150],
               [ 160,  170,  180,  190,  200],
               [ 210,  220,  230,  240,  250],
               [ 260,  270,  280,  290,  300],
               [ 310,  320,  330,  340,  350],
               [ 360,  370,  380,  390,  400],
               [ 410,  420,  430,  440,  450],
               [ 460,  470,  480,  490,  500],
               [ 510,  520,  530,  540,  550],
               [ 560,  570,  580,  590,  600],
               [ 610,  620,  630,  640,  650],
               [ 660,  670,  680,  690,  700],
               [ 710,  720,  730,  740,  750],
               [ 760,  770,  780,  790,  800],
               [ 810,  820,  830,  840,  850],
               [ 860,  870,  880,  890,  900],
               [ 910,  920,  930,  940,  950],
               [ 960,  970,  980,  990, 1000]])
```

圖 10.10：mat1 乘以 10

6. 現在請您將 **mat1** 與自己相加，如下面的程式碼片段：

```
mat1 + mat1
```

您應該會得到以下輸出：

```
Out[6]: array([[  2,   4,   6,   8,  10],
               [ 12,  14,  16,  18,  20],
               [ 22,  24,  26,  28,  30],
               [ 32,  34,  36,  38,  40],
               [ 42,  44,  46,  48,  50],
               [ 52,  54,  56,  58,  60],
               [ 62,  64,  66,  68,  70],
               [ 72,  74,  76,  78,  80],
               [ 82,  84,  86,  88,  90],
               [ 92,  94,  96,  98, 100],
               [102, 104, 106, 108, 110],
               [112, 114, 116, 118, 120],
               [122, 124, 126, 128, 130],
               [132, 134, 136, 138, 140],
               [142, 144, 146, 148, 150],
               [152, 154, 156, 158, 160],
               [162, 164, 166, 168, 170],
               [172, 174, 176, 178, 180],
               [182, 184, 186, 188, 190],
               [192, 194, 196, 198, 200]])
```

圖 10.11：mat1 與自身相加

7. 將 **mat1** 與自己相乘：

```
mat1*mat1
```

您應該會得到以下輸出：

```
Out[7]: array([[    1,    4,    9,   16,   25],
               [   36,   49,   64,   81,  100],
               [  121,  144,  169,  196,  225],
               [  256,  289,  324,  361,  400],
               [  441,  484,  529,  576,  625],
               [  676,  729,  784,  841,  900],
               [  961, 1024, 1089, 1156, 1225],
               [ 1296, 1369, 1444, 1521, 1600],
               [ 1681, 1764, 1849, 1936, 2025],
               [ 2116, 2209, 2304, 2401, 2500],
               [ 2601, 2704, 2809, 2916, 3025],
               [ 3136, 3249, 3364, 3481, 3600],
               [ 3721, 3844, 3969, 4096, 4225],
               [ 4356, 4489, 4624, 4761, 4900],
               [ 5041, 5184, 5329, 5476, 5625],
               [ 5776, 5929, 6084, 6241, 6400],
               [ 6561, 6724, 6889, 7056, 7225],
               [ 7396, 7569, 7744, 7921, 8100],
               [ 8281, 8464, 8649, 8836, 9025],
               [ 9216, 9409, 9604, 9801, 10000]])
```

圖 10.12：mat1 與自身相乘

8. 求 **mat1** 和 **mat1.T** 的 **dot** 積（點）：

```
np.dot(mat1, mat1.T)
```

您應該會得到以下輸出：

```
Out[8]: array([[   55,    130,    205,    280,    355,    430,    505,    580,    655,
                 730,    805,    880,    955,   1030,   1105,   1180,   1255,   1330,
                1405,   1480],
               [  130,    330,    530,    730,    930,   1130,   1330,   1530,   1730,
                1930,   2130,   2330,   2530,   2730,   2930,   3130,   3330,   3530,
                3730,   3930],
               [  205,    530,    855,   1180,   1505,   1830,   2155,   2480,   2805,
                3130,   3455,   3780,   4105,   4430,   4755,   5080,   5405,   5730,
                6055,   6380],
               [  280,    730,   1180,   1630,   2080,   2530,   2980,   3430,   3880,
                4330,   4780,   5230,   5680,   6130,   6580,   7030,   7480,   7930,
                8380,   8830],
               [  355,    930,   1505,   2080,   2655,   3230,   3805,   4380,   4955,
                5530,   6105,   6680,   7255,   7830,   8405,   8980,   9555,  10130,
               10705,  11280],
               [  430,   1130,   1830,   2530,   3230,   3930,   4630,   5330,   6030,
                6730,   7430,   8130,   8830,   9530,  10230,  10930,  11630,  12330,
               13030,  13730],
               [  505,   1330,   2155,   2980,   3805,   4630,   5455,   6280,   7105,
                7930,   8755,   9580,  10405,  11230,  12055,  12880,  13705,  14530,
               15355,  16180],
               [  580,   1530,   2480,   3430,   4380,   5330,   6280,   7230,   8180,
                9130,  10080,  11030,  11980,  12930,  13880,  14830,  15780,  16730,
               17680,  18630],
               [  655,   1730,   2805,   3880,   4955,   6030,   7105,   8180,   9255,
               10330,  11405,  12480,  13555,  14630,  15705,  16780,  17855,  18930,
               20005,  21080],
```

圖 10.13：mat1 與 mat1 的點積

> 📝 **Note**
>
> 圖 10.13 所示的是被截斷過的輸出。

在這個練習題中，您計算並加入了一些值到一個陣列中，然後實作了多種不同的 NumPy 計算。

在您碰到要做資料分析的情況下，NumPy 將大大簡化您的工作。NumPy 陣列可以輕鬆地組合、操作並用於計算平均數、中位數和標準差等標準統計量，這使得它們比 Python list 更優越。它們對大數據的處理也異常出色，很難想像沒有它們的資料科學世界會是什麼樣子。

在下一節中，我們將介紹 pandas，它是 Python 中可用的另一個函式庫，可以使 Python 開發人員的工作更加輕鬆。

pandas 函式庫

pandas 是一個能做各方面資料處理的 Python 函式庫。pandas 可以匯入資料、讀取資料,並用一種名為 **DataFrame** 物件顯示資料。DataFrame 由列和欄組成。想知道 DataFrame 是什麼的其中一種方法,就是去建立一個。

在 IT 這行中,pandas 被廣泛用於資料操作。它也被用於股票預測、統計、分析、大數據,當然,還有資料科學。

在下面的練習中,您將使用 DataFrame 並學習可以拿它們來做怎麼樣的計算。

練習 134:使用 DataFrames 操作學生考試分數資料

在這個練習題中,您將建立一個 **dictionary**,這是建立 **pandas** DataFrame 的多種方法中的一種。然後您將根據需要操作該資料。為了使用 pandas,您必須匯入 **pandas**,一般會將它匯入為別名 **pd**。pandas 和 NumPy 無處不在,所以在執行任何資料分析之前就先匯入它們是一個好主意。以下步驟可以幫助您完成這項練習:

1. 首先將 **pandas** 匯入成 **pd**:

```
import pandas as pd
```

   現在您已經匯入了 **pandas**,接下來您將建立一個 **DataFrame**。

2. 建立一個裝載考試分數的 dictionary,取名為 **test_dict**:

```
# 建立考試分數 dictionary
test_dict = {'Corey':[63,75,88], 'Kevin':[48,98,92], 'Akshay': [87, 86, 85]}
```

3. 接下來,使用 **DataFrame** 方法將 **text_dict** 放入 DataFrame 中:

```
# 建立 DataFrame
df = pd.DataFrame(test_dict)
```

4. 現在，您可以顯示該 Dataframe：

```
# 顯示 DataFrame
df
```

您應該會得到像這樣的輸出：

Out[4]:

	Corey	Kevin	Akshay
0	63	48	87
1	75	98	86
2	88	92	85

圖 10.14：顯示加入 DataFrame 中的值

您可以仔細看一下這個 **DataFrame** 的內容。首先，dictionary 的鍵被做成欄。其次，預設情況下，列標示是 **0** 開頭的索引。第三，視覺排版清晰易讀。

DataFrame 的每一列和每一欄都是一個**數列**，一個數列就是一個一維的 **ndarray**。

現在，您將旋轉該 DataFrame，這也被稱為**轉置**（**transpose**），**transpose** 是一個標準的 **pandas** 方法。轉置會把列變成欄，把欄變成列。

5. 請使用以下程式碼片段，對 DataFrame 執行轉置操作：

```
# 轉置 DataFrame
df = df.T
df
```

您應該會得到以下輸出：

Out[5]:

	0	1	2
Corey	63	75	88
Kevin	48	98	92
Akshay	87	86	85

圖 10.15：轉置 DataFrame 後的輸出

在這個練習題中，您建立了一個 DataFrame，該 DataFrame 儲存了一些考試分數，最後，您取得該 DataFrame 轉置後的輸出。在下一個練習中，您將看到重新命名欄的名稱，和從 DataFrame 中選取資料，這是使用 pandas 的一個重要部分。

練習 135：用學生考試分數資料進行 DataFrame 計算

在這個練習題中，您將重命名 DataFrame 的欄，然後從 DataFrame 選擇資料輸出：

1. 請打開一個新的 Jupyter Notebook。

2. 匯入 **pandas** 為 **pd**，並輸入學生的考試分試，就像在練習 *134*，使用 *DataFrames* 操作學生考試分數資料中那樣。做好之後，把它轉換成一個 DataFrame，並轉置它：

```
import pandas as pd
# 建立裝載了考試分數的 dictionary
test_dict = {'Corey':[63,75,88], 'Kevin':[48,98,92], 'Akshay': [87, 86, 85]}
# 建立 DataFrame
df = pd.DataFrame(test_dict)
df = df.T
```

3. 將欄重新命名為更貼切的名稱。您可以用 DataFrame 的 **.columns** 來重命名欄：

```
# 重新命名欄
df.columns = ['Quiz_1', 'Quiz_2', 'Quiz_3']
df
```

您應該會得到以下輸出：

	Quiz_1	Quiz_2	Quiz_3
Corey	63	75	88
Kevin	48	98	92
Akshay	87	86	85

圖 10.16：改變欄名稱後的輸出

現在，從指定的列和欄中選擇一個值的範圍。您將輸入索引值到 **.iloc** 中，**.iloc** 是一個函式，它用來從 pandas DataFrame 中選擇資料。如下面步驟所示。

4. 用列選擇一個範圍：

```
# 用索引存取第一列
df.iloc[0]
```

您應該會得到以下輸出：

```
Quiz_1      63
Quiz_2      75
Quiz_3      88
Name: Corey, dtype: int64
```

圖 10.17：選取部分值的輸出

5. 現在，使用欄的名稱選取欄，如下面的程式碼片段所示。

   您可以在括號內的引號中放欄名來存取欄：

```
# 依欄名存取第一欄
df['Quiz_1']
```

您應該會得到以下輸出：

```
Corey      63
Kevin      48
Akshay     87
Name: Quiz_1, dtype: int64
```

圖 10.18：改為使用欄名選取的輸出

6. 使用點（.）符號選擇一個欄：

```
# 使用點符號存取第一個欄
df.Quiz_1
```

您應該會得到以下輸出：

```
Corey      63
Kevin      48
Akshay     87
Name: Quiz_1, dtype: int64
```

圖 10.19：使用點符號選擇欄

> 📖 **Note**
>
> 使用點標記法時有一些限制，因此通常使用中括號會更好。

在這個練習題中，您實作並修改了 DataFrame 的欄名。然後使用 **.iloc** 依據我們的要求從 DataFrame 中選取資料。

在下一個練習中，您將在 DataFrame 上實作不同的計算。

練習 136：在 DataFrames 中做計算

在這個練習題中，您將使用相同的考試分數資料，並在 DataFrame 上執行更多的計算。以下步驟可以幫助您完成這項練習：

1. 請打開一個新的 Jupyter Notebook。

2. 匯入 **pandas** 成 **pd**，並輸入學生考試分數，如練習 *135*，用學生考試分數資料進行 *DataFrame* 計算中那樣。都好了之後，再將它轉換成一個 DataFrame：

```
import pandas as pd
# 建立考試分數 dictionary
test_dict = {'Corey':[63,75,88], 'Kevin':[48,98,92], 'Akshay': [87, 86, 85]}
# 建立 DataFrame
df = pd.DataFrame(test_dict)
```

3. 現在，以列為基準來看這個 DataFrame，如下面的程式碼片段所示。

   您一樣可以使用中括號表示法 **[]**，把列當成 list 和字串看待：

```
# 只看 DataFrame 的前兩列
df[0:2]
```

您應該會得到以下輸出：

```
Out[3]:
```

	Corey	Kevin	Akshay
0	63	48	87
1	75	98	86

圖 10.20：只看部分列

4. 轉置 DataFrame：

```
df = df.T
df
```

5. 將欄重新命名為 **Quiz_1**、**Quiz_2**，和 **Quiz_3**，在前面練習 *135*，用學生考試分數資料進行 *DataFrame* 計算有做過這件事：

```
# 重新命名欄
df.columns = ['Quiz_1', 'Quiz_2', 'Quiz_3']
df
```

您應該會得到以下輸出：

```
Out[6]:
```

	Quiz_1	Quiz_2	Quiz_3
Corey	63	75	88
Kevin	48	98	92
Akshay	87	86	85

圖 10.21：重新命名欄後的輸出

6. 取前兩列和後面兩欄建立一個新的 **DataFrame**。

您可以先依名稱選取想要的列和欄，如下面的程式碼片段所示：

```
# 取前兩列和後面兩欄建立一個新的 DataFrame
rows = ['Corey', 'Kevin']
cols = ['Quiz_2', 'Quiz_3']
df_spring = df.loc[rows, cols]
df_spring
```

您應該會得到以下輸出：

Out[8]:

	Quiz_1	Quiz_2
Corey	63	75
Kevin	48	98

圖 10.22：新定義的 DataFrame

7. 現在，改用索引選擇前面兩列和後面兩欄。

您可以用 **.iloc** 依索引選擇想要的列和欄，如下面的程式碼片段所示：

```
# 依索引選擇想要的列和欄
df.iloc[[0,1], [1,2]]
```

您應該會得到以下輸出：

Out[9]:

	Quiz_2	Quiz_3
Corey	75	88
Kevin	98	92

圖 10.23：用索引選擇前面兩列和後面兩欄

接著，請加入一個新欄，欄中要放置的是測驗題的平均分數。

您可以用多種方式生成新欄，其中一種方法是使用 mean 方法。在 pandas 中，指定軸是很重要的。軸為 0 代表欄方向，軸為 1 代表列方向。

8. 現在，建立一個新的欄來放平均分數，如下面的程式碼片段所示：

```
# 定義一個新欄，內容是其他欄的平均值
df['Quiz_Avg'] = df.mean(axis=1)
df
```

您應該會得到以下輸出：

```
Out[10]:
```

	Quiz_1	Quiz_2	Quiz_3	Quiz_Avg
Corey	63	75	88	75.333333
Kevin	48	98	92	79.333333
Akshay	87	86	85	86.000000

圖 10.24：加入一個新的 quiz_avg 欄

還可以用 list 加入新欄，只要指定好列或欄的名稱即可。

9. 用 list 建立一個新的欄，如下面的程式碼片段所示：

```
df['Quiz_4'] = [92, 95, 88]
df
```

您應該會得到以下輸出：

```
Out[11]:
```

	Quiz_1	Quiz_2	Quiz_3	Quiz_Avg	Quiz_4
Corey	63	75	88	75.333333	92
Kevin	48	98	92	79.333333	95
Akshay	87	86	85	86.000000	88

圖 10.25：使用 lists 加入新的欄

如果需要刪除您剛剛建立的欄，要怎麼做呢？可以透過使用 **del** 函式來實作。在 pandas 中，使用 **del** 可以很容易地刪除欄。

10. 現在，請刪除 **Quiz_Avg** 欄，因為我們不想要它了：

```
del df['Quiz_Avg']
df
```

您應該會得到以下輸出：

Out[12]:

	Quiz_1	Quiz_2	Quiz_3	Quiz_4
Corey	63	75	88	92
Kevin	48	98	92	95
Akshay	87	86	85	88

圖 10.26：刪除欄後的輸出

在這個練習題中，您根據我們的要求實作了多種加入和刪除欄的方法。在下一節中，您將看到如何加入新的列和 **NaN**，**NaN** 是一個 **numpy** 的官方名詞。

新的列與 NaN

加入新的列到 pandas DataFrame 並不容易。一種常見的策略是生成一個新的 DataFrame，然後連接新舊值。

假設有一個新同學來參加第四次小測驗，那麼您想在其他三個測驗放什麼值？答案是 NaN，它是 **Not a Number**（**非數值**）的意思。

NaN 是一個 NumPy 的官方名詞，可透過 **np.NaN** 存取它，它是區分大小寫的。在後面的練習中，您將會看到如何使用 NaN。而在下一個練習中，您將了解如何做資料連接和處理空值。

練習 137：對考試分數做資料連接與計算含空值的平均值

在這個練習題中，您將對您在練習 *136*，在 *DataFrames* 中做計算中建立的考試分數資料做連接動作，並在有空值的情況下計算平均值。以下步驟可以幫助您完成這項練習：

1. 請打開一個新的 Jupyter Notebook。

2. 匯入 **pandas** 和 **numpy**，用考試分數資料建立一個 dictionary，再將其轉換為一個 DataFrame，如練習 *134*，使用 *DataFrames* 操作學生考試分數資料中那樣：

```
import pandas as pd
# 建立考試分數 dictionary
test_dict = {'Corey':[63,75,88], 'Kevin':[48,98,92], 'Akshay': [87, 86, 85]}
# 建立 DataFrame
df = pd.DataFrame(test_dict)
```

3. 轉置該 DataFrame 並重新命名欄：

```
df = df.T
df
# 重新命名欄
df.columns = ['Quiz_1', 'Quiz_2', 'Quiz_3']
df
```

您應該會得到以下輸出：

Out[5]:

	Quiz_1	Quiz_2	Quiz_3
Corey	63	75	88
Kevin	48	98	92
Akshay	87	86	85

圖 10.27：轉置並重新命名過後的 DataFrame

4. 加入一個新欄，如練習 *136*，在 *DataFrames* 中做計算中那樣：

```
df['Quiz_4'] = [92, 95, 88]
df
```

您應該會得到以下輸出：

Out[7]:

	Quiz_1	Quiz_2	Quiz_3	Quiz_4
Corey	63	75	88	92
Kevin	48	98	92	95
Akshay	87	86	85	88

圖 10.28：加入的 Quiz_4 欄後的輸出

5. 現在，請加入一個新列，其值設定為 **Adrian**，如下面的程式碼片段所示：

```
import numpy as np
# 建立一個只含一列的新 DataFrame
df_new = pd.DataFrame({'Quiz_1':[np.NaN], 'Quiz_2':[np.NaN],
'Quiz_3': [np.NaN], 'Quiz_4':[71]}, index=['Adrian'])
```

6. 將原來的 **Dataframe** 與只有 **Adrian** 一行的 **Dataframe** 做連接，並使用 **df** 顯示得到的 **Dataframe**：

```
# 連接兩個 DataFrame
df = pd.concat([df, df_new])
# 顯示新的 DataFrame
df
```

您應該會得到以下輸出：

Out[7]:

	Quiz_1	Quiz_2	Quiz_3	Quiz_4
Corey	63.0	75.0	88.0	92
Kevin	48.0	98.0	92.0	95
Akshay	87.0	86.0	85.0	88
Adrian	NaN	NaN	NaN	71

圖 10.29：加入一行後的 DataFrame

現在可以計算新的平均值，但您必須跳過 **NaN** 值：否則 **Adrian** 將得不到正確的平均分數。這將在步驟 7 中完成。

7. 忽略 NaN 並計算 **mean** 值，使用這些值建立一個新的欄 **Quiz-Avg**，如下程式碼片段所示：

```
df['Quiz_Avg'] = df.mean(axis=1, skipna=True)
df
```

您應該會得到以下輸出：

Out[8]:

	Quiz_1	Quiz_2	Quiz_3	Quiz_4	Quiz_Avg
Corey	63.0	75.0	88.0	92	79.50
Kevin	48.0	98.0	92.0	95	83.25
Akshay	87.0	86.0	85.0	88	86.50
Adrian	NaN	NaN	NaN	71	71.00

圖 10.30：加入 Adrian 的 quiz_4 值後的輸出

請注意，除了 **Quiz_4** 外，所有的值都是浮點數。有時您會需要將特定欄中的所有值轉換為另一種型態。

轉換欄型態

為了保持一致性，您可以在這裡做欄型態的轉換。請將練習 *137*，對考試分數做資料連接與計算含空值的平均值中 **Quiz_4** 欄中的整數轉換成浮點數，使用以下程式碼片段做型態轉換：

```
df.Quiz_4.astype(float)
```

您應該會得到以下輸出：

```
In [9]:  df.Quiz_4.astype(float)
Out[9]:  Corey      92.0
         Kevin      95.0
         Akshay     88.0
         Adrian     71.0
         Name: Quiz_4, dtype: float64
```

圖 10.31：轉換欄型態

您可以自行透過查看 DataFrame 來觀察值的變化。現在，我們繼續向下一個主題前進：資料。

資料

目前為止，您已經看過了 NumPy 和 pandas 的介紹，您將使用它們來分析一些真實的資料。

當資料科學家想去分析存在雲端或網路上的資料時，其中一種做法就是將資料直接下載到電腦上。

> **Note**
>
> 建議建立一個新資料夾來儲存所有資料，您也可以在這個資料夾中打開您的 Jupyter Notebook。

下載資料

資料有很多種格式，而 pandas 可以處理其中的大多數格式。通常，在搜尋要拿來分析的資料時，值得在關鍵字加上 "資料集合（dataset）"。資料集合就是指一群資料的集合。在網路上，"資料" 無處不在，而資料集合就是指原始格式的資料。

在這一小節中,您首先會先查看 1980 年著名的波士頓住宅(Boston Housing)資料集合,該資料集合可在 GitHub 儲存庫中取得。

此資料集合可以在 *https://packt.live/31Cd96j* 找到。

您可以從將資料集合下載到我們的系統中開始。

從 GitHub 下載波士頓住宅資料

1. 前往 GitHub 儲存庫並將資料集合下載到您的系統中。

2. 移動已下載好的資料集合檔案到您的資料檔案夾。

3. 在該資料夾中打開一個 Jupyter Notebook。

讀取資料

現在資料已經下載完畢,Jupyter Notebook 也打開了,您就可以開始讀取檔案。在讀取檔案時,最重要的部分是副檔名。我們的檔案是一個 `.csv` 檔案。您需要一個方法來讀取 `.csv` 檔案。

CSV 代表用逗號分隔的值(Comma-Separated Values)。CSV 檔案是儲存和檢索資料的一種熱門方法,而且 pandas 有能力很好地處理 CSV 檔案。

下面是 pandas 可讀取的標準資料檔案列表,以及用於讀取該種資料檔案的函式:

```
type of file      code
csv files:        pd.read_csv('file_name')
excel files:      pd.read_excel('file_name')
feather files:    pd.read_feather('file_name')
html files:       pd.read_html('file_name')
json files:       pd.read_json('file_name')
sql database:     pd.read_sql('file_name')
```

圖 10.32:pandas 能讀取的標準資料檔案

如果檔案是明確整齊的，pandas 就能正確地讀出它們。有時，碰到檔案不明確整齊時，可能需要修改功能參數。明智的做法是複製出現的錯誤並在網路上搜尋解決方案。

進一步需要考慮的一點是，應該將資料讀入 **DataFrame**。pandas 將在讀取資料時將其轉換為 DataFrame，但是您需要將 **DataFrame** 用一個變數來儲存。

> 📖 **Note**
>
> 通常會用變數 **df** 儲存 DataFrame，但它不是必然的，因為您可能要處理很多個 DataFrame。

在練習 *138*，讀取和查看波士頓住宅資料集合中，您將會使用到波士頓住宅資料集合並對資料執行基本操作。

練習 138：讀取和查看波士頓住宅資料集合

在這個練習題中，您的目標是讀取和查看 Jupyter Notebook 中的波士頓住宅資料集合。以下步驟可以幫助您完成這項練習：

1. 請打開一個新的 Jupyter Notebook。

2. 匯入 **pandas** 成 **pd**：

```
import pandas as pd
```

3. 選擇一個變數來儲存 **DataFrame**，並將 **HousingData.csv** 檔案放置到練習 *138* 的資料夾中。然後，執行以下命令：

```
housing_df = pd.read_csv('HousingData.csv')
```

如果沒有出現錯誤，則代表檔案已正確讀取。現在您可以查看檔案內容了。

4. 您需要透過輸入以下命令來查看檔案內容：

```
housing_df.head()
```

pandas.head 方法在預設情況下，會選取前五列。您可以在括號中加入一個數字，以選取更多的列。

您應該會得到以下輸出：

	CRIM	ZN	INDUS	CHAS	NOX	RM	AGE	DIS	RAD	TAX	PTRATIO	B	LSTAT	MEDV
0	0.00632	18.0	2.31	0.0	0.538	6.575	65.2	4.0900	1	296	15.3	396.90	4.98	24.0
1	0.02731	0.0	7.07	0.0	0.469	6.421	78.9	4.9671	2	242	17.8	396.90	9.14	21.6
2	0.02729	0.0	7.07	0.0	0.469	7.185	61.1	4.9671	2	242	17.8	392.83	4.03	34.7
3	0.03237	0.0	2.18	0.0	0.458	6.998	45.8	6.0622	3	222	18.7	394.63	2.94	33.4
4	0.06905	0.0	2.18	0.0	0.458	7.147	54.2	6.0622	3	222	18.7	396.90	NaN	36.2

圖 10.33：查看資料集合前五列的輸出

在開始研究要如何對該資料集合執行操作之前，您可能會想知道 **CRIM** 和 **ZN** 等欄在資料集合中代表什麼意思。

透過查看資料來取得對資料的一些感覺是很好的主意。在這個特定的例子中，您可能想知道這些欄實際上是什麼意思：

```
CRIM      per capita crime rate by town
ZN        proportion of residential land zoned for lots over 25,000 sq. Ft.
INDUS     proportion of non-retail business acres per town
CHAS      Charles River dummy variable (= 1 if tract bounds river; 0 otherwise)
NOX       nitric oxides concentration (parts per 10 million)
RM        average number of rooms per dwelling
AGE       proportion of owner-occupied units built prior to 1940
DIS       weighted distances to five Boston employment centers
RAD       index of accessibility to radial highways
TAX       full-value property-tax rate per $10,000
PTRATIO   pupil-teacher ratio by town
LSTAT     % lower status of the population
MEDV      Median value of owner-occupied homes in $1000's
```

圖 10.34：資料集合欄值的意義

現在您已經知道了資料集合中的值代表什麼，接著將開始對資料集合執行一些進階操作。您將在下面的練習中看到這些操作。

練習 139：觀察波士頓住宅資料集合

在這個練習題中，您將執行一些更進階的操作，並使用 pandas 方法來了解資料集合並取得所需的資料觀察資訊。以下步驟可以幫助您完成這項練習：

1. 請打開一個新的 Jupyter Notebook，並將資料集合檔案複製到一個獨立的資料夾中，您將在該資料夾中執行這個練習。

2. 匯入 pandas 並選擇一個變數來儲存 **DataFrame**，同時放置 **HousingData. csv** 檔案內容到該 **DataFrame** 中：

```
import pandas as pd
housing_df = pd.read_csv('HousingData.csv')
```

3. 現在，使用 **describe()** 方法顯示每欄的重要統計量，包括平均值、中位數和四分位數，如下程式碼片段所示：

```
housing_df.describe()
```

您應該會得到以下輸出：

	CRIM	ZN	INDUS	CHAS	NOX	RM	AGE	DIS	RAD	TAX	PTRATIO	B	L
count	486.000000	486.000000	486.000000	486.000000	506.000000	506.000000	486.000000	506.000000	506.000000	506.000000	506.000000	506.000000	486.00
mean	3.611874	11.211934	11.083992	0.069959	0.554695	6.284634	68.518519	3.795043	9.549407	408.237154	18.455634	356.674032	12.71
std	8.720192	23.388876	6.835896	0.255340	0.115878	0.702617	27.999513	2.105710	8.707259	168.537116	2.164946	91.294864	7.15
min	0.006320	0.000000	0.460000	0.000000	0.385000	3.561000	2.900000	1.129600	1.000000	187.000000	12.600000	0.320000	1.73
25%	0.081900	0.000000	5.190000	0.000000	0.449000	5.885500	45.175000	2.100175	4.000000	279.000000	17.400000	375.377500	7.12
50%	0.253715	0.000000	9.690000	0.000000	0.538000	6.208500	76.800000	3.207450	5.000000	330.000000	19.050000	391.440000	11.43
75%	3.560262	12.500000	18.100000	0.000000	0.624000	6.623500	93.975000	5.188425	24.000000	666.000000	20.200000	396.225000	16.95
max	88.976200	100.000000	27.740000	1.000000	0.871000	8.780000	100.000000	12.126500	24.000000	711.000000	22.000000	396.900000	37.97

圖 10.35：describe() 方法的輸出

您可以比對每一列的含義來查看這個輸出。

Count：有值的行數。

Mean：每個項目的和除以項目的數量，這通常是對平均值的一個很好的估計值。

Std：預期偏離平均值幾個單位，這是一種衡量分佈寬度的好方式。

Min：每欄中最小的項目。

25%：第一個四分位數，代表 25% 的資料的值小於這個數值。

50%：中位數，代表資料正中間的標記。這是對平均值的另一個很好的估計值。

75%：第三個四分位數，代表 75% 的資料的值小於這個數值。

Max：每欄中最大的項目。

4. 現在使用 **info()** 方法來取得完整的欄位列表。

若您有幾百個欄，並且需要很長時間才能橫向滾動每一個欄的時候，特別能突顯 **info()** 的價值：

```
housing_df.info()
```

您應該會得到以下輸出：

```
<class 'pandas.core.frame.DataFrame'>
RangeIndex: 506 entries, 0 to 505
Data columns (total 14 columns):
CRIM       486 non-null float64
ZN         486 non-null float64
INDUS      486 non-null float64
CHAS       486 non-null float64
NOX        506 non-null float64
RM         506 non-null float64
AGE        486 non-null float64
DIS        506 non-null float64
RAD        506 non-null int64
TAX        506 non-null int64
PTRATIO    506 non-null float64
B          506 non-null float64
LSTAT      486 non-null float64
MEDV       506 non-null float64
dtypes: float64(12), int64(2)
memory usage: 55.4 KB
```

圖 10.36：info() 方法的輸出

可以看到，`.info()` 顯示了每個欄中非空值的計數以及欄的型態。由於一些欄的非空值少於 506 個，所以可以放心地假設不在計數中的其他值為空值。

在這個資料集合中，共有 506 列和 14 欄。您可以使用 `.shape` 特性取得此資訊。

現在請確認一下資料集合的列數和欄數：

```
housing_df.shape
```

您應該會得到以下輸出：

```
(506, 14)
```

這代表您有 506 列和 14 欄。請注意 **shape** 後面沒有括號。這是因為它其實是一個特性，並且是預先計算好的。

在這個練習題中，您對資料集合執行了基本操作，例如描述資料集合和確定資料集合中的列數和欄數。

在下一節中，您將看到的是關於空值的討論。

空值

您要拿空值怎麼辨呢？在處理空值時有幾個常用的選擇：

1. 刪除所在的列：如果空值占非常小的百分比（比如總資料集合的 1%），那麼這是一種很好的方法。

2. 用重點值（比如中位數或平均值）替換空值：如果列是有價值的，而欄是合理平衡的，那麼這是一個很好的方法。

3. 用最可能的值替換，比如 0 或 1：當中位數可能不適用時，就會捨棄第 2 種方法且改用這個方法，通常會用眾數（mode）值。

> **Note**
>
> 在正式術語中，眾數（**mode**）代表出現次數最多次的值。

您可以看的出來，要選擇哪個選項取決於您的資料。

練習 140：對資料集合的空值操作

在這個練習題中，您將從我們的資料集合中只選取出含有空值的欄：

1. 請打開一個新的 Jupyter Notebook，並將資料集合檔案複製到一個獨立的資料夾中，您將在那裡執行這個練習。

2. 匯入 **pandas**，用一個變數儲存 **DataFrame**，同時將 **HousingData.csv** 檔案的內容放入該 **DataFrame**：

```
import pandas as pd
housing_df = pd.read_csv('HousingData.csv')
```

3. 找出資料集合中含有 **null** 值的欄，如下程式碼片段所示：

```
housing_df.isnull().any()
```

您應該會得到以下輸出：

```
CRIM       True
ZN         True
INDUS      True
CHAS       True
NOX        False
RM         False
AGE        True
DIS        False
RAD        False
TAX        False
PTRATIO    False
B          False
LSTAT      True
MEDV       False
dtype: bool
```

圖 10.37：含有 null 值的欄

.isnull() 方 法 將 根 據 整 個 **DataFrame** 中 有 無 **Null** 值， 顯 示 **True/ False**，您也試試看。

.any() 方法回傳各個欄有無 **Null** 值。

請進一步選取 **DataFrame** 中這些有 **Null** 值的欄。

4. 現在，使用該 **DataFrame**，取出有空值的欄。

    您可以用 **.loc** 來查找特定列的位置。您將選取擁有空值的欄的開頭五列，如下面的程式碼片段所示：

```
housing_df.loc[:5, housing_df.isnull().any()]
```

您應該會得到以下輸出：

	CRIM	ZN	INDUS	CHAS	AGE	LSTAT
0	0.00632	18.0	2.31	0.0	65.2	4.98
1	0.02731	0.0	7.07	0.0	78.9	9.14
2	0.02729	0.0	7.07	0.0	61.1	4.03
3	0.03237	0.0	2.18	0.0	45.8	2.94
4	0.06905	0.0	2.18	0.0	54.2	NaN
5	0.02985	0.0	2.18	0.0	58.7	5.21

圖 10.38：輸出擁有空值的欄所組成的資料集合

現在要做的是最後一步，是對這些有空值的欄使用 **.describe** 方法，並選取所有的列。

5. 對資料集合中擁有空值的欄使用 **.describe()** 方法。

這裡的程式碼是一段很長的程式碼。**housing_df** 是 DataFrame，**.loc** 讓您可以指定列和欄。: 代表要選取所有列。**housing_df.isnull().any()** 用於選取含有空值的欄，**.describe()** 用於顯示出統計資料：

```
housing_df.loc[:, housing_df.isnull().any()].describe()
```

您應該會得到以下輸出：

	CRIM	ZN	INDUS	CHAS	AGE	LSTAT
count	486.000000	486.000000	486.000000	486.000000	486.000000	486.000000
mean	3.611874	11.211934	11.083992	0.069959	68.518519	12.715432
std	8.720192	23.388876	6.835896	0.255340	27.999513	7.155871
min	0.006320	0.000000	0.460000	0.000000	2.900000	1.730000
25%	0.081900	0.000000	5.190000	0.000000	45.175000	7.125000
50%	0.253715	0.000000	9.690000	0.000000	76.800000	11.430000
75%	3.560262	12.500000	18.100000	0.000000	93.975000	16.955000
max	88.976200	100.000000	27.740000	1.000000	100.000000	37.970000

圖 10.39：特定欄所有列的 .describe() 方法輸出

請看看第一欄 **CRIM**，它的平均值遠遠大於中位數（**50%**）。這說明該資料中有一些離群值，導致資料非常右偏。的確，您可以看到最大值 **88.97** 比 **75** 百分位的 **3.56** 大得多。這使得平均值不適合用來替代這欄的空值。

在查看了每一欄之後，發現中位數是一個很好的選擇。雖然中位數在某些情況下明顯不會比平均值更適合，但在少數情況下，平均值明顯更差（例如在 **CRIM**、**ZN**、**CHAS** 欄）。

要怎麼選擇取決於您最終想對資料做什麼。如果您的目標是簡單的資料分析，那麼刪除有空值存在的行是值得考慮的。然而，如果目標是使用機器學習來預測資料，那麼將空值修改為合適的替換值可能會更好，但這是件無法事前就知道的事。

根據資料的不同，可能需要進行更徹底的檢查。例如，如果要分析新的藥物，就值得花更多的時間和精力來適當地處理空值。您可能需要藉由別的因素進行更多的分析，確定一個值應該要是 0 或是 1。

在我們的範例中，用中位數替換所有的空值是有必要的，您可以從下面的範例中了解這一點。

替換空值

pandas 提供了一個很好用的 **fillna** 方法，它可以用來替換一個欄或整個 DataFrame 中的空值。接下來，您將使用三種替換方法，包括用平均值替換一欄的空值，用另一欄的值替換另一欄的空值，以及用中位數替換整個資料集合中的所有空值。在此處範例中，您將使用與前面相同的波士頓住宅資料集合。

用 **mean** 值替換：

```
housing_df['AGE'] = housing_df['AGE'].fillna(housing_df.mean())
```

然後，用一個指定的值替換欄中空值：

```
housing_df['CHAS'] = housing_df['CHAS'].fillna(0)
```

將 DataFrame 中的空值替換為 **median**：

```
housing_df = housing_df.fillna(housing_df.median())
```

最後，檢查所有的空值都已經被替換了：

```
housing_df.info()
```

您應該會得到以下輸出：

```
<class 'pandas.core.frame.DataFrame'>
RangeIndex: 506 entries, 0 to 505
Data columns (total 14 columns):
CRIM       506 non-null float64
ZN         506 non-null float64
INDUS      506 non-null float64
CHAS       506 non-null float64
NOX        506 non-null float64
RM         506 non-null float64
AGE        506 non-null float64
DIS        506 non-null float64
RAD        506 non-null int64
TAX        506 non-null int64
PTRATIO    506 non-null float64
B          506 non-null float64
LSTAT      506 non-null float64
MEDV       506 non-null float64
dtypes: float64(12), int64(2)
memory usage: 55.4 KB
```

圖 10.40：消除空值後的輸出

在消除所有空值之後，資料集合變得更加乾淨。雖然導致糟糕預測的不實際或極端離群值還是可能會存在，但這些值通常可以靠視覺化分析檢測出來。下一節中將為您介紹該怎麼做。

視覺分析

大多數人都用視覺解讀資料,他們更喜歡查看色彩豐富、有意義的圖表,以便理解資料。作為一名資料科學從業者,建立這些圖表是您的工作。

在本節中,重點將放在兩種圖形上:長條圖和散點圖,而您將使用 Python 建立這些圖。雖然像 Tableau 這樣的套裝軟體非常流行,但它們實際上只能接受拖放資料。由於 Python 是一種通用程式設計語言,所以限制只來自於您個人的知識與能力。

matplotlib 函式庫

Python 中用於建立圖表的一個熱門的函式庫是 **matplotlib**。一般會習慣被匯入成別名 **plt**,如下程式碼片段所示:

```
import matplotlib.pyplot as plt
%matplotlib inline
```

請注意那奇怪的第二行程式碼。基本上它代表要在 Jupyter Notebook 中顯示所有圖表,而不是匯出圖表到外部檔案去。當您想看到圖表在您眼前出現時,就可以使用它。

長條圖

建立長條圖相當簡單,您只要選取一個欄並將該欄在 **plt.hist()** 中呼叫即可。長條圖背後的基本概念是,它會將 **x** 值(在我們的例子中,是房屋價格的中位數 MEDV)分組成數個不同的桶子(bin)。桶子的高度由落入該特定範圍的值的數量決定。預設情況下,Matplotlib 會選擇分組成 10 個桶子。

為了使圖表更有意義,您應該加入一些標籤。還可以透過匯入 **seaborn** 函式庫(匯入別名 **sns**)來使用 Seaborn 函式庫,使用 Seaborn 函式庫可以增加一些很好的視覺效果。

練習 141：使用波士頓住宅資料集合建立長條圖

在這個練習題中，您將使用 **MEDV**，即波士頓住宅資料集合的中位數欄，也是之後機器學習的目標欄。以下步驟可以幫助您完成這項練習：

1. 請打開一個新的 Jupyter Notebook，並將資料集合檔案複製到一個獨立的資料夾中，您將在那個資料夾中執行這個練習。

2. 匯入 **pandas** 成 **pd**，讀取 **HousingData.csv** 檔案後，將 **DataFrame** 儲存到變數 **housing_df** 中：

```
import pandas as pd
housing_df = pd.read_csv('HousingData.csv')
```

3. 接下來，需要匯入 **matplotlib** 成 **plt**：

```
import matplotlib.pyplot as plt
%matplotlib inline
```

> 📖 **Note**
>
> **%matplotlib inline** 代表您的圖形將出現在 Jupyter Notebook 中，而不是用外部檔案呈現。

4. 現在，請匯入 **seaborn**，它可使圖形在視覺上更吸引人。

```
import seaborn as sns
# 設定 seaborn 使用暗色網格
sns.set()
```

5. 繪製資料集合的長條圖。

```
plt.hist(housing_df['MEDV'])
plt.show()
```

您應該會得到以下輸出：

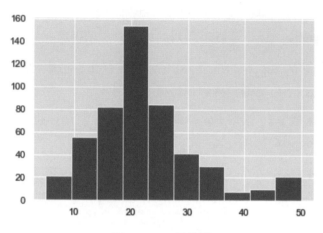

圖 10.41：長條圖

6. 請將更多資訊繪製到長條圖上，如下面的程式碼片段所示：

```
plt.hist(housing_df['MEDV'])
plt.title('Median Boston Housing Prices')
plt.xlabel('1980 Median Value in Thousands')
plt.ylabel('Count')
plt.show()
```

您應該會得到以下輸出：

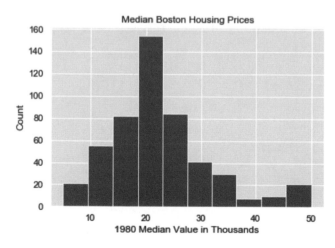

圖 10.42：使用 seaborn 將有意義的值繪製成長條圖

現在，圖表看起來就更清楚了。但是在 Jupyter Notebook 上，圖表有點小。您可以讓圖表和標題變大，還可以指定標題將圖表儲存起來。

7. 透過加大 **dpi**（**每英寸多少點**）和**字型大小**使長條圖更清晰。這代表可以根據我們的需要，靈活的輸出圖表。請複製下面的程式碼片段到您的 Jupyter Notebook 中，並觀察輸出的變化：

```
title = 'Median Boston Housing Prices'
plt.figure(figsize=(10,6))
plt.hist(housing_df['MEDV'])
plt.title(title, fontsize=15)
plt.xlabel('1980 Median Value in Thousands')
plt.ylabel('Count')
plt.savefig(title, dpi=300)
plt.show()
```

您應該會得到以下輸出：

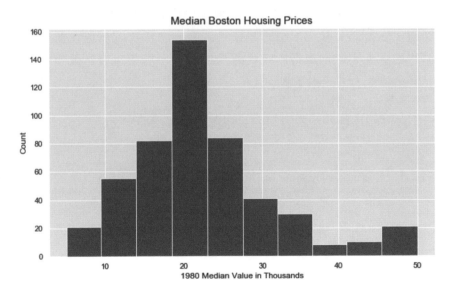

圖 10.43：合宜的長條圖輸出

在做完這個練習時，您已能夠繪製一張長條圖，這有助於將您得到的成果傳達給更多的人。

假設您想建立另一張長條圖，您應該複製相同的程式碼嗎？複製程式碼從來就不是一個好主意，最好是把程式碼寫成函式。

長條圖函式

請定義一個繪製長條圖的函式，如下面的程式碼片段：

```
def my_hist(column, title, xlab, ylab):
    plt.figure(figsize=(10,6))
    plt.hist(column)
    plt.title(title, fontsize=15)
    plt.xlabel(xlab)
    plt.ylabel(ylab)
    plt.savefig(title, dpi=300)
    plt.show()
```

要把 Matplotlib 的功能建立函式並不容易，因此應該仔細檢查參數。**figsize** 讓您能設定圖表的大小。**column** 為重點參數，也代表您想要畫的東西。接下來，是設定標題，然後是 x 軸和 y 軸的標籤。最後，您要將圖表儲存並顯示出來。函式內部的程式碼與之前執行的程式碼基本相同。您可以嘗試改為繪製另一個新的欄：房間數量，來呼叫這個函式。

請呼叫剛才寫好的長條圖函式，如下面的程式碼片段所示：

```
my_hist(housing_df['RM'], 'Average Number of Rooms in Boston
Households', 'Average Number of Rooms', 'Count')
```

您應該會得到以下輸出：

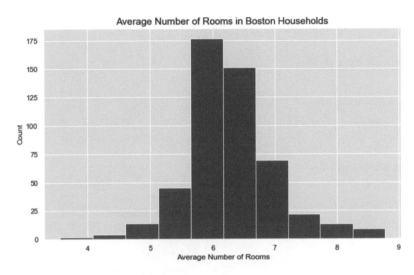

圖 10.44：長條圖函式的輸出

好了，目前看起來還不錯，但有一個明顯的問題，就是桶子的分佈情況。似乎大多數住宅房間數量的平均是 6 個，但其中有多少更接近 7 個呢？如果每個長條圖都清晰地標出位於哪兩個數字之間的話，我們的圖表似乎就可以更好。藉由對資料的調查結果（用 **.describe()** 查看 **max** 和 **min**），可發現平均房間數在 3 到 9 間之間。

除了改變箱子的定義，您還可以加入選項來改變顏色或者透明度。

您可以改良用來建立長條圖的函式，如下面的程式碼片段所示：

```
def my_hist(column, title, xlab, ylab, bins=10, alpha=0.7, color='c'):
    title = title
    plt.figure(figsize=(10,6))
    plt.hist(column, bins=bins, range=(3,9), alpha=alpha, color=color)
    plt.title(title, fontsize=15)
    plt.xlabel(xlab)
    plt.ylabel(ylab)
    plt.savefig(title, dpi=300)
    plt.show()
```

預設情況下桶子的數量是 10 個,您可以隨時修改它。**alpha** 是一個方便的工具,可以用來使長條變得透明。值 1.0 代表不透明,而 0.0 代表完全透明。請隨意調整這個選項來選擇您喜歡的透明度。

呼叫改良後的長條圖函式:

```
my_hist(housing_df['RM'], 'Average Number of Rooms in Boston',
'Average Number of Rooms', 'Count', bins=6)
```

您應該會得到以下輸出:

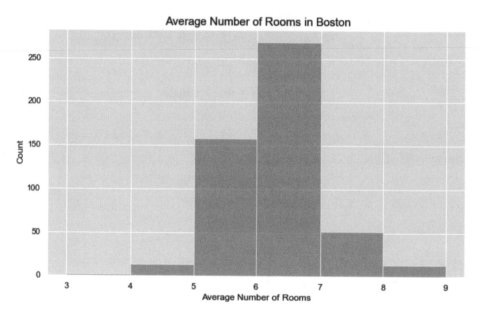

圖 10.45:改良後長條圖函式的輸出

現在很明顯,最高的平均房間數在 6 到 7 之間。另外,請注意,這個資料集合調查的對象是一群一群的房屋,而不是單個的房屋。這就是為什麼房間的平均數量會在 6 到 7 之間。

您已經了解了如何繪製長條圖,現在您可以看看另一種稱為散點圖的視覺化資料分析工具。

散點圖

散點圖在資料分析中非常重要，繪製這種圖時需要 x 值和 y 值，通常取自一個 DataFrame 的兩個數值欄。您可以將平均房間數當作 x 值，用平均中位數收入當作 y 值。

練習 142：為波士頓住宅資料集合建立散點圖

在這個練習題中，您將為波士頓住宅資料集合建立散點圖。

以下步驟可以幫助您完成這項練習：

1. 請打開一個新的資料夾，並將資料集合複製到一個獨立的資料夾中。

2. 匯入 **pandas**，用一個變數儲存 **DataFrame**，這個 **DataFrame** 儲放了 **HousingData.csv** 檔案的內容：

```
import pandas as pd
housing_df = pd.read_csv('HousingData.csv')
```

3. 接下來，您需要匯入 **matplotlib** 成 **plt**，如下所示：

```
import matplotlib.pyplot as plt
%matplotlib inline
```

4. 現在您需要設定用來繪製散點圖的資料，如下面的程式碼片段所示：

```
x = housing_df['RM']
y = housing_df['MEDV']
plt.scatter(x, y)
plt.show()
```

您應該會得到以下輸出：

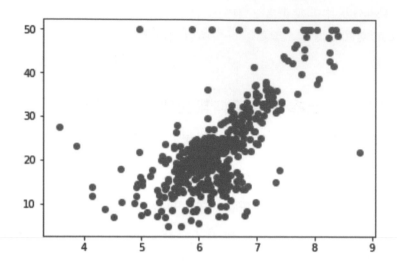

圖 10.46：資料集合的散點圖

圖表中顯示了一種非常明顯的正相關。代表隨著 x 值的增加，y 值也會增加。

在統計學中，有一個特定的概念來判定相關性：這個概念稱為 **相關性**（**correlation**）。

相關性

相關性是一個介於 -1 和 +1 之間的統計度量值，它代表兩個變數之間的關係有多密切。相關性為 -1 或 +1 時代表變數是完全相互依賴的，它們在一條完美的直線上。相關性為 0 代表一個變數的增加不會影響另一個變數，從視覺上看的話，點就會散佈在整個區域。一般相關性通常介於兩者之間。例如，0.75 的相關性代表相當強的關係，而 0.25 的相關性則是相當弱的關係。正相關性時圖表顯示上升的情況（也就是說 x 上升，y 也上升），負相關時則是下降。

在下面的練習中，您將從波士頓住宅資料集合找出相關值。

練習 143：資料集合中的相關性

在這個練習題中，您將從波士頓住宅資料集合計算出相關值。以下步驟可以幫助您完成這項練習：

1. 請打開一個新的 Jupyter Notebook，將 **dataset** 檔案複製到一個獨立的資料夾中，您將在該資料夾中執行此練習。

2. 匯入 **pandas**，用一個變數儲存 **DataFrame**，該 **DataFrame** 存放 **HousingData.csv** 檔案的內容：

```
import pandas as pd
housing_df = pd.read_csv('HousingData.csv')
```

3. 接下來，需要匯入 **matplotlib** 成 **plt**，如下所示：

```
import matplotlib.pyplot as plt
%matplotlib inline
```

4. 現在，找出資料集合中的相關性，如下程式碼片段所示：

```
housing_df.corr()
```

您應該會得到以下輸出：

	CRIM	ZN	INDUS	CHAS	NOX	RM	AGE	DIS	RAD	TAX	PTRATIO	B	LSTAT	MEDV
CRIM	1.000000	-0.191178	0.401863	-0.054355	0.417130	-0.219150	0.354342	-0.374166	0.624765	0.580595	0.281110	-0.381411	0.444943	-0.391363
ZN	-0.191178	1.000000	-0.531871	-0.037229	-0.513704	0.320800	-0.563801	0.656739	-0.310919	-0.312371	-0.414046	0.171303	-0.414193	0.373136
INDUS	0.401863	-0.531871	1.000000	0.059859	0.764866	-0.390234	0.638431	-0.711709	0.604533	0.731055	0.390954	-0.360532	0.590690	-0.481772
CHAS	-0.054355	-0.037229	0.059859	1.000000	0.075097	0.104885	0.078831	-0.093971	0.001468	-0.032304	-0.111304	0.051264	-0.047424	0.181391
NOX	0.417130	-0.513704	0.764866	0.075097	1.000000	-0.302188	0.731548	-0.769230	0.611441	0.668023	0.188933	-0.380051	0.582641	-0.427321
RM	-0.219150	0.320800	-0.390234	0.104885	-0.302188	1.000000	-0.247337	0.205246	-0.209847	-0.292048	-0.355501	0.128069	-0.614339	0.695360
AGE	0.354342	-0.563801	0.638431	0.078831	0.731548	-0.247337	1.000000	-0.744844	0.458349	0.509114	0.269226	-0.275303	0.602891	-0.394656
DIS	-0.374166	0.656739	-0.711709	-0.093971	-0.769230	0.205246	-0.744844	1.000000	-0.494588	-0.534432	-0.232471	0.291512	-0.493328	0.249929
RAD	0.624765	-0.310919	0.604533	0.001468	0.611441	-0.209847	0.458349	-0.494588	1.000000	0.910228	0.464741	-0.444413	0.479541	-0.381626
TAX	0.580595	-0.312371	0.731055	-0.032304	0.668023	-0.292048	0.509114	-0.534432	0.910228	1.000000	0.460853	-0.441808	0.536110	-0.468536
PTRATIO	0.281110	-0.414046	0.390954	-0.111304	0.188933	-0.355501	0.269226	-0.232471	0.464741	0.460853	1.000000	-0.177383	0.375966	-0.507787
B	-0.381411	0.171303	-0.360532	0.051264	-0.380051	0.128069	-0.275303	0.291512	-0.444413	-0.441808	-0.177383	1.000000	-0.369889	0.333461
LSTAT	0.444943	-0.414193	0.590690	-0.047424	0.582641	-0.614339	0.602891	-0.493328	0.479541	0.536110	0.375966	-0.369889	1.000000	-0.735822
MEDV	-0.391363	0.373136	-0.481772	0.181391	-0.427321	0.695360	-0.394656	0.249929	-0.381626	-0.468536	-0.507787	0.333461	-0.735822	1.000000

圖 10.47：相關性值的輸出

我們可以看到明確的相關性值。例如，要查看與 **Median Value Home** 最相關的變數是什麼，可以查看 **MEDV** 欄中的值。在我們的輸出中，您也會發現 **RM** 的值 **0.695360** 是最大的。但是您也看到 **LSTAT** 的值為 **-0.735822**，這一欄代表人口處於較低地位的百分比。**Seaborn** 提供了一種很好的方式來查看相關性，稱為熱圖（heatmap）。您可以在完成下面的步驟後了解什麼是熱圖。

現在，您需要繪製相關性值的熱圖。

5. 首先匯入 **seaborn** 模組，別名為 **sns**：

```
import seaborn as sns
# 設定 seaborn 使用暗色網格
sns.set()
```

6. 現在要繪製**熱圖**，如下程式碼片段所示：

```
corr = housing_df.corr()
plt.figure(figsize=(8,6))
sns.heatmap(corr, xticklabels=corr.columns.values,
yticklabels=corr.columns.values, cmap="Blues", linewidths=1.25, alpha=0.8)
plt.show()
```

您應該會得到以下輸出：

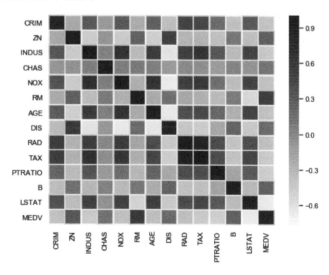

圖 10.48：相關性值的熱圖

方塊顏色越深，代表相關性越高：方塊顏色越淺，代表相關性越低。現在查看 MEDV 欄時，能更容易看出最暗的正方形是 RM，以及最淺的正方形是 LSTAT。您可能已經注意到，從技術上來說，MEDV 方塊是最暗的。這肯定是對的，因為 MEDV 與自身完全相關。對每一欄來說，對角線上的格子都是最暗的。

在這個練習題中，您已使用資料集合中的相關性值，並為資料輸出提供視覺上的幫助。

在下一節中，您將了解回歸是什麼。

回歸

也許最能幫助散點圖的就是回歸線了。回歸的概念來自於 Francis Galton 爵士，他測量了父母非常高和父母非常矮的孩子的身高。這些孩子的平均身高並不比父母的高或矮，而是接近於所有人的平均身高。Francis Galton 爵士使用了 "回歸平均值（regression to the mean）" 這個術語，意思是子女的身高更接近於他們高或矮的父母的平均值，後來這個術語就被延用了。

在統計學中，回歸線是一條試圖盡可能接近散點圖中所有點的線。一般來說，一半的點在線上方，一半的點在線下方。最常用的回歸線方法是普通最小平方法（ordinary least squares），它是將每一點到直線的距離的平方加起來。

Python 有多種方法來計算和顯示回歸線。

繪製回歸線

為了要建立波士頓住宅資料集合的回歸線，請遵循以下程式碼步驟：

```
plt.figure(figsize=(10, 7))
sns.regplot(x,y)
plt.show()
```

您應該會得到以下輸出：

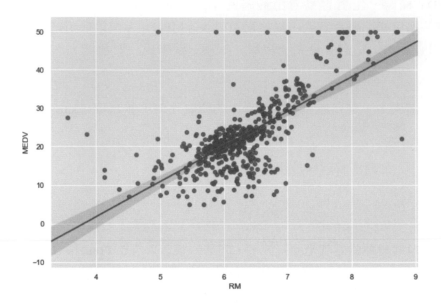

圖 10.49：回歸線的示範輸出

您可能會想知道這條線的陰影部分代表什麼意思，陰影部分代表一個 95% 信賴區間，也就是指 Python 對於實際的回歸線落在這個範圍內有 95% 的信心程度。由於陰影區域相對於圖是相當小的，這代表著這條回歸線是相當準確的。

回歸線背後的一般概念是，它們可以用新的 x 值去預測新的 y 值。例如，如果有一個八個房間的房子，您可以使用回歸來估計它的價格。您將在第 11 章，機器學習中，使用機器學習版本的線性回歸，以更複雜的方式使用這個通用概念。

雖然這不是一本講述統計學的書，但是您仍需要取得足夠的知識，才有辦法自行分析資料。站在這個角度來說，還有一個回歸的關鍵部分值得與您分享，也就是關於直線本身的資訊。

StatsModel 回歸輸出

您將匯入 **StatsModel**，使用其方法印出回歸線的摘要資訊：

```
import statsmodels.api as sm
X = sm.add_constant(x)
model = sm.OLS(y, X)
est = model.fit()
print(est.summary())
```

程式碼中最奇怪的部分是加入常數的部分（sm.add_constant），基本上該常數就是 y 軸截距。不加那個常數時，y 軸截距為 0。對我們的範例來說，y 軸截距是否為 0 是有意義的：如果房間是 0 個，房子就沒有價值了。不過，通常有 y 軸截距是一個好主意，這也是前面的 Seaborn 圖表的預設選項。嘗試兩種方法並比較資料結果是個好辦法，做對比分析將能從基礎上提高您的統計學實力：

```
                            OLS Regression Results
==============================================================================
Dep. Variable:                   MEDV   R-squared:                       0.484
Model:                            OLS   Adj. R-squared:                  0.483
Method:                 Least Squares   F-statistic:                     471.8
Date:                Wed, 16 Oct 2019   Prob (F-statistic):           2.49e-74
Time:                        14:42:27   Log-Likelihood:                -1673.1
No. Observations:                 506   AIC:                             3350.
Df Residuals:                     504   BIC:                             3359.
Df Model:                           1
Covariance Type:            nonrobust
==============================================================================
                 coef    std err          t      P>|t|      [0.025      0.975]
------------------------------------------------------------------------------
const        -34.6706      2.650    -13.084      0.000     -39.877     -29.465
RM             9.1021      0.419     21.722      0.000       8.279       9.925
==============================================================================
Omnibus:                      102.585   Durbin-Watson:                   0.684
Prob(Omnibus):                  0.000   Jarque-Bera (JB):              612.449
Skew:                           0.726   Prob(JB):                     1.02e-133
Kurtosis:                       8.190   Cond. No.                         58.4
==============================================================================

Warnings:
[1] Standard Errors assume that the covariance matrix of the errors is correctly specified.
```

圖 10.50：回歸線摘要資訊

這個表格裡有很多重要的資訊。第一個重要資訊是 **R^2** 的值是 0.484，這代表 48% 的資料可以用回歸線解釋。第二個重要資訊是係數常數（coefficient constant）為 **-34.6706**，代表 y 軸截距。第三個重要資訊是 RM 係數（RM coefficient）為 **9.1021**。這代表每增加一間房間，房子的價值就增加 9,102（請記住，此資料集合源自 1980 年）。

標準誤差（standard error）代表平均來說，實際的點離線有多遠，**[0.025 0.975]** 欄下面的數字指的是該值的 95% **信賴區間**（**Confidence Interval**），代表 **statsmodel** 對於每增加一間房間，住宅的價格上升平均會在 8,279 和 9,925 之間，因此有 95% 的信心。

其他圖表

Python 的資料分析能力，遠遠超出了一本介紹書籍所能涵蓋的範圍。到目前為止，您已經看過非常詳細的長條圖和散點圖的介紹。在繼續學習機器學習之前，我們將重點介紹另外兩種類型的圖表。

練習 144：箱形圖

箱形圖為指定的資料欄的平均值、中位數、四分位數和離群值提供了良好視覺呈現。

在這個練習題中，您將使用波士頓住宅資料集合建立箱形圖。以下步驟可以幫助您完成這項練習：

1. 請打開一個新的 Jupyter Notebook，並將資料集合檔案複製到一個獨立的資料夾中，您將在該資料夾中執行這個練習。

2. 匯入 **pandas** 並用一個變數來儲存 DataFrame，將 **HousingData.csv** 檔案的內容放入該 DataFrame 中：

```
import pandas as pd
housing_df = pd.read_csv('HousingData.csv')
import matplotlib.pyplot as plt
%matplotlib inline
```

```
import seaborn as sns
# 設定 seaborn 使用暗色網格
sns.set()
```

3. 現在，輸入以下程式碼來建立一個箱形圖：

```
x = housing_df['RM']
y = housing_df['MEDV']
plt.boxplot(x)
plt.show()
```

您應該會得到以下輸出：

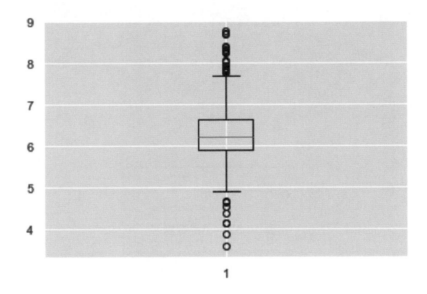

圖 10.51：箱形圖

請注意，圓點是離群值。中間的橘色橫線是中位數，連接黑箱子末端的橫線分別代表第 25 和第 75 百分位數，或第 1 和第 3 個四分位數。結束橫線代表四分位數加減 1.5 倍的四分位數範圍。1.5 倍四分位範圍的值是統計中用來判斷離群值的標準極限。在這個練習題中，您建立了一個箱形圖。

小提琴圖

小提琴圖是另一種不同圖表，但它能傳達類似的資訊：

```
plt.violinplot(x)
plt.show()
```

您應該會得到以下輸出：

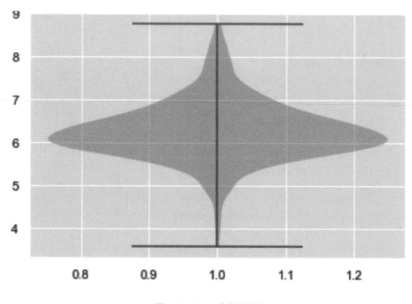

圖 10.52：小提琴圖

在小提琴圖中，上面和下面的橫線代表最小值和最大值，圖的寬度代表包含該特定值的列數。小提琴圖和箱形圖的差別在於小提琴圖顯示了資料的整體分佈。

現在，您將做一個活動，看看您是否能夠實作本章涵蓋的概念。

活動 24：用資料分析找出薪資的離群值， 使用英國統計資料集合中的薪資報告

您是一名資料科學家，得到了一份政府資料集合，它看起來和薪水有關。但是由於資料集合中的值很雜亂，您需要使用視覺化資料分析來研究資料，並了解資料集合中是否有任何離群值。

在這個活動中，您將使用長條圖和散點圖執行視覺化資料分析，並建立一條回歸線來得出某個結論。

請按照以下步驟完成此活動：

1. 首先，您需要複製 **UKStatistics.csv** 資料集合，將它儲存到一個特定的資料夾中。

2. 現在，匯入必要的資料視覺化套件。

3. 查看資料集合檔案，找出資料集合檔案中有多少列和多少欄。

4. 為 **Actual Pay Floor (£)** 欄繪製長條圖。

5. 用 **Salary Cost of Reports (£)** 當作 **x**，**Actual Pay Floor (£)** 當作 **y** 繪製散點圖。

6. 繪製步驟 5 中 **x** 和 **y** 值的箱形圖。

📖✏️ **Note**

UKStatistics.csv 可以在 GitHub 下載：*https://packt.live/2Pf7al4*。

關於 **UKStatistics** 資料集合的更多資訊可以在 *https://packt.live/2BzBwqF* 找到。

下面是預期要看到帶離群值的箱形圖：

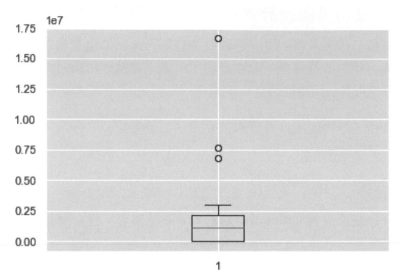

圖 10.53：x 和 y 資料及離群值的預期輸出

> **Note**
>
> 此活動的解答在第 619 頁。

總結

您從 **NumPy** 開始學習資料分析，**NumPy** 是 Python 中用來處理大量矩陣計算，速度快得令人難以置信的函式庫。接下來，您學到的是 pandas 的基本知識，pandas 是用於處理 DataFrame 的 Python 函式庫。然後您使用了 NumPy 和 pandas 來分析波士頓住宅資料集合，其中包括描述性統計方法、Matplotlib 和 Seaborn 的圖形函式庫。在此過程中，您學到了基本的統計概念，包括平均值、標準差、中位數、四分位數、相關性、傾斜資料和離群值。您還了解了一些建立圖表的進階方法，可建立出乾淨、標記清楚、且可用於發表結果的圖表。

在第 11 章，機器學習中，您將會看到有趣的機器學習概念，如回歸、多種類型的分類、決策樹等，並且使用 Python 來建立有效的機器學習模型及預測新的結果。

11

機器學習

概述

在本章結束時，您將能夠應用機器學習演算法來解決不同的問題；比較、比對和應用不同類型的機器學習演算法，包括線性回歸、邏輯回歸、決策樹、隨機森林、貝式分類和 AdaBoost；分析過度擬合（overfitting）和實作正規化；使用 **GridSearchCV** 和 **RandomizedSearchCV** 調整超參數；使用混淆矩陣和交叉驗證評估演算法，並使用這裡列出的機器學習演算法解決實際問題。

介紹

電腦演算法使機器有能力從資料中做學習。提供給一個演算法的資料越多，該演算法檢測資料內的暗藏模式的能力就越強。在第 10 章，用 *pandas* 和 *NumPy* 做資料分析中，您已學到如何使用 pandas 和 NumPy 查看和分析大數據。在本章中，我們將把這些概念延伸到能做資料學習的演算法上。

讓我們思考一下孩子是如何學會識別貓的。一般來說，孩子是看著別人指出"那是一隻貓"、"不，那是一隻狗"等等來學習如何分辨。在指出足夠多的貓和非貓之後，孩子就知道如何識別貓了。

機器學習也實作了同樣的方法。卷積神經網路是一種區分圖片的機器學習演算法，在輸入標記貓和非貓的圖片後，該演算法透過調整一個方程式的參數來尋找像素的潛在模式，直到找到一個誤差最小的方程式為止。

演算法找出最好的方程式後，會根據輸入的新資料來預測未來的資料。當收到一張新圖片時，將新圖片放入演算法中，就可以判斷該圖片是不是貓。

在講述關於機器學習的這一章中，您將學習如何建立線性回歸、邏輯回歸、決策樹、隨機森林、貝式分類和 AdaBoost 演算法。這些演算法可用於解決很多不同的問題，從預測降雨到檢測信用卡欺詐和識別疾病。

然後，您將學習到 Ridge 和 Lasso，這兩個正規化過的機器學習演算法是線性回歸的變種。您將學習如何使用正規化和交叉驗證來讓該演算法在面對陌生資料時，仍可取得精確結果。

透過一個帶有線性回歸的擴展範例，您將學習到如何用 scikit-learn 建立機器學習模型。接著，您將使用類似的方法來建立基於 K 近鄰、決策樹和隨機森林的模型。您還會了解如何使用超參數轉換來擴展這些模型，超參數轉換是一種調整模型以滿足當下資料特性的方法。

接下來，您將進入分類問題，分類問題是用機器學習模型來判定一些問題的方法，例如一封電子郵件是否為垃圾郵件、一個天體是否為行星。所有分類問題都可以用邏輯回歸來解決,也是一種您將在這裡學習到的機器學習演算法。此外,您將用貝式分類、隨機森林和其他類型的演算法來解決分類問題。分類結果可以用混淆矩陣和分類報告來解釋,我們將對這兩者進行深入探討。

最後,您將學習增強方法,將弱的學習模型轉換為強的學習模型。特別是,您將學習如何實作 AdaBoost,它是歷史上最成功的機器學習演算法之一。

總之,在讀成本章之後,您將能夠應用多種機器學習演算法來解決分類和回歸問題。您不僅能夠使用進階工具,如混淆矩陣和分類報告來解釋結果,您還可以使用正規化和超參數調整來重新生成您的模型。簡而言之,您將擁有使用機器學習來解決實際問題的工具,包括預測成本和對物件進行分類。

線性回歸簡介

機器學習是指電腦能從資料中做學習的能力。機器學習的力量來自於能根據接收到的資料對未來做出預測。直到今日為止,機器學習在世界各地已被用於預測天氣、股票價格、電影推薦、盈利、錯誤、點擊、購買、完成一個句子,甚至更多的事情。

機器學習無與倫比的成功儼然已促成了商業決策方式的轉變。在過去,企業根據最大影響力來做決策。但是現在,新的想法是根據資料來做決策。人們不斷地對未來做出決定,而機器學習是我們所掌握的將原始資料轉換為可執行決策的最佳工具。

建立機器學習演算法的第一步是決定您想預測什麼。當查看一個 DataFrame 時,概念是選擇一個欄作為**目標(target)**欄或**預測(predictor)**欄。根據定義,目標欄是演算法被訓練用來預測的目標。

請回想一下第 10 章,用 *pandas* 和 *NumPy* 做資料分析中介紹的波士頓住宅資料集合。房價的中位數是一個理想的目標欄,因為房地產經紀人、買家和賣家通常會想知道房價。人們通常根據房子的大小、位置、臥室數量和許多其他因素來判定房價資訊。

以下是用第 *10* 章，用 *pandas* 和 *NumPy* 做資料分析的波士頓住宅資料建立出的 DataFrame。每一欄都代表一個附近街區的特徵，比如犯罪率、平均屋齡。請特別留意最後一欄的房價中位數：

	CRIM	ZN	INDUS	CHAS	NOX	RM	AGE	DIS	RAD	TAX	PTRATIO	B	LSTAT	MEDV
0	0.00632	18.0	2.31	0.0	0.538	6.575	65.2	4.0900	1	296	15.3	396.90	4.98	24.0
1	0.02731	0.0	7.07	0.0	0.469	6.421	78.9	4.9671	2	242	17.8	396.90	9.14	21.6
2	0.02729	0.0	7.07	0.0	0.469	7.185	61.1	4.9671	2	242	17.8	392.83	4.03	34.7
3	0.03237	0.0	2.18	0.0	0.458	6.998	45.8	6.0622	3	222	18.7	394.63	2.94	33.4
4	0.06905	0.0	2.18	0.0	0.458	7.147	54.2	6.0622	3	222	18.7	396.90	NaN	36.2

圖 11.1：波士頓住宅資料集合

您可能會好奇 **CRIM**、**NOX** 等值在資料集合中的意思。別擔心，看看下面的說明吧：

```
CRIM      per capita crime rate by town
ZN        proportion of residential land zoned for lots over 25,000 sq. Ft.
INDUS     proportion of non-retail business acres per town
CHAS      Charles River dummy variable (= 1 if tract bounds river; 0 otherwise)
NOX       nitric oxides concentration (parts per 10 million)
RM        average number of rooms per dwelling
AGE       proportion of owner-occupied units built prior to 1940
DIS       weighted distances to five Boston employment centers
RAD       index of accessibility to radial highways
TAX       full-value property-tax rate per $10,000
PTRATIO   pupil-teacher ratio by town
LSTAT     % lower status of the population
MEDV      Median value of owner-occupied homes in $1000's
```

圖 11.2：資料集合中位數的意義

我們希望得到的是一個方程式，這個方程式會使用其他欄來預測最後一欄（也就是我們的目標欄）。那到底應該使用一個怎麼樣的方程式呢？在回答這個問題之前，讓我們先看一下一個簡化過的問題。

簡化問題

簡化問題通常都能幫上一點忙。如果我們只取一欄，比如臥室的數量，並用它來預測房價的中位數會怎樣？

很明顯地，房子裡的臥室越多，它就越貴。隨著臥室數量的增加，房價也向上增加。要表達這種正關聯的標準方法，是用一條直線。

在第 10 章，用 *pandas* 和 *NumPy* 做資料分析中，我們曾用線性回歸線建模臥室數量和房價中位數之間的關係，如圖 11.3 所示：

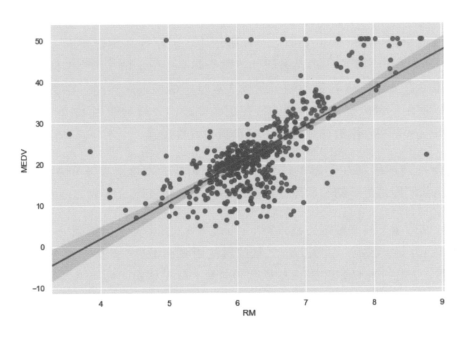

圖 11.3：**房價中位數與臥室數的線性回歸線**

其實線性回歸是一種非常熱門的機器學習演算法。只要目標欄是一種連續值，便值得嘗試線性回歸，就像這個資料集合一樣。房價通常被認為是連續值。從技術上來說，房價是沒有上限的。它也可以取兩個數字之間的任何值，儘管經常會做四捨五入。

作為對比，如果我們想預測一間房子在開始銷售一個月後是否會被賣掉，可能的答案有"是"和"不是"。在這種情況下，目標欄不是連續值，而是一種二進位值。

> 📖 **Note**
>
> 只要目標欄是二進位值，線性回歸就不會產生明確的結果。

從 1 維到 n 維

維數是機器學習中的一個重要概念。在數學中，很常會在座標平面上處理二維的 x 和 y。但在物理學中，很常會研究三維空間 x，y，z 軸。說到空間維度，因為我們生活在一個三維的宇宙中，所以 3 常是一個極限。然而，在數學中，理論上可以使用的維數是沒有限制的。在超弦理論中，通常使用 12 或 13 維。然而，在機器學習中，維數往往代表用來**預測**的欄有幾個。

沒有必要把自己限制在一維的線性回歸中。額外的維度（在本例中是額外的欄）將為我們提供更多關於房屋中位數的資訊，並使我們的模型更有價值。

一維線性回歸中，斜率截距方程式為 $y = mx + b$，其中 y 是目標欄，x 是輸入，m 是斜率，b 是 y 截距。這個方程式被改為使用 $Y = MX + B$ 後，現在被擴展到任意維數，其中 Y、M 和 X 是任意長度的向量。M 是權重，而不是斜率。

> 📖 **Note**
>
> 想要執行機器學習演算法，並不一定要理解向量數學背後的線性代數；然而，理解底層的概念還是必要的，這裡的底層概念指的是線性回歸可以擴展到任意數量的維數。

在波士頓住宅資料集合中，線性回歸模型將為每一欄選擇權重值。為了預測每列的房價中位數（我們的目標欄），多個權重將乘上多個欄項目，以求盡可能接近該目標值。

我們將會看看在實作中是怎麼做的。

線性回歸演算法

在實作演算法之前,讓我們簡單先看一下將會**匯入**到程式中使用的函式庫有哪些:

- **pandas**:在第 10 章,用 *pandas* 和 *NumPy* 做資料分析中,您學過如何使用 **pandas**。在做機器學習時,所有的資料都將用 **pandas** 做處理,包括載入資料、讀取資料、查看資料、清理資料和操作資料都需要用到 **pandas**,因此我們最先要匯入的就是 **pandas**。

- **NumPy**:在第 10 章,用 *pandas* 和 *NumPy* 做資料分析中,也曾經介紹過 **NumPy**。現在將 **NumPy** 對資料集合做數學計算。在執行機器學習時,通常都會需要匯入 **NumPy**。

- **Linear Regression**:只要使用到線性回歸時,都應該要匯入 **Linear Regression** 函式庫。**LinearRegression** 函式庫讓您能建立線性回歸模型,而且最繁重的那些工作都被機器學習函式庫做完了,所以只要少數幾步就可以測試回歸模型。在做機器學習時,**Linear Regression** 將為每一欄加上權重,並調整這些權重,直到找到預測**目標**欄的最佳解決方案,在我們的範例中,**目標**欄指的是房價中位數。

- **Mean_squared_error**:為了找到最優解,演算法需要一個度量值來測試當下的解有多好。通常一開始都會用測量模型的預測值與目標值之間的距離。為了避免正負相消,所以使用 **mean_squared_error**。計算 **mean_squared_error** 時,將每一列得到的預測值和目標欄或實際值相減,然後對減完的結果做平方。接著加總以上的平方結果,計算平均值。最後,再開根以保持單位不變。

- **Train_test_split**:Python 提供 **train_test_split** 將資料分割成**訓練**(**training**)資料集合和**測試**(**test**)資料集合。將資料分割成訓練資料集合和測試資料集合是非常重要的一件事,因為它讓使用者得以立即測試模型,在建立模型最重要的部分,就是要用機器從未見過的資料來測試模型,因為它能顯示出該模型在現實世界中的表現。

訓練資料集合中含有大多數資料，因為資料越多模型就越健壯。其他剩餘的較小部分（大約 **20%**）會被歸到測試資料集合。預設會使用 **80-20** 分割，但您仍可以根據需要調整這個比例。模型會用訓練資料集合進行優化，完成後，它會用測試資料集合進行評分。

這些函式庫是 **scikit-learn** 的一部分。**scikit-learn** 為初學者提供豐富傑出的線上資源。更多資訊請參閱 *https://scikit-learn.org/stable/*。

練習 145：使用線性回歸預測資料集合房價中位數的準確性

這個練習的目標是使用線性回歸建立一個機器學習模型，您要建立的模型將用來預測波士頓住宅的房價中位數，然後我們將用得到的房價中位數，來判定房價中位數的準確性。

這項工作將在一個 Jupyter Notebook 上進行。

> 📖 **Note**
>
> 要繼續進行本章的練習，您需要前言中提到過的 **scikit-learn** 函式庫。

1. 請打開一個新的 Jupyter Notebook 檔案。

2. **import** 所有必要的函式庫，如下面的程式碼片段所示：

```
import pandas as pd
import numpy as np
from sklearn.linear_model import LinearRegression
from sklearn.metrics import mean_squared_error
from sklearn.model_selection import train_test_split
```

現在我們已經匯入了函式庫，接下來將載入資料。

3. 載入資料集合和查看 DataFrames 的前五列：

```
# 載入資料
housing_df = pd.read_csv('HousingData.csv')
housing_df.head()
```

請回想一下，與在第 *10* 章，用 *pandas* 和 *NumPy* 做資料分析中一樣，使用 **housing_df = pd.read_cs('HousingData.csv')** 讀取在括號中的 **CSV** 檔案，並將取得的資料儲存在一個名為 **housing_df** 的 DataFrame 中。然後，呼叫 **housing_df.head()** 將預設顯示 **housing_df** DataFrame 的前五列。

您應該會得到以下輸出：

	CRIM	ZN	INDUS	CHAS	NOX	RM	AGE	DIS	RAD	TAX	PTRATIO	B	LSTAT	MEDV
0	0.00632	18.0	2.31	0.0	0.538	6.575	65.2	4.0900	1	296	15.3	396.90	4.98	24.0
1	0.02731	0.0	7.07	0.0	0.469	6.421	78.9	4.9671	2	242	17.8	396.90	9.14	21.6
2	0.02729	0.0	7.07	0.0	0.469	7.185	61.1	4.9671	2	242	17.8	392.83	4.03	34.7
3	0.03237	0.0	2.18	0.0	0.458	6.998	45.8	6.0622	3	222	18.7	394.63	2.94	33.4
4	0.06905	0.0	2.18	0.0	0.458	7.147	54.2	6.0622	3	222	18.7	396.90	NaN	36.2

圖 11.4：顯示資料集合

4. 接下來輸入以下程式碼，以使用 **.dropna()** 來清理含空值的資料集合：

```
# 去掉空值
housing_df = housing_df.dropna()
```

在第 *10* 章，用 *pandas* 和 *NumPy* 做資料分析中，我們曾經利用計算空值數量清除掉空值，並將它們與集中趨勢的度量進行比較。然而，在本章中，我們要使用一種更快的方法來加速機器學習的測試。該 **housing_df.dropna()** 程式碼將刪除 **housing_df** DataFrame 中所有的空值。

現在資料已經清理乾淨，該準備 **X** 和 **y** 變數的值了。

5. 宣告 **X** 和 **y** 變數,其中 **X** 代表**預測**欄,**y** 代表**目標**欄:

```
# 宣告 X 和 y
X = housing_df.iloc[:,:-1]
y = housing_df.iloc[:, -1]
```

目標欄為 **MEDV**,即波士頓的房價中位數,所有其他欄都屬於預測欄。通常 **X** 代表預測欄,**y** 代表目標欄。

由於最後一欄是目標欄,即 **y**,因此需要從預測欄(即 **X**)中剔除該欄。我們可以透過索引來實作這種剔除動作。

6. 現在我們要建立實際要用的線性回歸模型了。

儘管許多機器學習模型都非常複雜,但建立它們只需要用很少的幾行程式碼就可以了。在本例中,只需要三個步驟,我們就能建立出一個模型,並且只要給定所有輸入欄,就可以預測房價的中位數。

第 1 行使用 **train_test_split()** 將預測欄 **X** 和目標欄 **y** 分割,成為**訓練**和**測試**集合,我們會使用訓練資料集合來建立模型。

將 **X** 和 **y** 拆分為訓練和測試資料集合,如下圖所示:

```
# 建立訓練和測試集合
X_train, X_test, y_train, y_test = train_test_split(X, y, test_size = 0.2)
```

test_size = 0.2 代表指定要保留給**測試**集合的列數百分比。0.2 是預設設定,不需要手動指定,會這麼寫是為了讓您知道怎麼修改它。

> 📖 **Note**
>
> 您的輸出值可能會與書中不同。我們選擇不指定隨機種子,讓您可以習慣不同的輸出。

接下來，要建立一個空的 **LinearRegression()** 模型，如下面的程式碼片段所示：

```
# 建立回歸模型：reg
reg = LinearRegression()
```

最後，我們使用 **.fit()** 方法將模型**擬合**到資料：

```
# 將回歸模型擬合到訓練資料
reg.fit(X_train, y_train)
```

擬合的參數為 **X_train** 和 **y_train**，也就是先前準備好的訓練資料集合。**reg.fit(X_train, y_train)** 是實際發生機器學習的地方。在 **LinearRegression()** 該行程式碼中，模型會進行自我調整以適應訓練資料。模型會持續根據機器學習演算法不斷地改變加權值，直到加權值使誤差最小化為止。

您應該會得到以下輸出：

```
LinearRegression(copy_X=True, fit_intercept=True, n_jobs=None, normalize=False)
```

圖 11.5：模型調整自己以擬合訓練資料

此時的 **reg** 是一個擁有特定權重的機器學習模型。每個 **X** 欄都有一個權重。這些權重會乘以每列中的各個項目，以求盡可能接近目標欄 **y**，也就是房價的中位數。

7. 現在，來看看這個模型的精確程度如何。在這裡，我們要用模型沒看過的資料進行測試：

```
# 預測測試資料：y_pred
y_pred = reg.predict(X_test)
```

為了進行預測，我們實作了一個 **.predict()** 方法。將指定的資料列輸入該方法中，它會輸出生成相應的預測值。輸入為 **X_test**，即我們保留的測試資料集合中的 **X** 值，輸出為預測結果 **y** 值。

8. 我們可以比較預測結果 **y** 值，即 **y_pred**，與實際的 **y** 值，即 **y_test** 來檢驗預測結果，如下程式碼片段所示：

```
# 計算和印出均方根誤差 RMSE
rmse = np.sqrt(mean_squared_error(y_test, y_pred))
print("Root Mean Squared Error: {}".format(rmse))
```

兩個 **np.array** 之間的差就是誤差，可以用 **mean_squared_error** 計算。我們對均值平方誤差取平方根，是為了要保持目標欄的單位不變。

您應該會得到以下輸出：

Root Mean Squared Error: 5.561132474524558

圖 11.6：資料集合模型的精確度

請注意，還有其他誤差可選擇使用。只是 **mean_squared_error** 的平方根是線性回歸的標準選擇。**rmse**（root mean squared error）是均方根誤差的縮寫，它能表示模型對測試資料集合所做預測的誤差。

均方根誤差值 **5.56** 代表著，平均而言，機器學習模型預測的值與目標值之間的距離約為 **5.56** 個單位，這是還不錯的準確性。由於中位數（從 1980 年開始）的單位是千，所以預測差距大約是 **5560**。由於誤差值越低越好，所以我們將看看是否能進一步改善誤差值。

在這個第一次的練習中，我們載入了資料集合、清理它，並且使用了線性回歸，訓練這個模型來做出預測，和找出它到底有多準確。

線性回歸函式

在第一個練習中，您可以看到您對波士頓房價中位數的預測有多準確。如果您把整個程式碼輸入到一個函式中，然後執行多次，會怎麼樣呢？您會得到不同的結果嗎？

請使用相同的波士頓住宅資料集合，做下面範例中的動作。

讓我們把所有的機器學習程式碼放在一個函式中，然後再執行一次。

```python
def regression_model(model):
    # 建立訓練和測試集合
    X_train, X_test, y_train, y_test = train_test_split(X, y, test_size = 0.2)
    # 建立回歸器：reg_all
    reg_all = model
    # 擬合回歸器與訓練資料
    reg_all.fit(X_train, y_train)
    # 對測試資料做預測：y_pred
    y_pred = reg_all.predict(X_test)
    # 計算和印出 RMSE
    rmse = np.sqrt(mean_squared_error(y_test, y_pred))
    print("Root Mean Squared Error: {}".format(rmse))
```

現在請多次執行函式查看結果：

```python
regression_model(LinearRegression())
```

您應該會得到以下輸出：

```
Root Mean Squared Error: 4.085279539934423
```

現在，再次執行函式：

```python
regression_model(LinearRegression())
```

您應該會得到以下輸出：

```
Root Mean Squared Error: 4.317496624587608
```

最後，再執行一遍：

```python
regression_model(LinearRegression())
```

您應該會得到以下輸出：

```
Root Mean Squared Error: 4.7884343211684435
```

這很麻煩，對吧？得到的結果總是不一樣，您得到的分數也可能和我們的不一樣。

由於我們每次都將資料分割成不同的訓練資料集合和測試資料集合，而模型是基於不同的訓練資料集合進行訓練的，所以每次會得到的分數都不同。此外，它在評分時也是根據不同的測試資料集合做評分。

為了使機器學習的評分有意義，我們希望偏差最小化，準確性最大化。我們將在下一節中看到如何做到這一點。

交叉驗證

交叉驗證（cross-validation，又稱 CV）會將訓練資料拆分成 5 份折疊（任意數量都可以，但 **5 是標準**）。機器學習演算法一次只對 4 份折疊進行擬合，並用剩餘資料進行測試。這樣可從相同的資料得到 5 組不同訓練資料集合和測試資料集合，而通常會用平均得分來代表模型的準確度。

> 📖 **Note**
>
> 5 只是一個建議值，您可以指定任意份折疊。

交叉驗證是機器學習的核心工具，用不同折疊方式得到的平均測試分數總是比整個集合的平均測試分數更可靠（我們在第一個練習中做過這件事）。當只有一個測試分數時，沒有辦法知道它是低還是高；但五個測試分數就能更好地表達模型的準確性。

交叉驗證可以透過多種方式實作。一種標準的方法是使用 **cross_val_score**，它回傳所有折疊的分數陣列：**cross_val_score** 的功能是為您將訓練資料集合和測試資料集合分配給 **X** 和 **y**。

接下來，讓我們在下面的練習中修改回歸機器學習函式，加入 **cross_val_ score**。

練習 146：使用 cross_val_score 函式得到資料集合的準確結果

這個練習的目標是使用交叉驗證取得比前一個練習更準確的機器學習結果。

1. 請繼續使用練習 *145*，使用線性迴歸預測資料集合房價中位數的準確性 中相同的 Jupyter Notebook。

2. 現在，請 **import cross_val_score**：

```
from sklearn.model_selection import cross_val_score
```

3. 定義一個 **regression_model_cv** 函式，輸入給該函式的引數是一個已擬合 的模型。用 **k = 5** 超參數指定資料要切成幾份折疊。請在該函式中輸入以 下程式碼：

```
def regression_model_cv(model, k=5):
    scores = cross_val_score(model, X, y, scoring='neg_mean_squared_
      error', cv=k)
    rmse = np.sqrt(-scores)
    print('Reg rmse:', rmse)
    print('Reg mean:', rmse.mean ())
```

在 **sklearn** 中，有些時候評分選項是不能任意選擇的。由於 **cross_ val_score** 不能選擇 **mean_squared_error**，所以我們選擇 **neg_mean_ squared_error**。**cross_val_score** 預設取最大值，負均方誤差最大為 0。

4. 請對前面練習中的 **LinearRegression()** 模型，使用 **regression_model_ cv** 函式：

```
regression_model_cv(LinearRegression())
```

您可能會得到類似以下輸出：

```
Reg rmse: [3.26123843 4.42712448 5.66151114 8.09493087 5.24453989]
Reg mean: 5.337868962878373
```

5. 請對前面練習中的 **LinearRegression()** 模型，使用 **regression_model_cv** 函式，並指定 **3** 折疊以及 **6** 折疊，指定 **3** 折疊如下程式碼所示：

```
regression_model_cv(LinearRegression(), k=3)
```

您可能會得到類似以下輸出：

```
Reg rmse: [ 3.72504914 6.01655701 23.20863933]
Reg mean: 10.983415161090695
```

6. 現在，測試 **6** 折疊的值：

```
regression_model_cv(LinearRegression(), k=6)
```

您可能會得到類似以下輸出：

```
Reg rmse: [3.23879491 3.97041949 5.58329663 3.92861033 9.88399671
           3.91442679]
Reg mean: 5.08659081080109
```

您已經發現在指定不同折疊數情況下，會產生很大的差異。其中一個原因是我們一開始的資料集合就相當的小。但在現實世界中，由於會有大量的資料，當我們比較不同折疊的結果時，通常不會讓結果差異太大。

正規化：Ridge 和 Lasso

正規化是機器學習中的一個重要概念：它是用來阻止過度擬合的。在大數據的世界中，很容易過度擬合訓練資料集合，當這種情況發生時，模型從測試資料集合上得到的 **mean_squared_error** 或者其他誤差值的表現往往很不好。

您可能會想知道為什麼要將測試資料集合保留在一邊不用？演算法擬合所有資料，難道不會得到最精確的機器學習模型嗎？

經過多年的研究和實驗，機器學習界普遍認為答案是否定的。

用所有資料去建立機器學習模型有兩個主要問題：

- 無法使用前所未見的資料來測試這個模型。機器學習模型能對新資料做出良好的預測時，它們的能力才叫做強大。模型是根據已知的結果進行訓練的，但它們於現實世界中卻必須使用在從未見過的資料上。一個模型對已知結果（訓練資料集合）上表現有多好並不重要，而它在從未見過的資料（測試資料集合）上表現有多好才是絕對重要的重點。

- 該模型可能過度擬合資料。可以完美地判斷任意一組資料點的模型是存在的，請看下圖中的 14 個點，雖然有一個 14 次多項式幾乎完美地滿足這些點，但它並不能很好地預測新資料。反而直線才能更好的預測新資料。請仔細看看下圖，更能好好的理解過度擬合的意思：

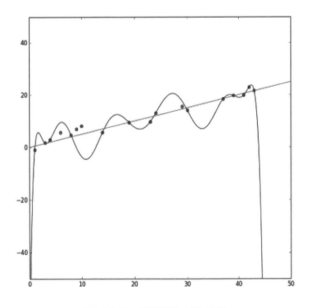

圖 11.7：模型擬合資料點

有許多模型和方法可以阻止過度擬合，現在讓我們來看看幾個這類模型吧！

Ridge 是線性回歸的一個簡單替代方案，目的在阻止過度擬合。Ridge 包括一個 L2 懲罰項（L2 是以歐氏距離（Euclidean Distance）為基礎），它會根據線性係數的大小縮小線性係數。係數代表權重，這些權重決定了每一欄對輸出的影響有多大。在 Ridge 中，權重越大，懲罰就越重。

Lasso 是線性回歸的另一個正規化替代方法。Lasso 增加了一個等於係數絕對值的懲罰，L1 正規化（L1 是以曼哈頓距離（taxicab distance）為基礎）可以除去部分欄，以得到比較稀疏的模型。

讓我們來看一個例子，看看 Ridge 和 Lasso 在我們的波士頓住宅資料集合上表現如何。

在本例中，我們使用 Ridge 和 Lasso 對資料集合進行正規化，以阻止過度擬合。您可以使用練習 146，使用 *cross_val_score* 函式得到資料集合的準確結果的 Notebook，繼續練習這個範例。

我們把 **Ridge()** 指定為 **regression_model_cv** 的參數，如下程式碼片段所示：

```
from sklearn.linear_model import Ridge
regression_model_cv(Ridge())
```

您應該會得到以下輸出：

```
Reg rmse: [3.52479283 4.72296032 5.54622438 8.00759231 5.26861171]
Reg mean: 5.414036309884279
```

Ridge 的表現比線性回歸略好一點，這並不意外。因為兩種演算法都使用歐氏距離，而且線性回歸模型對資料的過度擬合程度較低。您得到的結果可能和我們的不一樣，但是分數會非常接近。

另一個比較的基礎是五個分數中最差的那個分數。在 Ridge 中，我們得到最差分數為 **8.00759**。線性回歸得到最差分數為 **23.20863933**。**23.20863933** 代表對訓練資料有嚴重的過度擬合。而在 Ridge 中，這種過度擬合被消除了。

現在，將 **Lasso()** 指定為 **regression_model_cv** 的參數：

```
from sklearn.linear_model import Lasso
regression_model_cv(Lasso())
```

您應該會得到以下輸出：

```
Reg rmse: [4.712548   5.83933857 8.02996117 7.89925202 4.38674414]
Reg mean: 6.173568778640692
```

只要當您嘗試使用 **LinearRegression()** 時，都值得嘗試一下 Lasso 和 Ridge，因為過度擬合資料很常發生，而且實際上只需要幾行程式碼就可以知道是否有發生。Lasso 在這裡表現不佳，因為在我們的模型中沒有使用 L1 距離測量值，也就是曼哈頓距離。

在執行機器學習演算法時，正規化是一個必要的工具。無論何時，只要您選擇一個特定模型的同時，一定要研究正規化方法以改進結果，正如您在前面的範例中所看到的那樣。

現在，讓我們來了解一下開發人員的疑慮。雖然我們的重點放在資料的過度擬合（overfitting），但也會發生資料的欠缺擬合（underfitting）的情況，對吧？只是說，在大數據領域中這種情況不太常見。如果模型是一條直線，可能會出現欠缺擬合的情況，此時有著較高次的多項式對資料的擬合度會更好。藉由透過嘗試多種模型，以找到最佳結果。

到目前為止，您已經學習了如何將線性回歸作為機器學習模型來實作。您也學習了如何進行交叉驗證以取得更準確的結果，並且學習到使用另外兩個模型—— Ridge 和 Lasso ——以阻止過度擬合。

現在您已經知道如何使用 **scikit-learn** 來建立機器學習模型，讓我們來看看一些也是基於回歸的不同模型。

K 近鄰、決策樹和隨機森林

除了 **LinearRegression()**，還有其他機器學習演算法適合用於波士頓住宅資料集合嗎？當然有。在 **scikit-learn** 函式庫中有很多其他可以使用的回歸器。回歸器通常被認為是一種適合連續目標值的機器學習演算法。除了線性回歸、Ridge 和 Lasso，我們還可以看看 K 近鄰（K-Nearest Neighbors）、決策樹（Decision Tree）和隨機森林（Random Forest）。這些模型在很多資料集合上的表現都很好。現在讓我們試著用用看，然後再一個個分析。

K 近鄰

K 近鄰（K-Nearest Neighbors，KNN）背後的概念很簡單。在為一列未標示標籤的資料產生標籤時，預測與它的標籤及 k 個最近的鄰居相同，其中 k 可以是任意整數。

例如，假設 k=3，然後給定一列標籤未知的資料，接著我們要取這一行的 n 個欄放到 n 維空間中，然後找出三個最近的點。

這些最近的點原本就有標籤，我們拿占最多數的那種標籤來當作新點的標籤。

由於分類（classification）的基礎是將值做分組，所以 K 近鄰通常用於分類，但它也可以用於回歸。例如，在我們的波士頓住宅資料集合中，於判定一個房屋的價值時，去比較位於類似地點、具有類似臥室數量、類似面積等等的房屋的價值是有意義的。

您總是可以為 K 近鄰演算法設定並調整鄰居的數量。這裡說的鄰居數量即為 **k**，也稱為**超參數（hyperparameter）**。在機器學習中，在訓練時得到的參數叫模型參數，而預先選定的參數叫超參數。

在建立機器學習模型時，調整超參數是一項必須掌握的基本任務。學習調整優化超參數的細節需要時間、練習和實驗。

練習 147：用 K 近鄰求資料集合的價格中位數

這個練習的目標是使用 K 近鄰來預測波士頓房價中位數。我們將使用與前面相同的函式 **regression_model_cv**，並將 **KNeighborsRegressor()** 傳入給它：

1. 繼續使用上一個練習 *146* 的同一個 Jupyter Notebook。

2. **import KNeighborsRegressor()** 並將它做成 **regression_model_cv** 函式的參數：

```
from sklearn.neighbors import KNeighborsRegressor
regression_model_cv(KNeighborsRegressor())
```

您應該會得到以下輸出：

```
Reg rmse: [ 8.24568226 8.81322798 10.58043836 8.85643441 5.98100069]
Reg mean: 8.495356738515685
```

K 近鄰的結果表現雖不如 **LinearRegression()**，但表現還算相當好。請回想一下 **rmse** 代表均方根誤差。所以，平均誤差大約是 **8.50**（或者 85,000，因為單位是一萬美元）。

我們可以試著去改變鄰居的數量，看看能不能得到更好的結果。預設鄰居數為 **5**。現在讓我們將鄰居的數量改為 **4**、**7**、**10**。

3. 將 **n_neighbors** 超參數改為 **4**、**7**、**10**。如果是要改為 **4**，請輸入以下程式碼：

```
regression_model_cv(KNeighborsRegressor(n_neighbors=4))
```

您應該得到類似如下的輸出：

```
Reg rmse: [ 8.44659788  8.99814547 10.97170231  8.86647969  5.72114135]
Reg mean: 8.600813339223432
```

將 **n_neighbors** 改為 7 的話：

```
regression_model_cv(KNeighborsRegressor(n_neighbors=7))
```

您應該會得到以下輸出：

```
Reg rmse: [ 7.99710601  8.68309183 10.66332898  8.90261573  5.51032355]
Reg mean: 8.351293217401393
```

將 **n_neighbors** 改為 10 的話：

```
regression_model_cv(KNeighborsRegressor(n_neighbors=10))
```

您應該會得到以下輸出：

```
Reg rmse: [ 7.47549287  8.62914556 10.69543822  8.91330686  6.52982222]
Reg mean: 8.448641147609868
```

雖然到目前為止，7 個鄰居得到的結果最好，但是我們怎麼知道最好的結果就是 7 個鄰居呢？而我們又需要檢查多少種不同的情況才能得到最好的結果呢？

Scikit-learn 提供了一個很好的辦法來檢查一個廣大範圍的超參數，就是使用 **GridSearchCV**。**GridSearchCV** 背後的想法是使用交叉驗證來依序檢查一個網格（grid）中所有可能的值。然後以得到的最佳結果的值當作超參數。

練習 148：用 GridSearchCV 找出 K 近鄰中最佳鄰居數量

這個練習的目標是使用 **GridSearchCV** 找出 K 近鄰中最佳鄰居數量，從而預測波士頓的房價中位數。如果您還記得的話，在上一個練習中我們只使用了三個鄰居值。而在這裡，我們將使用 **GridSearchCV** 來增加數量：

1. 繼續使用上一次練習的 Jupyter Notebook。
2. 匯入 **GridSearchCV**，如下程式碼片段所示：

```
from sklearn.model_selection import GridSearchCV
```

3. 現在要建立網格。網格代表將被檢查的數字範圍，對本例來說指的就是鄰居的數量。請建立 **1** 到 **20** 個鄰居的超參數網格：

```
neighbors = np.linspace(1, 20, 20)
```

我們用 **np.linspace(1, 20, 20)** 來建立這個超參數網格，其中 **1** 為起始數量，第一個 **20** 代表最大鄰居數量，括號中的第二個 **20** 為計數間隔。

4. 將浮點數轉換成 **int**（K 近鄰需要使用整數）：

```
k = neighbors.astype(int)
```

5. 現在，將網格放入 dictionary 中，如下面的程式碼片段所示：

```
param_grid = {'n_neighbors': k}
```

6. 建立模型：

```
knn = KNeighborsRegressor()
```

7. 實體化 **GridSearchCV** 物件 **knn_tuned**：

```
knn_tuned = GridSearchCV(knn, param_grid, cv=5, scoring='neg_mean_squared_error')
```

8. 使用 **.fit** 將資料擬合到 **knn_tuned**：

```
knn_tuned.fit(X, y)
```

9. 最後，**print** 出得到的最佳超參數，如下面的程式碼片段所示：

```
k = knn_tuned.best_params_
print("Best n_neighbors: {}".format(k))
score = knn_tuned.best_score_
rsm = np.sqrt(-score)
print("Best score: {}".format(rsm))
```

您應該會得到以下輸出：

```
Best n_neighbors: {'n_neighbors': 7}
Best score: 8.523048500643897
```

圖 11.8：K 近鄰得到的最佳鄰居數量得分

在我們執行的結果中，7 個鄰居數量能得到最好的結果，但您得到的結果可能和我們的不同。現在，讓我們繼續看看幾種不同類型的決策樹和隨機森林。

決策樹和隨機森林

若想要理解一個概念，最好的方法是將它與某物聯繫起來。您可能很熟悉一個叫 20 個問題（Twenty Questions）的遊戲。在這個遊戲中，一個人被要求要在心中想某件事或某個人。提問者會向他們詢問一系列答案為 "是" 或 "不是" 的二元問題，逐漸縮小搜尋範圍，以便找出他們到底在想的是什麼 / 誰。

20 個問題就是一個決策樹。每次問一個問題時，根據答案，選擇要往樹的哪一個分支走。每問一個新問題，就會出現新的分支，直到碰到葉子時，代表分支結束，得到預測結果。

這裡有一個迷您的決策樹，用來預測鐵達尼號的乘客是否倖存：

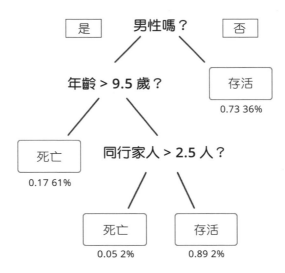

圖 11.9：鐵達尼號事件的決策樹樣本

這個決策樹從判斷乘客是否是男性開始。如果乘客是男性，就會走到接著問他們的年齡是否大於 9.5 歲的分支。如果乘客不是男性，就到達一個分支的末端，倖存的機率是 0.73。樹上標示的另一個數字，36%，代表 36% 的乘客最終在這片葉子上。

決策樹是非常好的機器學習演算法，但是它們容易過度擬合。隨機森林是決策樹的集合。隨機森林的表現總是優於決策樹，因為它們可以更好地歸納資料以進行預測。一個隨機森林可能由數百棵決策樹組成。

隨機森林是一種很棒的機器學習演算法，幾乎可以適用於任何資料集合。隨機森林在回歸和分類方面都表現得很好，而且通常一開始使用它們，就可以得到很好的表現。

現在用我們的資料去嘗試決策樹和隨機森林。

練習 149：決策樹和隨機森林

這個練習的目標是使用決策樹和隨機森林來預測波士頓的房價中位數：

1. 請繼續使用上一次練習的 Jupyter Notebook。

2. 將 `DecisionTreeRegressor()` 傳入到 `regression_model_cv` 中。

```
from sklearn import tree
regression_model_cv(tree.DecisionTreeRegressor())
```

您應該會得到以下輸出：

```
Reg rmse: [3.84098484 5.67885262 7.7328741 6.53263473 5.78903694]
Reg mean: 5.914876645128473
```

Note

您的輸出值可能會與書中不同。

3. 將 **RandomForestRegressor()** 傳入到 **regression_model_cv** 中：

```
from sklearn.ensemble import RandomForestRegressor
regression_model_cv(RandomForestRegressor())
```

您應該會得到以下輸出：

```
Reg rmse: [3.49719743 3.86463108 4.60294622 6.7640934 3.73856719]
Reg mean: 4.493487064599419
```

如您所見，隨機森林回歸的結果最好。讓我們查看隨機森林超參數，看看是否還可以改進這些結果。

隨機森林的超參數

隨機森林有很多超參數，我們不會一一介紹，只會重點介紹最重要的幾個：

- **n_jobs**（預設 **=None**）：內部處理的作業數量，**None** 代表 1 個。理想的做法是設定 **n_jobs = -1** 代表要使用所有處理器。雖然這不會提高模型的準確性，但可以提高速度。

- **n_estimators**（預設 **=10**）：森林中有多少棵樹，樹越多越好。但樹越多，需要的 RAM 就越多。直到演算法執行得太慢之前，這個數值都是值得增加的。雖然 1,000,000 棵樹可能得到的樹會比 1,000 棵樹更好，但增益的幅度可能很小，小到可以忽略不計。一個好的起始點是 100 棵樹，如果時間允許的話，可從 500 棵樹開始。

- **max_depth**（預設 **=None**）：是森林中樹的最大深度。樹越深，捕獲的資料資訊越多，但是也越容易過度擬合。當把預設的 **max_depth** 設定為 **None** 時，代表沒有限制，並且每棵樹都可以根據需要發展深度，或受限於分支最小樣本數（**min_samples_split**）。

- **min_samples_split**（預設 **=2**）：這是發生新分支或拆分所需的最小樣本數。可以增大這個數值，使得樹需要更多的樣本才能做出一項決定。

- **min_samples_leaf**（預設 =1）：這和 **min_samples_split** 是一樣的，差異是它是在葉子或樹的底部的最小樣本數。可以增大這個數值，當分支的情況低於這個參數時，它將停止再分支。

- **max_features**（預設 ="auto"）：尋找最佳分割時要考慮的特徵數量。回歸的預設是考慮欄的總數。對於分類隨機森林，我們推薦使用 **sqrt**。

練習 150：優化隨機森林改進對資料集合的預測

這個練習的目標是去優化一個隨機森林，以提高對波士頓房價中位數的預測：

1. 請繼續使用練習 *149*，決策樹和隨機森林中相同的 Jupyter Notebook：

2. 將 **regression_model_cv** 的引數設定為 **RandomForestRegressor** 函式，並設定 **RandomForestRegressor** 函式的引數 **n_jobs = -1**，**n_estimators =100**。我們使用 **n_jobs** 來加速演算法，增加 **n_estimators** 以得到更好的結果：

```
regression_model_cv(RandomForestRegressor(n_jobs=-1, n_estimators=100))
```

您應該會得到以下輸出：

```
Reg rmse: [3.29260656 3.61943542 4.83755526 6.49556195 3.76565343]
Reg mean: 4.402162523852732
```

我們可以嘗試對其他超參數使用 **GridSearchCV**，看看是否可以找到一個比預設值更好的組合，但是所有可能的超參數組合也許會達到數千種，而且會花費很長時間。

Note

您的輸出值可能會與書中不同。

Sklearn 的 **RandomizedSearchCV** 函式，可以查看一大範圍的超參數。它並不是去無窮迭代可能的組合，**RandomizedSearchCV** 會去檢查一大堆隨機組合並回傳最佳結果。

3. 使用 **RandomizedSearchCV** 尋找更好的隨機森林超參數：

```
from sklearn.model_selection import RandomizedSearchCV
```

4. 使用 **max_depth** 設定超參數網格，如下程式碼片段所示：

```
param_grid = {'max_depth': [None, 10, 30, 50, 70, 100, 200, 400],
              'min_samples_split': [2, 3, 4, 5],
              'min_samples_leaf': [1, 2, 3],
              'max_features': ['auto', 'sqrt']}
```

5. 產生 **knn** 回歸器實體：

```
reg = RandomForestRegressor(n_jobs = -1)
```

6. 產生 **RandomizedSearchCV** 物件實體 **reg_tuned**：

```
reg_tuned = RandomizedSearchCV(reg, param_grid, cv=5,
  scoring='neg_mean_squared_error')
```

7. 擬合資料到 **reg_tuned**：

```
reg_tuned.fit(X, y)
```

8. 現在，**print** 優化過的參數和評分：

```
p = reg_tuned.best_params_
print("Best n_neighbors: {}".format(p))
score = reg_tuned.best_score_
rsm = np.sqrt(-score)
print("Best score: {}".format(rsm))
```

您應該會得到以下輸出：

```
Best n_neighbors: {'min_samples_split': 4, 'min_samples_leaf': 1, 'max_features': 'auto', 'max_depth': 70}
Best score: 4.571319583949792
```

圖 11.10：優化過的參數輸出和評分

請記住，使用 **RandomizedSearchCV** 並不能保證能得到產生最好結果的超參數。隨機化搜尋雖然表現良好，但仍不如設定 **n_jobs = -1** 和 **n_estimators = 100** 的預設搜尋表現好。

9. 使用引數設定 **n_jobs = -1** 和 **n_estimators = 500**，來執行一個隨機森林回歸器：

```
# 設定超參數網格
regression_model_cv(RandomForestRegressor(n_jobs=-1, n_estimators=500))
```

您應該會得到以下輸出：

```
Reg rmse: [3.17315086 3.77060192 4.77587747 6.45161665 3.9681246 ]
Reg mean: 4.427874301108916
```

> 📖 **Note**
>
> 加大 **n_estimators** 會產生更準確的結果，但是需要更長的時間才能構建模型。

超參數是建立優秀機器學習模型的主要關鍵。雖然任何受過基本機器學習訓練的人都能使用預設超參數建立機器學習模型，但是使用 **GridSearchCV** 和 **RandomizedSearchCV** 調整超參數後，可以建立更有效的模型，這就是進階使用者和初學者的差別。

分類模型

波士頓住宅資料集合非常適合拿來做回歸，因為目標欄是無限的連續值。在很多情況下，目標欄只有一個或兩個值，如 **TRUE** 或 **FALSE**，或者可能有三個或三個以上的值，如 **RED**、**BLUE** 或 **GREEN**。在目標欄可以被區分成幾種不同的類別時，您應該嘗試的機器學習模型組被稱為**分類（classification）**。

為了讓事情變得有趣，讓我們載入一個用於探測外太空脈衝星的新資料集合。請到 *https://packt.live/33SD0IM*，點擊 **Data Folder**，然後點擊 **HTRU2.zip**。

Index of /ml/machine-learning-databases/00372

- Parent Directory
- HTRU2.zip

Apache/2.4.6 (CentOS) OpenSSL/1.0.2k-fips SVN/1.7.14 Phusion_Passenger/4.0.53 mod_perl/2.0.10 Perl/v5.16.3 Server at archive.ics.uci.edu Port 443

圖 11.11：UCI 網站上的資料集合目錄

該資料集合由太空中 17,898 顆潛在的脈衝星組成。但是這些脈衝星是什麼呢？脈衝星旋轉非常快，所以它們有週期性的發光模式。然而，射頻干擾和雜訊這兩種特性使得脈衝星很難被探測到。這個資料集合包含 16,259 顆非脈衝星和 1,639 顆真脈衝星。

> 📖 **Note**
>
> 資料集合來自 Robert Lyon 博士，英國曼徹斯特大學物理和天文學院，艾倫・圖靈大廈，曼徹斯特 M13 9PL，Robert.lyon'@'manchester.ac.uk，2017 年。

資料欄包括完整脈衝剖面和 DM-SNR 曲線的資訊。所有的脈衝星都會產生一種獨特的發射模式，通常被稱為它們的 "脈衝剖面"。脈衝剖面就像指紋一樣，但它不像脈衝星旋轉週期那樣固定不變。一個完整脈衝剖面由一個矩陣與脈衝星相位組成，該矩陣是由描述脈衝強度的連續值陣列組成。DM 代表色散測量（Dispersion Measure），它是一個常數，它代表光的頻率與到達觀察者所需的額外時間。SNR 代表訊號雜訊比（Signal to Noise Ratio），它則代表一個物體被測量出來的結果與它的背景雜訊相比好上多少。

以下是資料集合中欄的官方說明：

- 完整脈衝剖面的平均值
- 完整脈衝剖面的標準差
- 完整脈衝剖面的超值峰度（Excess kurtosis）
- 完整脈衝剖面的偏態
- DM-SNR 曲線的平均值
- DM-SNR 曲線的標準差
- DM-SNR 曲線的超值峰度
- DM-SNR 曲線的偏態
- 分類

在這個資料集合中，天文社群已經分類好脈衝星和非脈衝星。我們在此處要做的目標是看看機器學習能否檢測出資料中的模式，以便在新的潛在脈衝星出現時，進行正確的分類。

您學到的方法可直接適用於其他很多不同的分類問題，包括垃圾郵件分類器、市場客戶流失、品質控制、產品識別，以及其他分類問題。

練習 151：整理脈衝星資料集合以及檢查空值

這個練習的目標是為機器學習整理好脈衝星資料集合。從這裡開始的練習都將使用同一個 Notebook：

1. 請打開一個新的 Jupyter Notebook。

2. 匯入要用的函式庫、載入資料，並顯示前五列，如下面的程式碼片段所示：

```
import pandas as pd
import numpy as np
df = pd.read_csv('HTRU_2.csv')
df.head()
```

您應該會得到以下輸出：

	140.5625	55.68378214	-0.234571412	-0.699648398	3.199832776	19.11042633	7.975531794	74.24222492	0
0	102.507812	58.882430	0.465318	-0.515088	1.677258	14.860146	10.576487	127.393580	0
1	103.015625	39.341649	0.323328	1.051164	3.121237	21.744669	7.735822	63.171909	0
2	136.750000	57.178449	-0.068415	-0.636238	3.642977	20.959280	6.896499	53.593661	0
3	88.726562	40.672225	0.600866	1.123492	1.178930	11.468720	14.269573	252.567306	0
4	93.570312	46.698114	0.531905	0.416721	1.636288	14.545074	10.621748	131.394004	0

圖 11.12：脈衝星資料集合的前五列

看起來很有趣，但也有些問題。欄標題似乎也是一列資料。如果不知道各欄應該是什麼，就不可能做資料分析了，對吧？

請注意，DataFrame 中最後一欄都是 **0**，它是**分類**欄，也就是**目標**欄。目標欄中的值（在這種資料集合中代表脈衝星）通常用 1 代表正識別，用 0 代表負識別。

由於**分類**欄是最後一欄，所以讓我們假設欄的順序是依照**屬性資訊**（**Attribute Information**）列表順序。我們還可以假設當前的欄標頭遺失了，因為在 17,898 列的欄標頭上放一個負識別實際上是沒有意義的。最簡單的方法是修改欄標題以匹配屬性列表。

3. 現在，改變欄標題以匹配官方列表，並印出前五列，如下程式碼片段所示：

```
df.columns = [['Mean of integrated profile', 'Standard deviation of integrated profile',
            'Excess kurtosis of integrated profile', 'Skewness of integrated profile',
            'Mean of DM-SNR curve', 'Standard deviation of DM-SNR curve',
            'Excess kurtosis of DM-SNR curve', 'Skewness of DM-SNR curve', 'Class' ]]
df.head()
```

您應該會得到以下輸出：

	Mean of integrated profile	Standard deviation of integrated profile	Excess kurtosis of integrated profile	Skewness of integrated profile	Mean of DM-SNR curve	Standard deviation of DM-SNR curve	Excess kurtosis of DM-SNR curve	Skewness of DM-SNR curve	Class
0	102.507812	58.882430	0.465318	-0.515088	1.677258	14.860146	10.576487	127.393580	0
1	103.015625	39.341649	0.323328	1.051164	3.121237	21.744669	7.735822	63.171909	0
2	136.750000	57.178449	-0.068415	-0.636238	3.642977	20.959280	6.896499	53.593661	0
3	88.726562	40.672225	0.600866	1.123492	1.178930	11.468720	14.269573	252.567306	0
4	93.570312	46.698114	0.531905	0.416721	1.636288	14.545074	10.621748	131.394004	0

圖 11.13：使用 df.info() 和 len(df) 檢查空值

4. 使用 **.info()** 取得資料集合的資訊：

```
df.info()
```

您應該會得到以下輸出：

```
<class 'pandas.core.frame.DataFrame'>
RangeIndex: 17897 entries, 0 to 17896
Data columns (total 9 columns):
(Mean of integrated profile,)                17897 non-null float64
(Standard deviation of integrated profile,)  17897 non-null float64
(Excess kurtosis of integrated profile,)     17897 non-null float64
(Skewness of integrated profile,)            17897 non-null float64
(Mean of DM-SNR curve,)                      17897 non-null float64
(Standard deviation of DM-SNR curve,)        17897 non-null float64
(Excess kurtosis of DM-SNR curve,)           17897 non-null float64
(Skewness of DM-SNR curve,)                  17897 non-null float64
(Class,)                                      17897 non-null int64
dtypes: float64(8), int64(1)
memory usage: 1.2 MB
```

圖 11.14：脈衝星資料集合的資訊

5. 最後，使用 **len(df)** 將 **df.info()** 所有欄中不含空值的列：

```
len(df)
```

您應該會得到以下輸出：

```
17897
```

現在我們知道空值不存在。如果有空值的話，我們必須刪除空值所在的列，或者透過從欄中取均值、中位數、眾數或其他值來替換。

在為機器學習整理資料時，讓資料乾淨、不含空值是很重要的。取決於想要達成的目標為何，通常需要做進一步的資料分析。如果目標只是簡單地嘗試一些模型並檢查它們的準確性，那麼可以直接繼續執行。如果目標是找出暗藏在資料中的資訊，那麼就要如前一章所介紹的，有必要進行進一步的統計分析。現在我們已經把基本資料準備好了，接下來可以在同一個 Notebook 上繼續動作。

邏輯回歸

當涉及要把資料集合中的點進行分類的時候，邏輯回歸是現在最流行且最成功的機器學習演算法之一。邏輯回歸利用 S 型函數（sigmoid）函數來確定點接近哪一個值。如下圖所示，在使用邏輯回歸時，最好是將目標值分為 0 和 1。對於脈衝星資料集合中，這些值已經被劃分為 0 和 1 了。如果資料被標記為 **Red** 和 **Blue**，那麼一個非常重要的動作是先將它們轉換為 0 和 1（您將在本章節尾端的活動中，練習將分類轉換為數值）：

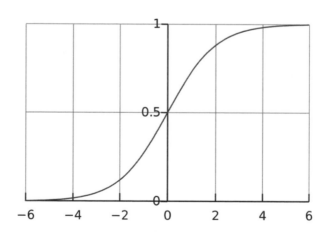

圖 11.15：畫在圖表上的 S 型函數曲線

圖 11.15 中的 S 型函數曲線從左到右漸漸接近 1，從右到左漸漸接近 0，但不會真正到達 1 或 0。在這個情況下，0 和 1 是水平漸近線。基本上，正的 **x** 值會輸

出 1，負 **x** 值輸出 0。而且，圖上越高的位置，1 的機率就越高；越低的位置，0 的機率就越高。

讓我們先用一個類似的函式來看看邏輯回歸是如何工作的。

在預設情況下，分類器會使用精確度百分比作為分數輸出。

練習 152：使用邏輯回歸預測資料準確性

這個練習的目標是使用邏輯回歸來預測脈衝星的分類：

1. 匯入 **LogisticRegression**：

```
from sklearn.model_selection import cross_val_score
from sklearn.linear_model import LogisticRegression
```

2. 建立矩陣 **X** 和 **y**，分別儲存預測因數和回應變數：

```
X = df.iloc[:, 0:8]
y = df.iloc[:, 8]
```

3. 寫一個可傳入一個模型的分類器函式：

```
def clf_model(model):
```

4. 建立 **clf** 分類器，如下面的程式碼片段所示：

```
    clf = model
    scores = cross_val_score(clf, X, y)
    print('Scores:', scores)
    print('Mean score:', scores.mean())
```

5. 執行 **clf_model** 函式，傳入 **LogisticRegression()**：

```
clf_model(LogisticRegression())
```

您應該會得到以下輸出：

```
Scores: [0.97385621 0.98239732 0.97686505]
Mean score: 0.9777061909796982
```

圖 11.16：邏輯回歸平均評分

這些數字代表準確性。得到的平均得分是 **0.977706**，說明邏輯回歸模型在分類脈衝星時，正確率有 **97.8%**。

邏輯回歸與線性回歸有很大的不同。邏輯回歸使用 S 型函式將所有實例分類為一組或另一組。一般來說，所有高於 0.5 的案例都會被分類為 1，低於 0.5 的都會被分類為 0，因為一個接近 1 的小數更可能是 1，更接近 0 的小數更可能是 0。相對來說，線性回歸會找出一條直線，這條直線與所有點之間的誤差最小。邏輯回歸將所有點分為兩組：所有的新點都會屬於其中一組。與之相比，線性回歸找出的是一條最貼合的直線：所有的新點都落在線上，並取得該點的值。

其他分類器

我們還可以嘗試其他分類器，包括 K 近鄰（K-Nearest Neighbors，KNN）、決策樹、隨機森林和貝式分類。

我們以前把 KNN、決策樹和隨機森林當作回歸器使用過。這一次，我們需要將它們實作成分類器。舉例來說，有 **RandomForestRegressor**，也有 **RandomForestClassifier**。兩者都是隨機森林，但是它們的實作方式不同，目的是要滿足輸出。回想一下，分類器輸出的是兩個或多個結果值，而回歸輸出的是連續值。雖然準備步驟相同，但是輸出是不同的。在下一節中，我們將看到貝式分類的部分。

貝式分類

貝式分類是一個以貝式定理（Bayes' theorem）為基礎的模型，這是一個著名的機率定理，以假設獨立事件的條件機率為基礎。類似地，貝式分類假設屬性或欄是獨立的。雖然貝式分類的數學細節超出了本書的範圍，但我們仍然可以將它套用到我們的資料集合上。

以貝式分類為基礎的機器學習演算法有一個小家族，我們這裡要用的是 **GaussianNB**（高斯貝式）分類。**GaussianNB** 分類假設特徵的機率呈**高斯**函式分佈。您也可以嘗試其他的分類器，包括 **MultinomialNB**，用於多項分佈資料（如文字），和 **ComplementNB**（一個 **MultinomialNB** 的變體），用於不平衡資料集合。

除了前面提到的 KNN、決策樹和隨機森林分類器之外，現在也讓我們嘗試用看看貝式分類吧！

練習 153：使用 GaussianNB、KneighborsClassifier、DecisionTreeClassifier 和 RandomForestClassifier 來預測資料集合的準確性

這個練習的目標是使用各種分類器來預測脈衝星，我們要用的分類器包括 GaussianNB、KneighborsClassifier、DecisionTreeClassifier 和 RandomForest Classifier。

1. 在同一個 Notebook 上開始這個練習。

2. 執行 **clf_model** 函式，並輸入 **GaussianNB()**：

```
from sklearn.naive_bayes import GaussianNB
clf_model(GaussianNB())
```

您應該會得到以下輸出：

```
Scores: [0.95692978 0.92472758 0.94836547]
Mean score: 0.9433409410695212
```

圖 11.17：GaussianNB 平均分數

3. 執行 **clf_model** 函式，並輸入 **KNeighborsClassifier()**：

```
from sklearn.neighbors import KNeighborsClassifier
clf_model(KNeighborsClassifier())
```

您應該會得到以下輸出：

```
Scores: [0.96899615 0.97200335 0.97082984]
Mean score: 0.9706097796987464
```

圖 11.18：KNeighborsClassifier 的平均分數

4. 執行 **clf_model** 函式，並輸入 **DecisionTreeClassifier()**：

```
from sklearn.tree import DecisionTreeClassifier
clf_model(DecisionTreeClassifier())
```

您應該會得到以下輸出：

```
Scores: [0.96849338 0.96043588 0.96697402]
Mean score: 0.9653010904297002
```

圖 11.19：使用 DecisionTreeClassifier 的平均分數

> 📖 **Note**
>
> 您的輸出值可能會與書中不同。

5. 執行 **clf_model** 函式，並輸入 **RandomForestClassifier()**：

```
from sklearn.ensemble import RandomForestClassifier
clf_model(RandomForestClassifier())
```

您應該會得到以下輸出：

```
Scores: [0.97670521 0.97837385 0.97619447]
Mean score: 0.9770911757237218
```

圖 11.20：使用 RandomForestClassifier 的平均分數

所有的分類器都達到了 94% 和 98% 之間的準確率。這麼多分類器都表現得這麼好並不尋常。資料中必定有些明確的模式，否則就是發生了什麼奇怪的事。

您可能還想知道什麼時候該使用這些分類器。最重要的是,當您有一個分類問題時,也就是說您的資料有一個目標欄,目標欄中又限定有限的選項時,比如三種葡萄酒,那麼大多數分類器都是值得一試的。我們已知貝式分類可以把文字資料處理得很好,而隨機森林在一般情況下也可以處理得很好。新的機器學習演算法經常被開發用來處理特殊情況,而實踐和研究將有助於您發現更多有趣的案例。

混淆矩陣

在討論分類問題時,知道資料集合是否不平衡是很重要的,我們懷疑練習 *153*,使用 *GaussianNB*、*KneighborsClassifier*、*DecisionTreeClassifier* 和 *RandomForestClassifier* 來預測資料集合的準確性可能發生了不平衡的情況。如果大多數資料點的標籤都是同一個,就會發生不平衡的情況。

練習 154:從資料集合中計算脈衝星占比

這個練習的目標是計算我們資料集合中脈衝星的占比,將使用 **Class** 欄來做這項計算。雖然我們主要會使用 **df['Class']** 作為參照 class 欄的方式,但使用 **df.Class** 也一樣可以(除了一些情況下不適用,比如設定值的時候):

1. 請使用上一個練習的 Notebook 來做這個練習。

2. 呼叫 **df.Class** 的 **count()** 方法,取得所有可能的脈衝星數量:

```
df.Class.count()
```

您應該會得到以下輸出:

```
Out[24]: Class    17897
         dtype: int64
```

圖 11.21:資料集合中所有可能的脈衝星數量

3. 呼叫 **df[df. Class == 1]** 時的 **.count()** 方法以得到實際脈衝星數:

```
df[df.Class == 1].Class.count()
```

您應該會得到以下輸出：

```
Out[25]:  Class      1639
          dtype: int64
```

圖 11.22：資料集合中實際脈衝星數量

4. 將步驟 2 除以步驟 1，得到脈衝星的占比：

```
df[df.Class == 1].Class.count()/df.Class.count()
```

您應該會得到以下輸出：

```
Out[26]:  Class     0.09158
          dtype: float64
```

圖 11.23：脈衝星占比

結果顯示脈衝星占比為 0.09158 或 9%，其餘 91% 不是脈衝星。這種情況就代表，機器學習演算法只要預測每一列都不是脈衝星，那麼準確率就可達 91%。

想像一下，更加極端的情況。想像我們正在嘗試探測系外行星，而我們的資料集合中只有 1% 的資料是系外行星，代表 99% 的行星都不是系外行星。換句話說，開發一個準確率高達 99% 的演算法非常容易，只要宣稱所有的行星都不是系外行星就行了！

混淆矩陣可以被用來揭示資料集合是否不平衡：

		真實情況	
	總數	真	假
預測情況	陽	真陽性	假陽性（第一型錯誤）
	陰	假陰性（第二型錯誤）	真陰性

圖 11.24：混淆矩陣

正如您從圖 11.24 中看到的，混淆矩陣被設計用來向您展示每種輸出的情況。每種輸出都將落入四個框中，分別為"真陽性"、"假陽性"、"假陰性" 和 "真陰性"：

真陽性	預測為陽　標記為真
真陰性	預測為陰　標記為假
假陽性	預測為陽　標記為假
假陰性	預測為陰　標記為真

圖 11.25：基於真實情況的混淆矩陣預測結果

請考慮下面的範例，這是我們之前使用決策樹分類器時的混淆矩陣。稍待一會兒您就能看到製造此矩陣的程式碼。首先，我們想重點說明一下：

```
[[3985    91]
 [  65   334]]
```

圖 11.26：混淆矩陣

在 sklearn 中，預設的順序是 0、1。這代表實際上會先列出的是 0 或負值。因此，可將此混淆矩陣解讀如下：

```
        0        1
0  [[3985    91]
1   [  65   334]]
```

圖 11.27：使用 sklearn 預設順序的混淆矩陣

在這個混淆矩陣中，有 3,985 顆非脈衝星被正確識別，334 顆脈衝星被正確識別。右上角的 91 代表模型將 91 顆脈衝星判定為非脈衝星，左下角的 65 則是代表 65 顆非脈衝星被錯誤分類為脈衝星。

要解讀混淆矩陣是有一點困難的，尤其是當真和假並不是一定會排在同一欄中。幸運的是，還有一個分類報告可以看。

分類報告中含有標籤的總數,以及多種不同的百分比,可幫助閱讀者理解數值和分析資料。

下面是決策樹分類器的分類報告,內含混淆矩陣:

```
Confusion Matrix: [[3985    91]
                   [  65   334]]

Classification Report:
                precision recall  f1-score   support

          0       0.98      0.98      0.98      4076
          1       0.79      0.84      0.81       399

avg / total       0.97      0.97      0.97      4475
```

圖 11.28:混淆矩陣分類報告

在分類報告中,兩端的欄是最容易解釋的。最右邊的欄 **support** 是資料集合中的標籤總數,它和最左邊標有 0 和 1 的索引欄匹配。**support** 這一欄顯示,非脈衝星(0)有 4,076 顆和脈衝星(1)有 399 顆。這個數字之所以會小於總數,是因為我們只計算測試資料集合。

Precision(準確度)是真陽性數量除以所有預測為真的數量。預測為 0 的情況下,Precision 是 3985 / (3985 + 65);預測為 1 的情況下,是 334 / (334 + 91)。

Recall(召回率)是真陽性數量除以所有的陽性標籤。陰性標籤(0)的情況下,是 3985 /(3985 + 91),陽性標籤(1)的情況下是 334 / (334 + 65)。

f1-score 是準確率和召回率得分的調和平均數。請注意,對於 0 和 1 來說,f1 的分數是非常不同的。

分類報告中最重要的數字是哪個,取決於您要完成的任務是什麼。以脈衝星範例為例。目標是找出盡可能多的潛在脈衝星嗎?如果是這樣,較低的精確度換取較高召回率是可以的。或者,若在調查費用很昂貴的情況下,就會想要精確度比召回率高。

練習 155：脈衝星資料集合的混淆矩陣和分類報告

這個練習的目標是建立一個可顯示混淆矩陣和分類報告的函式：

1. 在上一個練習的 Notebook 上繼續做這個練習。

2. **import confusion_matrix** 和 **classification_report** 函式庫：

```
from sklearn.metrics import classification_report
from sklearn.metrics import confusion_matrix
from sklearn.cross_validation import train_test_split
```

　　為了使用混淆矩陣和分類報告，我們需要一個測試資料集合，可以使用 **train_test_split** 來做出測試資料集合。

3. 將資料分成訓練資料集合和測試資料集合：

```
X_train, X_test, y_train, y_test = train_test_split(X, y, test_size = 0.25)
```

　　現在，建立一個名為 **confusion** 的函式，輸入一個模型給它後，它會印出混淆矩陣和分類報告，以及輸出一個 **clf** 分類器：

```
def confusion(model):
```

4. 建立一個 **model** 分類器：

```
    clf = model
```

5. 將分類器與資料做擬合：

```
    clf.fit(X_train, y_train)
```

6. 預測 **y_pred** 測試資料集合的標籤：

```
    y_pred = clf.predict(X_test)
```

7. 計算和印出混淆矩陣：

```
print('Confusion Matrix:', confusion_matrix(y_test, y_pred))
```

8. 計算並印出分類報告：

```
print('Classification Report:', classification_report(y_test, y_pred))
return clf
```

現在讓我們試試看把這個函式套用在不同的分類器上。

9. 執行 **confusion()** 函式，然後代入 **LogisticRegression()**：

```
confusion(LogisticRegression())
```

您應該會得到以下輸出：

```
Confusion Matrix: [[4029    23]
 [  81   342]]
Classification Report:               precision    recall  f1-score   support

            0       0.98      0.99      0.99      4052
            1       0.94      0.81      0.87       423

    micro avg       0.98      0.98      0.98      4475
    macro avg       0.96      0.90      0.93      4475
 weighted avg       0.98      0.98      0.98      4475
```

圖 11.29：LogisticRegression 的混淆矩陣

正如您所看到的，找出實際的脈衝星（分類報告中的 1）的能力，是 94%，而總體是 98%。或許 f1-score 得分更重要，也就是精確度和召回率得分的平均值，總體是 98%，但對於脈衝星（1）而言，只有 87%。

10. 現在，執行 **confusion()** 函式，然後代入 **KNeighborsClassifier()**：

```
confusion(KNeighborsClassifier())
```

您應該會得到以下輸出：

```
Confusion Matrix: [[4019    33]
 [  94  329]]
Classification Report:              precision    recall  f1-score   support

            0       0.98      0.99      0.98      4052
            1       0.91      0.78      0.84       423

    micro avg       0.97      0.97      0.97      4475
    macro avg       0.94      0.88      0.91      4475
 weighted avg       0.97      0.97      0.97      4475
```

圖 11.30：KNeighborsClassifier 的混淆矩陣

總的來說，得分都很高，但是脈衝星的召回率是 78%，而 f1-score 是 84% 的得分有點低。

11. 執行 **confusion()** 函式，然後代入 **GaussianNB()**：

```
confusion(GaussianNB())
```

您應該會得到以下輸出：

```
Confusion Matrix: [[3884  168]
 [  62  361]]
Classification Report:              precision    recall  f1-score   support

            0       0.98      0.96      0.97      4052
            1       0.68      0.85      0.76       423

    micro avg       0.95      0.95      0.95      4475
    macro avg       0.83      0.91      0.86      4475
 weighted avg       0.96      0.95      0.95      4475
```

圖 11.31：GaussianNB 的混淆矩陣

以這個分類器來說，正確識別脈衝星的精確度 68% 不算及格。

12. 執行 **confusion()** 函式，然後代入 **RandomForestClassifer()**：

```
confusion(RandomForestClassifier())
```

您應該會得到以下輸出：

```
Confusion Matrix: [[4024    28]
 [  75  348]]
Classification Report:                  precision   recall  f1-score   support

               0        0.98       0.99      0.99       4052
               1        0.93       0.82      0.87        423

     micro avg        0.98       0.98      0.98       4475
     macro avg        0.95       0.91      0.93       4475
  weighted avg        0.98       0.98      0.98       4475
```

圖 11.32：RandomForestClassifier 的混淆矩陣

我們現在完成了這個練習，您可以看到，在這種情況下，87% 的 f1-score 是我們所得到最高的分數。

如果我們想探測脈衝星，哪個分類器能給我們最好的結果呢？**RandomForestClassifier()** 表現很好，因為它識別脈衝星時，擁有最高的精確度和召回率。如果目標是探測脈衝星，那麼 **RandomForestClassifier** 會是最好的選擇。

提升方法

隨機森林是一種 bagging 方法。**bagging** 方法是一種聚集了大量機器學習模型的機器學習方法，隨機森林聚集的是一堆決策樹。

另一種機器學習方法是 boosting。boosting 背後的理念是透過修改機器學習模型表現不佳的列的權重，將弱模型轉變為強模型。一個弱模型的錯誤率可達 49%，還沒有擲一個硬幣來得好。相較之下，強模型出錯率可能只有 1% 或 2%。經過足夠的迭代增強，非常弱的模型便可以轉化為非常強的模型。

boosting 方法成功引起了機器學習社群的注意。在 2003 年，Yoav Fruend 和 Robert Shapire 因開發 AdaBoost（Adaptive Boosting 的縮寫）而得到了 2003 年的 Godel 獎。

像其他許多 boosting 方法一樣，AdaBoost 有一個分類器和一個回歸器。AdaBoost 會調整較弱的模型以修正之前被錯誤分類的情況。如果一個模型有 45% 的正確率，那麼只要反過來做，正確率就可以提高到 55%。這種將負號轉換為正號以提昇正確率的方法，唯一有問題的例子是那些正確率剛好為 50% 的情況，因為改變符號不會有任何提昇。但正確率越高，給敏感異常值的權重就會越大。

讓我們看看 AdaBoost 分類器是如何用在資料集合上。

練習 156：使用 AdaBoost 預測最優值

這項練習的目標是利用 AdaBoost 預測脈衝星和波士頓的房價中位數：

1. 在上一個練習中使用的 Notebook 上開始這個練習。

2. 請 import **AdaBoostClassifier**，並將它輸入到 **clf_model()**：

```
from sklearn.ensemble import AdaBoostClassifier
clf_model(AdaBoostClassifier())
```

您應該會得到以下輸出：

```
Scores: [0.97519692 0.98122381 0.97652976]
Mean score: 0.9776501596069993
```

圖 11.33：AdaBoostClassifier 的平均得分

如您所見，AdaBoost 分類器得到的結果相當好，讓我們看看它的混淆矩陣表現如何。

3. 呼叫 **confusion()** 函式，並傳入 **AdaBoostClassifer()**：

```
confusion(AdaBoostClassifier())
```

您應該會得到以下輸出：

```
Confusion Matrix: [[4020    32]
 [  77   346]]
Classification Report:                 precision   recall  f1-score   support

               0        0.98       0.99     0.99      4052
               1        0.92       0.82     0.86       423

    micro avg        0.98       0.98     0.98      4475
    macro avg        0.95       0.91     0.93      4475
 weighted avg        0.97       0.98     0.98      4475
```

圖 11.34：AdaBoostClassifier 的混淆矩陣

準確率、召回率和 f1-score 得到的分數為 98%，非常優秀。脈衝星分類正確率為 1 的 f1-score 為 86%，幾乎和 **RandomForestClassifier** 表現一樣。

> 📖 **Note**
>
> 現在，請把練習題 146-150 的 Notebook 打開，並執行下面的步驟。

4. 將 **X**、**y** 分別設定為 **housing_df.iloc[:, :-1]** 和 **housing_df.iloc[:, :-1]**：

```
X = housing_df.iloc[:,:-1]
y = housing_df.iloc[:, -1]
```

5. 現在，**import AdaBoostRegressor**，呼叫 **regression_model_cv** 函式，並傳入 **AdaBoostRegressor()**：

```
from sklearn.ensemble import AdaBoostRegressor
regression_model_cv(AdaBoostRegressor())
```

您應該會得到以下輸出：

```
Reg rmse: [3.75023024 3.48211969 5.46911888 6.30026928 4.13913715]
Reg mean: 4.628175048702711
```

圖 11.35：AdaBoostRegressor 的平均評分

不意外，AdaBoost 對房屋資料集合也得到最好的結果，這一點也不奇怪。它享有盛名是有原因的。

AdaBoost 是眾多著名的 boosting 方法之一，另外還有 XGBoost 及其後續的 LightGBM 緊跟著 AdaBoost 的腳步。然而，它們不是 sklearn 函式庫的一部分，因此我們不會在本書中實作它們。

活動 25：使用機器學習預測客戶回訪率的精確度

在這個活動中，您將使用機器學習來解決一個現實世界的問題。銀行想要預測客戶是否還會回來光顧，也就是客戶流失。他們想知道哪些客戶最有可能離開。他們會給您客戶的資料，然後要求您建立一個機器學習演算法來幫助他們鎖定最有可能離開的客戶。

這個活動會請您先準備好資料集合中的資料，然後執行各種機器學習演算法，以及像本章前面那樣檢查各種演算法的精確度。接著您將使用混淆矩陣和分類報告來幫助您找到能識別流失使用者的最佳演算法。您最終將選擇一個機器學習演算法，輸出它的混淆矩陣和分類報告。

要達成這個目標，請依以下步驟進行：

1. 從 *https://packt.live/35NRn2C* 下載資料集合。

2. 用一個 Jupyter Notebook 打開 **CHURN.csv**，並觀察開頭五列。

3. 找出 **NaN** 值，並從資料集合中刪除它們。

4. 為了讓機器學習模型使用所有的欄，預測欄應該要用數字，而不是 **'No'** 和 **'Yes'**。以下的程式碼可讓您用 **0** 和 **1** 取代 **'No'** 和 **'Yes'**：

```
df['Churn'] = df['Churn'].replace(to_replace=['No', 'Yes'], value=[0, 1])
```

5. 將預測欄 **X** 設定為等於第 1 和最後 1 欄之外的所有欄。將目標欄 **y** 設定為等於最後一欄。

6. 建議您用以下的程式碼，將所有預測欄轉換為數值欄：

```
X = pd.get_dummies(X)
```

7. 寫一個名為 **clf_model** 的函式,這個函式中會使用 **cross_val_score** 來實作一個分類器。您還記得必須匯入 **cross_val_score** 吧?

8. 對不同的機器學習演算法上執行您的函式,並且選出表現最好的三種。

9. 建立一個能輸出混淆矩陣和分類報告的函式,此函式中必須用到 **train_test_split**。請您使用此函式找出表現最好的前三名模型。

10. 選出最好的那一個模型,查看它的超參數,並至少優化一個超參數。

   您應該會得到類似如下的輸出:

```
Confusion Matrix: [[1147  158]
 [ 192  264]]
Classification Report:                 precision   recall  f1-score   support

             0      0.86      0.88      0.87      1305
             1      0.63      0.58      0.60       456

   avg / total      0.80      0.80      0.80      1761
```

```
Out[22]: AdaBoostClassifier(algorithm='SAMME.R', base_estimator=None,
               learning_rate=1.0, n_estimators=25, random_state=None)
```

圖 11.36:預期要得到的混淆矩陣

📖 **Note**

此活動的解答在第 623 頁。

總結

在本章中,您已學到如何建立各種機器學習模型來解決回歸和分類問題,實作了線性回歸、Ridge、Lasso、邏輯回歸、決策樹、隨機森林、貝式分類和 AdaBoost。您也已經了解使用交叉驗證來分割訓練資料集合和測試資料集合的重要性。您還了解了過度擬合的危險以及如何用正規化來修正過度擬合。您已經學習了如何使用 **GridSearchCV** 和 **RandomizedSearchCV** 來優化超參數,也學會了如何用混淆矩陣和分類報告解讀不平衡資料集合。您還學習了

如何區分 "bagging" 和 "boosting" 類的學習方法，以及什麼是 "精確度" 和 "召回率"。

雖然學了這麼多，但事實上您只摸到了機器學習的表面。除了分類和回歸外，還有許多其他流行的機器學習演算法的種類。如推薦系統，是一種根據使用者的喜好和他們以前喜歡什麼，推薦可能會喜歡的電影或書籍給他們，和無監督式演算法，會以某種不可預知的方式來分組資料。

隨著這一章的結束，我們也結束了本書的旅程。我們已學習 Python 的基礎知識，以及如何從打開一個 Jupyter Notebook 並載入必要的函式庫開始，到使用 list、dictionary 和 set；接著，我們繼續使用 Python 視覺化地輸出資料，這是顯示資料的重要部分。我們不僅看到了如何用 Python 撰寫程式碼，還了解了要怎樣才能符合 Python 風格，也就是用 Python 撰寫程式碼的更聰明的方式。然後我們也了解如何使用單元測試和除錯技術來處理錯誤。最後，我們在機器學習的最後一章看到了如何從大數據中做學習。

附錄

關於

這一章是為了協助您進行書中的活動。它包括了想完成本書活動所需要的詳細步驟。

第 1 章：Python 重要基礎 - 數學、字串、條件陳述式和迴圈

活動 1：為變數賦值

解答：

1. 我們從步驟 1 開始，將 **x** 賦值為 **14**：

```
x = 14
```

2. 使用 **+=** 運算元，使 **x** 等於 **x + 1**：

```
x += 1
```

3. 在此步驟中，請將 **x** 除以 **5**，然後把得到的結果平方：

```
(x/5) ** 2
```

您應該會得到以下輸出：

```
9.0
```

完成這個活動後，您學到的是如何對一個變數執行多個數學操作。這種操作在 Python 中非常常見。例如，在第 *11* 章，機器學習中，機器學習的輸入可以是一個矩陣 **X**，我們可以對 **X** 矩陣進行多種數學運算，直到得到預測結果。儘管機器學習背後的數學更加複雜，但核心概念是相同的。

活動 2：在 Python 中使用畢達哥拉斯定理

解答：

1. 打開您的 Jupyter Notebook。

2. 在這個步驟中，您需要寫一個描述程式碼的 docstring 如下：

```
"""
This document determines the Pythagorean Distance
between three given points
"""
```

3. 現在，在下面的程式碼片段中，您要設定 **x**、**y**、**z** 等於 **2**、**3**、**4**：

```
# 初始化變數
x, y, z = 2,3,4
```

4. 在接下來的步驟 4 和步驟 5 中，您將利用 **w_squared** 變數，把每個值平方，並取得所有平方的和之後，再對和取平方根，來找出這三個點之間的畢達哥拉斯距離。完成後，請您加入注釋來說明每一行程式碼：

```
# 3 維的畢達哥拉斯定理
w_squared = x**2 + y**2 + z**2
```

5. 我們要取和的平方根，就會得到最後一步的距離：

```
# 平方根即為距離
w = w_squared ** 0.5
```

6. 若要印出距離，只需輸入 **w** 變數，就可以輸出最後得到的距離：

```
# 顯示距離
w
```

您應該會得到以下輸出：

```
5.385164807134504
```

在這個活動中，您撰寫了一個小程式來確定三個點之間的畢達哥拉斯距離。您也加入了一個 docstring 和注釋來說明程式碼。至於注釋要怎麼寫，沒有標準的答案，由撰寫者決定提供多少資訊，基本上的目標是簡潔且資訊豐富即可，讓人能理解是最重要的關鍵。加入注釋和 docstring 總是會讓您的程式碼看起來更專業,也更容易閱讀。

恭喜您完成了您 Python 學習之旅的第一個主題!您正在朝向成為一名開發人員或資料科學家邁進。

活動 3:使用 input() 函式來評分一天過得如何

解答:

1. 在這個活動的開始,我們要打開一個新的 Jupyter Notebook。

2. 在這個步驟中,會顯示一個問題,提示使用者用數字來評價他們的一天:

```
# 選擇一個要問的問題
print('How would you rate your day on a scale of 1 to 10?')
```

3. 在這個步驟中,會儲存使用者輸入到一個變數中:

```
# 將變數值設定為 input()
day_rating = input()
```

您應該會得到以下輸出:

```
In [*]: day_rating = input()
        9
```

圖 1.20:向使用者請求輸入值

4. 在這個步驟中,將顯示一句話,其中包含使用者輸入的數字:

```
# 做出適當的輸出
print('You feel like a ' + day_rating + ' today. Thanks for letting me know')
```

您應該會得到以下輸出：

```
In [5]: print('You feel like a ' + day_rating + ' today. Thanks for letting me know')

        You feel like a 9 today. Thanks for letting me know
```

圖 1.21：顯示使用者對一天的評分（範圍 1 到 10）

在這個活動中，您提示使用者輸入一個數值，並向使用者顯示包含該數值的一句話。根據使用者的輸入直接與使用者交流是開發人員的核心技能。

活動 4：尋找最小公倍數（LCM）

解答：

1. 請打開一個新的 Jupyter Notebook 作為開始。

2. 您要先設定變數為 **24** 和 **36**：

```
# 找出兩個因數的最小公倍數
first_divisor = 24
second_divisor = 36
```

3. 在這個步驟中，您必須初始化一個 **while** 迴圈，裡面要使用布林值 counting（等於 **True**），以及一個迭代器 **i**：

```
counting = True
i = 1
while counting:
```

4. 這個步驟中會寫一個條件句，用來檢查迭代器是否可整除這兩個數：

```
    if i % first_divisor == 0 and i % second_divisor == 0:
```

5. 這個步驟是要離開 **while** 迴圈：

```
        break
```

6. 這個步驟是在迴圈結束時遞增迭代器：

```
 i += 1
print('The Least Common Multiple of', first_divisor, 'and', second_
divisor, 'is', i, '.')
```

前面的程式碼會印出以下結果。

您應該會得到以下輸出：

```
The Least Common Multiple of 24 and 36 is 72.
```

在這個活動中，您使用了 **while** 迴圈來計算出兩個數值的最小公倍數。使用 **while** 迴圈來完成任務是所有開發人員的基本能力。

活動 5：使用 Python 建立對話機器人

解答：

建立第一個機器人，解決方案如下：

1. 這個步驟是顯示要問使用者的第一個問題：

```
print('What is your name?')
```

2. 這個步驟把答案顯示在回應之中：

```
name = input()
print('Fascinating.', name, 'is my name too.')
```

您應該會得到以下輸出：

```
In [*]:  name = input()
         print('Fascinating.', name, 'is my name too.')

         Corey
```

圖 1.22：使用 input() 函式要求使用者輸入一個值

您輸入了值（在本例中是您的名字）之後，輸出將如下：

```
In [2]: name = input()
        print('Fascinating.', name, 'is my name too.')

        Corey
        Fascinating. Corey is my name too.
```

圖 1.23：使用者輸入值後的輸出

3. 這個步驟顯示要問使用者的第二個問題：

```
print('Have you thought about black holes today?')
```

您應該會得到以下輸出：

```
Have you thought about black holes today?
```

4. 這個步驟是把答案顯示在回應之中：

```
yes_no = input()
print('I am so glad you said', yes_no, '. I was thinking the same thing.')
```

您應該會得到以下輸出：

```
In [4]: yes_no = input()
        print('I am so glad you said', yes_no, '. I was thinking the same thing.')

        Yes
        I am so glad you said Yes . I was thinking the same thing.
```

圖 1.24：使用 input() 函式要求使用者輸入值

您輸入值後，輸出將如下：

```
In [4]: yes_no = input()
        print('I am so glad you said', yes_no, '. I was thinking the same thing.')

        Yes
        I am so glad you said Yes . I was thinking the same thing.
```

圖 1.25：印出 input() 函式得到的結果

5. 這個步驟是把答案顯示在回應之中：

```
print('We\'re kindred spirits,', name, '. Talk later.')
```

您應該會得到以下輸出：

```
We're kindred spirits, Corey.Talk later.
```

現在，我們繼續看第二個機器人：

6. 從 **input()** 函式取值放到 **smart** 變數中，並將 **smart** 變數的型態改為 **int**：

```
print('How intelligent are you? 0 is very dumb. And 10 is a genius')
smarts = input()
smarts = int(smarts)
```

7. 建立一個 **if**，如果使用者輸入的值等於或小於 **3**，我們就輸出 **I don't believe you**。如果不是，則印出下一條述句：

```
if smarts <= 3:
    print('I don\'t believe you.')
    print('How bad of a day are you having? 0 is the worst, and 10 is the best.')
```

8. 從 **input()** 函式取值放到 **day** 變數中，將 **day** 變數的型態改為 **int**：

```
    day = input()
    day = int(day)
```

9. 現在，建立一個 **if else** 迴圈，如果使用者輸入的值小於等於 5，則 **print** 輸出。如果不是，則 **print else** 述句的輸出：

```
    if day <= 5:
        print('If I was human, I would give you a hug.')
    else:
        print('Maybe I should try your approach.')
```

10. 迴圈接下來會執行 **elif**（也可念成 **else-if**）的部分，如果使用者輸入的值小於等於 **6**，我們印出相應的述句：

```
elif smarts <= 6:
    print('I think you\'re actually smarter.')
    print('How much time do you spend online? 0 is none and 10 is 24 hours a day.')
```

11. 從 **input()** 函式取值放到 **hours** 變數中，並將 **hours** 變數的型態改為 **int**。迴圈接下來會執行 **if-else**，如果使用者輸入的值小於等於 **4**，我們將印出相應的述句。如果不是，則印出另一條述句：

```
hours = input()
hours = int(hours)
if hours <= 4:
    print('That\'s the problem.')
else:
    print('And I thought it was only me.')
```

12. 迴圈接下來會執行 **elif**，檢查 **smart** 變數，輸出相應的 **print** 述句。我們也使用 **if-else** 來判斷使用者是否輸入了一個小於等於 **5** 的值：

```
elif smarts <= 8:
    print('Are you human by chance? Wait. Don\'t answer that.')
    print('How human are you? 0 is not at all and 10 is human all the way.')
    human = input()
    human = int(human)
    if human <= 5:
        print('I knew it.')
    else:
        print('I think this courtship is over.')
```

13. 我們繼續撰寫步驟 7 **if-else** 中的 **else** 部分，並設定適當的條件和 **print** 述句：

```
else:
    print('I see... How many operating systems do you run?')
```

14. 再次從 **input()** 函式取值放到 **os** 變數中，將 **os** 變數型態改為 **int**，然後根據使用者的輸入值輸出相應的 **print** 述句：

```
os = input()
os = int(os)
if os <= 2:
    print('Good thing you\'re taking this course.')
else:
    print('What is this? A competition?')
```

您應該會得到以下輸出：

```
How intelligent are you? 0 is very dumb. And 10 is a genius
8
Are you human by chance? Wait. Don't answer that.
How human are you? 0 is not at all and 10 is human all the way.
8
I think this courtship is over.
```

圖 1.26：使用者輸入的一個可能值的預期結果

恭喜您完成了這個活動，您使用了巢式條件陳述式和 **if-else** 建立了兩個對話機器人，過程中我們還修改了型態，使用 **input()** 函式從使用者取得值，然後分別顯示輸出。

第 2 章：Python 結構

活動 6：使用巢式 list 儲存員工資料

解答：

1. 首先要建立一個 list，加入資料，並將其賦值給 **employees**：

```
employees = [['John Mckee', 38, 'Sales'], ['Lisa Crawford', 29,
'Marketing'], ['Sujan Patel', 33, 'HR']]
print(employees)
```

您應該會得到以下輸出：

```
[['John Mckee', 38, 'Sales'], ['Lisa Crawford', 29, 'Marketing'], ['Sujan Patel', 33, 'HR']]
```

圖 2.31：印出員工資料

2. 接下來，我們可以使用 **for..in** 迴圈，印出在 **employees** 中的每條紀錄：

```
for employee in employees:
    print(employee)
```

```
['John Mckee', 38, 'Sales']
['Lisa Crawford', 29, 'Marketing']
['Sujan Patel', 33, 'HR']
```

圖 2.32：印出 employees 內部的每條紀錄

3. 為了要結構化地呈現 **employee** 紀錄，請加入以下程式碼：

```
for employee in employees:
    print("Name:", employee[0])
    print("Age:", employee[1])
    print("Department:", employee[2])
    print('-' * 20)
```

```
Name: John Mckee
Age: 38
Department: Sales
--------------------
Name: Lisa Crawford
Age: 29
Department: Marketing
--------------------
Name: Sujan Patel
Age: 33
Department: HR
--------------------
```

圖 2.33：結構化地印出 employees 內部所有紀錄

4. 最後，如果我們要印出 **Lisa Crawford** 的細節，我們需要使用索引。Lisa 的紀錄在第一個位置，所以我們會這樣寫：

```
employee = employees[1]
print(employee)
print("Name:", employee[0])
print("Age:", employee[1])
print("Department:", employee[2])
print('-' * 20)
```

```
['Lisa Crawford', 29, 'Marketing']
Name: Lisa Crawford
Age: 29
Department: Marketing
--------------------
```

圖 2.34：印出 Lisa Crawford 詳細資訊

成功完成這個活動後，正如活動說明中提到的那樣，您已學會使用 list 和巢式 list 儲存資料，然後根據需要存取它們。這只是這種 list 可以派上用場的其中一種用途而已。

活動 7：使用 list 和 dictionary 儲存公司員工表格資料

解答：

1. 打開一個 Jupyter Notebook，並輸入下面程式碼：

```
employees = [
    {"name": "John Mckee", "age":38, "department":"Sales"},
    {"name": "Lisa Crawford", "age":29, "department":"Marketing"},
    {"name": "Sujan Patel", "age":33, "department":"HR"}
]
print(employees)
```

您應該會得到以下輸出：

```
[{'name': 'John Mckee', 'age': 38, 'department': 'Sales'}, {'name': 'Lisa Crawford', 'age': 29, 'department': 'Market
ing'}, {'name': 'Sujan Patel', 'age': 33, 'department': 'HR'}]
```

圖 2.35：印出 employees list

在步驟 1 中，我們建立了一個叫 **employees** 的 list，並加入一些值到裡面，如 **name**、**age**、**department**。

2. 現在，我們將對 **employee list** 套用一個 **for** 迴圈，並在迴圈中使用 ***** 運算子。在做這個步驟時，我們將使用 dictionary 來結構化地印出 **employee** 的詳細資訊：

```
for employee in employees:
    print("Name:", employee['name'])
    print("Age:", employee['age'])
    print("Department:", employee['department'])
    print('-' * 20)
```

您應該會得到以下輸出：

```
Name: John Mckee
Age: 38
Department: Sales
--------------------
Name: Lisa Crawford
Age: 29
Department: Marketing
--------------------
Name: Sujan Patel
Age: 33
Department: HR
--------------------
```

圖 2.36：以結構化格式印出單個員工資料

> **Note**
>
> 您可以將這裡的做法與前面的活動做比較。在前面的活動中，我們印出了一個巢式 list。但使用 dictionary 能使語法更簡潔，因為我們取得資料時是使用鍵而不是位置索引。這在處理擁有多個鍵的物件時，特別實用。

3. 最後一個步驟是印出 **Sujan Patel** 這個員工的（**employee**）詳細資訊。為了做到這一點，我們將存取 **employees** 中的 dictionary，從一堆 **employee** 中 **print** 一個 **employee** 的值：

```
for employee in employees:
    if employee['name'] == 'Sujan Patel':
        print("Name:", employee['name'])
        print("Age:", employee['age'])
        print("Department:", employee['department'])
        print('-' * 20)
```

您應該會得到以下輸出：

```
Name: Sujan Patel
Age: 33
Department: HR
--------------------
```

圖 2.37：僅印出 Sujan Patel 的員工資訊

完成這個活動後，您就會使用 list 和 dictionary 了。如您所見，list 對於儲存和取得資料非常實用，在實際用 Python 做資料處理時很好用。正如您在這個活動中看到的那樣，將 dictionary 和 list 一起使用是非常有用的。

第 3 章：執行 Python - 程式、演算法和函式

活動 8：幾點了？

解答：

下面是活動 8，幾點了？的解答程式碼：

為了更容易理解，會分段程式碼逐一說明：

current_time.py：

```
"""
這個腳本回傳當前系統時間。
"""
```

1. 首先，我們要匯入 **datetime** 函式庫，其中包含了一系列用於處理日期的實用工具：

```
import datetime
```

2. 使用 **datetime** 函式庫，可以取得當前 **datetime** 時間戳記，然後呼叫 **time()** 函式來取得時間：

```
time = datetime.datetime.now().time()
```

3. 如果目前以腳本形式執行，則 **if** 述句為真，因此將印出時間：

```
if __name__ == '__main__':
    print(time)
```

您應該會得到以下輸出：

```
Anaconda Prompt                                             —    □    ×

(base) C:\Users\andrew.bird\Python-In-Demand\Lesson03\Activities>python current_time.py
16:48:22.416000

(base) C:\Users\andrew.bird\Python-In-Demand\Lesson03\Activities>
```

圖 3.35：datetime 格式的時間輸出

完成此活動結束時，您已學會匯入 **datetime** 模組，並執行 Python 腳本來顯示時間。此外，如果需要，也可以在您自己的程式碼匯入時間模組使用。

活動 9：格式化客戶名稱

解答：

customer.py 檔看起來應該要像下面的步驟那樣，並了解有許多不同的方法可用來撰寫其中的函式：

1. **format_customer** 函式接受兩個必需的位置引數 **first_name** 和 **last_name**，以及一個可選的關鍵字引數 **location**：

```python
def format_customer(first, last, location=None):
```

2. 然後使用 **%** 字串格式化符號建立一個 **full_name** 變數：

```python
full_name = '%s %s' % (first, last)
```

3. 第三行檢查是否傳入了 **location** 引數，如果是，則將位置詳細資訊附加到全名後面。如果沒有傳入位置，則只回傳全名：

```python
if location:
    return '%s (%s)' % (full_name, location)
else:
    return full_name
```

完成這個活動時，您就有能力建立一個接受各種引數的函式，並根據需要回傳一個字串。

活動 10：迭代式的 Fibonacci 函式

解答：

1. 這個 **fibonacci_iterative** 函式從 Fibonacci 數列最開頭的兩個值開始，它們分別是 **0** 和 **1**：

```
def fibonacci_iterative(n):
    previous = 0
    current = 1
```

2. 每次迭代，程式都會更新這兩個值，分別代表數列中的前兩個數字。在到達最後一次迭代後，迴圈會終止，回傳 **current** 變數的值：

```
    for i in range(n - 1):
        current_old = current
        current = previous + current
        previous = current_old
    return current
```

3. 現在匯入 **fibonacci_iterative** 函式後，您可以在 Jupyter Notebook 再嘗試執行幾個例子：

```
from fibonacci import fibonacci_iterative
fibonacci_iterative(3)
```

您應該會得到以下輸出：

```
2
```

讓我們再看一個例子：

```
fibonacci_iterative(10)
```

您應該會得到以下輸出：

```
55
```

做完這個活動，您已能夠使用迭代並回傳 Fibonacci 數列中的第 n 個值。

活動 11：遞迴式的 Fibonacci 函式

解答：

1. 打開 **fibonacci.py** 檔案。

2. 定義 **fibonacci_recursive** 函式，它接受一個名為 **n** 的引數：

```
def fibonacci_recursive(n):
```

3. 檢查 **n** 的值是否等於 0 或 1，如果是的話，回傳 **n** 的值。請撰寫以下程式碼來實作這個步驟：

```
    if n == 0 or n == 1:
        return n
```

4. 否則，如果條件成立，它將呼叫相同的函式，只差在將引數減 2 和減 1，並將各自的結果相加後回傳：

```
    else:
        return fibonacci_recursive(n - 2) + fibonacci_recursive(n - 1)
```

5. 一旦建立好函式後，請嘗試在編譯器中使用以下命令執行範例：

```
from fibonacci import fibonacci_recursive
fibonacci_recursive(3)
```

您應該會得到以下輸出：

```
2
```

您現在已學會如何使用遞迴函式了。我們在 **fibonacci.py** 中實作了遞迴,並取得一如預期的輸出。遞迴函式在很多情況下都很實用,可以減少重複的程式碼行數。

活動 12:動態程式設計版本的 Fibonacci 函式

解答:

1. 我們首先要在 **stored** 這個 dictionary 變數中儲存一個 Fibonacci 數列。dictionary 的鍵代表數列中值的索引(如第 1、第 2、第 5 個級數),值代表級數值本身:

```
stored = {0: 0, 1: 1}   # 此處設定了最開頭 2 個 Fibonacci 級數
```

2. 當呼叫 **fibonacci_dynamic** 函式時,我們會去檢查之前是否已經有計算結果;如果有,我們簡單地回傳 dictionary 中的值:

```
def fibonacci_dynamic(n):
    if n in stored:
        return stored[n]
```

3. 否則,透過呼叫函式來用遞迴的方式計算前兩項回傳值:

```
    else:
        stored[n] = fibonacci_dynamic(n - 2) + fibonacci_dynamic(n - 1)
        return stored[n]
```

4. 現在,請執行以下程式碼:

```
from fibonacci import fibonacci_recursive
fibonacci_dynamic(100)
```

您應該會得到以下輸出:

```
354224848179261915075
```

在這個活動中，我們使用了一個動態程式設計的函式，該函式傳入的是一個位置參數，代表我們想要回傳的數列中的第幾個數字。

第 4 章：進一步探索 Python、檔案、錯誤和圖形

活動 13：使用圓餅圖和長條圖視覺化鐵達尼號資料集合

解答：

1. 匯入 **titanic_train.csv** 資料檔案中所有資料列，並將資料儲存在一個 list 中：

```
import csv
lines = []
with open('titanic_train.csv') as csv_file:
    csv_reader = csv.reader(csv_file, delimiter=',')
    for line in csv_reader:
        lines.append(line)
```

2. 生成一個由 **passengers** 物件組成的集合。這個步驟的設計是為了方便後續步驟，我們需要提取不同屬性的值到一個 list 中，以生成圖表：

```
data = lines[1:]
passengers = []
headers = lines[0]
```

3. 建立一個簡單的 **for** 迴圈，用來迭代 **data**，取得 **d** 變數。這個 **for** 迴圈將把值儲存在一個 list 中：

```
for d in data:
    p = {}
    for i in range(0,len(headers)):
        key = headers[i]
        value = d[i]
        p[key] = value
    passengers.append(p)
```

4. 取出倖存乘客 **survived**、**pclass**、**age**、**gender** 值到各自的 list 中。我們需要利用 list 綜合表達式來取得值；取得倖存的乘客資料列的方法，是將 **survived** 轉換成整數，並過濾留下 **survived == 1**（即倖存乘客）的資料列：

```
survived = [p['Survived'] for p in passengers]
pclass = [p['Pclass'] for p in passengers]
age = [float(p['Age']) for p in passengers if p['Age'] != '']
gender_survived = [p['Sex'] for p in passengers if int(p['Survived']) == 1]
```

現在，請 **import** 所有必要的函式庫，如 **matplotlib**、**seaborn**、**numpy**，並使用 **plt.pie** 繪製圓餅圖，以視覺化倖存乘客的資料：

```
import matplotlib.pyplot as plt
import seaborn as sns
import numpy as np
from collections import Counter
plt.title("Survived")
plt.pie(Counter(survived).values(), labels=Counter(survived).keys(),
autopct='%1.1f%%',
        colors=['lightblue', 'lightgreen', 'yellow'])
plt.show()
```

執行該儲存格兩次，您應該會得到以下輸出：

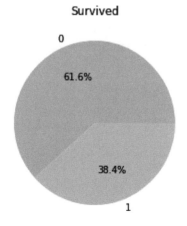

圖 4.28：乘客生存率的圓餅圖

6. 使用 **plt.bar** 繪製長條圖，根據性別來視覺化倖存乘客的資料：

```
plt.title("surviving passengers count by gender")
plt.bar(Counter(gender_survived).keys(), Counter(gender_survived).values())
plt.show()
```

您應該會得到以下輸出：

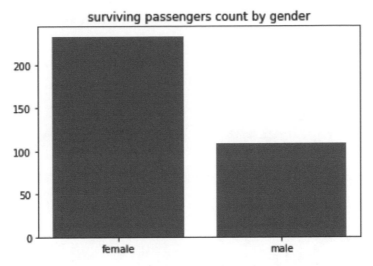

圖 4.29：一個長條圖，顯示事故倖存者的性別差異

在這個活動中，我們使用了有趣的鐵達尼號資料集合來視覺化資料，匯入了資料集合並將資料儲存在一個 list 中。然後，我們使用 **matplotlib**、**seaborn** 和 **numpy** 函式庫繪製各種資料，並使用圓餅圖和長條圖這兩種繪圖技術取得想要的輸出。

第 5 章：建構 Python - 類別和方法

活動 14：建立類別並從父類別繼承

解答：

1. 首先，定義父類別 **Polygon**，我們在其中加入一個 **init** 方法，該方法允許使用者在建立多邊形時指定邊長：

```
class Polygon():
    """A class to capture common utilities for dealing with shapes"""
    def __init__(self, side_lengths):
        self.side_lengths = side_lengths

    def __str__(self):
        return 'Polygon with %s sides' % self.num_sides
```

2. 為 **Polygon** 類別加入兩個屬性，一個用來計算多邊形的邊數，另一個用來回傳周長：

```
class Polygon():
    """A class to capture common utilities for dealing with shapes"""
    def __init__(self, side_lengths):
        self.side_lengths = side_lengths

    def __str__(self):
        return 'Polygon with %s sides' % self.num_sides

    @property
    def num_sides(self):
        return len(self.side_lengths)

    @property
    def perimeter(self):
            return sum(self.side_lengths)
```

3. 建立一個 **Polygon** 的子類別，取名為 **Rectangle**。為 **Rectangle** 加入一個 **init** 方法，該方法允許使用者指定矩形的高度和寬度。然後再加入一個屬性，用來計算矩形的面積：

```
class Rectangle(Polygon):
    def __init__(self, height, width):
        super().__init__([height, width, height, width])

    @property
    def area(self):
        return self.side_lengths[0] * self.side_lengths[1]
```

4. 請試著使用您的 **Rectangle** 類別，建立一個新的矩形並檢查其屬性值 **area** 和 **perimeter**：

```
r = Rectangle(1, 5)
r.area, r.perimeter
```

您應該會得到以下輸出：

```
(5, 12)
```

5. 建立一個 **Rectangle** 的子類別，命名為 **Square**，初始化時要傳入一個 **height** 參數：

```
class Square(Rectangle):
    def __init__(self, height):
        super().__init__(height, height)
```

6. 請試著使用您的 **Square** 類別，建立一個新的 **Square** 物件並檢查其屬性值 **area** 和 **perimeter**：

```
s = Square(5)
s.area, s.perimeter
```

您應該會得到以下輸出：

```
(25, 20)
```

第 6 章：標準函式庫

活動 15：計算執行迴圈所需的時間

解答：

1. 首先，我們要打開一個新的 Jupyter 檔案，並匯入 **random** 和 **time** 模組：

```
import random
import time
```

2. 然後，我們使用 **time.time** 函式取得 **start** 時間：

```
start = time.time()
```

3. 現在，透過使用上述程式碼，我們得到的時間將以奈秒為單位。這裡將範圍設定為 1 到 999：

```
l = [random.randint(1, 999) for _ in range(10 * 3)]
```

4. 我們要記錄結束時間，並減去開始時間得到時間差：

```
end = time.time()
print(end - start)
```

您應該會得到以下輸出：

```
0.0019025802612304688
```

5. 減完之後我們會得到一個浮點數。對於大於 1 秒的測量值，這樣的精度可能已經足夠好了，但是我們也可以使用 **time.time_ns** 來取得以奈秒為單位的時間。這樣我們將會得到一個更精確的結果，不需受限於浮點數：

```
start = time.time_ns()
l = [random.randint(1, 999) for _ in range(10 * 3)]
end = time.time_ns()
print(end - start)
```

您應該會得到以下輸出：

```
187500
```

> 📝 **Note**
>
> 對一般使用 **time** 模組的應用程式來說，這是一個很好的解決方案。

活動 16：測試 Python 程式碼

解答：

compile("1" + "+1" * 10 ** 6, "string", "exec") 這一行程式碼將導致直譯器崩潰；所以，我們將需要用以下的程式碼去執行才行：

1. 首先，匯入 **sys** 和 **subprocess** 模組，我們將在後面的步驟使用它們：

```
import sys
import subprocess
```

2. 然後將前面的那行程式碼儲存在 **code** 變數中：

```
code = 'compile("1" + "+1" * 10 ** 6, "string", "exec")'
```

3. 透過呼叫 **subprocess.run** 和 **sys.executable** 來用目前的 Python 直譯器執行該行儲存程式：

```
result = subprocess.run([
    sys.executable,
    "-c", code
])
```

前面的 **code** 變數中有一行程式碼，那一行會去編譯一段會導致崩潰的 Python 程式碼，並透過目前使用的直譯器（透過 **sys.executable**）加上 **-c** 選項，就可以在子程序中執行這些程式碼。

4. 現在，我們使用 **result.resultcode** 來印出最終結果。得到回傳值 **-11**，代表程序已經崩潰：

```
print(result.returncode)
```

輸出結果如下：

```
-11
```

這行程式碼做的只是印出 **subprocess** 呼叫的回傳值。

在這個活動中，我們執行了一個小程式，它可以執行一行程式碼，在不破壞當前程序的情況下，檢查執行過程中是否會崩潰。結果它最終崩潰了，因此輸出值 **-11**，代表程式中止。

活動 17：對類別方法使用 partial

解答：

您需要試著去使用 **functools** 模組，並實作一個特定的 **helper** 方法，具體步驟如下：

1. 當您執行活動指定的程式碼時，會得到以下錯誤訊息：

```
--------------------------------------------------------------------------
TypeError                               Traceback (most recent call last)
<ipython-input-2-3b1898c093f2> in <module>
      4         hero.rename("Batman")
      5         assert hero.name == "Batman"
----> 6         hero.reset_name()
      7         assert hero.name == "Batman"

TypeError: rename() missing 1 required positional argument: 'new_name'
```

圖 6.52：缺少必需的位置參數的錯誤輸出

為了解決這個問題，我們要透過觀察以下步驟來找出替代方案。

2. 匯入 **functools** 模組：

```
import functools
```

3. 建立 **Hero** 類別，使用 **partial** 方法來設定 **reset_name**：

```
class Hero:
    DEFAULT_NAME = "Superman"
    def __init__(self):
        self.name = Hero.DEFAULT_NAME

    def rename(self, new_name):
        self.name = new_name

    reset_name = functools.partial(rename, DEFAULT_NAME)

    def __repr__(self):
        return f"Hero({self.name!r})"
```

程式碼使用了不同版本的 **partial**，即對類別的方法使用 **partial**。透過對 **rename** 方法使用 **partial**，將名稱設定為預設名稱，我們建立了 **partial** 方法。該方法的名稱是 **reset_name**，被定義在 **Hero** 類別的定義中。

日期和時間的一些錯誤假設

錯誤假設	原因
一年有 365 天	因為閏年的關係,所以有些年份有 366 天,或是有些曆法中一年並不是 365 天。請不要假設一年就是有 365 天。
一天有 24 小時	由於 DST 或時區不同,假設一天總是有 24 小時並不保險,特別是在處理 UTC 時。
一週從星期一開始,而且週間日為一到五	這完全要視各地文化而定,許多種日曆是以星期天作為一週的開始,而週間日也要視各國情況而定。
只要一個物件的內容是附帶位置的未來日期、時間,我就可以安全地修改它的時區	在處理當地時間時,有許多開發者會想要把所有時間都轉成 UTC 時間。但如果一個國家每個月都改變它的時區,那麼您的轉換就會失效,如果您之前沒有將原來的時間儲存下來,那麼您得到的基本上只有不能用的時間。在處理未來的當地時間時,請不要將它們轉換成 UTC 時間,請您直接把時間和日期連同時區資訊分開儲存,因為許多資料庫系統會強迫您用 UTC 儲存時間。
每一秒都一樣長	基於 NTP 的設計,您的時鐘會進行同步,而且也會改變一秒的長度。最常見的情況是因為閏秒而延遲秒數。如果您的應用程式真的對時間相當敏感,請改用更精確的時鐘。
時間永遠都會向前	在您呼叫 `time.time()` 時,可能會因為 NTP 同步造成時間不是向前的情況。千萬不要把時間做成某一種只會增加的計數器使用。如果您真的要這樣做的話,請改用 Python 提供的 `time.monotonic()` 函式。

圖 6.53:日期和時間的錯誤假設及其原因

第 7 章：Python 風格

活動 18：國際西洋棋錦標賽

解答：

1. 打開 Jupyter Notebook。

2. 用 Python 定義球員名字 list：

```
names = ["Magnus Carlsen", "Fabiano Caruana", "Yifan Hou", "Wenjun Ju"]
```

3. 在我們的 list 綜合表達式中會使用到剛才的名字 list 兩次，因為每個人都可以是比賽中的玩家 1 或玩家 2（也就是說，他們可以玩白子或黑子）。因為我們不希望同一個人在一場比賽中同時扮演玩家 1 和玩家 2，所以加入 **if** 子句過濾掉綜合表達式的兩個元素中出現相同名字的情況：

```
fixtures = [f"{p1} vs. {p2}" for p1 in names for p2 in names if p1 != p2]
```

4. 最後，印出結果 list，讓比賽的主辦人員可以看到誰將和誰比賽：

```
print(fixtures)
```

您應該會得到以下輸出：

```
In [1]: names = ["Magnus Carlsen", "Fabiano Caruana", "Yifan Hou", "Wenjun Ju"]
        fixtures = [f"{p1} vs. {p2}" for p1 in names for p2 in names if p1 != p2]
        print(fixtures)

        ['Magnus Carlsen vs. Fabiano Caruana', 'Magnus Carlsen vs. Yifan Hou', 'Magnus Carlsen vs. Wenjun Ju', 'Fabiano Caruana vs.
        Magnus Carlsen', 'Fabiano Caruana vs. Yifan Hou', 'Fabiano Caruana vs. Wenjun Ju', 'Yifan Hou vs. Magnus Carlsen', 'Yifan H
        ou vs. Fabiano Caruana', 'Yifan Hou vs. Wenjun Ju', 'Wenjun Ju vs. Magnus Carlsen', 'Wenjun Ju vs. Fabiano Caruana', 'Wenju
        n Ju vs. Yifan Hou']
```

圖 7.30：使用 list 綜合表達式產生的賽程表

在這個活動中，我們使用 list 綜合表達式來排列參賽者，並建立一個字串形式的賽程表。

活動 19：使用 dictionary 綜合表達式與多個 list 建立成績單

解答：

1. 解決方案是使用索引同時迭代兩個集合物件。首先，列出集合物件中的人名及其分數：

```
students = ["Vivian", "Rachel", "Tom", "Adrian"]
points = [70, 82, 80, 79]
```

接下來要建立 dictionary。綜合表達式實際要使用到第三個集合物件，也就是一個從 0 到 100 的整數 range。

2. 這些整數值中的每一個都被用來在 list 中索引出名稱和分數，所以我們可以得到正確的名稱與相對的 **points** 值：

```
scores = { students[i]:points[i] for i in range(4) }
```

3. 最後，印出您剛剛建立的 dictionary：

```
print(scores)
```

您應該會得到以下輸出：

```
In [3]:  print(scores)

         {'Vivian': 70, 'Rachel': 82, 'Tom': 80, 'Adrian': 79}
```

圖 7.31：一個用鍵值對代表名稱和分數的 dictionary

在這個活動中，我們學習到如何使用 dictionary 綜合表達式與多個 list 的操作。我們執行程式碼，從兩個獨立 list 的名稱和分數，建立成績單並印出其值。

活動 20：用隨機數求 Pi 的值

解答：

1. 您將需要 **math** 和 **random** 函式庫來完成此活動：

```
import math
import random
```

2. 定義 **approximate_pi** 函式：

```
def approximate_pi():
```

3. 設定計數器為零：

```
    total_points = 0
    within_circle = 0
```

4. 多次計算以求得近似值：

```
    for i in range (10001):
```

其中的 **x** 和 **y** 是介於 **0** 和 **1** 之間的隨機數，代表單位正方形中的一個點（可參考圖 7.25）：

```
        x = random.random()
        y = random.random()
        total_points += 1
```

5. 利用畢達哥拉斯定理求出點到原點 (0,0) 的距離：

```
        distance = math.sqrt(x**2+y**2)
        if distance < 1:
```

如果距離小於 1，那麼代表這個點既在正方形內，又在一個以原點為圓心、半徑為 1 的圓內。如圖 7.25：

```
within_circle += 1
```

6. 我們設定每 1,000 點產生一個結果。雖然可以在計算每個點之後都產生結果，但是早期的估計是非常不精確的，所以讓我們假設使用者想要使用的隨機點數量相當之大：

```
if total_points % 1000 == 0:
```

7. 圓圈內的點與生成的總點的比值應該近似為：$\pi/4$，因為這些隨機點均勻分佈在整個正方形中，但只有部分點同時在正方形和圓形內，圓形與正方形的面積比為 $\pi/4$：

```
pi_estimate = 4 * within_circle / total_points
if total_points == 10000:
```

8. 每生成 **10000** 點後，回傳估計值並完成迭代。如果您想要的話，可用您在本章所學的 **itertools**，把這個生成器變成一個無限序列：

```
        return pi_estimate
    else:
```

生成下一個 π 的近似值：

```
        yield pi_estimate
```

9. 請使用生成器來估計 π 的值。此外，請使用 list 綜合表達式找出誤差：也就是 Python 的 **math** 模組中的 "實際" 值與估計值之間的差異（我們特別把 "實際" 這兩個字括起來，是因為它其實也是一個近似值）。Python 會使用近似值的原因，是因為在有限的記憶體條件下，無法準確地在電腦的數值系統中表達 π 的值：

```
estimates = [estimate for estimate in approximate_pi()]
errors = [estimate - math.pi for estimate in estimates]
```

10. 最後，印出我們的值和誤差，看看生成器執行的情況：

```
print(estimates)
print(errors)
```

您應該會得到以下輸出：

```
print(estimates)
print(errors)

[3.236, 3.232, 3.2106666666666666, 3.206, 3.1824, 3.1633333333333336, 3.1582857142857144, 3.1645, 3.1577777777777776]
[0.0944073464102071, 0.09040734641020709, 0.06907401307687344, 0.06440734641020684, 0.04080734641020678, 0.0217406797435404
36, 0.016693060695921247, 0.022907346410206753, 0.016185124187984457]
```

圖 7.32：輸出顯示生成器能夠持續產生 π 的估計值

透過完成這個活動，您現在能夠了解生成器的工作原理。您已成功生成了一個
充滿點的圖，使用這張圖您能夠計算出 π 的值。

活動 21：正規表達式

解答：

1. 首先，建立名字 list：

```
names = ["Xander Harris", "Jennifer Smith", "Timothy Jones", "Amy
Alexandrescu", "Peter Price", "Weifung Xu"]
```

2. 使用本章中的 list 綜合表達式語法，只需一行 Python 程式碼就可以輕鬆找
   出中獎者有哪些：

```
winners = [name for name in names if re.search("[Xx]", name)]
```

3. 最後，印出中獎者名單：

```
print(winners)
```

您應該會得到以下輸出：

```
print(winners)
```

```
['Xander Harris', 'Amy Alexandrescu', 'Weifung Xu']
```

圖 7.33：客戶名稱中有 "Xx" 的中獎者

在這個活動中，我們使用了正規表達式和 Python 的 **re** 模組，從一個 list 中找出名字有包含 **Xx** 的客戶。

第 8 章：軟體開發

活動 22：除錯 Python 程式碼

解答：

1. 首先，您需要複製原始程式碼，如下面的程式碼片段所示：

```
DEFAULT_INITIAL_BASKET = ["orange", "apple"]
def create_picnic_basket(healthy, hungry,   initial_basket=DEFAULT_INITIAL_BASKET):
    basket = initial_basket
    if healthy:
        basket.append("strawberry")
    else:
        basket.append("jam")
    if hungry:
        basket.append("sandwich")
    return basket
```

這段程式碼的第一個步驟是初始化一個可拿來當作引數傳遞的食物 list。程式碼中還有一些控制加入物的旗標。當 **healthy** 為 true 時，加入 strawberry（草莓）。但如果 **healthy** 為 false，將加入 jam（果醬）。最後，如果 **hungry** 旗標為 true，還會加入 sandwich（三明治）。

2. 在您的 Jupyter Notebook 中執行程式碼以及錯誤重現程式，錯誤重現程式
   如下面的程式碼片段所示：

```
# 錯誤重現程式
print("First basket:", create_picnic_basket(True, False))
print("Second basket:", create_picnic_basket(False, True, ["tea"]))
print("Third basket:", create_picnic_basket(True, True))
```

3. 請觀察輸出：在第三個野餐籃會出現問題，它多了一個草莓。

   您應該會得到以下輸出：

```
In [2]:  print("First basket:", create_picnic_basket(True, False))
         First basket: ['orange', 'apple', 'strawberry']

In [3]:  print("Second basket:", create_picnic_basket(False, True, ["tea"]))
         Second basket: ['tea', 'jam', 'sandwich']

In [4]:  print("Third basket:", create_picnic_basket(True, True))
         Third basket: ['orange', 'apple', 'strawberry', 'strawberry', 'sandwich']
```

圖 8.19：第三個野餐籃中出現多餘的東西

4. 您需要將野餐籃的值設定為 **None** 並使用 **if-else** 邏輯來解決這個問題，如
   下面的程式碼片段所示：

```python
def create_picnic_basket(healthy, hungry, basket=None):
    if basket is None:
        basket = ["orange", "apple"]
    if healthy:
        basket.append("strawberry")
    else:
        basket.append("jam")
    if hungry:
        basket.append("sandwich")
    return basket
```

請注意，函式中的預設值不應該是可變的，因為在不同次呼叫之間修改值將保持存在。在函式宣告中，應該將購物籃預設為 None，並且在函式中使用該常數。這是一個很好的除錯練習。

5. 現在，再次執行錯誤重現程式，將會看到錯誤已被修正。

除錯後的輸出如下：

```
In [6]: print("First basket:", create_picnic_basket(True, False))
        First basket: ['orange', 'apple', 'strawberry']

In [7]: print("Second basket:", create_picnic_basket(False, True, ["tea"]))
        Second basket: ['tea', 'jam', 'sandwich']

In [8]: print("Third basket:", create_picnic_basket(True, True))
        Third basket: ['orange', 'apple', 'strawberry', 'sandwich']

In [ ]:
```

圖 8.20：活動除錯後的正確輸出

在這個活動中，您藉由除錯理解原始程式碼，印出測試用例（錯誤重現程式）並找出問題。接著在您除錯程式碼之後，修正了錯誤並且也取得所需的輸出。

第 9 章：Python 實務 - 進階主題

活動 23：在 Python 虛擬環境中生成一個隨機數列表

解答：

1. 建立一個新的 **conda** 環境，將它命名為 **my_env**：

```
conda create -n my_env
```

您應該會得到以下輸出：

```
(base) C:\Users\andrew.bird\python-demo>conda create my_env

CondaValueError: either -n NAME or -p PREFIX option required,
try "conda create -h" for more details


(base) C:\Users\andrew.bird\python-demo>conda create -n my_env
Solving environment: done


==> WARNING: A newer version of conda exists. <==
  current version: 4.5.12
  latest version: 4.7.10
```

圖 9.32：建立新的 conda 環境（截斷）

2. 啟動 **conda** 環境：

```
conda activate my_env
```

3. 在您的新環境中安裝 **numpy**：

```
conda install numpy
```

您應該會得到以下輸出：

```
(my_env) C:\Users\andrew.bird\Python-In-Demand\Lesson09>conda install numpy
Solving environment: done

==> WARNING: A newer version of conda exists. <==
  current version: 4.5.12
  latest version: 4.7.10

Please update conda by running

    $ conda update -n base -c defaults conda


## Package Plan ##

  environment location: C:\Users\andrew.bird\AppData\Local\conda\conda\envs\my_env

  added / updated specs:
    - numpy
```

圖 9.33：安裝 numpy（截斷）

4. 在您的虛擬環境中安裝並執行 **Jupyter** Notebook：

```
conda install jupyter
Jupyter Notebook
```

5. 建立一個新的 **Jupyter** Notebook，並在開頭匯入：

```
import threading
import queue
import cProfile
import itertools
import numpy as np
```

6. 使用 **numpy** 函式庫，建立一個生成隨機數陣列的函式。請回想一下，當在做執行緒時，我們需要能夠發送信號給 **while** 述句，以終止它的行為：

```
in_queue = queue.Queue()
out_queue = queue.Queue()
```

```
def random_number_threading():
    while True:
        n = in_queue.get()
        if n == 'STOP':
            return
        random_numbers = np.random.rand(n)
        out_queue.put(random_numbers)
```

7. 接下來，讓我們加入一個函式，它將啟動一個執行緒，並將整數放入 **in_queue** 物件中。我們可以將 **show_output** 引數設定為 **True**，來印出輸出：

```
def generate_random_numbers(show_output, up_to):
    thread = threading.Thread(target=random_number_threading)
    thread.start()
    for i in range(up_to):
        in_queue.put(i)
        random_nums = out_queue.get()
        if show_output:
            print(random_nums)
    in_queue.put('STOP')
    thread.join()
```

8. 只做少量的迭代來測試並查看輸出：

```
generate_random_numbers(True, 10)
```

您應該會得到以下輸出：

```
[]
[0.78155881]
[0.61671875 0.96379795]
[0.52748128 0.69182391 0.11764897]
[0.89243527 0.75566451 0.88089298 0.15782374]
[0.1140009  0.25980504 0.88632411 0.08730527 0.17493792]
[0.41370041 0.01167654 0.60758276 0.73804504 0.73648781 0.29094613
[0.8317736  0.57914287 0.01291246 0.61011878 0.91729392 0.50898183
 0.24640681]
[0.4475645  0.94036652 0.69823962 0.37459892 0.15512432 0.15115215
 0.65882522 0.77908825]
[0.42420881 0.7135031  0.22843178 0.20624473 0.32533328 0.86108686
 0.46407033 0.81794371 0.98958707]
```

圖 9.34：用 numpy 生成一堆隨機數 list

9. 重新執行大量迭代以取得更多數值，使用 **cProfile** 查看執行時間：

```
cProfile.run('generate_random_numbers(False, 20000)')
```

您應該會得到以下輸出：

```
740056 function calls in 3.461 seconds

Ordered by: standard name

ncalls  tottime  percall  cumtime  percall filename:lineno(function)
     1    0.051    0.051    3.461    3.461 <ipython-input-4-04f1b90debed>:1(generate_random_numbers)
     1    0.000    0.000    3.461    3.461 <string>:1(<module>)
     1    0.000    0.000    0.000    0.000 _weakrefset.py:38(_remove)
     1    0.000    0.000    0.000    0.000 _weakrefset.py:81(add)
 20001    0.063    0.000    0.200    0.000 queue.py:121(put)
 20000    0.137    0.000    3.209    0.000 queue.py:153(get)
 40000    0.019    0.000    0.026    0.000 queue.py:208(_qsize)
 20001    0.009    0.000    0.012    0.000 queue.py:212(_put)
 20000    0.008    0.000    0.012    0.000 queue.py:216(_get)
     1    0.000    0.000    0.000    0.000 threading.py:1000(join)
     1    0.000    0.000    0.000    0.000 threading.py:1038(_wait_for_tstate_lock)
     1    0.000    0.000    0.000    0.000 threading.py:1096(daemon)
     2    0.000    0.000    0.000    0.000 threading.py:1206(current_thread)
     1    0.000    0.000    0.000    0.000 threading.py:216(__init__)
 40002    0.016    0.000    0.024    0.000 threading.py:240(__enter__)
 40002    0.021    0.000    0.028    0.000 threading.py:243(__exit__)
 20001    0.008    0.000    0.010    0.000 threading.py:249(_release_save)
 20001    0.014    0.000    0.023    0.000 threading.py:252(_acquire_restore)
 60002    0.023    0.000    0.043    0.000 threading.py:255(_is_owned)
 20001    0.074    0.000    2.941    0.000 threading.py:264(wait)
 40001    0.088    0.000    0.165    0.000 threading.py:335(notify)
```

圖 9.35：cProfile 的輸出（截斷）

完成這個活動之後，您現在已了解要如何在 **conda** 虛擬環境中執行程式，指定程式碼執行次數，並取得最終輸出。您還了解可以使用 **CProfiling** 來分析程式碼的各個部分所花費的時間，進而讓您有機會診斷程式碼的哪些部分效率最低。

第 10 章：用 pandas 和 NumPy 做資料分析

活動 24：用資料分析找出薪資的離群值，使用英國統計資料集合中的薪資報告

解答：

1. 您要使用一個新的 Jupyter Notebook。

2. 將英國統計資料集合檔案複製到一個特定資料夾中，您將在那個資料夾中執行此活動。

3. 匯入必要的資料視覺化套件，包括匯入 **pandas** 成為 **pds**、匯入 **matplotlib** 成為 **plt**、匯入 **seaborn** 成為 **sns**：

```
import pandas as pd
import matplotlib.pyplot as plt
%matplotlib inline
import seaborn as sns
# 設定 seaborn 使用暗色網格
sns.set()
```

4. 選擇一個變數來儲存 **DataFrame**，並將您 Jupyter Notebook 的目前資料夾內的 **UKStatistics.csv** 內容放置在該 **DataFrame** 中。要做到這件事的程式碼如下：

```
statistics_df = pd.read_csv('UKStatistics.csv')
```

5. 為了顯示資料集合，我們將呼叫 **statistics_df** 變數的 **.head()** 方法，這將顯示整個資料集合資訊：

```
statistics_df.head()
```

輸出結果如下：

```
Out[3]:
```

	Post Unique Reference	Name	Grade (or equivalent)	Job Title	Job/Team Function	Parent Department	Organisation	Unit	Contact Phone	Contact E-mail	Reports to Senior Post
0	1	John Pullinger	SCS4	Permanent Secretary	National Statistician, Head of GSS	UK Statistics Authority	UK Statistics Authority	UK Statistics Authority	01633 455036	national.statistician@statistics.gsi.gov.uk	Board
1	2	Glen Watson	SCS3	Director General	Head Of ONS	UK Statistics Authority	UK Statistics Authority	Office For National Statistics	0845 601 3034	info@statistics.gov.uk	1
2	4	Nick Vaughan	SCS2	Director	Production of statistical outputs from Nationa...	UK Statistics Authority	UK Statistics Authority	National Accounts & Ecomonic Statistics	0845 601 3034	info@statistics.gov.uk	2
3	5	Ian Cope	SCS2	Director	Population and Demography	UK Statistics Authority	UK Statistics Authority	Population and Demography	0845 601 3034	info@statistics.gov.uk	2
4	6	Guy Goodwin	SCS2	Director	Analysis and Dissemination	UK Statistics Authority	UK Statistics Authority	Analysis and Dissemination	0845 601 3034	info@statistics.gov.uk	2

圖 10.54：資料集合輸出檢視

6. 為了要知道資料集合中的列數和欄數，我們要使用 **.shape** 方法：

```
statistics_df.shape
```

輸出結果如下：

```
(51, 19)
```

7. 現在，為了繪製 **Actual Pay Floor (£)** 欄的長條圖，我們要使用 **.hist** 方法，如下面的程式碼片段中那樣。此處，您會在長條圖中看到不同 **Pay Floor** 的差異：

```
plt.hist(statistics_df['Actual Pay Floor (£)'])
plt.show()
```

輸出結果如下：

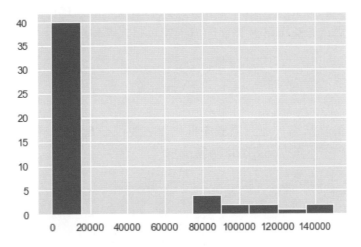

圖 10.55：長條圖

8. 為了繪製散點圖，我們要使用 **.scatter** 方法，我們要將 **x** 值設為 **Salary Cost of Reports (£)**，將 **y** 設為 **Actual Pay Floor (£)**：

```
x = statistics_df['Salary Cost of Reports (£)']
y = statistics_df['Actual Pay Floor (£)']
plt.scatter(x, y)
plt.show()
```

輸出結果如下：

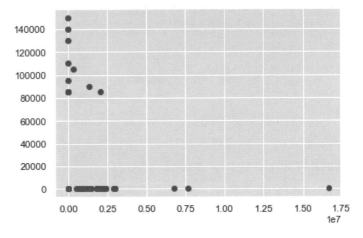

圖 10.56：散點圖

9. 接下來，您需要使用箱型圖找出資料間的差異，也就是身為 **Salary Cost of Reports (£)** 的 **x** 和身為 **Actual Pay Floor (£)** 的 **y** 兩者其實相去甚遠。我們首先要指定 **x** 和 **y** 的值，如下程式碼片段所示：

```
x = statistics_df['Salary Cost of Reports (£)']
y = statistics_df['Actual Pay Floor (£)']
```

10. 為了建立最終結果，並查看圖中框內緊密黏在一起的資料，以及框外的異常值，我們要使用 **.boxplot** 繪製圖形：

```
plt.boxplot(x)
plt.show()
```

輸出結果如下：

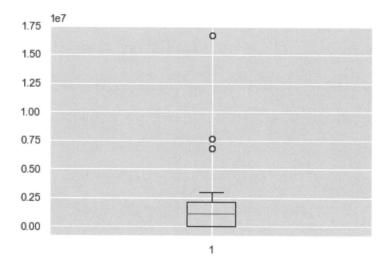

圖 10.57：箱型圖

在這個活動中，我們比較了資料集合中 **Salary Cost of Reports (£)** 和 **Actual Pay Floor (£)** 這兩個特定資料。然後我們用幾張圖表來觀察 **Salary Cost of Reports** 和 **Actual Pay Floor** 之間存在的巨大差異。從箱型圖中可以清楚地看到，在 **x** 和 **y** 的資料中，存在三個異常值，這使得在政府支付方面容易出現不公平的情況。

第 11 章：機器學習

活動 25：使用機器學習預測客戶回訪率的精確度

解答：

1. 第一個步驟需要您下載資料集合並顯示前五列。首先要匯入必要的 **pandas** 和 **numpy** 函式庫：

```
import pandas as pd
import numpy as np
```

2. 接下來，載入 **CHURN.csv** 檔案：

```
df = pd.read_csv('CHURN.csv')
```

3. 現在，使用 **.head()** 顯示資料的前幾列：

```
df.head()
```

您應該會得到以下輸出：

Out[3]:

	customerID	gender	SeniorCitizen	Partner	Dependents	tenure	PhoneService	MultipleLines	InternetService	OnlineSecurity	...	DeviceProtection	TechSu
0	7590-VHVEG	Female	0	Yes	No	1	No	No phone service	DSL	No	...	No	
1	5575-GNVDE	Male	0	No	No	34	Yes	No	DSL	Yes	...	Yes	
2	3668-QPYBK	Male	0	No	No	2	Yes	No	DSL	Yes	...	No	
3	7795-CFOCW	Male	0	No	No	45	No	No phone service	DSL	Yes	...	Yes	
4	9237-HQITU	Female	0	No	No	2	Yes	No	Fiber optic	No	...	No	

5 rows × 21 columns

圖 11.37：資料集合前幾列輸出

4. 下一個步驟需要檢查 NaN 值，用以下程式碼，我們知道 **NaN** 值不存在：

```
df.info()
```

您應該會得到以下輸出：

```
<class 'pandas.core.frame.DataFrame'>
RangeIndex: 7043 entries, 0 to 7042
Data columns (total 21 columns):
customerID          7043 non-null object
gender              7043 non-null object
SeniorCitizen       7043 non-null int64
Partner             7043 non-null object
Dependents          7043 non-null object
tenure              7043 non-null int64
PhoneService        7043 non-null object
MultipleLines       7043 non-null object
InternetService     7043 non-null object
OnlineSecurity      7043 non-null object
OnlineBackup        7043 non-null object
DeviceProtection    7043 non-null object
TechSupport         7043 non-null object
StreamingTV         7043 non-null object
StreamingMovies     7043 non-null object
Contract            7043 non-null object
PaperlessBilling    7043 non-null object
PaymentMethod       7043 non-null object
MonthlyCharges      7043 non-null float64
TotalCharges        7043 non-null object
Churn               7043 non-null object
dtypes: float64(1), int64(2), object(18)
memory usage: 1.1+ MB
```

圖 11.38：資料集合資訊

5. 以下程式碼幫您將 **'No'** 和 **'Yes'** 轉換為 **0** 和 **1**：

```
df['Churn'] = df['Churn'].replace(to_replace=['No', 'Yes'], value=[0, 1])
```

6. 接下來需要您正確地定義 **X** 和 **y**，解決方案如下。請注意，第一欄被去除了，因為在進行預測時並不會用到客戶 ID：

```
X = df.iloc[:,1:-1]
y = df.iloc[:, -1]
```

7. 為了將所有預測欄轉換為數值欄，將使用下面的程式碼：

```
X = pd.get_dummies(X)
```

8. 這個步驟需要您用 **cross_val_score** 撰寫一個分類器函式，具體做法如下：

```
from sklearn.model_selection import cross_val_score
def clf_model (model, cv=3):
    clf = model

    scores = cross_val_score(clf, X, y, cv=cv)

    print('Scores:', scores)
    print('Mean score', scores.mean())
```

9. 下面的程式碼和輸出顯示了五種分類器的實作，以滿足這個步驟所要求的：

透過邏輯回歸實作分類器：

```
from sklearn.linear_model import LogisticRegression
clf_model(LogisticRegression())
```

您應該會得到以下輸出：

```
Scores: [0.8032368  0.80195911 0.80400511]
Mean score 0.8030670081080226
```

圖 11.39：使用 LogisticRegression 的平均得分輸出

透過 **KNeighborsClassifier** 實作分類器：

```
from sklearn.neighbors import KNeighborsClassifier
clf_model(KNeighborsClassifier())
```

您應該會得到以下輸出：

```
Scores: [0.77938671 0.76320273 0.77290158]
Mean score 0.7718303381000114
```

圖 11.40：使用 KNeighborsClassifier 的平均得分輸出

使用 **GaussianNB**：

```
from sklearn.naive_bayes import GaussianNB
clf_model(GaussianNB())
```

您應該會得到以下輸出：

```
Scores: [0.27725724 0.28109029 0.27652322]
Mean score 0.2782902503153228
```

圖 11.41：使用 GaussianNB 的平均得分輸出

使用 **RandomForestClassifier** 實作分類器：

```
from sklearn.ensemble import RandomForestClassifier
clf_model(RandomForestClassifier())
```

您應該會得到以下輸出：

```
Scores: [0.78236797 0.77214651 0.786536  ]
Mean score 0.7803501612724885
```

圖 11.42：使用 RandomForestClassifier 的平均得分輸出

使用 **AdaBoostClassifier** 實作分類器：

```
from sklearn.ensemble import AdaBoostClassifier
clf_model(AdaBoostClassifier())
```

您應該會得到以下輸出：

```
Scores: [0.80366269 0.80451448 0.80059651]
Mean score 0.8029245594131428
```

圖 11.43：AdaBoostClassifier 的平均得分輸出

我們在執行過程中收到了一些警告，在您的電腦中執行時，可能會收到和我們一樣的警告，也可能不會。一般來說，不干擾程式碼執行的警告是容許的。它們通常用於警告開發人員未來可能會有一些修改。
而在本例中，表現最好的三個執行模型分別是 **AdaBoostClassifer**、
RandomForestClassifier、**Logistic Regression**。

10. 在這個步驟中，您需要為表現最好的前三個模型建立混淆矩陣和分類報告，
如下面的程式碼這樣：

```python
from sklearn.metrics import classification_report
from sklearn.metrics import confusion_matrix
from sklearn.model_selection import train_test_split
X_train, X_test ,y_train, y_test = train_test_split(X, y, test_size = 0.25)
def confusion(model):
    clf = model
    clf.fit(X_train, y_train)
    y_pred = clf.predict(X_test)
    print('Confusion Matrix:', confusion_matrix(y_test, y_pred))
    print('Classfication Report:', classification_report(y_test, y_pred))

    return clf
```

現在，輸出 **AdaBoostClassifier** 的混淆矩陣：

```python
confusion(AdaBoostClassifier())
```

您應該會得到以下輸出：

```
Confusion Matrix: [[1157  130]
 [ 219  255]]
Classfication Report:                 precision    recall  f1-score   support

           0       0.84      0.90      0.87      1287
           1       0.66      0.54      0.59       474

   micro avg       0.80      0.80      0.80      1761
   macro avg       0.75      0.72      0.73      1761
weighted avg       0.79      0.80      0.79      1761

AdaBoostClassifier(algorithm='SAMME.R', base_estimator=None,
          learning_rate=1.0, n_estimators=50, random_state=None)
```

圖 11.44：輸出 AdaBoostClassifier 的混淆矩陣

輸出 **RandomForestClassifier** 的混淆矩陣：

```
confusion(RandomForestClassifier())
```

您應該會得到以下輸出：

```
Confusion Matrix: [[1168  119]
 [ 287  187]]
Classfication Report:              precision    recall  f1-score   support

           0       0.80      0.91      0.85      1287
           1       0.61      0.39      0.48       474

   micro avg       0.77      0.77      0.77      1761
   macro avg       0.71      0.65      0.67      1761
weighted avg       0.75      0.77      0.75      1761


RandomForestClassifier(bootstrap=True, class_weight=None, criterion='gini',
            max_depth=None, max_features='auto', max_leaf_nodes=None,
            min_impurity_decrease=0.0, min_impurity_split=None,
            min_samples_leaf=1, min_samples_split=2,
            min_weight_fraction_leaf=0.0, n_estimators=10, n_jobs=None,
            oob_score=False, random_state=None, verbose=0,
            warm_start=False)
```

圖 11.45：輸出 RandomForestClassifier 的混淆矩陣

輸出 **LogisticRegression** 的混淆矩陣：

```
confusion(LogisticRegression())
```

您應該會得到以下輸出：

```
Confusion Matrix: [[1162  125]
 [ 210  264]]
Classfication Report:              precision    recall  f1-score   support

           0       0.85      0.90      0.87      1287
           1       0.68      0.56      0.61       474

   micro avg       0.81      0.81      0.81      1761
   macro avg       0.76      0.73      0.74      1761
weighted avg       0.80      0.81      0.80      1761


LogisticRegression(C=1.0, class_weight=None, dual=False, fit_intercept=True,
          intercept_scaling=1, max_iter=100, multi_class='warn',
          n_jobs=None, penalty='l2', random_state=None, solver='warn',
          tol=0.0001, verbose=0, warm_start=False)
```

圖 11.46：輸出 LogisticRegression 的混淆矩陣

12. 在這個步驟您被要求要優化一個最佳模型的超參數，所以我們要查看 **AdaBoostClassifier()**，並找出要優化的對象是 **n_estimators** 超參數，和優化隨機森林的 **n_estimators** 時差不多，我們嘗試了幾種設定，並在設定 **n_estimators=250** 時得到以下這個結果：

```
confusion(AdaBoostClassifier(n_estimators=250))
```

您應該會得到以下輸出：

```
Confusion Matrix: [[1162  125]
 [ 219  255]]
Classfication Report:              precision    recall  f1-score   support

           0       0.84      0.90      0.87      1287
           1       0.67      0.54      0.60       474

   micro avg       0.80      0.80      0.80      1761
   macro avg       0.76      0.72      0.73      1761
weighted avg       0.80      0.80      0.80      1761


AdaBoostClassifier(algorithm='SAMME.R', base_estimator=None,
          learning_rate=1.0, n_estimators=250, random_state=None)
```

圖 11.47：設定 n_estimators=250 時的混淆矩陣輸出

13. 在使用 **AdaBoostClassifier** 時，若設定 **n_estimators=25**：

```
confusion(AdaBoostClassifier(n_estimators=25))
```

您應該會得到以下輸出：

```
Confusion Matrix: [[1155  132]
 [ 217  257]]
Classfication Report:              precision    recall  f1-score   support

           0       0.84      0.90      0.87      1287
           1       0.66      0.54      0.60       474

   micro avg       0.80      0.80      0.80      1761
   macro avg       0.75      0.72      0.73      1761
weighted avg       0.79      0.80      0.80      1761


AdaBoostClassifier(algorithm='SAMME.R', base_estimator=None,
          learning_rate=1.0, n_estimators=25, random_state=None)
```

圖 11.48：設定 n_estimators=25 時的混淆矩陣輸出

14. 在使用 **AdaBoostClassifier** 時，若設定 **n_estimators=15**：

```
confusion(AdaBoostClassifier(n_estimators=15))
```

您應該會得到以下輸出：

```
Confusion Matrix: [[1162  125]
 [ 240  234]]
Classfication Report:              precision    recall  f1-score   support

           0       0.83      0.90      0.86      1287
           1       0.65      0.49      0.56       474

  micro avg       0.79      0.79      0.79      1761
  macro avg       0.74      0.70      0.71      1761
weighted avg      0.78      0.79      0.78      1761
```

```
AdaBoostClassifier(algorithm='SAMME.R', base_estimator=None,
          learning_rate=1.0, n_estimators=15, random_state=None)
```

圖 11.49：設定 n_estimators=15 時的混淆矩陣輸出

在本活動的最後您將看到，在預測使用者回訪率時，使用 **AdaBoostClassifier (n_estimators = 25)** 能得到最好的預測結果。

索引

The Python Workshop｜跟著實例有效學習 Python

作　　者：Andrew Bird 等
譯　　者：張靜雯
企劃編輯：蔡彤孟
文字編輯：江雅鈴
設計裝幀：張寶莉
發 行 人：廖文良

發 行 所：碁峰資訊股份有限公司
地　　址：台北市南港區三重路 66 號 7 樓之 6
電　　話：(02)2788-2408
傳　　真：(02)8192-4433
網　　站：www.gotop.com.tw
書　　號：ACL058300
版　　次：2020 年 12 月初版
建議售價：NT$680

國家圖書館出版品預行編目資料

The Python Workshop：跟著實例有效學習 Python / Andrew Bird
　　等原著；張靜雯譯. -- 初版. -- 臺北市：碁峰資訊, 2020.12
　　　面；　　公分
　　譯自：The Python Workshop
　　ISBN 978-986-502-660-8(平裝)
　　1.Python(電腦程式語言)
312.32P97　　　　　　　　　　　　　　　109017166

讀者服務

● 感謝您購買碁峰圖書，如果您
　對本書的內容或表達上有不清
　楚的地方或其他建議，請至碁
　峰網站：「聯絡我們」\「圖書問
　題」留下您所購買之書籍及問
　題。(請註明購買書籍之書號及
　書名，以及問題頁數，以便能
　儘快為您處理)
　http://www.gotop.com.tw

● 售後服務僅限書籍本身內容，
　若是軟、硬體問題，請您直接
　與軟體廠商聯絡。

● 若於購買書籍後發現有破損、
　缺頁、裝訂錯誤之問題，請直
　接將書寄回更換，並註明您的
　姓名、連絡電話及地址，將有
　專人與您連絡補寄商品。